「軍」としての自衛隊

PSI参加と日本の安全保障政策

津山 謙
Yuzuru Tsuyama

慶應義塾大学出版会

はじめに

本書の主要部分が書かれた二〇一五年秋、筆者の勤務地である国会周辺は安保法制に反対する人々に取り囲まれていた。政府・与党が「平和安全法制」と名付け、一部の野党は「戦争法」と呼んだこの法律は同年九月一九日未明に成立し、海外での自衛隊の「武力の行使」もしくは「武器の使用」の範囲が拡大された。

窓外の喧噪と議場内の怒号を聞きながら筆者は奇妙な違和感を抱いた。自衛隊が海外でその「軍事力」を使用する可能性は、この法律が成立しなくともあった。「国際貢献」を目的とした任務に付随し、人を殺傷する可能性はあるとされたがゆえに、海外に派遣される自衛隊員には、武器の携行が許可されてきたはずである。そして、任務地に携行する武器の強度は段階的に強化されてきた。また、日米の「同盟深化」を志向しつつ、自衛隊は米軍以外の各国軍との軍事協力を開始しており、海外における多国間共同でのフルスペックの「軍事演習」（防衛省・自衛隊側は「訓練」と呼称）の実績を積み重ねている。このように冷戦期、また、一九九〇年代とはまったく違う安全保障政策のもと、特に二一世紀に入ってからの自衛隊は海外での活動を拡大してきた。自衛隊がそうした活動と準備を積み重ねてきたことは何ら秘匿されていない公知の事実であるが、それらの海外活動について「違憲」と責め立てる声はあまり聞こえてこなかった。安保法制の審議にあたって主に合憲性の観点から賛否の声が渦巻くのは当然として、法案が提出される前の段階で、実際の自衛隊の海外活動がはるか先に進んでいた事実を、国民の多くはどこまで正確に理解していたのであろうか。また、正確な事実認識もなしに、安全保障政策を正しく議論することは可能なのか。筆者が抱いた違和感とはそれである。実際、法案審議をめぐる国会議論が噛み合わなかった理由の一つは、立法事実となるはずの自衛隊の海外での実任務について、政府・与党も野党の側も具体的事例を示せなかったことにあろう。

具体的に述べる。二〇一五年の安保法制が成立する以前に、日本の安全保障政策がすでに様変わりしていたことは事実である。自衛隊はすでに多様な任務を帯び、様々な枠組で海外活動を行っている。そして、本書が示すように、冷戦期には合憲性の観点からタブーとされた多国間での軍事演習（共同訓練）に、二一世紀の自衛隊は多数参加している。その多くは「武力の行使」を念頭に置いた演習（訓練）内容であることも否定できず、一部では演習（訓練）のみならず「武力の行使」と解釈されかねない実任務に就いている可能性すらある。その意味で、本書が中心的なテーマとするＰＳＩ（Proliferation Security Initiative：拡散に対する安全保障構想）は一つの転機となった政策事例である。二〇〇三年に発足したＰＳＩは核兵器等の大量破壊兵器及びその運搬手段の拡散を防止するための多国間枠組での取り組みであるが、日本政府がこれを「法執行の取り組み」と説明する一方で、参加各国における阻止活動の主体は紛れもなく軍である。ＰＳＩ阻止活動の対象には「国又は国に準ずる機関」が含まれる可能性が否定されておらず、そのような対象に対して艦艇や軍用機を投入して拡散阻止活動を行うことは、軍事作戦と解釈するのが自然であろう。したがって、ＰＳＩ活動において自衛隊が「実戦」に参加する可能性は否定できない。また、二〇〇五年以降は多国間枠組でのＰＳＩ合同阻止訓練への参加、あるいは主催が毎年のように行われており、それらは自衛隊の主要な海外活動の一つとして大きく広報、宣伝されている。それらの訓練内容は「軍事演習」と解釈される可能性が高いものが見られるが、海外における米軍以外の国の軍との合同演習は冷戦下の憲法解釈では不可能だったはずである。ＰＳＩ活動が「武器の使用」でおさまるのか、「武力の行使」に抵触するものかは、ともすれば憲法問題にも発展しかねない重要な審議対象であるべきであろう。しかしながら、日本政府が、戸惑い、躊躇いつつもＰＳＩへの参加のレベルを段階的に上げていった過程においてその合憲性や政策的妥当性が国会やメディアで確認、検証、議論された事実はほとんどない。こうした具体的な政策事例を十分に踏まえないまま、抽象的に書かれた法案の条文解釈を行っても審議は空回りするばかりであろう。

違和感の理由をもう一つ述べる。二〇一五年秋の臨時国会でも、条文解釈にあたる論者によっていくつかの重要な概念が異なっていた。特に「武力の行使」と「武器の使用」の定義が混同されたまま、ともすれば「神学論争」のような議論が続いたことは残念ですらあった。これでは、何が起こりつつあり、何が変わりつつあるか正確なことを国民は知りようがない。また、法解釈に関する基本的な共通認識がないまま国会やメディアで噛み合わない議論がいくら続いても、国民の側は正しい選択のしようがない。結果として重要な諸政策が国会内の「数の論理」と不毛な日程闘争の産物として決められ、その結果に対して主権者たる国民が信任や不信任を与える機会は失われることにもなろう。国家の重要方針が民主的プロセスから遊離する形で決定されかねないのであれば、これに勝る国難はあるまい。

時代と環境に従って、政策が変化していくのは当然として、何がどう変化しつつあるかは、主権者たる国民に正しく認識されねばならない。よく知られたパラドックスに「テーセウスの船」がある。ここにテーセウス王が所有する船、「テーセウス号」があるとする。その部品を一つひとつ新しい物に置き換えていき、船一艘ぶんのすべてが新しくなったとき、元の「テーセウス号」と新しい「テーセウス号」は同じ船であろうかという命題である。もし、取り除いた古い部品をそっくりすべて保管しておき、新しい船が完成した後に古い部品群で元の船を再現すれば二艘の「テーセウス号」が並ぶことになる。この二艘はもはや同じ船とはみなされまい。まして置き換える部品の材質や機能を少しずつ変化させ、元の船を「テーセウス一号」と新しい船を「テーセウス二号」と名付けるならば、この二艘はまったく別個の存在と言うほかはない。ここで観察者が混乱するのは「テーセウス一号」から「テーセウス二号」に至る時系列の上に存在する、それぞれの時点における「テーセウス号」が、いつ一号から二号に変わったのかという問いに対してである。これに対して正確に答えるには、まず、変化していった個別の部品をよく吟味する必要があるはずである。そして、姿形か、重量か、機能か、あるいはそれらを組み合わせたものか、いずれにせよ船全体を何と呼ぶかの総体的な認識基準が必要となろう。

筆者は政策分析、政策研究にあたって、この命題を念頭に置いている。「安全保障政策」とは、一つひとつの個別の政策が束になって構成される「政策群」である。仮に吉田ドクトリンに基づく自衛隊創設当初の安全保障政策を「安全保障政策１・０」とする。また、二一世紀に入り、小泉・安倍政権下で急展開したものを「安全保障政策２・０」とする。どちらも日本政府が現行憲法との合憲性を強調し、日米同盟及び国連を不可欠の構成要素とする政策群であるが、両者の間には自衛隊の活動領域及び任務の範囲について大きな開きがある。自衛隊が日本領土及び近海から一歩も出ず、また、米国以外の国との軍事協力等がタブーとされた「１・０」と、自衛隊が地球の裏側であっても堂々と実任務につき、多国間枠組での「武器の使用」まで想定され得る「２・０」とは、やはり意味の異なる政策群のはずである。しかしながら、両者を俯瞰して検討する研究の数はあまり多くはなく、また、両者の違いが国民に広く認識された上で、実際の政策過程及び立法プロセスに対する主権者の審判に資されているかどうかは大いに疑問であることは先に述べたとおりである。

政策研究としての本書が「部品」にあたる個別政策に焦点を当てた理由はそこにある。特に中心的なテーマである自衛隊とＰＳＩとの関わりについては、それが安全保障政策全体の一つの転機となった可能性があるのに対し、その経緯及び実態は一般の国民はおろか研究者にもほとんど知られていない。重要なピースが欠落したまま、総体的な議論をするのは不可能である。また、本書が主に法解釈上の観点から安全保障政策の解釈軸を提示する理由もそこにある。個別の政策について賛成であれ、反対であれ、法解釈について最低限の共通理解と共通認識のないところでは議論は不毛にならざるを得ない。そして、無用に感情的な対立を煽り、国論を分裂させるばかりでは国家の未来は危うい。

その意味で、研究書、学術書としての本書を政策研究の列に加えていただきたいという願いはもちろんのこと、政策立案・策定に関わる実務者及びそれを報じるジャーナリスト、そして、安全保障問題に関心を持たれる国民諸氏に広くお読みいただきたいと願う次第である。国際情勢がその根本的な枠組から溶解し漂流しつつあるように見える今、日本の安全保障政策はやがて「3・0」、「4・0」と変化していく可能性が多分にあろう。安全保障は国民の生命財産に直結する。国土の防衛に隙があっては困るが、「実力装置」が暴走するのはなお悪い。したがって、政策の策定、決定に関わる過程は主権者による完全な民主的コントロールのもとに置かれるべきだが、日本国民が正しい判断をするためにも正確な事実認識と共通の法解釈という議論の土壌は不可欠である。そうした観点からもアカデミアの使命は大きいと言えよう。最近では安全保障政策について優れた研究者による質の高い実証研究が行われつつあり、また、法解釈をめぐる議論も整理されつつある。学問は学問を深めること自体に価値があるのは当然であるが、政策判断に資する正しい国民的議論のためにもアカデミアの役割はますます大きくなるのではないか。筆者が本書刊行の努力をした理由はそこにあり、本書もまたその一助となることを願っている。

目次

はじめに　i
略語一覧　xiv
第一章　「拡散対抗（ＰＳＩ）」と自衛隊……1
一　「軍」としての自衛隊とその「軍事力」　1
（１）「軍」としての自衛隊　4
（２）「軍事力（防衛力）」使用の範囲及び領域　7
（３）本書の目的　9
二　ＰＳＩの双面神的（Janus-faced）性格　10
（１）国際的な「法執行」の取り組み　12
（２）「武力の行使」と有志連合的性格　13
（３）ＰＳＩの普遍性、規範性　14
（４）ＰＳＩと日本の安全保障政策　16

三　先行研究について　18
（1）ＰＳＩと日本　18
（2）冷戦後の安全保障政策――二つの政策的系譜と具体的政策事例　20
（3）安全保障政策をめぐるアクターについて　25
四　分析の手法と史資料　29
（1）史的アプローチに基づく事例研究　29
（2）分析の射程　30
（3）史料及び資料　32
五　分析の視座と構成　32
（1）法解釈と政策形成　33
（2）「官邸主導」、「外務省優位」、「軍・軍関係」　37
（3）多国間安全保障協力という新しい政策軸　38
（4）本書の構成　40

第二章　二つの政策アプローチ……………………………………59
一　「武力の行使」と「武器の使用」　60
（1）政府解釈にみる概念の整理　61
（2）自衛隊任務の法的基盤　66
（3）法解釈上の分類にかかる二つの政策系譜　68

二　同盟深化アプローチ　70
（1）一九九〇年代――日米同盟再定義　72
（2）二〇〇〇年代――米軍再編と日米同盟の変革　76
三　国際貢献アプローチ　80
（1）一九九〇年代――国連PKO活動と「武器使用の制限」　84
（2）二〇〇〇年代――国連外の国際貢献活動と「武器の使用」の緩和　86
四　小括――PSIは「武力の行使」か、「武器の使用」か　93

第三章　PSIへの「参加」決定過程……109
一　PSI構想への参加決定　110
（1）ブッシュ大統領の構想　110
（2）米国からの要請　112
（3）イニシアティブへの参加決定　114
二　決定したのは誰か　119
（1）「政治的な合意」の存在　119
（2）イラク戦争と「ブッシュ＝小泉」関係　121
三　小括――「参加」ありきの政治決定　123
（1）「官邸外交」の検証　123
（2）法的基盤の認識と戦略的意図の考察　124

第四章　多国間交渉とＰＳＩの形成過程 …… 133
一　外務省による検討　134
（1）外務省の立場　134
（2）各省からのコメント　136
二　防衛庁の懸念　143
（1）防衛庁の基本的態度　143
（2）国際法体系の変更の必要性　146
（3）国内法整備の必要性　147
（4）政治的リスクと防衛庁・自衛隊　149
三　外務省の「基本的立場」と「対処方針」　150
（1）外務省条約局の見解　150
（2）米国へ「基本的立場」を伝達　160
（3）米国側への照会　162
（4）「対処方針」の策定　169
（5）外務省の「本音」と防衛庁の「不満」　176
四　スペイン会合とＰＳＩの形成　179
（1）「意欲的」な提唱国（米）と議長国（西）　180
（2）「抑制的」な日本代表団　182

(3)議長サマリーの発出　186
(4)外務省による「今後の進め方」　187
五　小括――日本政府の認識と狙い　189
(1)外務省主導による「国際貢献アプローチ」　189
(2)PSIの行政連合的性格　190

第五章　PSIの発展過程
――「法執行」への「軍事力」の使用 …… 219

一　ブリスベン会合とオペレーション作業部会　220
(1)会合内容の説明と防衛庁・自衛隊の反応　221
(2)オペレーション作業部会と防衛庁・自衛隊　225
(3)オペレーション作業部会と「臨検」演習　228
(4)ブリスベン会合への「対処方針」の策定　237
(5)ブリスベン会合を受けて　243
二　PSI合同阻止訓練への参加をめぐって　251
(1)PSI合同阻止訓練への参加　252
(2)「オペレーション作業部会への対処方針」の策定　254
(3)「六条件」と海上保安庁の派遣　263
(4)PSI合同阻止訓練への自衛隊参加　276

三　パリ会合と「ＳＩＰ（阻止原則宣言）」　278
（１）パリ会合と防衛庁の参加　279
（２）米国「ＳＩＰ（阻止原則宣言）」案へのコメント　280
（３）パリ会合「対処方針」の策定　281
（４）「ＳＩＰ（阻止原則宣言）」の採択　283
（５）議長発出のプレスステートメント　286
（６）「法執行の取り組み」としてのＰＳＩ　287
四　小括――「法執行」という安全保障政策　289
（１）ＰＳＩ活動での自衛隊の「軍事力（防衛力）」使用　289
（２）「国際貢献アプローチ」としてのＰＳＩ参加　291

第六章　ＰＳＩがもたらしたもの……319
一　自衛隊によるＰＳＩ海上阻止活動　320
（１）国際法上の根拠　321
（２）国内法上の根拠　323
（３）ＰＳＩ阻止活動における「交戦」の可能性　327
二　他国軍への情報提供活動　330
（１）自衛隊の警戒監視活動による情報収集、情報提供　330
（２）ＰＳＩにおける他国軍への情報提供　331
（３）情報提供についての先例　332

三　自衛隊の多国間共同訓練　334
（1）多国間共同訓練の法的根拠　335
（2）自衛隊の多国間共同訓練の系譜　337
（3）多国間共同訓練の前史――リムパック演習　342
（4）「戦闘を想定しない」多国間訓練の始まり　347
（5）新しいタイプの「地域協力」としての多国間共同訓練　351
（6）本来の目的である戦闘を想定した多国間共同訓練　354
（7）ＰＳＩ合同阻止訓練への自衛隊参加　358
四　小括――安全保障政策史における一つの分岐　359

終章　ＰＳＩと日本の安全保障政策……375
一　安全保障政策の法的整合性について　376
（1）「国際貢献アプローチ」としての法的整合性　377
（2）「同盟深化アプローチ」に転換もしくは接続する可能性　379
二　ＰＳＩ参加過程の諸相　380
（1）決定過程における「官邸外交」　381
（2）形成過程における「外務省主導」　382
（3）発展過程と「軍・軍関係の深化」　384
三　ＰＳＩと多国間安全保障協力　385

（1）多国間安全保障枠組としてのＰＳＩ　385
四　同時代史としての一考察　387
（1）両アプローチの関係性について　388
（2）多国間での「同盟深化アプローチ」が意味するもの　389

謝辞　393
未公刊資料・参考文献リスト　428
索引　432

略語一覧

AG	The Australia Group　オーストラリア・グループ
BWC	Biological Weapons Convention　生物兵器禁止条約
CWC	Chemical Weapons Convention　化学兵器禁止条約
HCOC	Hague Code of Conduct against Ballistic Missile Proliferation　弾道ミサイルの拡散に立ち向かうためのハーグ行動規範
ICOC	International Code of Conduct against Ballistic Missile Proliferation　弾道ミサイルの拡散に立ち向かうための国際行動規範
MTCR	Missile Technology Control Regime　大量破壊兵器の運搬手段であるミサイル及び関連汎用品・技術の輸出管理体制
NPT	Treaty on the Non-Proliferation of Nuclear Weapons　核兵器の不拡散に関する条約
NSG	Nuclear Suppliers Group　原子力供給国グループ
PSI	Proliferation Security Initiative　拡散に対する安全保障構想
RR	Rules of the Road　進むべき道筋のルール
SIP	Statement of Interdiction Principles　阻止原則宣言

表目次

表1　領域外における「武力の行使」と「武器の使用」についての政府解釈　65
表2　自衛隊の行動類型の法的整理　67
表3　2つの安全保障政策アプローチ（解釈軸の提示）　69
表4　「同盟深化アプローチ」に連なる政策事例　71
表5　「国際貢献アプローチ」に連なる政策事例　83
表6　防衛省・自衛隊の定義する「国際平和協力活動」　87
表7　2003年におけるイラク戦争、PSI関連の日程対応表　122
表8　防衛省による、多国間共同訓練の類型　338
表9　自衛隊の参加した多国間共同訓練　341

第一章　「拡散対抗（ＰＳＩ）」と自衛隊

一　「軍」としての自衛隊とその「軍事力」

本書は、日本のＰＳＩ（Proliferation Security Initiative：拡散に対する安全保障構想）参加の経緯を解明、分析することを目的とした実証研究である。

二〇〇三年に発足したＰＳＩは、大量破壊兵器及び関連物資等の拡散阻止を目的とした、従来にないタイプの安全保障レジームである。現在、参加国は約一〇〇か国にのぼる。ＰＳＩは、同盟でもなく、条約でもなく、国際機構でもなく、「行動」であるとされ、参加国には拡散対抗という規範への賛同のほかは、特段の義務は課されておらず、すべての活動は任意である。しかし、そのような緩やかなレジームでありつつ、定期的に総会（plenary）を開き、複数の専門家会合を置くという制度的な実体を備えている。また、実務家による情報協力や、参加各国軍による合同阻止訓練（多国間共同演習）を定期的に開催する等により、拡散阻止オペレーションの実効性確保に努めているという特徴もある。日本は、米国ブッシュ大統領（George W. Bush）がＰＳＩ構想を発表した同日に「参加」を表明し、一一か国の「コア・メンバー」の一員として、その創設、発展に力を尽くしてきた。

PSIは「法執行の取り組み」とされる。しかし、日本においてPSI活動を行う主体の一つは自衛隊である。PSIでの自衛隊の活動は、日本の領域外に及ぶ。具体的には、米国を含む他国軍との多国間枠組を通じて警戒監視情報等の交換を行うことで、拡散懸念事態の発生防止にあたっているとされる。また、自衛隊が米国以外の他国の軍隊との間で、公海及び他国領域において本格的で実質的なオペレーションを含む訓練（演習）を行った初めてのケースがPSIである。これらの活動は、日本の防衛のみを目的とする自衛行動を前提としたものではなく、また、非軍事分野に限定された従来型の国際貢献活動でもない。PSI活動は冷戦後の安全保障政策の系譜において、任務の質という点でも、地理的領域という観点からも、従来とは異なる自衛隊任務として付加されたものであるが、この事実はあまり知られていない。

本書においてPSI参加問題を取り上げる理由は、それがこれまであまり知られていなかったからだけではない。むしろ、自衛隊の「軍事力（防衛力）」の使用範囲及び領域の一貫した拡大という、冷戦後の日本に通底する政策的潮流、また、その中で二〇〇〇年代に生起した多国間安全保障協力の生起という変化を捉えるとともに、日本の安全保障政策を考察するにあたって法解釈上の問題を中心とした可能性と限界を示すと考えるからである。冷戦後史は同時代史でもあり、研究テーマとしてはまだ新しい。とりわけ、史資料の不足もあって安全保障分野に関する政策過程分析等の精緻な積み重ねはこれからである。本事例研究はそうした観点からの学問的な貢献となることを目指している。

本書が目指すものは、具体的には以下の諸点である。まず、実証研究として、PSI参加の政策過程を解明、分析することである。本書は、日本がPSIへの参加を決定し、その形成及び発展にコア・メンバーとして尽くした過程、また、自衛隊の「軍事力（防衛力）」をPSI活動に投入するに至った経緯を、一次史料（資料）のアーカイバル・リサーチを中心に再構成する。冷戦後史はまだ新しいテーマであり、外交・安全保障分野における政策過程はまだ研究蓄積が多いとは言えないが、本書はその事例研究の一つとして学問的な貢献をなすことを目指す。

また、本書は、冷戦後の日本の外交・安全保障政策の系譜におけるPSIの位置づけを考察することも目指す。この考察は、主に法的議論の整理を通じてなされる。安全保障政策をめぐる議論はしばしば「神学論争」と揶揄され、その議論はときに混迷を極めてきた。しかし、内閣法制局及び外務省国際法局（旧・条約局）を頂点とする官僚機構を経る限りにおいて、政策過程における法的整合性、法的安定性は保たれてきたとされる。本書はこうした官僚機構の議論に依拠し、個別の安全保障政策を「武力の行使」及び「武器の使用」という観点から、法解釈上の解釈軸として「同盟深化アプローチ」及び「国際貢献アプローチ」を提示する。PSI参加をめぐる政策過程の検証は、この解釈軸の妥当性を証する一事例にもなろう。

最後に、本書は、日本の安全保障政策の変化の兆候について考察することも目指す。PSI参加の政策過程については、「官邸主導」、「外務省優位」、及び「軍・軍関係の深化」といった、冷戦後の政策過程についての先行研究が示してきたモデルあるいは事象を検証する。このうち、「軍・軍関係の深化」については、自衛隊の制服組がアクターとしての影響力を強める可能性も指摘されており、立憲的統制のあり方、あるいはシビリアン・コントロールとの関係から、一定の注意が必要となろう。また、PSI参加によって新たに自衛隊に加わった任務も、重要な変化の兆しを示す可能性がある。もし、PSIを目的とした領域外での自衛隊の「軍事力（防衛力）」の使用が、「武力の行使」としてなされるのであれば、それは冷戦後の安全保障政策の根本的な転換点となることは言うまでもない。また、法執行に伴う「武器の使用」を意図した任務であっても、それが「武力の行使」に転換あるいは接続する可能性があるとすれば、やはりそれは、安全保障政策史の一つの分岐とみなされる可能性はあろう。さらに言えば、PSI参加と同時期に、伝統的安全保障（軍事）分野における「多国間安全保障協力」という新しい概念が生起しており、自衛隊は米国以外の他国軍との間に実際の軍事オペレーションを伴う軍事協力を深めつつあるが、それは、従来の政策とは質的にも内容的にも異なっている可能性が高いのではないか。本書は、こうした重要な変化の兆しについて考察を深めることも目指す。

(1)「軍」としての自衛隊

「(多国間共同訓練への参加は)……一緒に訓練する国々との関係がより親密になっていくわけでありますし、また、我が軍の透明性をまさに、一緒に訓練するわけでありますから、上げていくということにおいては大きな成果を上げているんだろうと、こう思います。(1)」

安倍晋三

二〇一五年三月二〇日、参議院予算員会で維新の党(当時)の真山勇一参議院議員の質問に対して答弁に立った安倍晋三首相が自衛隊を「我が軍」と発言し、少なからぬ波紋を広げた。(2) 現職の首相が公式の場で、留保条件をつけずに自衛隊を「軍」と呼んだのはこれが初めてであった。(3) その後、野党を中心にその真意を問う声が相次ぐ中、三月二五日に菅義偉官房長官が「自衛隊も軍隊の一つである」、「(首相発言は)まったく問題ない」と明言したことで、当該首相発言は言い間違いでも口を滑らせたのでもなかったことが確定した。(4) また、安倍内閣はその後、維新の党の別の議員から出された質問主意書に対しても、(5)「(自衛隊は)国際法上、一般的には、軍隊として取り扱われるものと考える」との答弁書を閣議決定し、(6) この問題を決着させた。無論、憲法が禁じていないとされる「自衛権の行使」もまた国際法上は「武力の行使」であり、そのような任務にあたる自衛隊が国際法上、軍隊と呼称され得ることは、従来の政府解釈でも踏襲されてきたものではある。(7) しかし、安倍首相の「我が軍」発言は、多方面、多任務にわたる多国間安全保障協力の一環としての自衛隊の共同訓練について述べたものであり、日本政府が「自衛権の行使」以外の文脈で自衛隊を「軍」と呼称した初めての事例となった。

筆者は、真山議員の政策担当秘書として、安倍首相へのこの質問の準備に携わった。この質問は、安倍が下野時代に執筆した論文“Asia's Democratic Security Diamond”の中で展開された日米豪印による「安全保障のダイヤモンド構想」(8)の真意を問う過程でなされたものである。二〇〇〇年代になって盛んに展開されるようになった米国及び米国以外の軍隊との多国間共同訓練に自衛隊が参加する意義、及び法的基盤について問われた際、安倍首相は自衛隊をして「我が軍」と呼称したものである。しかし、当日の委員会の席上、誰もこの発言を問題視しなかったことからもわかるように、その文脈を見る限りにおいて決して不自然な語用ではなかった。自衛隊の多国間共同訓練への参加は、技量向上や戦術会得といった自身の能力構築のみのためになされているのではなく、他国の軍隊との間の信頼性向上や透明性確保を大きな目的としており、これが基盤となって「二国間・多国間安全保障協力」が伝統的及び非伝統的安全保障分野において積み上げられているという事実がある。いわば、多国間での「軍・軍関係」の拡大・深化が進行しているという事実がある以上、安倍首相が他国軍との関係性において自衛隊を「我が軍」と呼称したのは、その政治的な意味合いと問題はさておくとして、少なくとも文脈的には整合する用語法であった。

本件で考察すべきことの一つは、字面上の用語選択の問題ではなく、自衛隊はいつから「自衛権の行使」以外の意味で「軍」としての役割を負うことになったのかという点であろう。言うまでもない話であるが、憲法第九条第二項において「前項の目的を達するため、陸海空軍その他の戦力はこれを保持しない。国の交戦権はこれを認めない」(9)と決意したところから、日本の戦後の歩みは始まった。それゆえ、自衛隊の創設、発展に至る「再軍備」以後の歴史において、その実態はともかくとして、少なくとも政府の認識においては「自衛隊は軍ではない」という前提を確認する作業が繰り返されてきた(10)。

とりわけ、自衛隊が他国軍との間で「軍・軍関係」を拡大・深化させることには、きわめて抑制的な姿勢が堅持されてきた。集団的自衛権行使の問題となり憲法に抵触する恐れがあるためである。海上自衛隊は、米海軍が主催する多国間軍事演習である「リムパック訓練」に一九八〇年から参加しているが、当初、国内外への説明は「米国との二国間訓練への参加」というものであり、その趣旨はあくまで自衛隊及び米軍が、日本を防衛するために必要な諸能力を獲得することに限定されてきた(11)。その際、演習海域に存在する米軍以外の他国軍については「たまたま同じ演習海域に存在した」との説明しかなされておらず、それら他国軍との間で「軍・軍関係」のようなものが存在することは否定されてきた。また、冷戦終了後には、たとえば、タイが主催するコブラ・ゴールド等、ＰＫＯや災害人道支援を目的とした多国間訓練にも自衛隊は参加するようになったが、これらは、非伝統的な安全保障分野、すなわち、非軍事的領域に限定されたものである。しかも、それら非軍事的領域に属する訓練でさえ、当初、自衛隊はオブザーバーを派遣するのみにとどめる等抑制的な対応に終始し、これら多国間共同訓練への参加が多国間での「軍・軍関係」を拡大・深化させるという印象を持たれないよう注意深く振る舞ってきたはずであった(12)。

しかし、安倍首相が自衛隊を「我が軍」と呼んだ二〇一五年三月二〇日の国会質疑で指摘されたように、事実として二〇〇〇年代以降、自衛隊は「伝統的な安全保障分野」すなわち「軍事的領域」に属する多国間共同訓練に盛んに参加している。それら訓練には、実質的で本格的な軍事オペレーションが含まれており、多国間安全保障協力という概念のもとで「伝統的な安全保障分野」における「軍・軍関係」を拡大・深化している(13)。自衛隊が「日本の防衛を目的とした自衛権の行使」以外の文脈で「軍」としての任務を帯び、多国間枠組における軍事分野での安全保障協力の実績を積み重ね、あまつさえ「軍・軍関係」を拡大・深化させているという事実は、戦後史、あるいは冷戦後史に進行した外交・安全保障分野における重要かつ根源的な変化の一つであるはずであるが、この現象に着目した考察は少なく(14)、またこうした現象が発生した経緯や、その法的基盤等を分析した研究はこれからの課題であると言えよう。

本書の中心的な問題意識はそこに存在する。

（２）「軍事力（防衛力）」使用の範囲及び領域

冷戦後の日本の外交・安全保障政策の系譜を俯瞰して気づかされるのは、自衛隊の保有する「軍事力（防衛力）」が使用される任務の範囲及び地理的領域が一貫して拡大してきたという事実である。[15] 少なくとも現在（二〇一七年六月一日）まで、この流れは一方向であって、その逆はない。[16] そして、その活動目的が軍事分野をも含み得る多国間安全保障協力にあり、また、その作戦行動の地理的領域が公海もしくは外国領域に及ぶことを公式に認めつつ、日本が自衛隊を参加させた最初の事例こそが、本書で扱うＰＳＩであった。それゆえ、本書はＰＳＩ参加を、自衛隊の「軍事力（防衛力）」[17]の使用範囲及び領域の拡大という、冷戦後一貫してきた政策課題の一つの事例として位置づける。

冷戦の終結は、フランシス・フクヤマが「歴史の終わり」と表現したように、[18] 少なくとも「勝利」した側の西側陣営には明るく、楽観的な時代をもたらすと思われた。ところが、その西側陣営に属していたはずの日本には、「冷戦後の世界」は「バブル崩壊に伴う経済敗北」、「湾岸戦争での外交敗北」[19]という二つの衝撃とともに到来した。ギャディスが「長い平和」[20]と呼んだ冷戦下で、その「平和の果実」を享受してきた日本にとって、「冷戦後の世界」は安定と繁栄を維持する基盤を再構成する努力を強いられる、ある意味で憂鬱な時代であったと言ってよい。日本は、まず、相対的な経済的地位の低下に悩まされた。「失われた二〇年」という言葉に集約されるように、バブル崩壊の痛手から相対的な経済力が低下を続け、ついにはＧＤＰ規模において中国に抜かれ多くの日本国民を落胆させるに至った。しかし、日本国民が危機感を抱いたのは経済面だけではなかった。より直接的な危機、すなわち、外交的、軍事的な意味で、冷戦期にはなかった挑戦と試練に晒されることになった。欧州では冷戦構造が崩壊したが、東アジアでは対立の構図がそのまま残され、台湾海峡危機や北朝鮮の核・ミサイル問題という形で繰り返しその危機が顕在化した。

また、二〇〇一年の米国同時多発テロ事件以降は、テロや大量破壊兵器の拡散という新しい脅威の存在にも直面することとなった。経済的な意味で「失われた二〇年」と呼ばれた時代はまた、五百旗頭真らが指摘するように外交・安全保障の面では「危機の二〇年」であったと言える。[21]現時点において、「失われた二〇年」と「危機の二〇年」の双方とも、それらが終結したのか継続しているのかを判断する確たる根拠はないが、少なくとも日本にとって冷戦の終結は、東西両陣営の全面衝突という大きな悲劇を遠ざけた一方で、外交、安全保障、経済等の各方面にわたる憂鬱をもたらしたことは、この時代を分析する上で欠くことのできない背景と言えるのではないか。

相対的な国力が低下し、伝統的な安全保障上の危機や挑戦に加え、テロやサイバー攻撃等の新しい脅威の台頭にも直面することになったことが、「危機の二〇年」において日本が一貫して自衛隊の「軍事力（防衛力）」[22]使用の範囲及び領域の拡大という政策課題に迫られた理由と言える。長く憲法第九条によって自ら厳しく縛りをかけ、たとえ「自衛権の行使」をする場合においてすら、自国領域及びその周辺での専守防衛に限るとしてきた日本である。しかし、国連等の枠組下での国際協力を目的として、あるいは日米同盟をある種の国際公共財と位置づけた上でその深化を目的として、自衛隊の持つ「軍事力（防衛力）」を使用しての「武力の行使」もしくは「武器の使用」の範囲を徐々に拡大するという作業に多大な労力を費やすことになったのである。国会における海外出動禁止決議[23]が未だ有効に存在するのをよそに、今や自衛隊は、海を越えての「本来任務」[24]に従事している。また、二〇一四年に集団的自衛権の行使が一部容認され、[25]二〇一五年には日本の自衛の定義に新たに「存立危機事態」等の概念が加えられ、日本領域外において自衛隊が他国軍と共同で「武力の行使」あるいは「武器の使用」を可能にする法律[26]が成立したが、それらはいずれも、自衛隊による「軍事力（防衛力）」の使用範囲及び領域の拡大という、一貫した政策課題のもとにあると言えよう。

（3）本書の目的

自衛隊のＰＳＩ参加もまた、その「軍事力（防衛力）」の使用範囲及び領域が拡大されてきた政策的系譜の上にあるというのが、本書が提示する認識である。そして、ＰＳＩを日本における外交・安全保障政策上の政策事例として捉え直すことが、本書の主要な研究目的の一つである。

中心的な目的は、日本のＰＳＩ参加という安全保障政策の実態解明、及び再構成である。まず、日本がＰＳＩへの参加を決めた過程は、これまでまったくと言っていいほど知られていない[27]。また、ＰＳＩにおいて自衛隊がどのような活動に従事しており、今後、その任務はどこまで拡大する可能性があるのかもほとんど知られていない。これらの実証的な解明作業による新事実の提示は、まだ新しい学問的テーマである冷戦後の安全保障政策史に広がりと深みを持たせることとなろう。

冷戦後の安全保障政策における政策過程論には、後述するようにすぐれた研究が出始めてはいるが、現在進行形の同時代史という側面もあり、まだ一次史料を駆使した実証研究の厚みに欠ける。特に、「外務省優位」、「官邸外交」、「軍・軍関係の深化」といった複数の現象あるいはモデルが指摘されているが、それらについてまだ明快な整理はなされていない。それゆえ、本書がＰＳＩ参加という一つの事例を通して解明する以下の諸点、すなわち、①政策の形成、決定過程における政治及び官僚組織相互の関係性、②官邸及び外務省を中心とするそれぞれのアクターの二国間及び多国間交渉における役割、また、③実際のオペレーション担当者としての自衛隊、特に制服組の存在感の変化等の実証的研究は学問的にも意義ある貢献となると考える。

また、「自衛隊のＰＳＩ参加」というこれまで欠けていたピースを埋め込み、冷戦後の安全保障政策を俯瞰した際にどんな景色が見えてくるかもあわせて考察したい。冷戦後、自衛隊の「軍事力（防衛力）」の使用範囲及び領域は一貫して拡大されてきたが、この政策的潮流は、日本の安全保障政策に二つの政策的系譜として生起したことが指摘される。一つは日米同盟を強固にし、実戦に即応できるものとする「同盟深化」である。もう一つは、国連平和維持活動や災害人道支援等を中心とする「国際貢献」である。これら二つの政策的アプローチの関係性については、それを択一の問題として捉える論者もいれば[28]、むしろ両者の「一体性」を指摘する考え方もあり[29]、必ずしも評価が定まっているとは言えない。いわば、冷戦後の安全保障政策史の議論における盲点となっている論点と言ってよいだろう。また、「同盟深化」でもなく、「国際貢献」でもないアプローチが生起する、あるいはしている可能性も否定できない。たとえば、鳩山由紀夫政権下での試みが明確に失敗したとはいえ[30]、理論的には中国等の第三国に接近しての安全保障枠組の形成も一つの選択肢としてはあり得よう[31]。一方、日米同盟を基軸としながらも、日米という二国間の枠組を超えた「多国間協力枠組」が形成されつつあることも事実であり、それが既存の安全保障政策アプローチの延長線上にあるのか、あるいは質的に別のものに変化しようとしているのかを考察するのは、これからの課題である[32]。さらに言えば、一つの多国間枠組であるPSIは、「同盟深化」の要素と「国際貢献」の性質を併せ持っている可能性があるとも言えるが、PSIにおいて自衛隊は、日米の同盟関係に立脚し、また、国連の存在を前提としつつ、「同盟深化」と「国際貢献」のどちらでもあり、また、どちらでもない多国間任務に従事しつつあるという解釈も成り立ち得る。自衛隊によるPSI活動の実態を精査・分析する作業は、冷戦後における日本の安全保障政策の系譜を整理するための、意義のある視点を提供するのではないか。

二　PSIの双面神的（Janus-faced）性格

二〇〇三年五月三一日、ポーランドのクラコフにおいて米国ブッシュ大統領によって提唱されたPSIは、大量破壊兵器等の拡散阻止を目的とする国際的枠組である。米国及び米国の呼びかけに応えた一〇か国から成る「コア・メンバー一一か国」で発足したPSIはその後、一〇年の間に地球大の広がりを見せた。現在では、国連加盟国の半分にあたる約一〇〇か国の参加国を擁するに及び、中国を除くほぼすべての主要国家が参加している[33]。

ＰＳＩは既存の国際レジームや国際的枠組にはない特徴を持っている。最もユニークなのは、同盟でもなく、条約でもなく、国際機関でもなく、「行動」であるとされる点にある[34]。参加国は「拡散阻止」というコンセプトについて、規範的な意味における「趣旨へ賛同」したという政治的コミットメントによって結ばれているが[35]、ＰＳＩへの参加によって新たな国際的な義務を負わされることはなく、そこでの活動はすべて任意とされる[36]。秋山信将は「ＰＳＩは制度というよりは規範の形成を行う外交のプラットフォーム[37]」と評価している。ただし、ＰＳＩはただの会議体やトークショップ的な存在ではなく、制度としての実体を備えていることにもその特徴がある。定期的に開催される総会（Plenary）の下には複数の実務者協議機関が置かれており、参加国間で日常的に、情報の相互提供や、法執行機関同士の協力が行われているほか、参加各国の軍事組織が参加しての大規模な合同阻止訓練が毎年、複数回行われ、実務的、実践的なオペレーションの実効性を高める努力を継続している。これまでに見られなかった新しいタイプの拡散対抗レジームであることは間違いない。

日本は米国からの呼びかけに応え、当初からＰＳＩの創設、発展に尽くしたコア・メンバーの一つである。にもかかわらず、日本国内であまりPSIについて知られていないのは、この構想への参加が、国会での決議や批准を経て決定したからではなく、また、閣議決定等の正式な手続きを経てなされたわけでもないという事情にもよる。また、参加当時の政治的課題として、海外においてはイラク戦争の終結があり[38]、国内においては有事法制[39]やイラク特措法の審議があり、ＰＳＩ参加問題がこれら内外の重要案件の陰に隠れてしまったことも否定できない。[40]

しかし、仔細に見ればＰＳＩへの参加は、従来の日本の安全保障政策にはない特殊性があり、大きな議論を引き起こしてもおかしくなかったと言えよう。政策上の観点から言えば、国内政治に大きな軋轢や摩擦を引き起こしたイラク戦争やイラク特措法といった事柄とＰＳＩの創設は、密接に連動していたのは事実である。ただし、ＰＳＩは「法執行の取組」という建前を堅持したこともあって、対北朝鮮の文脈で議論を招いた韓国以外に政策上の議論を引き起こした例はほとんど見られない[41]。しかしながら、日本独自の特殊事情で大きな議論になり得たのは、すぐれて日本的な憲法に絡む点であったと言えよう。もし、提唱国である米国の意図のとおりにＰＳＩが設計されていたならば、ＰＳＩ活動に派遣された自衛隊が「武力の行使」をする、あるいは関与する可能性もあり、集団的自衛権の問題等に絡む憲法上の議論を引き起こす恐れもあったはずである。にもかかわらず、政治的にも、学問的にも、日本のＰＳＩ参加があまり議論の対象とされてこなかったのは不思議なことである。その背景には、日本政府による、ＰＳＩ参加を政治問題にさせないための努力があったことは、本書第四章及び第五章で詳しく分析する。

しかし、それだけでなく、制度としてのＰＳＩそのものが持つわかりづらさ、捉えどころのなさがＰＳＩに関する議論の発展を妨げてきた側面も否定できない。注意深く見ると、ＰＳＩは権力政治的な「有志連合」という性格と、行政連合的な「普遍的な国際的取組」という性格の、双方をそなえた双面神的（Janus-faced）な姿をしていることがわかる。

(1) 国際的な「法執行」の取り組み

ＰＳＩは、国際的な「法執行（law-enforcement）の取組」と定義されている[42]。ＰＳＩはまず、発足の時点では、既存の国際法、国内法の枠組の中で、新しい規範である「拡散対抗」の実現を目指すこととされた。また、ブッシュ大統領がこの構想を提唱した背景に、既存の法的枠組では対処不能な拡散懸念事態が存在するという事実があったため、ＰＳＩはその発展過程において、新たな国際法の創設、既存法規の解釈変更、国連安保理からの授権、そして参加国それぞれの国内法整備といった法創造を伴うものとなった[43]。いずれにせよ、ＰＳＩにおいて参加国は、国際法、国内法で許された範囲の拡散阻止活動を、「法執行」として行うことが原則となっていることは一貫している。この点において、ＰＳＩは国際紛争を解決する手段としての「武力の行使」を行う枠組とは、少なくとも表面上は一線を画しており、いわば「法執行」のための行政連合的レジームの姿をしていると言ってよい。

（2）「武力の行使」と有志連合的性格

一方、ＰＳＩは行政連合的なものにとどまらない可能性も秘めている。まず、ＰＳＩの諸活動のすべてが純粋な意味での「法執行の取組」にとどまるのか疑問が残る。ＰＳＩの主役の一つは軍である。そして、ＰＳＩ阻止活動を実施するための実務者会合、図上演習、ＰＳＩ合同阻止訓練等は、いずれも米国を中心とした参加国の軍によって主催されており、参加国間の「軍・軍関係」を深化させることが、当初からその主要な目的の一つであった。無論、「軍・軍関係」に立脚するとはいえ、その「行動」が「法執行の取組」に限定されるのであれば特段の問題はない。軍事組織が「警察権の行使」をすることは、そこに法的基盤が存在する限りどの国においても差し支えなく、国連ＰＫＯ活動の多くがそうであるように、それは「武力の行使」とは区別される概念である。[44]しかし、ＰＳＩの創設にあたって米国が意欲を燃やした一部の行為、たとえば「旗国の同意を得ない公海上で臨検」等を国際法は「武力の行使」としており、それはすなわち国家間の衝突・紛争にほかならない。[45]かかる行為を行うのであれば、ＰＳＩは「法執行の取組」の範疇を超えると解釈され得よう。

もう一つは、発生の経緯に由来するＰＳＩの有志連合的性格である。ＰＳＩはブッシュ大統領個人が発案し、ごく少数の側近によって短期間（二〜三週間）でまとめられた構想である。そして、二〇〇三年五月に同大統領がこれを発表する前に、内々にイラク戦争での有志連合国に対して打診がなされ、それらの国々から「参加を熱望する」との確約が得られていたことが判明している。[46]また、ブッシュ大統領の発案の直接的なきっかけは、その前年一二月に発生したソ・サン号事件[47]であったが、それゆえに、ＰＳＩでは構想の初期段階から、拡散阻止の対象となる「拡散懸念国」として、具体的に北朝鮮及びイランの名前が挙げられている[48]。有志国が集って特定の「国又は国に準ずる機関」を対象として「武力の行使」をするのであれば、それはまさに有志連合であろう。また、公海等を経由してなされる拡散事態の阻止がその主目的の一つであることから、ＰＳＩ参加国は必然的に「自国領域の内外」における「多国間軍事協力」を念頭に置かざるを得ず、事実、公海及び相互領域内における「軍・軍関係」に立脚した協力体制の構築に余念がない。これはむしろ、軍事同盟あるいは国際的安全保障機構の姿に近いと言えよう。少なくとも「法執行の取組」からは逸脱する可能性があるのは否定できない。

これらの事実は、自衛隊にとって重大な意味を持つと考えるのが自然であろう。「日本のみの防衛」を目的としていないにもかかわらず、「国又は国に準ずる機関」に対し、他国軍隊と協力して「武力の行使」を行うことは、日本においては「集団的自衛権の行使」と定義される。かかる行為は日本において――少なくともＰＳＩが創設された時点においては――憲法上、禁止されていた。にもかかわらず、なぜ、ＰＳＩへの参加と、ＰＳＩ活動を目的とした領域外での自衛隊の「軍事力（防衛力）」の使用が、政治的軋轢を一切引き起こすこともなく可能とされたのかは、本書が解明すべき問いであろう。

(3) ＰＳＩの普遍性、規範性

ＰＳＩにはもう一つの側面がある。イラク戦争に突入する過程で、米国とその同盟国の間に深刻な亀裂が入った反省もあり、米国はこのイニシアティブになるべく普遍性と規範性を持たせようと努力したことである。

二〇〇二年六月、九・一一米国同時多発テロ事件を受けたＧ８諸国は、カナダ・カナナキスにおいて「大量破壊兵器・物資の拡散に対するグローバル・パートナーシップ：Ｇ８行動計画[49]」を採択した。これは、大量破壊兵器及び関連物資の「不拡散」について、概括的なG８諸国の決意を表したものである。そして、このカナナキス宣言にある「不拡散」を具体化すべく、同年一二月、米国が発表したのが「大量破壊兵器と闘う国家戦略」である。ここで提唱された「包括的アプローチ」の三本柱が、「不拡散」、「拡散対抗」、「大量破壊兵器使用の結果への対処」であった。(50)このうち、「拡散対抗」という考え方は、従来の「不拡散」アプローチをより能動的な形で深めた新しい概念であり、(51)クラコフで発表されたブッシュ大統領の構想は、その「拡散対抗」アプローチに制度的枠組や行動規範等を与えて具体化させるものであった。それゆえに、PSIは新しい規範に基づく安全保障レジームとされるのであるが、ここで留意したいのは、PSIを構成する中心的な概念である「拡散対抗」は、PSIが創設された時点においてはまだ、あくまで米国独自の国家戦略の一つであり、何らかの国際的取極等によって普遍化された概念ではなかったという事実である。にもかかわらず、PSIの創設にあたっての実質的な「憲章（Charter）」となった「SIP: Statements Interdiction Principles（阻止原則宣言）」の中には、米国の戦略には一言の言及もなく、ただ、カナナキス宣言等の趣旨を具現化することのみが強調されたのである。(52)そして、その後の歴史においても、国連安保理やG８等で「不拡散」あるいは「拡散阻止」を目的としてなされた決議や宣言が、注意深く、かつ、繰り返し、全参加国によって確認される作業が積み重ねられたが、「拡散対抗」が米国の国家戦略であることは触れられていない。(53)

また、PSIが「法執行の取組」であることを繰り返し確認することもまた、その行政連合的性格を強調することとなっている。先にも見たように、PSIの性格と役割を明示的に定義した累次の国際取極の中では、参加各国によるPSI活動は国際法、国内法の範囲に制限されることが強調されているが、かかる表現をもってPSIの権力政治的、有志連合的側面をなるべく小さく見せ、その行政連合的な性格が印象に残る効果を生んでいるとも言える。

このように米国が創出した新しい規範（拡散対抗）に基づいて創設されたPSIは、普遍的な規範による、普遍的な取り組みであるとの演出が巧みになされている。その試みはかなりの程度成功していると言え、その意味において、

ＰＳＩを単純に有志連合と言い切ることもできない。むしろ、「武力の行使」を目的とする軍事同盟的な色彩がつとめて排除され、普遍性、規範性を備えた新しい国際レジームとして認識されることにより、ＰＳＩをして当初の有志連合諸国の枠組を大きく超えさせ、地球大の広がりを持たせたことも否定できず、それもまたＰＳＩの本質的性格の一つと言える。そしてこのことは、日本のＰＳＩ活動においては決定的に重要な意味を持つ。

（４）ＰＳＩと日本の安全保障政策

日本が国内政治上の大きな軋轢や摩擦もなくＰＳＩに参加することができたのは、ＰＳＩそのものの持つ、こうした両義性、あるいは曖昧性に依るところが大きい。実際のＰＳＩ活動に自衛隊の「軍事力（防衛力）」が投入される事実がほとんど知られていない一方、ＰＳＩは既存の法体系に基づく「法執行の取組」であることが繰り返し強調されたことで、これが法執行機関による行政連合のような印象を与えたためである。いわば、盲点を衝く形で、自衛隊の「軍事力（防衛力）」の使用範囲及び領域が拡大されたという側面があると言ってよいのではないか。

こうした曖昧性、両義性を反映してか、日本政府内におけるＰＳＩについての認識に微妙な温度差が見られる。外務省が作成する『外交青書』はＰＳＩを「大量破壊兵器などの拡散阻止のため各国が国際法・国内法の範囲内で共同してとり得る措置を実施・検討するための取組」と定義し[54]、その「法執行の取組」の側面を強調し、自衛隊の役割についてはほとんど言及がない[55]。しかし、防衛省・自衛隊の認識を示す『防衛白書』は「防衛省・自衛隊は、関係機関・関係国と連携し、第三回のパリ会合（二〇〇三（平成一五）年九月）以降、各種会合に自衛隊を含む防衛省職員を派遣するとともに、〇四（平成一六）年からは、継続的に訓練に参加してきた[56]」と事実関係を述べ、ＰＳＩを自衛隊による「アジア太平洋地域の安定化およびグローバルな安全保障環境の改善」にかかる事業の一つに位置づけている[57]。

本書が解明すべき点はここにもあろう。日本が関与する大量破壊兵器及びミサイル等の不拡散体制はいくつもあるが[58]、自衛隊の「軍事力（防衛力）」が投入され、日本の安全保障政策の一角を形成していると認識されているのはＰＳＩのみである。しかし、自衛隊が有事（拡散懸念事態）においてどこまでのＰＳＩ阻止活動を行うことができるのかは不明であるし、また、平時において行われている多国間共同訓練（ＰＳＩ合同阻止訓練）や警戒監視活動による情報の相互提供の内容の詳細もほとんど知られていない。まずは、こうした事実関係を明らかにする必要があろう。そして、もし、日本政府の認識においてＰＳＩが権力政治的な有志連合に近い性格のものであるなら、これは同盟深化の系譜に連なる政策であろう。そうではなく、ＰＳＩがあくまで行政連合的なレジームであるなら、それは国際貢献に属する政策となる。はたして、ＰＳＩはそのどちらにあたるのであろうか。

そして、もし、ＰＳＩがそのどちらでもあり、あるいは、どちらでもないとすれば、いったいそれは何なのであろうか。日本政府の公式見解に従えば、ＰＳＩは「法執行」のみを目的とした「国際貢献」の系譜にある政策となろう。しかしそれでは、なぜＰＳＩにおいて軍事オペレーションを含む多国間共同訓練が行われているのか説明がつかない。また、北朝鮮やイラン等の特定国を対象とした「武力の行使」は、少なくとも日本においては「国際貢献」と呼ばれるはずもないが、ＰＳＩ以降に始まった多国間安全保障協力という一つの政策的系譜は、ＰＳＩと同様に「二国間・多国間の安全保障協力」を積み重ねることで、中国や北朝鮮等、特定国の脅威に対処する戦略意図を有していることも否定できない[59]。ならばこうした「軍・軍関係」に立脚した多国間安全保障協力という新しい流れは、日米の「同盟深化」の延長線上にあると見るべきなのか、あるいは質的に変容した新しい形の「国際貢献」と言うべきなのか。こうした問題意識に対して、まずは「同盟深化」あるいは「国際貢献」といった概念を整理する必要があろう。

三　先行研究について

本書の狙いは、ＰＳＩ参加を日本の安全保障政策の一つと捉え、その参加過程についての実証的な検証を行うことであり、また、冷戦後の安全保障政策の系譜の中でその位置づけを探ることにもある。かかる見地から先行研究について述べる。

（1）ＰＳＩと日本

まったく新しい形の国際的取り組みとされるＰＳＩについては、同構想が発表当初に大きな話題となったこともあり、そのユニークさを反映して、その性格や意義等について分析した研究が豊富にある。[60] まず、米国主導の新しい国際秩序形成のあり方に関する政策的妥当性の議論がある。[61] しかし、学問的により大きく注目されたのは、米国の試みが既存の国際法秩序、特に、海洋法秩序に挑戦するものではないかという国際法上の問題提起についてである。ことに米国が狙った公海上での臨検の合法化の試みの妥当性や、その後、ＰＳＩに関連して生起した国連安保理決議一五四〇の発出、ＳＵＡ条約の改正、そして乗船検査の事前同意に伴う二国間協定の締結といった新たな法創造、法改正等についての検証、研究が主流となった。[62] それゆえ、日本とＰＳＩとの関わりに関する先行研究は、たとえば坂元茂樹や佐久間一のように、ＰＳＩにおける「有事（拡散懸念事態）」にあたって、自衛隊がＰＳＩ阻止活動を実施するのは国際法・国内法上の大きな困難を抱えていることを指摘した研究が中心であった。[63] また、外務省不拡散室にいた西田充は、現行の法体系の中に自衛隊がＰＳＩ阻止活動を行う根拠法がないことを指摘し、「包括法」の制定の必要性を提唱する政策提言も行っている。[64]

しかし、それら国際法・国内法上の困難にもかかわらず、なぜ、日本がＰＳＩに参加したのか、あるいは、参加し得たのかという経緯についてはまったくと言っていいほど研究がされていない。また、自衛隊がＰＳＩ任務に投入されることになった経緯、理由等を実証し、その意義や影響を論じた研究も管見する限りないのではないかと思われる。さらに言えば、現実に発足当初から主要メンバーとしての活動を続けているという現実について、国家としての法的地位を解き明かす研究は見当たらないし、すでに自衛隊が多国間共同訓練や情報提供任務等の諸活動に従事している事実について、その実態を分析したものはなく、また、それらの任務の法的基盤等を十分に分析した研究も管見の限りないと思われる。実証的研究としての本書が、最も重視するのはこの点である。

また、日本の活動とからめたＰＳＩの評価についてはいくつかの見解があり、まだ定まっているとは言えない。秋山信将は「ＰＳＩの実効性よりもむしろ規範の定着、あるいは国際社会への『実効性』重視型の不拡散規範の浸透という政治的な効果」のほうが「インパクトが大きいのではないだろうか[65]」として、ＰＳＩの持つ法執行（enforcement）の側面を重視しており、この見解に従うならば、ＰＳＩ参加は国連ＰＫＯ等と同じく「国際貢献」の系譜に連なると解釈するのが自然である。しかし、倉田秀也はＰＳＩについて「核・ミサイル技術の移転が主に洋上であり、アジア・太平洋地域でそれまで多くの訓練を積んでいるのが、米海軍と海上自衛隊であることを指摘すれば、その主軸が日米同盟であることは自明であろう[66]」と、これを日米の「同盟深化」の文脈で捉えている。このように、両様の解釈が成り立ち得るところに、ＰＳＩの双面神的性格が反映されていると言えるが、それゆえに、ＰＳＩ参加を冷戦後における日本の安全保障政策の中にどう位置づけるかは解釈が分かれたままであると言えよう。本書の問題意識の一つが、冷戦後の安全保障政策の系譜の中で、ＰＳＩ参加という政策事例の位置づけを捉え直すことにあるのは、そのためである。

（2）冷戦後の安全保障政策――二つの政策的系譜と具体的政策事例

本書の目的が、日本のPSI参加という政策事例の位置づけを探ることにもある以上、その作業の前提として、安全保障政策の系譜を構成する政策事例についての実証研究を確認しておく必要があろう。

まず、冷戦終結以前、すなわち、冷戦下の安全保障政策の政治過程、政策過程については一次史料を駆使した実証的な研究が多く、研究分野として厚みを増しつつある。冷戦期において自衛隊の「軍事力（防衛力）」の使用が考えられたのは、日本への直接的な武力攻撃の発生以外は想定されておらず、理論上、それは自主防衛か日米安全保障条約が適用されての共同防衛行為かのどちらかしかないが、政治過程、政策過程の研究については日米同盟の形成と発展に関するものが主流である。通史的なものでは、坂元一哉の『日米同盟の絆』[67]、池田慎太郎の『日米同盟の政治史』[68]、吉田真吾の『日米同盟の制度化』[69]等が、冷戦期における日米同盟の起源と発展、そして深化の歴史について実証的にその姿を解明している。また、波多野澄雄の『歴史としての日米安保条約』[70]や後藤乾一の『沖縄核密約を背負って』[71]のように、一次史料を駆使し、誰も知らなかった日米同盟の政治過程、政策過程に光を当てた実証研究もあり、冷戦期における日米同盟の形成及び発展過程は、その全貌が明らかになりつつある。これらは、機密文書等が徐々に開示されつつあることによる成果でもあろうが、冷戦後の政治過程、政策過程はまず史資料の面での限界もあって具体的事例の実証はさらなる蓄積が必要であるし、それらに基づいての多角的考察や掘り下げた分析はまだこれからの課題であろう。

もちろん、まだ新しい研究分野である冷戦後の安全保障政策史ではあるが、具体的な政策事例を対象とした実証研究はすでに始まっている。一般的に、冷戦後の日本の安全保障政策、とりわけ自衛隊の「軍事力（防衛力）」の使用に関する研究は、二つの政策的系譜の存在を前提にしている場合が多い。一つは日米同盟を基軸として策定される「同盟深化」の政策群であり、もう一つは国連等への協力あるいは国連安保理決議等の実施に伴う「国際貢献」の政策群である[72]。たとえば、信田智人の『冷戦後の日本外交史――安全保障政策の国内政治過程』[73]には、冷戦後史を分析するにあたっての、基本的な枠組、対象、構図等が示されている。同研究は、冷戦後における安全保障政策の系譜を全体的かつ網羅的に俯瞰したものであるが、信田は合理的行為者モデルの視座を設定した上で、リアリズム的側面から日米同盟を、リベラリズム的側面から平和主義、吉田ドクトリン、経済成長を、また、コンストラクティヴィズム的側面から歴史の債務の問題を論じている[74]。このうち、歴史の債務の問題は本書で扱う自衛隊の「軍事力（防衛力）」の使用事例ではないので除外するが、本書もまた「同盟深化」に連なる政策群がリアリズム的側面を基本にし、平和主義から発展した「国際貢献」のための諸政策がリベラリズム的側面を有しているという信田の基本的認識を踏襲する。もっとも、信田が同研究において具体的な政策事例としてブラックボックス分析及びブラックボックスを開けての分析の対象にしたのは「湾岸危機からＰＫＯ協力法の成立」、「新ガイドライン関連法」、「テロ対策特措法」、「イラク特措法」の四つしかなく[75]、したがって、ここで扱われていない事例、特に、イラク特措法以降の二〇〇〇年代の政策事例を加えたとき、伝統的な「リアリズムかリベラリズムか」という二項対立的な分類でよいのかどうかは検討が必要であろう。

次に、それぞれの政策的系譜に属する実証的な事例研究について見る。先に挙げた二つの系譜のうち、「同盟深化」（Deepening the US-Japan alliance）という言葉は、近年、日本政府の公式文書の中にも盛んに登場するようになり、広く人口に膾炙する言葉ともなった。この「同盟深化」について書かれたものとしては、たとえばジャーナリズムの傑作に、一九九四年の北朝鮮危機から一九九六年の台湾海峡危機までの間に日米同盟のあり方が問われた経緯を描いた船橋洋一の『同盟漂流』[76]や、その逆に、その後の「日米同盟再定義」によって日米一体化が進んだ過程を描いた春原剛の『同盟変貌』[77]等があり、また、防衛庁事務次官として同盟深化の実務に携わった秋山昌廣の『日米の戦略対話が始まった』[78]等があるが、学問的な研究対象として「同盟深化」の政治過程、政策形成過程を分析する作業はこれからの研究蓄積が必要であると言える。そのような観点において最近出されたものに、一九九〇年代の安全保障政策の一部を抽出し、「同盟深化」の政治過程、政策過程を通史的に分析した柴田晃芳の『冷戦後日本の防衛政策』[79]がある。同研究の中で柴田は、戦後日本の防衛政策に見られた三つの路線[80]、すなわち、「国連中心」路線、「自主防衛」路線、「安保重視」路線のうち、冷戦期において一九八〇年代までには「安保重視」路線の勝利で最終的な決着がついたとされることを指摘した上で[81]、この「安保重視」路線が冷戦後の「日米同盟深化」へと発展したという基本認識のもと、具体的な対象として「樋口レポート」、「東アジア戦略報告」、「防衛計画の大綱（07大綱）」、「日米安全保障共同宣言」、「新『日米防衛協力のための指針』（ガイドライン）」の諸政策を取り上げている。柴田はこれら五つの事例の国内政治過程を、政党政治仮説、官僚政治仮説、経路依存仮説、漸進的累積的変化仮説の四つを使用した上で、「時期区分と決定レベル」、「アクターと影響力」、「アイディア」、「制度」、「諸要因の関連」という枠組をもって分析している。ここで柴田が基本的な枠組として提示した「安保重視」路線と「国連中心」路線を対比させる考え方は、信田がリアリズム的側面とリベラリズム的側面を並列したものと同じ構図であり、本書もこれを踏襲するものである。ただし、柴田の分析は一九九〇年代の諸政策を対象としており、分析対象となった政策事例も四つしかないことから、PSI参加を含む二〇〇〇年代に生起した安全保障政策が、九〇年代のそれと同じ枠組で考察され得るかは検討の必要があろう。特に、「国際貢献」の系譜に連なる諸政策に「同盟深化」を促進する事例がなかったのか、また、日米同盟そのものが「国際公共財」という表現によって、あたかも「国際貢献」的な意味合いを付与されていることについても検証が必要であろう[82]。

もう一方の「国際貢献」は冷戦後に生起した新しい政策群である。冷戦後の安全保障政策の特徴の一つは、冷戦期において「軍事力（防衛力）の不使用」とほぼ同義であった「国連中心主義」が、PKO参加を契機として「軍事力（防衛力）の使用」の大義名分へと質的な変貌を遂げたことにある。こちらの政策軸についても、その政治過程、政策過程を検証した実証研究が出始めている。未公刊資料を駆使した通史的な研究としては、庄司貴由の『自衛隊海外派遣と日本外交』[83]がある。同研究は、海外派遣された自衛隊による国際協力任務が始まり、それが拡大する経緯を、情報公開請求等によって得た一次史料を駆使して分析している。竹下登、海部俊樹、宮沢喜一、村山富一、小泉純一郎の五つの内閣において、自衛隊の「人的貢献」は任務の内容においても地理的領域においても、飛躍的な拡大を遂げた[84]。ただし、庄司が指摘するのは、国際協力を目的とした自衛隊の海外派遣の拡大という政策的系譜を一貫して立案、推進したのは外交思想も支持基盤も異なる上記五内閣ではなく、外務省であったという事実である[85]。それゆえ、同研究では歴代内閣と外務省を分析の中心に据えた上で、「国連ナミビア独立支援グループ参加問題[86]」、「国連平和協力法案作成過程[87]」、「カンボジア文民警察官派遣過程[88]」、「モザンビーク部隊派遣[89]」、「ルワンダ難民救援参加問題[90]」、「イラク人道復興支援活動[91]」の六つの事例を対象とし、史的実証主義的な方法でそれぞれの政治過程、政策過程を詳細に分析した。そして、これら「実績積み上げ」の過程で外務省が苦慮した二つの局面、すなわち、「軍事性の希薄化」、「治安情勢をめぐる問題」の存在を指摘している[92]。庄司が見事に描き出したのは、外務省が自衛隊の国際協力任務を拡大し、海外派遣を主導しつつ、その過程においては自衛隊の持つ「軍事力（防衛力）」が使用される可能性を極小化することに努力を費やしたという、ある種の矛盾した構図である。「外務省をはじめ、政府が現行憲法を維持しながら、人的貢献を拡大していくという中間策を遂行し続けるうえで、この不透明さ、曖昧さこそ実は不可欠だったといえなくもない[93]」という庄司の指摘は、本書で扱うPSIへの参加問題につきまとう「曖昧性」を考える上でも重要な示唆となろう。ただし、PSIにおいてはPKO派遣やイラク派遣にあたって「軍事性の希薄化」が図られたのとは逆に、警戒監視情報の相互共有等による各国軍の一体化や、本格的な軍事オペレーションを含む多国間共同訓練という「軍事協力の拡大・深化」が進行しているという実態がある。庄司の研究は二〇〇三年のイラク派遣までで終わっているが、もし、その後に拡大したPSI諸活動を「国際貢献」の系譜に位置づけるとするならば、政策軸としての「国際貢献」にはそこで質的な断絶もしくは変容が生じた可能性があると言えよう。この点は本書が考察を深めなければならないテーマであると思われる。「国際貢献」の系譜で言えば、ＰＫＯ参加は日本の冷戦後史の一大テーマであり、これを扱った研究は膨大なものがある。[94]しかし、未公刊資料を使ってＰＫＯ参加への政治過程、政策過程を分析した研究[95]や、理論的考察に特化した研究[96]等も出始めているが、その数は決して多くはなく、また、研究対象となる具体的事例の点でも二〇〇三年のイラク派遣以降の安全保障政策をカバーしたものはない。しかも、肝心の各省庁を横断しての政策形成過程、政策決定過程を追ったものは庄司の研究以外ほとんど見当たらない。本書が冷戦後の安全保障政策史の一頁として、ＰＳＩ参加を実証的に扱う意義はそこにもあると考える。

これらの実証研究の多くは二〇〇三年のイラク特措法成立までの政策事例を対象としている。本書が分析の対象とするのは、二〇〇〇年代の事象であるＰＳＩ参加であり、冷戦後の安全保障政策の系譜に位置づけようとする作業においては、これら先行研究で提示された分析の構図が二〇〇〇年代以降に進行した事象についてもそのままの形で適用可能かを再検討する必要があろう。本書が提示する視点は以下のとおりである。第一に、リアリズム的要素とリベラリズム的性格の双方を併せ持った政策をどう捉えるかという視点である。リアリズム的な戦略意図を持ちながら、任務の法的基盤はリベラリズム的な政策的系譜と同じという政策事例はあり得る。たとえば、テロ対策特措法やイラク特措法は、その目的が米国の「テロとの闘い」を支援するものであり、その意味ではリアリズム的な日米同盟深化の系譜に属する政策と分類されよう。しかし、これら両法の立法過程において焦点となったのは、自衛隊の任務の根拠を一連の国連安保理決議に求めた上で、「後方支援」あるいは「復興支援」に限定して「武器の使用」の要素を極小化し、また、米軍を中心としたＮＡＴＯ軍の作戦行動との一体性を否定あるいは希釈することで、「武力の行使との一体化」の批判を退けることにあった。したがってこれらの任務の法的基盤は、国連からの授権を前提とした国際任務を遂行するという意味でＰＫＯ活動のそれに近い。ならば、二〇〇〇年以降、戦略的意図としてはリアリズム的な意味で「同盟深化」を目指し、法的基盤としてはリベラリズム的側面の濃い「国際貢献」に連なるものと、それぞれの政策的系譜がオーバーラップする新しい位相の安全保障政策が誕生した可能性が指摘され得よう。ならば、戦略的意図だけに着目して「同盟深化」か「国際貢献」かを論じるならば、立法過程において重視された法的整合性の問題を説明できないのではないだろうか。第二に、これは冷戦後史の展開に伴う事情変化によるものであるが、「日米安保条約か、国連か」という二項対立的な考え方の有効性もしくは妥当性である。二〇〇三年のイラク特措法以降に登場した安全保障政策群の位置づけが、この分析枠組ではうまくなされない可能性がある。なにより、双面神的な性格を持つＰＳＩへの参加という事例を、従来型の単純な二項対立に当てはめるのは困難である。また、後述するように、日本政府は公式に、日米同盟をアジア太平洋地域安定のための「国際公共財」と捉え、その上に重層的に織りなす形で、オーストラリア、インド、韓国といった国々との「二国間・多国間安全保障協力」の積み上げを目指しているが、これが行き着く先は従来型の日米同盟の発展形なのか、それとも新しい形の安全保障レジームが創出される過程にあるのかという点は、学問的にも考察されるべき重要なテーマであろう。もし、新しい形の安全保障レジームが生起しつつあるとすれば、従来型の二項対立的な考え方は止揚される可能性があるが、いずれにせよ、正確かつ精密な史資料に基づいた綿密な実証研究を積み上げた上でのみ、新しいテーマである冷戦後の安全保障政策史の研究は発展するはずである。

（3）安全保障政策をめぐるアクターについて

政策過程の実証研究という本書の目的に照らせば、それぞれの政策形成、政策決定を主導したアクターは誰であったかという分析は当然のことながら欠かせないと思われる。これについては、先行研究に基本的な枠組が示されている。たとえば、先述の信田智人の研究に、冷戦後における安全保障政策の政治過程、政策過程を扱う研究者が分析対象とするアクターがほぼ網羅されている。信田は、政策過程対外政策の政治過程について組織過程モデルと政治過程モデルの検討をした上で[97]、行政府におけるパワーシフトのアクターとして官邸、外務省、防衛庁の三つのキーとなる省庁を指摘し[98]、また、政治セクターから各政党が[99]、非政府アクターとして利益団体、マスメディア、世論のそれぞれを抽出した上で[100]、それらアクター間の相互作用についての分析をしている[101]。本書も基本的にこの考え方を踏襲して分析対象とするアクターを絞り込むが、後に示すとおり、ＰＳＩへの参加過程には行政府以外のアクターがほとんど関与していないことから、官邸、外務省、防衛庁（当時）による行政府内のアクターのパワーシフトの視点に、より焦点を絞った分析を行うことにする[102]。

なお、信田の諸研究において、行政府における安全保障政策の主要アクターとして、首相官邸の台頭が指摘されていることは重要である。信田は、特に小泉政権下における官邸の外交・安全保障政策への強いリーダーシップについて、『官邸外交』[103]という研究でこの現象を掘り下げて論じているが、そこでは、主に橋本行革の成果によって[104]「実質的な副首相」[105]となった官房長官を頂点とする官邸スタッフの外交・安全保障問題への強い関与の存在と、これに伴う政治と官僚機構の間に新しい政治過程があらわれた事実が指摘されている[106]。二〇〇〇年代に入り、ブッシュ・小泉両首脳による「日米蜜月時代」を迎える中、首相官邸が主導する「官邸外交」によって、「テロとの闘い」をはじめとする様々な局面における日米関係が強化された。官僚機構は前例踏襲を旨とするため、政策変更を行うにあたっては増分主義的、漸増主義的にインクリメンタルな変化を積み重ねることが一般的であるとされる[107]。しかし、小泉政権下においては、ドラスチックな外部環境の変化に対応するため、小泉首相の個人的特性[108]ともあいまって、重要な局面で「官邸外交」が多用されたとされるが、本書で扱うＰＳＩ参加はまさにその時期に決定されたものである。したがって、本書もまた、この視点を援用することとし、ＰＳＩ参加という政策事例の政策過程においても「官邸外交」に類する事象が見られたかどうかも検証する。

一方、第二次世界大戦後においては長く、外交・安全保障政策は「外務省優位」で進められてきたとの指摘がある。防衛政策を策定、遂行するにあたって、日米同盟がその基軸となったため、日米安全保障条約の有権解釈権を有する外務省の意向は決定的に重要であったことは否定できない。このことは信田も認めており[109]、また、先に見たように庄司は冷戦後の国際貢献の系譜においてもそれが顕著であったことを実証的に解明している[110]。PSIは多国間交渉を経て形成され、それらの外交交渉を担当したのは外務省であったが、PSIにおいて外務省がどこまで主導的な役割を果たし得たかどうかを検証することは、これら先行研究が解明した安全保障政策過程における「外務省優位」の継続あるいは変遷を考察する上で重要な政策事例を提供しよう。

また、安全保障政策研究の一つの大きなテーマに自衛隊の統制をめぐるシビリアン・コントロールの研究がある。特に、冷戦後の安全保障政策の立法過程におけるシビリアン・コントロールについての通史的な実証研究として、武蔵勝宏の『冷戦後日本のシビリアン・コントロールの研究』[111]がある。同研究は、周辺事態法、テロ対策特措法、有事関連法、イラク復興支援特措法を対象として、「統制（コントロール）の主体」である内閣による軍事統制、国会による行政統制、そして、防衛庁、なかんずく、「統制の客体」である制服組の立法過程への関与と影響力を分析している。武蔵の分析によれば、冷戦期には与党（自民党）の国防関係部会が安全保障政策の実質的な決定の場であったところ、冷戦後の政権交代、政界再編の波を受けて連立与党の協議会へとその機能は移った[112]。同時に、テロ対策特措法以降、小泉首相や福田官房長官等の執政部や、石破防衛庁長官ら閣僚が主導権を行使する直接統制の要素が顕著になっていることも確認されている[113]。「執政部」すなわち「官邸」が安全保障政策の立案、形成、決定に強い影響力を持つようになったという指摘は、信田の分析と同じである。一方、このように政治レベルでのパワーシフトが進行する中、制服組もまたその関与と影響力を拡大させてきたと武蔵は指摘する。小泉・福田の率いる官邸は必ずしも常に防衛庁及び制服組とは組織的利害を共有しなかったため、たとえば武力攻撃事態対処法へのテロ・不審船対策の追加や、イラクにおける大量破壊兵器の処理任務等、制服組の許容しがたい問題については官邸の決定に対し、他の統制主体である自民党国防族等との連携によって抵抗し、骨抜きを図った事実が指摘されている[114]。武蔵は、統制の客体である制服組がその関与と影響力を拡大させた理由として、①与党国防族、防衛庁長官、外務省、防衛庁内局等他の統制主体との組織的利害の共有と同一化を進めたこと、②安全保障政策の立法過程における内閣法制局の関与が実質的に合憲性の判断に縮小されてきたこと、③小泉首相の政策選好、④連立与党を構成する公明党や、野党である民主党の影響力に一定の限界があったことといった点を挙げている[115]。ただし、内閣の裁量権が拡大していく中で、自衛隊という実力組織の機能的側面に焦点を当てた軍事的合理性の追求が制服組の発言力を増大させたという側面は認められるものの[116]、制服組がシビリアンの意向に反して立法過程を主導する「逆転現象型」の事象はほとんど見られなかったとも結論づけている[117]。ここで武蔵が指摘した統制客体である制服組の関与及び影響力の拡大は、冷戦後の安全保障政策の政策過程研究における重要な論点である。たとえば、青井美帆の「文民統制論のアクチュアリティ[118]」、真田尚剛の「日本型文民統制の終焉？[119]」、また、西川吉光の「戦後日本の文民統制（上・下）――「文官統制型文民統制システム」の形成[120]」といった研究によって、冷戦後において制服組の発言力が増しつつある様が描かれている。また、柴田の研究によっても、「日米ガイドライン」の策定を契機として実際の安全保障に携わる当事者、実務者としての自衛隊（制服組）が米軍のカウンターパートとして、いわば「軍・軍関係」に立脚する形で存在感を増しつつあることが指摘されていることは見逃せない[121]。現時点でこれらの先行研究を見る限り、文民・文官に反する形で制服組の意向が反映され、従来型のシビリアン・コントロールの概念を根本から覆すほどの「逆転現象型」の事例が確認された事例は見当たらない[122]。しかし、本来は「文民統制」の概念であった「シビリアン・コントロール」が、「文官統制」の形で徹底されてきた結果、防衛庁（省）内にあっていわゆる制服組は、長く内局に抑えつけられてきたとされる歴史[123]が変容する形で、冷戦後においては内閣の裁量による政策実施が拡大する中での軍事的合理性の追求や、米軍等との間で直接の「軍・軍関係」が深化する過程において、安全保障に関する政策過程への制服組の影響力は無視し得ないものになっているのだとすれば[124]、それらの事象は冷戦後の外交・安全保障政策というテーマの中で実証的研究の蓄積が必要であろう。本書はＰＳＩをめぐる政策過程をこうした観点からの事例研究とすることもその視座に加えたい。

四　分析の手法と史資料

本節では、本書で使用する研究手法、及び、史資料について述べる。

(1) 史的アプローチに基づく事例研究

本書は史的アプローチに基づき、日本とＰＳＩとの関わり、特に、自衛隊がＰＳＩ活動を担う主要アクターとして登場するに至った経緯を叙述し、再構成する。

本書の中心的な問いは、ＰＳＩ参加という安全保障政策の形成過程の解明にある。また、ＰＳＩへの参加によって、自衛隊の「軍事力（防衛力）」の使用範囲及び領域がいかに拡大され、なぜそれが可能になったのかを確認するとともに、日本においてＰＳＩ参加を一つの嚆矢として始まったと見られる「伝統的な安全保障分野」、すなわち軍事分野における多国間安全保障協力の背景、経緯及びその影響等を分析する材料を提示することを目的としている。そのため、後述する一次史料を中心としたアーカイバル・リサーチの手法を大きな柱として、一つの歴史叙述として日本とＰＳＩの関わりを解き明かす。もちろん、二〇〇三年に始まったＰＳＩは現在進行形の政策課題であり、純粋な意味での「歴史」と言い得るかどうかは異論もあろう。しかし、現時点において安全保障分野は、集団的自衛権行使の限定容認[125]やそれを法的に担保するいわゆる「平和安全法制[126]」、また、憲法九条の見直しや国家非常事態事項の追加等の改憲論[127]をめぐって、国民に大きな政策課題を投げかけ続けている。ＰＳＩは新しいとはいえ、その枠組はほとんど創設時に固まったまま大きな変化はなく、それゆえに自衛隊をＰＳＩ活動に参加させるにあたっての可能性と課題はほぼ出尽くしたと考えられる。したがって、現代史における安全保障政策の系譜を俯瞰するための一つの事例研究としてＰＳＩを提示することは、時期として早すぎることはなく、また、今後の政策的インプリケーションを考慮する上で、学問的手法で客観的に叙述された事例研究の提示は意義あることと考える。

また、史資料を読み込む際に、そこで展開された国際法、国内法に関する議論を丹念に分析することも本書の特徴の一つである。李鍾元は、現代的な国際政治学が外交史と国際法という二つの学問分野をその直接的な母体にしていることを指摘しているが[128]、本書の試みの一つはその双方の側面を、可能な限り深くまた多角的に分析に取り込むことにある。国会は立法府であり、国会における政治家の議論の多くは憲法を中心に国際法を含む既存法規との法的整合性の検討に割かれる。また、官僚組織による政策立案過程において、憲法及び国際法との整合性を確保することは、ほとんど絶対的な至上命題である。したがって、歴史学的アプローチによる時系列での分析の中に、法的議論の詳細な整理を試みることは、政策形成過程の分析精度を上げるために不可欠な要素でもあろう。

なお、本書において政策決定過程論的モデルの適用は、「官邸外交」や「シビリアン・コントロール論」など、先行研究に何らかの理論枠組が提示されている限りにおいて、それらが本事例研究にも適用可能かどうかの点検を行うものにとどめる。本書は新しい理論の提唱や既存理論の精緻化等を目的としたものではなく、それらの作業はあくまで歴史的アプローチによる叙述を補足する説明変数の一つとしてなされるものとする。

(2) 分析の射程

本書が分析するのは、日本のＰＳＩ参加にあたっての、主に国内における政策過程である。本書は事例研究、実証研究の一つとしてＰＳＩへの参加過程を扱うが、ＰＳＩ参加が政策として策定されるにあたり、誰が、いつ、どのような戦略的観点から意思決定をしたのか、また、それを受けた官僚機構はその政策にいかなる法的裏付けを与え、国内外へ説明したのかを解明することは、冷戦後の外交・安全保障政策を俯瞰するにあたって重要な材料を提示し得ると考える。そのため、本書は主要アクターとして、首相官邸、外務省、防衛庁、自衛隊（幕僚監部）の意思決定過程とその中身を可能な限り詳細に分析するものとする。

また、本書は分析対象として各政党の本政策に対する態度、反応等も含めるつもりではあるが、ＰＳＩへの参加過程にあたっては、国会、及び各政党内で議論された事実及び形跡はほとんどない[129]。おそらくこれは、ＰＳＩ参加決定とほぼ同時期に、国会は有事法制[130]（二〇〇三年六月六日成立）、イラク特措法[131]（同七月二六日成立）の議論に集中しており、ＰＳＩについては各党ともに政治的資源が避けなかったという事情があったものと推察される。また、柴田晃芳が指摘したように、戦後の外交・安全保障問題については政党政治レベルの「消極的関与」を選好する傾向[132]があること等の結果であると思われるが、結果としてＰＳＩへの参加が、国内政治過程における政治的摩擦がほとんど皆無と言ってよい状況でなされた事実には留意したい。ブッシュ大統領がＰＳＩを提唱した時点においてこの構想が「多国間枠組での武力行使」をも含み得ていた可能性があるのは先に見たが、中心的な政策立案者である官僚機構（官邸、外務省、防衛庁・自衛隊）が政治的摩擦を引き起こすことなくＰＳＩへの参加を成功させた理由等の分析は、本書第三章及び第四章で詳しくなされる。

なお、ＰＳＩ参加に関する外交過程は、国内政策の形成過程に関与した事象についてのみ焦点を当てて取り扱う。安全保障政策の国内における形成及び決定過程の事例研究という本書の目的は、それで満たされると考えるからであるが、外交交渉に関してはその大部分について機密指定が解除されていないという資料的な制約もある。無論、外交過程が興味深いテーマであることは言うまでもない。ＰＳＩが創設されたのは、世界では米国を中心として新しい世界秩序の形成が模索された頃でもあった。きわめてユニークな会議体であり諸活動の母体であるＰＳＩの創設過程において、規範の創出、指針の策定、また、行動枠組の設定といった事柄に、日本政府がいかなる形で関与し、影響を与えたのかといったことは、いずれ精緻に分析されるべきであろう。イラク戦争や国連との関わりといった当時における主要な課題との連関も含めて、ＰＳＩの創設、形成、発展における外交過程については他日を期したい。

（3）史料及び資料

本書は実証研究、事例研究である。可能な限り一次史料を分析することによって、国内における安全保障政策の形成過程を忠実に再現することに努める。具体的には、情報公開法[133]に基づく情報公開請求によって、外務省、防衛省を中心とした関係省庁から提供された公電等の通信文や、各省庁内、省庁間で回付された検討資料、会議資料等を軸に、ＰＳＩへの参加過程及び、ＰＳＩにおける活動内容を解明する。また、情報公開請求によっても不十分である箇所については、小泉政権中枢の意思決定過程にいた人物へのインタビューや、各種報道記事、政府刊行物、外国機関等の発行物等によって補う。また、日本政府の確定した見解を確認し分析する作業を行うために、本書においては関連するすべての国会議事録、質問主意書に対する答弁書を引用、参照する。

五　分析の視座と構成

本書では、これまで述べてきた問題意識の解を導き出すために、以下のような視座を導入し、分析の枠組として設定した上で、日本のＰＳＩ参加過程を分析する。いずれも、外交・安全保障政策研究にとっては不可欠の視座であるが、冷戦後の安全保障政策史という学問分野においてはまだ実証研究の事例蓄積が少ないこともあり、学問的な分析枠組が定まっているとは言い難い。特に、「武力の行使」等の定義について諸説入り乱れた形となっている法解釈の視点において、議論の混乱が著しい。

また、学問の世界のみならず、日本における安全保障政策をめぐる政界や言論界の論争は、ともすれば情緒的な原理・原則論が先行する「神学論争」に陥りやすく、本質的で精緻な議論から遠ざかるきらいがある。以下に掲げる視座に基づく確固とした分析枠組の提示は、その学問的な意義に加え、政策過程、立法過程に携わる実務家にとっても、意義のある政策的インプリケーションを持つと考える。

（1）法解釈と政策形成

本書が導入する視座の一つは、法解釈と政策形成の関係である。これは、諸政策の系譜や位置づけを分析する上でも重要であると考える。

篠原初枝は、国際法学者・学説が実際の政策に与える影響について論じる中で、特に日本の外交政策においては「法規則遵守」の立場が見られることを指摘している(134)。日本では安全保障政策を含むいかなる政策もその法的根拠が求められることは言うまでもないが、特に官僚機構が政策立案をし、立法過程に回す際には、憲法及び国際法との厳密な整合性がとられるよう制度的に担保されている。憲法との整合性については内閣法制局が絶対的な権限を持って内閣提出法案のすべてを掌握しており(135)、また国際法との関係では外務省国際法局（旧・条約局）が有権解釈権を行使して国際法及び条約等の国際取り決めとの不整合な措置を防ぎ、政策の「継続性と一貫性」を担保する任にあたっている(136)。無論、個々の政策決定あるいは立法措置については憲法等との整合性について見解の分かれるものも存在し、司法、学会、言論界からは政府の下す判断に対して異論、異説が投げかけられることも多いが、少なくとも、官僚機構内で政策立案、立法措置等の手続きがとられる際には、論理的な矛盾や齟齬をきたさないように、憲法及び国際法との整合性の問題は非常に厳密に精査されている事実は無視できない。それゆえ、安全保障政策を論じる際には、それに賛同するかどうかは別として「官僚機構の法解釈基準」を踏まえておくことが不可欠と言えよう。それでなくとも、日本の安全保障政策の研究においては、官僚機構の役割が軽視されてきたとも指摘されており、(137)その傾向が実務家からの研究成果物への印象を、観念的で空理空論に基づいたものと思わせるゆえんになっているとすれば問題であろう。

もっとも、学問の世界だけでなく、実際の政治場裏や言論界においても、日本の安全保障をめぐる議論はしばしば「神学論争」と揶揄されてきた。ことに、日米安全保障条約に基づく日米両国による共同防衛行為や、国連ＰＫＯ活動等の国際貢献への自衛隊参加の際に、これらの任務が「武力行使一体化論」を引き起こし、集団的自衛権行使と同一視され憲法問題に発展する文脈において、その「神学論争」は混迷を深めてきた。これは、本来であれば厳密な定義のもとに截然と整理されてしかるべきはずの概念が、論者によって混同されたまま使用されてきた結果と言えなくもない。これを再整理する一つの切り口として、村瀬信也は「武力行使一体化論の文脈で最も深刻な誤りは、国連の平和維持ないし平和強制に関わる軍隊の活動へのわが国の参加について、これがあくまで集団的自衛権の行使と同視されるかのように捉えられていることである」と指摘している。(138)冷戦後の安全保障政策の展開において、特に自衛隊を海外に派遣するにあたって最も大きな問題として立ち塞がり、安全保障に関する議論を「神学論争」としてしまった中心的な混迷の正体がこれであったというわけである。この点について村瀬の整理は次のとおりである。

「武力の行使」(use of force)という概念は、自衛権行使など国家間(国家対国家)の軍事活動について用いられるものである。これに対して、国際任務として国連等の活動に参加して行う強制行動(国際法の履行確保・執行)、あるいは国内法に基づいて行う法執行活動(law enforcement action)は、「武器の使用」(use of weapons, use of arms)として、法的に全く異なる性質の行為として捉えなければならず、国家間における「武力の行使」とは厳格に区別する必要がある。[139]

この整理に従うならば、ＰＫＯ活動等の国際任務に参加する自衛隊の活動は、不幸にして「武器の使用」を余儀なくされる事態に至ったとしても、「武力の行使」にあたることにはなり得ず、したがって憲法が禁じる集団的自衛権の行使に抵触することもない。ならば、たとえば、国連ＰＫＯ協力法の国会審議において、自衛隊の海外派遣がすなわち戦争行為であるかのような議論が横行し、機関銃を一丁携行するか二丁にするかといった問題で審議時間が費やされたことは、確かに不毛かつ無用な議論であったと言える。それゆえに、これまでの安全保障政策をめぐる混乱を厳しく批判し、二〇一四年四月一五日の安保法制懇の答申では「武力の行使」と「武器の使用」を峻別すべしとの解釈が採択された。[140]そして、二〇一五年の安保法制の国会審議において政府は、安保法制懇の答申を採用する形での「武力の行使」と「武器の使用」の概念を峻別する解釈を採用し、新たに付与されることになる自衛隊の諸任務についての説明を試みている。[141]

しかしながら、これは官僚機構が一貫してとってきた概念の定義であり、整理の方法であった。筆者が阪田雅裕元内閣法制局長官にインタビューしたところ、阪田は「これまで、内閣法制局が『武力の行使』と『武器の使用』を混同したことは一度もない」と断言し、[142]二〇一四年の安保法制懇答申に盛り込まれた両概念の整理は、政府内において従来からきちんとなされていたと証言した。もし、政府・官僚機構内部において、「武力の行使」と「武器の使用」の概念が截然と区別され、整理されてきたのであれば――その立場に賛同するかどうかはともかく――少なくともその事実はきちんと踏まえた上で、研究者も議論を深めるべきであろう。先行研究の項で指摘した、冷戦後の外交・安全保障政策に見られる「同盟深化」と「国際貢献」のそれぞれに属する諸政策も、それぞれが立脚する法的基盤が

「武力の行使」を目的としたものか、「武器の使用」に類するものかを確認しておくことは、研究分野としての冷戦後の安全保障政策史の発展にとっては重要な貢献になるはずであろう。実証研究としての本書はそれゆえ、ＰＳＩ参加という政策形成、政策決定がなされた経緯と背景を分析するにあたって「法解釈と政策形成」という視座を導入し、政府・官僚機構内においてどのような法解釈上の検討がなされたかをできる限り正確に再現することを試みる。特に、当時の日本政府の認識において、ＰＳＩへの参加が「武力の行使」を意味するものであったのか、それとも「武器の使用」にとどまるものであったのかを確認することで、日本の安全保障政策全体の中でＰＳＩ参加はどう位置づけられるのかを考察したい。

それは本書の主要な問題意識の一つでもある、冷戦後における二つの安全保障政策の系譜を整理する試みとも密接に関わっている。先述したように、冷戦後に生起した二つの安全保障政策の系譜に、「同盟深化」と「国際貢献」がある。憲法及び国際法の整合性を問う法解釈上の観点から言えば、本来、それらは別箇の法的基盤に立脚した上で、独自に整合性をとりながら発展してきたものである。前者は「武力の行使」を前提とするものであり、その任務は憲法九条の厳しい縛りのもとで許された「自衛権の発動」の範囲を超えるものであってはならず、その地理的領域は長く日本の領域を中心とした周辺地域に限るとされてきた。一方、後者は基本的に国連安保理決議等で授権された国際任務や、相手国との取り決めに基づく復興任務を遂行する「法執行」の位置づけであり、やむを得ず自己等を防護する措置等として[143]「武器の使用」がなされる場合でもそれは「警察権の発動」でしかなく、その地理的範囲はしかるべき法的根拠と政治的・外交的合意が存在する限り地球上のどこであっても差し支えないこととなる。ところが、「同盟深化」を目的とした周辺事態法の制定によって「周辺事態」という新しい概念が設定され、日米同盟が適用される地理的な範囲が曖昧になった。また、「国際貢献」を名目として制定されたテロ特措法及びイラク特措法により、明示的に「集団的自衛権の行使」を宣言して作戦行動を行う米軍及びその同盟国軍の支援任務に、自衛隊が海を越えて従事することともなった。それらの現象を勘案する限り、本来、異なる法的基盤の上にある二つの政策アプローチが、その任務及び地理的範囲を徐々にオーバーラップさせつつあるのではないかとの仮説も成り立ち得る。ならば、PSIは冷戦後の安全保障政策の系譜の中で、どこに位置づけられるのであろうか。本書が、PSIへの参加過程における、それぞれのアクターの法的観点からの議論を精緻に追う理由はここにある。

（2）「官邸主導」、「外務省優位」、「軍・軍関係」

冷戦後の外交・安全保障政策を分析する際のテーマの一つに、どのアクターが主導して政策形成、政策決定がなされたかというものがあることは先行研究の項目で述べた。本書がPSI参加という政治過程、政策過程を分析する上で、それを主導したアクターの分析と、アクター間の相互関係の考察は避けては通れないものであろう。

本書はPSIへの参加というやや錯綜する政策過程を整理して叙述する説明変数として、「官邸主導」、「外務省優位」、「軍・軍関係」の三つの概念を導入する。PSIはその曖昧性、両義性のゆえもあり、参加の決定過程、国際取り決めの発展過程、また活動の発展過程のそれぞれにおいて、官邸、外務省、防衛庁・自衛隊という異なるアクターがそれぞれに中心的な役割を帯びることとなったからである。なお、これら三つの概念は必ずしも相互に対立、排斥し合うものではない。むしろ、その時々の政策課題や問題領域の設定によって、局面ごとに色濃く浮上するアクターが変わりつつも、複数の概念が同時並行で進行することも考えられよう。

無論、本書は冷戦後の外交・安全保障政策の事例研究の一つに過ぎず、本研究によって冷戦後の政策過程全体を一般化、相対化することはできないのは言うまでもないが、本書がその分析視座の一つとして「誰が政策過程を主導したか」という点を設定することは、研究テーマとしての冷戦後の安全保障史の発展に有益な材料を提供するものとなろう。

(3) 多国間安全保障協力という新しい政策軸

もう一つ、本書が設定する分析の視座として、冷戦後、特に二〇〇〇年代になって発展しつつある「多国間安全保障協力」という新しい政策軸についての定義づけ、及びその実態の解明がある。一九五二年に締結された旧安保条約では、日本の安全は将来的に国連のもとでの集団的安全保障枠組に委ねられるものと銘記され、二国間条約である日米安全保障条約はあくまで過渡期的な措置であると定義された。[144] しかし、以後、日本政府は一貫して現憲法下での国連集団的安全保障への参加は不可能という立場をとってきた。[145] それゆえ、自国の防衛については自衛権の発露としての自主防衛と、日米同盟の枠組での二国間安全保障の組み合わせに限定するとしていた。また、理論的には米国以外の国家との二国間で安全保障協力を成立させることも可能ではあるが、当該国と共同の軍事行動がとれるのは、日本が攻撃された場合のみであり、当該国の防衛のために自衛隊の「軍事力(防衛力)」を使用することは集団的自衛権の行使にあたるため、現実的な問題としてかかる片務的関係を望む国もなかった。そのためもあり、日本が米国以外の他国との間で安全保障協力を行う場合は、「武力の行使」を前提としない国連平和維持活動や、災害救助や人道支援等、非伝統的な安全保障分野(非軍事分野)に限定されてきたという経緯がある。

しかしながら、二〇〇四年に策定された一六大綱において「二国間・多国間の安全保障協力」[146]というコンセプトがあらわれて後、自衛隊は非伝統的、伝統的双方の安全保障分野において、米国以外の他国との間で、多国間枠組での協力実績を積み重ねてきた。なお、ここで言う「多国間安全保障協力」とは、国連等が提供する集団的安全保障措置とは別の概念であり、また、必ずしもNATOのような地域的あるいは制度的取り決めを必要とするわけではない。一六大綱は「二国間及び多国間の連携・協力関係の充実・強化」[147]と表現し、二二大綱では「二国間・多国間の安全保障協力を多層的に組み合わせてネットワーク化する」[148]という書きぶりが採用されているが、本書で「多国間安全保障協力」と言う場合、日本政府が特定の問題領域や課題ごとに取りまとめた米国以外の他国との間の安全保障協力のすべての取り組みを指す。現時点においては、自衛隊が多国間枠組で従事している伝統的安全保障の具体的な取り組みとして、軍事オペレーションを想定した共同演習（合同訓練）、警戒監視任務等によって得られた軍事情報の共有、また、物品役務相互提供条約の締結とその準備といった内容が挙げられる。そして、これら軍事分野にあたる安全保障協力がはじめて実施されたのが、本書で扱うＰＳＩであることは先に述べたとおりである。特に、ＰＳＩによって初めて自衛隊が参加することになった多国間共同訓練と警戒監視情報の共有については、以後、様々な枠組でさらなる発展を遂げ、世界各地で盛んに行われるようになっている。また、首相や外相らが標榜するグランド・ストラテジーにも、日米同盟という二国間枠組を基調にしつつ、「価値観外交」による「自由と繁栄の弧」構想[149]や、先述した「安全保障ダイヤモンド」構想等、日本の安全保障戦略を多国間枠組で捉え直すものが出現し、これに基づいて豪州、インド、韓国、また、ＡＳＥＡＮ諸国やＮＡＴＯとの対話と協力が始まっている[150]。

このように、明確な形で「多国間安全保障協力」という政策軸が登場し、実績の積み重ねが行われていることは、日本の外交・安全保障政策を分析する際に非常に重要なテーマであると考えられる。それは、「同盟深化」か「国際貢献」か、という従来の二項対立的な考え方に修正、発展、あるいは止揚を迫る可能性もあろう。また、本来であれば、この事実は集団的自衛権行使の問題や、憲法第九条改正の必要性あるいは不必要性を議論するにあたっての重要な前提となる「立法事実」として留意されてしかるべきと考えられよう。しかし、具体的事例の研究が乏しいこともあり、新しい概念である「多国間安全保障協力」を概括的、網羅的に分析した研究はない。かかる事情を踏まえれば、冷戦後における「多国間安全保障協力」、わけても軍事分野での協力という意味において数少ない事例の一つであるＰＳＩを取り上げる本書は、学問分野としての外交・安全保障研究の発展に資するとともに、実際の政策立案、政策決定に携わる政治家、実務者にとっても重要な示唆を与える内容を持つと考える。

（４）本書の構成

これまで述べてきた問題意識、分析手法、分析視座に従い、本書は以下の構成で日本のＰＳＩ参加について分析する。

第二章ではまず、「日米同盟の深化」及び「国連を中心とした国際貢献」の二つに大別される冷戦後の安全保障政策の系譜を振り返り、それら諸政策を「武力の行使」と「武器の使用」という法律上の解釈軸に従って分類し、再整理をする試みを行う。

第三章は、日本政府がＰＳＩへの参加を決めた決定過程を探る。具体的な時間軸としては、ＰＳＩへの参加打診から二〇〇三年五月三一日の参加表明までを扱う。ＰＳＩへの参加が決まったのはいつか。また、それを決定したのは誰かという、これまでまったく知られていなかった事実関係を、アーカイバル・リサーチによって解明することが目的である。また、参加決定の時点で日本政府は何を知り、ＰＳＩをどういうものと認識していたのかを分析することで、ＰＳＩ参加の戦略的意図を浮き彫りにすることを狙うとともに、ＰＳＩ参加について「武力の行使」や「武器の使用」といった法解釈上の整理がどこまでついていたのかも検証する。

第四章では、ＰＳＩの形成過程を分析する。時系列的には第二章に続く形となり、日本政府による参加表明から、二〇〇三年六月のスペイン会合（ＰＳＩの第一回総会にあたる）までの期間がこの章の対象となる。この多国間交渉におけるメイン・アクターは外務省であった。ブッシュ大統領がＰＳＩという新しい概念を思いついた時点では、それがどのようなレジームとして結実するのか確たる構想があったわけではない。また、そのような漠たる呼びかけを受けた参加表明国の間に、ＰＳＩの具体像についての認識が共有されていたわけでもない。したがって、ＰＳＩの形成過程はすなわち、「拡散対抗」という新しい規範の創造過程であり、また、制度的枠組を固める実務作業の集積過程でもあった。

第五章はＰＳＩの発展過程を扱う。まず、ＰＳＩ活動が発展する中で自衛隊の参加が決定され、拡散対抗という新しい規範に、自衛隊の保有する「軍事力（防衛力）」が使用されるに至った経緯を検証する。また、そのように軍事力の使用を前提としたＰＳＩが、最終的に「法執行」の枠組として定まった経緯を確認する。本章で扱うのは、自衛隊の参加問題に関しては、二〇〇三年六月のブリスベン会合（第二回総会にあたる）と、それに先立って同地で行われたオペレーション専門家会合の前後に、ＰＳＩ合同阻止訓練への自衛隊の参加が検討課題として浮上し、実際の訓練参加が決定されるまでの期間である。ここでの主役は、防衛庁・自衛隊である。日米両国の首脳関係を基礎としてＰＳＩ参加という国家意志を示した決定過程、また、外交当局がＰＳＩの規範や制度について多国間交渉を通じて固めた形成過程と異なり、本章が検証するのは実際のオペレーションに携わる実務者が平時、有事におけるＰＳＩ阻止活動や合同訓練の実績を積み重ねるに至った経緯である。また、「法執行の取組」としてのＰＳＩの性格が定まった経緯については、ＰＳＩの憲章（Charter）にあたる「政治文書」である「阻止原則宣言（Statements of Interdiction Principles: SIP）」が採択された二〇〇三年九月のパリ会合（第三回総会にあたる）をめぐる日本代表団に焦点を当て、その政策過程を分析する。パリ会合における多国間交渉を主導したのはやはり外務省であるが、防衛庁・自衛隊はこのパリ会合から日本代表団に加わり、以後、すべてのＰＳＩ会合（総会）に参加することになった。

第六章はＰＳＩにおける自衛隊の諸活動について整理をする。ＰＳＩへの参加から一〇年以上が経過し、防衛省・自衛隊はＰＳＩにおける活動実績を内外に盛んに広報してはいるが、日本の防衛目的以外では「武力の行使」ができないはずの自衛隊がどのような活動に従事しているか、あまり具体的なことは知られていない。ＰＳＩ創設後、対応する国際法の改正は行われてきたが、憲法をはじめ国内法の整備はまったく手つかずの状態にあり、自衛隊のＰＳＩ参加にあたって懸念された課題は、少なくとも法制度上では何ひとつ解決していない。にもかかわらず、自衛隊はＰＳＩを舞台とする多国間枠組での「軍・軍関係の深化」に一定程度成功しているという事実がある。この章では、Ｐ

SIにおける自衛隊の活動実態を分析し、日本の領域外における自衛隊の「軍事力（防衛力）」の使用に関して、従来の法体系でどこまでが可能であり、どこに限界があったかを検証することで、冷戦後の安全保障政策に一つの政策軸として登場した「多国間安全保障協力」の実態と可能性について考察する。

註

（1）　第一八九回国会　参議院予算委員会、二〇一五年三月二〇日、安倍晋三首相答弁。

（2）　同右。また、この「我が軍発言」を取り上げた審議としては、衆議院内閣委員会（二〇一五年三月二五日）、衆議院安全保障委員会（同三月二六日）、参議院外交防衛委員会（同三月二六日）、衆議院外務委員会（同三月二七日）、参議院予算委員会（同三月二七日）、衆議院予算委員会（同三月三〇日）、参議院予算委員会（同三月三〇日）がある。いずれも、第一八九回国会。

（3）　たとえば、佐藤栄作首相は、「自衛隊を、今後とも軍隊と呼称することはいたしません。はっきり申しておきます」と断言している（第六一回国会　参議院予算員会、一九六八年三月三一日）。ただし、鳩山一郎首相は「自衛隊は、外国からの侵略に対するという任務を有するが、こういうものを軍隊というならば、自衛隊も軍隊ということができる」と述べているが（第二一回国会　衆議院予算委員会、一九五四年一二月二二日）、「自衛隊を通常の観念で言う軍隊とは異なるというふうに私どもは考えておるわけであります」（第九五回国会　参議院安保特別委員会、一九八一年一一月一三日、塩田防衛局長答弁）、「通常の観念で考えられる軍隊ではありませんが、国際法上は軍隊として取り扱われておりまして、自衛官は軍隊の構成員に該当します」（第一一九回国会　衆議院本会議、一九九〇年一〇月一八日、中山外務大臣答弁）等、自衛隊を軍隊と呼称するには、自衛権の行使に限るという留保条件が必要とするのが従来の政府の立場であった。

（4）『朝日新聞』二〇一五年三月二六日、『東京新聞』二〇一五年三月二七日等。菅官房長官のこの発言は、「自衛隊は国際法上は軍隊」という政府認識を踏まえてのものではある。従来の政府答弁のいずれもが、自衛隊を軍隊と呼称する際に「自衛権の行使」という任務に限る留保条件をつけてきた一方、安倍首相の発言が多方面にわたる多国間安全保障協力の一環としての共同訓練について述べたことについては言及がない。

（5）衆議院議員今井雅人、『安倍総理が自衛隊を「我が軍」と呼称したことに関する質問主意書（質問第一六八号）』、二〇一五年三月二六日。

（6）内閣総理大臣安倍晋三、『衆議院議員今井雅人君提出安倍総理が自衛隊を「我が軍」と呼称したことに関する答弁書（答弁第一六八号）』、二〇一四年四月三日。

（7）前掲註（3）、鳩山一郎首相答弁など。

（8）Shinzo Abe, "Asia's Democratic Security Diamond," Project Syndicate, Dec. 28 2012. 第二次安倍政権発足後間もない二〇一二年一二月二八日、国際的NPOであるProject Syndicate（本部：プラハ）のウェブサイトに安倍首相の署名入りで発表された論文がこの「アジア安全保障ダイヤモンド構想」である。前掲の真山参院議員の質疑によって、この構想が安倍首相本人によって練られてきたことが確かめられた。この論文は、自由及び民主主義そして資本主義的価値観で結ばれ、地理的にちょうどダイヤモンド型に配置されている東京、米国（ハワイ）、オーストラリア、インドの四か国が、太平洋とインド洋を舞台に世界の平和と繁栄のために協調すべきとするグランド・ストラテジーがそこに描かれている。第二次政権での安倍首相の外交政策はこの論文をトレースするように、米国、オーストラリア、インドとの協調関係を重視しているが、実質的にこの構想は「対中抑止」を目的としたものとの見方もある（『産経新聞』二〇一四年九月二日等）。

（9）日本国憲法第九条二項。

（10）ただし、憲法上許された「自衛権の行使」の文脈においては、「軍」としての機能及び役割を果たすと認識されてきたことは、前掲註（3）に見たとおりである。

（11）リムパック演習参加の際の日本国政府の認識については本書第六章を参照のこと。

（12）非伝統的安全保障（非軍事）分野における多国間安全保障協力の系譜についても本書第六章を参照のこと。

（13）PSI合同阻止訓練の具体的内容についても本書第六章を参照のこと。

（14）たとえば、植木千可子『平和のための戦争論』ちくま新書、二〇一五年等。植木教授はこの本において、「共同訓練を兼ねた警戒監視活動や情報収集活動で協力することによって、情報の共有が増すことが期待されている」（七二頁）としてその直接的な効用を述べた上で、「有事の際の参加を前提として日常的に訓練することは、参加を既成事実化し、有事の際の政治決定を縛る可能性もある」（七三頁）として、多国間共同訓練が政治決定に与える本質的な影響を指摘している。事実、かかる懸念が存在するがゆえに、集団的自衛権に関わる内容やシナリオの多国間訓練に自衛隊が参加することは控えられてきたはずであるが、いつ、何を目的として、どんな法的基盤によってそれが可能となったのかを網羅的に研究した業績は管見する限り、あまり見当たらない。

（15）ここで言う「領域の拡大」は、冷戦後の脅威認識の拡大あるいは変化と直結している。特に二〇〇〇年代になってから、大量破壊兵器及び運搬手段の拡散、テロ、サイバー攻撃等の登場で、伝統的な「前線」の概念が拡散もしくは消滅しつつあり、これに伴って「我が国の自衛」の概念が適用され得る地理的範囲もまた拡散もしくは希釈されてきたというのも、冷戦後の安全保障政策史の特徴の一つであろう。

（16）このように冷戦後、自衛隊の役割が徐々に拡大（積極化）し、安全保障上のツールとして軍事力を積極的に使用とする潮流を、藤重博美は「積極化」あるいは「積極主義」と表現した。藤重は「日本の安全や国際社会の安定に資するならば、自衛隊を最大限活用すべきである」という「強迫観念とも言えるほどの強い推進力を持った考え方への転換が、自衛隊の役割の積極化を可能にしてきた」と述べるが、本書はそうした「精神的土壌」の上に展開された政策系譜のうちの一つにあたると思われる事例研究とも言える。藤重博美「冷戦後における自衛隊の役割とその変容――規範の相克と止揚、そして「積極主義」への転回」『国際政治』第一五四号「近現代の日本外交と強制力」、二〇〇八年一二月、九五–九六頁。

（17）現時点において政府刊行物等を渉猟する限り、「自衛隊は軍隊ではない」という従前の政府解釈のもとで、自衛隊の持つ「戦力」は一貫して「防衛力」と呼称されている。

（18）Francis Yoshihiro Fukuyama, *The End of the History and the Last Man*, Free Press, 1992.（邦訳：フランシス・フクヤマ著、渡部昇一訳『歴史の終わり（上、下）』三笠書房、一九九二年。）

（19）手嶋龍一『外交敗戦』新潮文庫、二〇〇六年。（手嶋龍一『一九九一年　日本の敗北』新潮文庫、一九九六年。）

（20）John Lewis Gaddis, *The Long Peace; Inquiries Into the History of the Cold War*, Oxford U.P. Inc., 1987.（邦訳：五味俊樹・坪内淳・阪田恭代・太田宏・宮坂直史訳『ロング・ピース――冷戦史の証言「核・緊張・平和」』芦書房、二〇〇二年。）ギャディスが冷戦の時代を「long peace」と呼んだのは、その崩壊によって米ソ二極体制による安定的な秩序が失われ、流動化した情勢下で新たな危機と挑戦が相次ぐ時代が到来することを逆説的に暗示したものと言えよう。西側陣営は等しく冷戦の勝者であったはずであるが、米国をはじめとするＮＡＴＯ諸国は核戦力を含む膨大な軍備負担の軽減等の「勝利の配当」を享受したのに対して、同じく勝者の側にいたはずの日本はそうした果実を得ていない。冷戦期を「長い平和」とするのは、日本の外交・安全保障政策を考察する際においてこそ、よりふさわしい表現であろう。

（21）五百旗頭真（編）『戦後日本外交史　第三版補訂版』有斐閣アルマ、二〇一〇年、一二、一九、二二八–二七八頁等。

（22）戦力不保持を原則とする現行憲法下において、日本政府が自衛隊の保有する戦闘能力を「戦力」もしくは「軍事力」と呼んだことはない。代わりに使用されてきたのが「防衛力」という言葉である。一九五三年に締結されたＭＳＡ協定に「日本国政府は……自国の防衛力及び自由世界の防衛力の発展及び維持に寄与し」とあり、一九五七年以降は「防衛力整備計画」が策定されているのを見てもわかるように、一九五〇年代には一般化した用語と思われる。（防衛力整備の概念については、田村重信『日本の防衛政策』内外出版、二〇一二年、九八―一〇〇頁。自衛隊創設当時に防衛力の使用が想定された事態については、山内敏弘「自衛隊法制三〇年の軌跡と行方」『法学セミナー』第三一〇号、一九八〇年一二月等。）

しかしながら、本書では軍事分野における自衛隊の戦闘能力全般を「防衛力」と呼ぶことには一定の留保を示したい。冷戦後の安全保障政策の一つの特徴として、領域外に派遣された自衛隊が国際任務等を遂行する過程でその戦闘能力を使用するケースが想定されたことがある。現時点における国内法上、許されているのは「自己等の防護」等を目的とした警職法に準ずる形の戦闘能力の使用であるが、これは「自国の防衛」に限定するコンテキストで使われてきた従来の「防衛力」とはやや異なる概念であろう。また、仮に領域外において任務遂行を目的とした「武器の使用」が行われるのであれば、それは従来型の「防衛力」概念とは明らかに食い違う。とはいえ、こうした新しい事象に対応する適切な用語も創出されていない以上、本書では、領域外において自衛隊が使用する可能性のある軍事分野の戦闘能力を「軍事力（防衛力）」とカッコ書きで記載することにする。

（23）第一九回国会　参議院『自衛隊の海外出動を為さざることに関する決議』、一九五四年六月二日。

（24）二〇〇七年、防衛庁から防衛省への移行に伴い、「我が国を含む国際社会の平和および安全の維持に資する活動」として「国際緊急援助活動」、「国際平和協力業務」、「テロ対策特措法に基づく活動」、「イラク特措法に基づく活動」等が自衛隊の本来任務に格上げされた。水島朝穂「防衛省誕生の意味（法律時評）」『法律時報』第七九巻第二号、二〇〇七年二月。倉持孝司「（第二部）安全保障の担い手とつくり手　国会は安全保障にどう向き合ってきたのか　日本国憲法下での国会・地方議会（「安全保障」を法的にどう考えるか）（特集）」『法学セミナー』二〇〇七年一月号等を参照。

（25）「国の存立を全うし、国民を守るための切れ目のない安全保障法制の整備について」、二〇一四年七月一日、国家安全保障会議決定、閣議決定。

（26）二〇一五年九月一九日に成立したいわゆる「安保法制」については、たとえば、中山康夫・横山絢子・小檜山智之「平和安全法制整備法案と国際平和支援法案――国会に提出された安全保障関連二法案の概要」『立法と調査』（参議院事務局企画調整室）第三六六号、二〇一五年七月。

（27）拙稿を参照されたい。津山謙「『ＰＳＩスキーム』と日本外交・防衛政策――その経緯、法的基盤、意義」『アジア太平洋研究科論集』第二八号、二〇一四年九月。

（28）たとえば、大芝亮「総説」大芝亮編『日本の外交　第五巻　対外政策課題編』岩波書店、二〇一三年、七頁等。

（29）星野俊也「紛争予防と国際平和協力活動」大芝亮編『日本の外交　第五巻　対外政策課題編』岩波書店、二〇一三年、八八―八九頁等。

（30）東アジア共同体構想については、進藤榮一『東アジア共同体をどうつくるか』ちくま新書、二〇〇七年。伊藤憲一『東アジア共同体と日本の針路』ＮＨＫ出版、二〇〇五年。谷口誠『東アジア共同体――経済統合の行方と日本』岩波新書、二〇〇四年等。

（31）ただし、第三国への接近が日米同盟と相反するとは限らない。たとえば、ドリフテは日米中トライアングルの中で日中関係を捉え直し、その対中政策をリアリズム、リベラリズム、コンストラクティヴィズムのそれぞれから分析しているが、「関与政策」のあり方によっては相互依存的な予定調和の中にあって、たとえば「日米同盟と日中協商」のようなものを両立することは可能であろう。参照、Reinhard Drifte, *Japan's Security Relations with China Since 1989*, Routledge, 2002.（邦訳：ラインハルト・ドリフテ著、坂井定雄訳『冷戦後の日中安全保障――関与政策のダイナミクス』ミネルヴァ書房、二〇〇四年。）

（32）もっとも、ここで掲げた政策的アプローチの淵源は、冷戦期にもすでに存在していた。波多野澄雄らの実証研究により、ジョンソン政権下の米国国務省は、望ましい日本の役割として「近海防衛能力の向上を含む日本本土の防衛と国連のもとでのＰＫＯ参加」を検討していたことが判明している。また、同じくジョンソン政権には「日本が主導する地域的枠組み形成への期待」があり、「多国間協力枠組へ日本の誘導というアメリカの目標の一つ」が存在していたことも指摘されている。これらは、米国に根強かった「瓶の蓋論」や、保革対立という日本の国内政治上の事情により頓挫したが、冷戦後に具体的な政策アプローチとして復活したとすれば、それは学問的にも興味深いテーマであろう。波多野澄雄編著『池田・佐藤政権期の日本外交』ミネルヴァ書房、二〇〇四年、六、一二、一六頁。

（33）外務省は二〇一三年六月時点でのＰＳＩ加盟国を一〇二か国としているが、その根拠は示されていない（外務省不拡散・原子力課資料「拡散に対する安全保障構想」、二〇一三年六月二〇日）。ＰＳＩへの加盟承認は実質的に米国国務省の専権事項となっているが、同省のホームページにおいても“The more than 100 countries that have endorsed the PSI so far”と曖昧な表現しか散見されない（US Department of States website: http://www.state.gov/t/isn/c10390.htm（二〇一七年六月一日閲覧））。

（34）ＰＳＩの創設を主導した米国ボルトン国務次官（当時）らは、各地で繰り返し“PSI is an activity, not an organization.”等をもって同構想の性格を表現しており、ＰＳＩについて記したものの多くに引用されている。Jack I. Gravey, "The International Institutional Imperative for Countering the Spread of Mass Destruction: Assessing the Proliferation Security Initiative," *Journal of Conflict & Security Law*, Vol.10, No.2, 2005, pp. 129–130、青木節子「第一期ブッシュ政権の大量破壊兵器管理政策にみる「多国間主義」」『総合政策学ワーキングペーパーシリーズ』第九三号（二一世紀ＣＯＥプログラム「日本・アジアにおける総合政策学先導拠点」慶應義塾大学大学院政策・メディア研究科）、二〇〇三年、二一頁等。

（35）外務省はＰＳＩの「憲章」にあたる国際約束である「阻止原則宣言（SIP：Statement of Interdiction Principles）」を「政治的文書」と表現している。外務省「拡散に対する安全保障構想」、二〇一五年六月二〇日。http://www.mofa.go.jp/mofaj/gaiko/fukaku_j/PSI/pdfs/PSI.pdf（二〇一七年六月一日閲覧）。ＳＩＰについては本書第五章で詳しく分析する。

（36）ＰＳＩにおいて参加国の任意性が確保された経緯については、本書第五章で触れる。

（37）秋山信将「アメリカの核不拡散秩序と日米関係」遠藤誠治編『シリーズ安全保障２　日米安保と自衛隊』岩波書店、二〇一五年、一九二頁。

（38）イラク戦争の「戦闘終結宣言」が出されたのは二〇〇三年五月一日であった。したがって、ブッシュ大統領がＰＳＩのもととなる具体的な構想を思いつき、日本に対して参加を打診したのは、イラクが国連安保理決議一四八三に基づいてアメリカ国防総省人道復興支援室及び連合国暫定当局（ＣＰＡ）の統治下に入り、復興支援業務が始まった時期にあたる。

（39）いわゆる「有事法制」とされる法律は複数あるが、二〇〇三年六月六日には、そのうち「武力攻撃事態対処関連三法」が可決、成立した。具体的には以下の三法である。「安全保障会議設置法の一部を改正する法律」「武力攻撃事態等における我が国の平和と独立並びに国及び国民の安全の確保に関する法律」、「自衛隊法及び防衛庁の職員の給与等に関する法律の一部を改正する法律」。

（40）「イラクにおける人道復興支援活動及び安全確保支援活動の実施に関する特別措置法」。その前月に成立した有事法制（武力攻撃事態対処関連三法）が与野党の協調によってあっさり成立したのとは逆に、この法案の審議は難航を極め、二〇〇三年七月二六日の未明になって成立した。四年間の時限立法として成立したが、その後、二〇〇七年七月に二年間の延長がなされた。

（41）当初、韓国は米国との同盟関係からＰＳＩへの参加を不可避的と見ていたものの、盧武鉉政権は北朝鮮を刺激するリスクを重視し、後ろ向きな態度をとった。しかし、二〇〇九年、北朝鮮が長距離ミサイル実験を行うや、李明博政権はＰＳＩの持つ対北抑止効果に着目し、以後、非常に活発な参加国となった。ＰＳＩをめぐる韓国での議論については、Scott Bruce, "Counterproliferation and South Korea: From Local to Global," Scott A. Snyder ed., *Global Korea: South Korea's Contributions to International Security*, Council on Foreign Relations

Press, 2012 等。

(42) ＰＳＩが「法執行の枠組」と定義された経緯は、本書第四章、第五章で扱う。

(43) もっとも、これらの法創造、あるいは国際約束等がなされたのは国連海洋法条約の改定作業や国連安保理においてであり、それらは厳密な意味でＰＳＩの枠組の外での出来事である。これら一連の法創造をもって、ＰＳＩが掲げた「拡散対抗」という新しい規範に基づく新しいレジームにおける現象であると解釈することは可能であろうが、一つの制度的枠組としてのＰＳＩの限界を示しているとも言える。

(44) 治安出動及び海上警備行動発令下で自衛隊が出動する際は、「自衛権の行使」としてではなく、「警察権の行使」をすることと解される。その場合、「武器の使用」が認められてはいるが、警職法の規定を援用し、正当防衛または緊急避難等としてなされる。ＰＳＩ阻止活動との関連については、本書第四章及び第六章を参照のこと。

(45) 本来、公海上を航行する船舶は旗国の管轄権に服するが、現在では海賊行為等明白な犯罪行為を行っている場合に限り、他国の軍艦がこれに対して臨検を行ってよい（国連海洋法条約第一一〇条）。したがって、もし、実際にＰＳＩ阻止活動が行われるとすれば、大量破壊兵器の移転行為を海賊行為に準じる犯罪行為と解釈するほかはないが、洋上を航行中の船舶の積み荷が大量破壊兵器等であると事前に確証を得ることは困難である。また、当該船舶が軍艦あるいは政府公用船の場合は、他国軍艦がこれを臨検することは禁止されている（同第九五条、九六条）。したがって、拡散懸念国が軍艦あるいは公船を用いて拡散活動を行う場合、これにＰＳＩ阻止活動を行えば、それは国家間の武力紛争に直結することになる。

(46) 外務省情報公開開示文書（以下、外務省開示文書と略す）、外務省、二〇〇三年六月三日、ＦＡＸ公信第五六七〇号「拡散防止イニシアティブ（米政府高官によるバックグラウンド・ブリーフィング）」。

(47) 二〇〇二年一二月、北朝鮮のスカッド・ミサイル一五基を積んでイエメンに向かっていた船舶ソ・サン号を、同船の出港時から監視・追跡していた米国の要請によって、スペイン海軍が警告射撃の後、停船させ、これを臨検したものの、当時の法的枠組では積み荷を検査、押収する法的権限がないことが判明し、釈放せざるを得なかったという事件である。北朝鮮は米国、スペインの行為を「海賊行為」、「国家的テロ行為」と厳しく非難したが、そうしたことよりも大量破壊兵器の運搬手段を発見し、その現場を押さえてもなお、何らの措置もとれないという事実が世界に大きな衝撃を与えた。ＰＳＩ構想への影響に絡めたソ・サン号事件の経緯等については以下を参照。Mark J. Valencia, “The Proliferation Security Initiative: Making Waves in Asia,” Adephi Paper, 2005, pp. 35–36. Douglas Guilfoyle, “The Proliferation Security Initiative: Interdicting Vessels in International Waters to Prevent the Spread of Weapons of Mass Destruction,” *Melbourne Univer-*

sity Law Review*, Vol.29, 2005, pp. 735–736. Andrew C. Winner, "The Proliferation Security Initiative: The New Face of Interdiction," *The Washington Quarterly*, Vol.28 Issue 2, 2005, pp. 131–132. Benjamin Friedman, "The Proliferation Security Initiative: The Legal Challenge," Bipartisan Security Group Policy Brief, 2003, p. 1. 坂元茂樹「ＰＳＩ（拡散防止構想）と国際法」『ジュリスト』第一二七九号、二〇〇五年、五二頁。中井良典「ブッシュ大統領の核不拡散政策とＰＳＩ（拡散阻止構想）」『アジア太平洋研究』第二八号、二〇〇五年、二七–二八頁。山崎元泰「大量破壊兵器不拡散体制の間隙とＰＳＩの意義」『早稲田政治経済学雑誌』二〇〇六年一〇月、四一頁。

（48）前掲註（46）、外務省「ブリーフィング」。また、本書第三章、第四章でも詳しく見るが、ＰＳＩ会合に関する内部資料にもこの両国の名前はしばしば登場する。

（49）外務省「大量破壊兵器・物質の拡散に対するグローバル・パートナーシップＧ８行動計画」、二〇〇三年、http://www.mofa.go.jp/mofaj/gaiko/summit/evian_paris03/gp_k.html（二〇一七年六月一日閲覧）。

（50）NSPD17, 10 Dec. 2002, "National Strategy to Combat Weapons of Mass Destruction."

（51）「拡散対抗」という概念については、Jeffery A. Larsen and James M. Smith, eds., *Historical Dictionary of Arms Control and Disarmament*, Scarecrow Press, 2005, p. 67. Richard J. Samuels, ed., *Encyclopedia of United States National Security*, Vol.2, Sage Publication, 2006, p. 523. Daniel H. Joyner, "The Proliferation Security Initiative: Nonproliferation, Counterproliferation, and International Law," *Yale Journal of International Law*, Vol.30, 2005, pp. 518–521 等。

（52）本書第三章、第四章を参照。

（53）同右。たとえば、『防衛白書』はＰＳＩ阻止活動の根拠として安保理決議一五四〇を挙げている。防衛省・自衛隊『防衛白書　平成二六年版』、二〇一四年、三一七頁。

（54）外務省『外交青書二〇一四　平成二六年版（第五九号）』、二〇一四年、一三二頁。

（55）もっとも、外務省不拡散室が発行する刊行物には、「阻止訓練の精力的な実施」の項目があり、そこでは訓練の「主な成果」として「各国の軍隊、法執行機関、税関当局等の相互の連携の強化」が謳われ、自衛隊が積極的に訓練に参加、あるいは主催してきた事実が述べられている。外務省軍縮不拡散・科学部編集『日本の軍縮・不拡散外交　第六版』外務省、二〇一三年。

（56）防衛省・自衛隊『防衛白書　平成二六年版』、二〇一四年、三一五–三一七頁。

（57）同右、一六五–一六六頁。

（58）大量破壊兵器及びミサイル等の不拡散体制として核兵器不拡散条約（ＮＰＴ）、ＩＡＥＡ包括的保障措置協定、包括的核実験禁止条約（CTB）、生物兵器禁止条約（BWC）、化学兵器禁止条約（CWC）があり、また不拡散のための輸出管理体制として原子力供給国グループ（NSG）、ザンガー委員会、オーストラリア・グループ（AG）がある。『外交青書　平成二六年版』、一三七頁。

（59）実質的な「拡散懸念国」として名指しされた北朝鮮がPSIを脅威と感じたことは明らかである。本書第五章では、日本のPSI合同阻止訓練参加に北朝鮮が反発したことについて触れるが、ほかにも、PSI参加を検討する韓国に対して北朝鮮は「宣戦布告」を示唆して警告している。『読売新聞』二〇〇九年四月一八日。

（60）これまで註に引用したもの以外にも、Andrew Prosser and Herbert Scoville Jr., "The Proliferation Security Initiative in Perspective," Center for Defense Information, 2004. Samuel Logan, "The Proliferation Security Initiative: Navigating the Legal Challenge," *Journal of Transnational Law & Policy*, Vol.14, 2004/2005. Andrew Newman and Brad Williams, "The Proliferation Security Initiative," *The Nonproliferation Review*, Vol.12, Issue 2, 2005. Mark R. Shulman, "The Proliferation Security Initiative as a New Paradigm for Peace and Security," Army War College, Strategic Studies Insitute, 2006. Emma Belcher, *The Proliferation Security Initiative: Lessons for Using Nonbinding Agreement*, Council on Foreign Relation Press, 2010. Jeffrey Lewis and Philip Maxon, "The Proliferation Security Initiative," Disarmament Forum, 2010. 青木節子「核不拡散の新しいイニシアティブ――PSIと安保理一五四〇の挑戦」浅田正彦、戸崎洋史編『核軍縮不拡散の法と政治』信山社、二〇〇八年。浅川公起「多国間協力に基づく米国提唱のPSI活動」『問題と協力』アジア太平洋研究雑誌、二〇〇八年。坂元茂樹「PSI（拡散防止構想）と国際法」『ジュリスト』第一二七九号、二〇〇四年。山本武彦「不拡散戦略の新展開――PSIとCSIを中心にして」『大量破壊兵器不拡散問題』日本国際問題研究所、二〇〇四年。中西宏晃「大量破壊兵器の拡散の阻止に関する国際法の現状と問題点――拡散防止構想（PSI）に関連して」『龍谷大学大学院法学研究』第九号、二〇〇七年。萬歳寛之「拡散に対する安全保障構想」『早稲田大学社会安全政策研究所紀要』第二号、二〇一〇年等。

（61）ことに、この構想を熱心に主導した米国高官が代表的なネオコンとされたジョン・ボルトン国務次官であり、彼がイラク戦争をめぐる国際的緊張の中で北朝鮮やイラン等も名指しで批判し続けていたことから、PSIもまたイラク戦争と同じく「有志連合」によって拡散懸念国（北朝鮮、イラン）を攻撃する試みであろうと推察された側面があるのは否定できない。本書で検証する外交文書等にも、PSIを主導した人物として「某高官」がしばしば登場するが、状況的にボルトン氏と思われるものもある。PSIの構想過程、形成過程におけるボルトン氏の存在感を示すものとして、以下を参照。David Anthony Denny, "Bolton Says Proliferation Security Initiative has 'Twofold Aim'," *DOS Washington File*, 19 Dec. 2003.

（62）結論を先に述べるならば、従来、「武力の行使」にあたるとされた旗国の同意のない臨検を合法化する米国の試みは挫折した。

一方、ＰＳＩが提唱する拡散対抗の諸活動を担保するために国連加盟国に拡散阻止の努力を呼びかける安保理決議一五四〇の発出や、大量破壊兵器の輸送・運搬行為を犯罪とみなす改正ＳＵＡ条約の発効、そして、拡散懸念船舶を発見したときに乗船検査をする許可をあらかじめ旗国からとっておくという二国間協定の締結方式など、新たな法創造、法改正がなされたが、それらが当初、米国が狙った完全な意味でＰＳＩ活動を担保できるかどうかは疑問が残る。このことについては、本書第六章で述べる。前掲註（60）等に挙げたＰＳＩに関する先行研究の多くが国際法学者によるものであるのは、これらの諸事象を検証したものが多いためである。

（63）たとえば、坂元茂樹「大量破壊兵器の拡散防止構想と日本」『国際協力の時代の国際法』関西大学法学研究所叢書第三〇冊、二〇〇四年。佐久間一「初の日本主催ＰＳＩ訓練が実現」『世界週報』二〇〇四年一一月号。矢野光宏「拡散安全保障イニシアティブ（ＰＳＩ）における日本の対応」『陸戦研究』（陸戦学会）二〇〇五年一一月号等。

（64）西田充「拡散に対する安全保障構想（ＰＳＩ）」『外務省調査月報』二〇〇七年度号。

（65）秋山信将「ＰＳＩと海洋安全保障――緩やかなガバナンスの中のエンフォースメント」日本国際問題研究所編『守る海、繋ぐ海、恵む海――海洋安全保障の諸課題と日本の対応』、二〇一二年、五三頁。

（66）倉田秀也「北朝鮮の核・ミサイル危機と日米同盟」公益財団法人世界平和研究所編、北岡伸一・渡邉昭夫監修『日米同盟とは何か』中央公論新社、二〇一一年、一七一頁。

（67）坂元一哉『日米同盟の絆』有斐閣、二〇〇〇年。

（68）池田慎太郎『日米同盟の政治史』国際書院、二〇〇四年。

（69）吉田真吾『日米同盟の制度化』名古屋大学出版会、二〇一二年。

（70）波多野澄雄『歴史としての日米安保条約』岩波書店、二〇一〇年。

（71）後藤乾一『「沖縄核密約」を背負って――若泉敬の生涯』岩波書店、二〇一〇年。

（72）Hugo Dobson は冷戦後の日本に見られる四つの類型、すなわち、「反軍主義（Anti-militarism）」、「対米二国間主義（US bilateral-ism）」、「東アジア主義（East Asianism）」、「国連国際主義及び平和維持（UN internationalism and peacekeeping）」の存在を指摘しているが、本書の問題意識である「自衛隊の『軍事力（防衛力）』の使用範囲及び領域の拡大」という事象を説明し得るものは上記のうち「対米二国間主義」と「国連国際主義及び平和維持」しかない。Hugo Dobson, *Japan and United Nations Peacekeeping: New Pressures, New Responses*, London: Routledge Curzon, 2003.

（73）信田智人『冷戦後の日本外交史――安全保障政策の国内政治過程』ミネルヴァ書房、二〇〇六年。

(74) 同右、一‐二二頁。
(75) 同右、二三‐四二、六三‐一〇二頁。
(76) 船橋洋一『同盟漂流』岩波書店、一九九七年。
(77) 春原剛『同盟変貌』日本経済新聞出版社、二〇〇七年。
(78) 秋山昌廣『日米の戦略対話が始まった』亜紀書房、二〇〇二年。
(79) 柴田晃芳『冷戦後日本の安全保障政策——日米同盟深化の起源』北海道大学出版会、二〇一一年。
(80) 同右、三九頁。
(81) 同右、四六頁。また、同様の前提で書かれたものに、佐道明広『戦後日本の防衛と政治』吉川弘文館、二〇〇三年。大嶽秀雄『日本の防衛と国内政治』三一書房、一九九八年。中馬清福『再軍備の政治学』知識社、一九八五年。瀬端孝夫『防衛計画の大綱と日米ガイドライン』木鐸社、一九九八年等。
(82) もっとも、二〇〇〇年に訪中した米国コーエン国務長官が日米同盟を「国際公共財」と表現したのは、極東における覇権国としての米軍のプレゼンスを正当化する側面が濃く、古典的な勢力均衡概念及び覇権安定論的な戦略思考を反映したものと言える。William S. Cohen, Secretary of Defense, Address to the Chinese National Defense University, The National Defense University, Beijing, China, 13 July 2000, http://www.Defenselink.mil/speeches/2000/s20000713-secdef.html（二〇一六年一月一日閲覧）。ならば、日本政府が日米同盟を「公共財」（『防衛白書　平成二六年版』、二二三頁等）と位置づけたのは第一義的にはリアリズム的な立場であり、衰退しつつある米国の覇権を補完する努力と言えなくもない。
(83) 庄司貴由『自衛隊海外派遣と日本外交』日本経済評論社、二〇一五年。
(84) 同右、五頁。
(85) 同右、六頁。
(86) 同右、二三‐五八頁。
(87) 同右、五九‐一〇〇頁。
(88) 同右、一〇一‐一四二頁。
(89) 同右、一四三‐一七八頁。
(90) 同右、一七九‐二二四頁。

(91) 同右、二二五—二五八頁。
(92) 同右、二六〇—二六二頁。
(93) 同右、二六三頁。
(94) 本書参考文献リストを参照されたい。
(95) 村上友章「国連平和維持活動と戦後日本外交一九四六—一九九三」、神戸大学大学院国際協力研究科博士論文、二〇〇四年九月。
(96) Teewin Suputikum, "International Role Construction and Role-Related Idea Change: The Case of Japan's Dispatch of SDF Abroad," Ph.D. Dissertation, Waseda University, June 2011.
(97) 前掲註（73）、信田『冷戦後の日本外交史』、四五—六二頁。
(98) 同右、一〇三頁。
(99) 同右、一〇三—一一八頁。
(100) 同右、一二一—一三五頁。
(101) 同右、一三七—一六三頁。
(102) 同右、一六五—一七三頁。
(103) 信田智人『官邸外交——政治リーダーシップの行方』朝日新聞社、二〇〇四年。
(104) 橋本行革による官邸のリーダーシップ向上については、信田智人「橋本行革と内閣機能強化策」『レヴァイアサン』一九九九年春号など。
(105) 同右、一四頁。
(106) 小泉首相のリーダーシップに的を絞った信田の研究に、「小泉首相のリーダーシップと安全保障政策過程——テロ対策特措法と有事関連法を事例とした同心円モデル分析」『日本政治研究』第一巻第二号、二〇〇四年七月がある。ここでは、ヒルズマンの修正同心円モデルによって、テロ特措法と有事関連法の成立に至る政治過程が実証的に分析されている。
(107) インクリメンタリズム（増分主義、漸増主義）については、Charles E. Lindblom, "The Science of 'Muddling Through'," *Public Administration Review*, Vol.19, No.2, 1959, Spring, pp. 79–88 を参照。
(108) 信田は英語著作においては「Koizumi Diplomacy」という用語を使い、より、小泉首相の個人的特性を際立たせた分析を行っている。Tomohito Shinoda, *Koizumi Diplomacy, Japan's Kantei Approach to Foreign and Defense Affairs*, University of Washington Press, 2007.

(109) 前掲註(73)、信田『冷戦後の日本外交史』、一一一頁。
(110) 前掲註(83)、庄司『自衛隊海外派遣と日本外交』、四頁。
(111) 武蔵勝宏『冷戦後日本のシビリアン・コントロールの研究』成文堂、二〇〇九年。
(112) 同右、二九八、三〇一頁。
(113) 同右、二九七頁。
(114) 同右、三〇六-三〇八頁。
(115) 同右、三一二-三一六頁。
(116) 同右、三一七-三一九頁。
(117) 同右、三〇九頁。
(118) 青井美帆「文民統制論のアクチュアリティ」水島朝穂編『シリーズ日本の安全保障3 立憲ダイナミズム』岩波書店、二〇一四年。
(119) 真田尚剛「日本型文民統制の終焉?-」『国際安全保障』第三九巻第二号、二〇一一年。
(120) 武蔵勝宏「文民統制の変容と課題」『議会政治研究』第八八巻、二〇一〇年。武蔵勝宏「陸上自衛隊とシビリアン・コントロール」『太成学院大学紀要』第一二巻第二九号、二〇一〇年。
(121) ガイドラインの作成過程から、日米の軍事組織間の「軍・軍関係」が深化していった経緯については、前掲註(79)、柴田『冷戦後日本の安全保障政策』等。
(122) ただし、本書刊行準備中の二〇一七年二月、防衛省・自衛隊が南スーダンPKO部隊の「日報」が存在するにもかかわらず、「廃棄された」と報告する事案が発生し、シビリアン・コントロールの観点から議論を呼んだ。本事案については本書の終章の註(5)で触れる。
(123) 内局優位の、いわゆる「日本型文民統制」については、真田尚剛「「日本型文民統制」についての一考察――「文民優位システム」と保安庁訓令第九号の観点から」『国士舘大学政治研究』第一号、二〇一〇年三月。西川吉光「戦後日本の文民統制(上)「文官統制型文民統制システム」の形成」『阪大法学』第五二巻第一号、二〇〇二年五月。西川吉光「戦後日本の文民統制(下)「文官統制型文民統制システム」の形成」『阪大法学』第五二巻第二号、二〇〇二年八月等。
(124) 二〇一五年六月の防衛省設置法改正によって内局は廃止され、従来型の「文官統制システム」は終焉を迎えた。

(125) 「国の存立を全うし、国民を守るための切れ目のない安全保障法制の整備について」、二〇一四年七月一日、国家安全保障会議決定、閣議決定。

(126) 第一八九回国会において成立した「平和安全法制整備法」（一〇本）及び「国際平和支援法（新規）」の計一一本である。

(127) 本書執筆時において、来る改憲の具体的項目にとして正式に憲法九条の改正を挙げている主要政党はないが、二〇一七年五月、安倍首相は九条の改正に意欲を示した。

(128) 李鍾元「歴史からみた国際政治学」日本国際政治学会編『日本の国際政治学』有斐閣、二〇〇九年、五頁。

(129) ＰＳＩにおける自衛隊活動の法的基盤等について疑問が呈されるようになったのは二〇一四年になってからである。このことについては、本書第六章で触れる。

(130) いわゆる「有事法制」（武力攻撃事態対処法及び国民保護法等）の審議経過等については、衆議院調査局安全保障研究会「自衛隊任務に関する法制と国会審議」『RESEARCH BUREAU 論究』第六号、二〇〇九年一二月、一八五―一八九頁。

(131) イラク特措法（イラク人道復興支援特措法）の審議経過等は、同右、一八九―一九一頁。

(132) 前掲註（79）、柴田『冷戦後日本の安全保障政策』、四七頁など。

(133) 「行政機関の保有する情報の公開に関する法律」（一九九九年五月一四日法律第五四号）。

(134) 篠原初枝「国際法学者・学説の役割」『国際法外交雑誌』第一〇六巻第三号、二〇〇七年一一月、一六―一七頁。

(135) 立法過程における内閣法制局の役割の解説として、阪田雅裕『「法の番人」内閣法制局の矜持』大月書店、二〇一四年等。阪田は内閣法制局が憲法を所管し、その解釈を中心的に所掌しつつ、「法律問題に関し内閣並びに内閣総理大臣及び各省大臣に対し意見を述べること」という「意見事務」を行っていると解説している（同二七―二八頁）。同局のチェック機能が政府全体のすべてにわたると言ってよい。

(136) 前掲註（134）、篠原「国際法学者・学説の役割」、一七頁。外務省国際法局（旧・条約局）はその役割を、「日本が締結した条約及び確立された国際法規を誠実に遵守することは、憲法上の要請であるとともに、日本外交の継続性と一貫性を維持し、日本外交に対する信頼を高める上でもとても重要です。そのような観点から日本政府が外交政策などを企画・立案する際に、それが国際法に合致したものとなるように、国際法局は、国際法の解釈などの業務を行っています」と記している。外務省 http://www.mofa.go.jp/mofaj/annai/honsho/sosiki/joyaku.html（二〇一七年六月一日閲覧）。

(137) Zisk は「日本の経済政策に関する研究の多くが官僚の役割に注目に注意を向けてきた一方で、一般的に安全保障政策に関する研究は彼らを軽視してきた」と問題視している。Kimberley Marten Zisk, "Japan's United Nations Peacekeeping Dilemma," *Asia-Pacific Review*, Vol.8, No.1, 2001, p. 34.

(138) 村瀬信也編『自衛権の現代的展開』東信堂、二〇〇七年、ii頁。

(139) 同右、iii頁。

(140) 安全保障の法的基盤の再構築に関する懇談会(いわゆる安保法制懇)、『「安全保障の法的基盤の整備に関する懇談会」報告書』、二〇一四年五月一五日、一八、二七―二九頁。

(141) たとえば、第一八九回国会 我が国及び国際社会の平和安全法制に関する特別委員会、二〇一五年五月二七日、柿沢議員への中谷防相答弁等。この点については第二章で触れる。

(142) 阪田雅裕元内閣法制局長官へのインタビュー、二〇一四年五月二三日、於:衆議院第二会館。

(143) 国際連合平和維持活動等に対する協力に関する法律(国際平和協力法/PKO法)第二五条第三項「第九条第五項の規定により派遣先国において国際平和協力業務に従事する自衛官は、自己又は自己と共に現場に所在する他の自衛隊員、隊員若しくはその職務を行うに伴い自己の管理の下に入った者の生命又は身体を防衛するためやむを得ない必要があると認める相当の理由がある場合には、その事態に応じ合理的に必要と判断される限度で、第六条第二項第二号ホ(2)及び第四項の規定により実施計画に定める装備である武器を使用することができる。」

(144) 旧安保条約第四条「この条約は、国際連合又はその他による日本区域における国際の平和と安全の維持のため十分な定をする国際連合の措置又はこれに代る個別的もしくは集団的の安全保障措置が効力を生じたと日本国及びアメリカ合衆国の政府が認めた時にはいつでも効力を失うものとする。」

(145) たとえば「集団的安全保障に係る措置のうち憲法第九条によって禁じられている武力の行使または武力による威嚇に当たる行為については、我が国としてこれを行うことが許されない」(第一二九回国会 参議院予算委員会、一九九四年六月一三日、大出内閣法制局長官答弁)。

(146) 「平成一七年度以降に係る防衛計画の大綱について」、二〇〇四年一二月一〇日、安全保障会議決定、閣議決定。いわゆる「一六大綱」。

(147) 同右。

(148) 「平成二三年度以降に係る防衛計画の大綱について」、二〇一〇年一二月一七日、安全保障会議決定、閣議決定。いわゆる「二二大綱」。

(149)　「価値観外交」については、麻生太郎外務大臣演説、二〇〇六年一一月三〇日、「「自由と繁栄の弧」をつくる」（日本国際問題研究所セミナー講演）、於：ホテルオークラ、http://www.mofa.go.jp/mofaj/press/enzetsu/18/easo_1130.html（二〇一七年六月一日閲覧）等。

(150)　日米同盟の文脈から多国間枠組での防衛協力を論じたものとして、猪口孝監修、猪口孝、G・ジョン・アイケンベリー、佐藤洋一郎編『日米安全保障同盟』原書房、二〇一三年等。

第二章　二つの政策アプローチ

冷戦後の安全保障政策の展開の中で、領域外における自衛隊の「軍事力（防衛力）」が使用される範囲及び領域が拡大してきたことが、本書の問題意識の前提にあることは第一章で述べた。しかしそれは、無秩序、不連続に進行した事象ではない。その政策過程、政治過程においては、多大なエネルギーが費やされながらも憲法及び国際法を頂点とする既存の法体系及びそれらの解釈との整合が常に図られてきたことに冷戦後の安全保障政策史の特徴がある。それは法解釈をめぐる葛藤であった(1)。

確かに、安全保障をめぐる議論は難解であり、また、論者によって用語の定義や議論の視座が変わることが、国民を混乱させてきたことは否めない。特に、湾岸戦争、台湾海峡危機、朝鮮半島危機と矢継ぎ早に新しい脅威に直面した一九九〇年代は、新しい安全保障法制をめぐって国論は大きく分裂したが、時の政府・与党すら「神学論争はしない(2)」と忌避するほど、その議論は混迷を深めた(3)。

ただし、それぞれの世界観、戦略観、価値観、規範意識に固執する政治家、学者、言論人、メディア等が、いかにかみあわない議論を続けていたにせよ、官僚機構を中軸に据える政策当局・立法補佐組織における法解釈の整合性及び連続性・継続性は担保され続けた。ことに政策当局による「武力の行使」と「武器の使用」の整理についてはこれまで揺るぎない整合性が認められる。本章の目的は、これら法解釈の整合性から浮かび上がる二つの政策的系譜の存在を指摘するとともに、ＰＳＩをめぐる政策過程を分析する解釈軸としてそれらを提示することにある。すなわち、「同盟深化アプローチ」と「国際貢献アプローチ」の二つがそれである。この解釈軸はまた、冷戦後の他の安全保障政策を分析、評価する際にも援用可能であろうと筆者は考える。

なお、本章が提示する内容は、政府関係者、政策立案当事者の間で共有されている周知の概念整理に基づくものであるが、用語の定義と視点の設定次第では、これと異なる解釈軸も当然ながら存在し得る。無論、筆者は政府解釈の優位性を訴える立場にはなく、また、学説上、「正しい解釈」は諸説あり得ることも承知しているが、政策過程の実証研究として政府内での法解釈をめぐる議論を主要な分析対象の一つとする本書の目的上、本書が採用する解釈軸は政府解釈に沿って定めることが妥当と思われる。

一　「武力の行使」と「武器の使用」

本来、「武器の使用（use of arms, use of weapons）」とは「武力の行使（use of force）」を含む広い概念である。しかし、安全保障問題を論じる際には、ある任務が「武力の行使」にあたるかどうかが焦点になるため、政策当局では「武力の行使」にあたらない「軍事力（防衛力）」の使用を総称して「武器の使用」と呼ぶことが一般的である。したがって、本書でも「武力の行使」にあたらない「軍事力（防衛力）」の使用態様を「武器の使用」と呼び、「武力の行使」と区別する立場をとる。

領域外における自衛隊の「軍事力（防衛力）」使用の態様は「武力の行使」か、「武器の使用」かのいずれかに分類される。日本政府によるこれら二つの概念の整理は、冷戦の生起から現在に至るまでゆるぎはなく、また、冷戦後の安全保障政策はそれらのいずれかに立脚している。そのため、本書ではこれら両概念に立脚して「同盟深化アプローチ」と「国際貢献アプローチ」の二つの政策類型を提示し、ＰＳＩ参加をめぐる政策過程を分析する際の解釈軸としたい。

(1) 政府解釈にみる概念の整理

日本政府による「武力の行使」と「武器の使用」の定義は、一九九一年九月二七日、ＰＫＯ協力法の審議過程において、衆議院国際平和協力等に関する特別委員会に提出された資料「武器の使用と武力の行使の関係について」に示されたものが、現在に至るまで一貫して踏襲されている。同資料は二つの概念を以下のように定義している（傍線は筆者による）。

一　一般に、憲法第九条第一項の「武力の行使」とは、我が国の物的・人的組織体による国際的な武力紛争の一環としての戦闘行為をいい、法案（筆者註：当該委員会で審議対象となったＰＫＯ協力法）第二四条の「武器の使用」とは、火器、火薬類、刀剣類その他直接人を殺傷し、又は武力闘争の手段として物を破壊することを目的とする機械、器具、装置をその物の本来の用法に従って用いることをいうと解される。

二　憲法第九条第一項の「武力の行使」は、「武器の使用」を含む実力の行使に係る概念であるが、「武器の使用」がすべて同項の禁止する「武力の行使」に当たるとはいえない。例えば、自己又は自己とともに現場に所在する我が国要員の生命又は身体を防衛することは、いわば自己保存のための自然権的権利というべきものであるから、そのために必要な最小限の「武器の使用」は、憲法第九条第一項で禁止された「武力の行使」には当たらない。(4)

この見解は二〇一五年の安保法制をめぐる国会審議でも、政府によってそのままの形で引用・踏襲されていることからわかるように[5]、冷戦後、日本政府における二つの概念の定義は一貫している。防衛大臣がこれら両概念の違いについて「これがわからないと議論できません[6]」と口を滑らせた事件もあったが、安全保障政策を立案する当局者としては、最も基本的で重要な概念整理の一つでもある。

そしてこれら二つの概念が整理されたことで、自衛隊の「海外派遣」の合憲性を担保することが可能になったとも言える。一九五四年、参議院で「海外出動の禁止」が決議されたが[7]、政府の解釈によればこの決議によって禁止された「海外出動」とは「海外派兵」であり「海外派遣」ではない。一九六六年、椎名外相は「派兵といいますと、やはり私どもの解釈では、軍隊の本来の武力行動というものを前提とした海外への派遣である。でありますから、派兵と派遣とは違うと私は考えます[8]」と答弁している。この見解に基づいて一九八〇年には「武力行使の目的を持たないで部隊を他国へ派遣することは、憲法上許されないわけではない[9]」と、自衛隊の「海外派遣」を容認する解釈が閣議決定されており、これが後に国連PKO等の国際的任務への自衛隊派遣に道を開いたと言える。なお、国連が主体となって行うPKO活動等は、国連用語で言うところの「武力の行使[10]」を含み得る。それは日本政府の定義する「武力の行使」と必ずしも一致しないとの指摘もあるが[11]、一応、政府は「武力の行使（国連による定義）」を含み得る国連活動への関与のあり方について、①「参加」まではせず「協力」にとどまる[12]、②「武力の行使」との一体化はしないという条件が満たされるならば合憲とする解釈を提示することで、「国際貢献」として自衛隊を海外派遣することがあっても、「武力の行使」あるいは「武力の行使との一体化」とは峻別されるとする立場をとってきた[13]。また、これらの任務に伴う「武器の使用」は国内における法執行に伴うそれと同様と解釈され、警職法の規定（緊急避難、正当防衛、及び警察比例の原則等[14]）を援用し、その対象は「山賊、匪賊[15]」あるいは「犯罪集団[16]」として扱うこととした。これら一連の政府解釈が、冷戦後における領域外での「武器の使用」を念頭に置いた安全保障政策の系譜を生み出した。後述するようにそれは、時々の政治的判断に基づいて「武器の使用」基準を徐々に緩和しつつ、任務の範囲及び地理的領域が拡大されていく過程であった。

一方、現行憲法下で「武力の行使」が許容されるのは、自己保存的自然権あるいは平和的生存権（憲法前文）、幸福追求権（憲法第一三条）としての「自衛権の行使」の場合のみである。[17] したがって、自衛隊の創設当初においては、その「軍事力（防衛力）」が使用されるのは我が国の領域及び近海のみであり、いかなる文脈においても領域外で「武力の行使」がなされることは想定されていなかった。ところが、政府は「自衛権の行使」の適用される範囲を拡大する解釈を示すことで、領域外において自衛隊の「軍事力（防衛力）」が使用される範囲及び領域を拡大してきた。大きく分けて、三つのアプローチがある。一つは、自衛隊が領域外において直接的に「自衛権の行使」を行うアプローチである。一九五六年、「わが国に対して急迫不正の侵害が行われ（略）、誘導弾等による攻撃が行われた場合（略）、他に手段がないと認められる限り、誘導弾等の基地をたたくことは、法理的には自衛の範囲に含まれ、可能である[18]」との政府答弁が出された。いわゆる、「敵基地攻撃」の概念である。法理上、これが許されるのであれば自衛隊は遠く離れた敵国あるいは第三国の領域内であっても「武力の行使」ができることになる。しかし、この見解は一九五九年に若干の修正がなされ、日本に対する誘導弾攻撃を企てる敵基地攻撃を叩くことは「法理的に自衛の範囲に含まれており、また可能である[19]」という前提は維持しながらも、「平生から他国を攻撃するような、攻撃的な脅威を与えるような兵器を持っているということは、憲法の趣旨とするところではない[20]」として、事実上、自衛隊の任務から除外された。この修正は安保条約との整合性をとるためでもある。そして、これによって、自国防衛を目的とした「武力の行使」が領域外でなされる場合は、日米の同盟関係を通じて米国によってなされることとなった。これが二つ目のアプローチである。爾後、「敵国」に対する攻撃的な役割は米軍が担い、自衛隊はその支援及び米軍の根拠地

（在日米軍基地）防衛にあたるという役割分担が法解釈の上でも定着した。米軍を「矛」、自衛隊を「盾」とする考え方である。[21]後述する第一次及び二次の日米ガイドラインの制定や、周辺事態概念における米軍への支援任務等はこの考え方に基づく政策事例である。無論、日米同盟の文脈において自衛隊が領域外での「個別的自衛権の行使」をする範囲及び領域も拡大されてはきたが、[22]自衛隊による直接的かつ攻撃的な「軍事力（防衛力）」の使用ができないケースでは、代わりに同盟国軍等の「武力の行使」を支援することで、いわばそれら「武力の行使」に間接的に参加する効果を狙ったものとも言える。ただし、このアプローチはあくまで日本の「個別的自衛権」の延長であって、自衛隊が支援をする他国軍の活動目的は「日本の防衛」であることがその前提あるいは建前となる。しかし、実際の軍事作戦に落とし込むには、この考え方はきわめて曖昧で、かつ実効性の担保が難しい。とりわけ、「第四の戦場」「第五の戦場」として、宇宙空間やサイバー空間までが戦闘領域となり得る現代戦においては、ある武力紛争の生起が日本のみの危機にあたるのか、あるいは他国の危機を意味するのかを判別することは不可能であることも想定される。畢竟、「我が国の平和と安全」は「アジア太平洋地域の安全保障環境」[23]あるいは「グローバルな安全保障上の課題」[24]といった、より広義・広域の概念とリンクあるいはオーバーラップせざるを得なくなり、これをすべて「個別的自衛権」だけで対処しようとするのは無理が生じると考えられるようになった。それゆえ、二〇一四年以降は「集団的自衛権の限定行使」という新しいアプローチが採用され、[25]二〇一五年の一連の安保法制整備へと至った。また、これに伴い、従来の「武力の行使の三要件」は「武力の行使の新三要件」へと変更がなされた。[26]ただし、「個別的自衛権の援用による間接参加」であれ、「集団的自衛権の限定行使」であれ、領域外において自衛隊の「軍事力（防衛力）」が「武力の行使」として使用されるためには、日米同盟か、日米同盟を補完する他の国家との「密接な関係」を通じてなされることが一つの要件であることは変わりなく、自衛隊が単独でそれをすることは法理上可能であっても、そのための能力は政策的判断によって整備しないとされている。[27]

表１　領域外における「武力の行使」と「武器の使用」についての政府解釈

	武力の行使	武器の使用※1
合憲性の判断	・憲法９条により原則として禁止 ・ただし、「自衛権の行使」の場合のみ自己保存的自然権、平和生存権（憲法前文）及び幸福追求権（憲法 13 条）として合憲	・憲法９条の禁止対象ではない
領域外への展開	・海外派兵	・海外派遣
対象	・国又は国に準ずる機関	・山賊、匪賊 ・犯罪集団 ・（例外的に「国又は国に準ずる機関」）
合憲とされる事例	◯日米の同盟関係等に立脚して： ・「我が国の防衛」のための「個別的自衛権」の直接的・間接的な行使 ・「我が国の存立危機」に際しての「集団的自衛権の限定行使」※2 （◯日本単独の国家行為として： ・「個別的自衛権」の限度内での自衛隊の敵基地攻撃等※3）	◯国連等の国際任務における： ・自己等の防衛 ・武器等の防護 （いわゆる「自己保存型」武器使用※4）

註：※１　本来、「武器の使用」は「武力の行使」を内包する概念であるが、慣例上、単に「武器の使用」と呼ぶ場合は「武力の行使」にあたらないものを指すことが多い。本書もこれに従う。

※２　集団的自衛権の限定行使容認は閣議決定（2014 年７月１日）、第３次ガイドライン（2015 年４月 27 日）によって可とされたが、それを法的に担保するための法律（一連の安保法制）は、現時点においてまだ参議院で審議中である。

※３　現時点における政府解釈では、平時から自衛隊はそのための能力を整備することはできない。この点は情勢の変化に伴い将来的に解釈が変更される可能性がある。

※４　法執行に付随する「武器の使用」の扱い。

出典：筆者作成。

以上が、領域外で自衛隊の「軍事力（防衛力）」が使用される際の、政府による法解釈の骨格である。なお、政府の定義する「武力の行使」とは「国際的な武力紛争の一環としての戦闘行為[28]」を指し、したがってその対象が「国又は国に準ずる機関[29]」であるときは「武力の行使」にあたるとされ、そうでない場合は「武器の使用」とされる。政府は「国又は国に準ずる機関」に対しても「自己保存型の武器使用」とされる場合のみ例外的に「武器の使用」となる可能性を示している[30]が、「武力の行使」か「武器の使用」かの判断においてはその対象が「国又は国に準じる機関」であるかどうかは重要な基準であることは変わりない。**表1**に、これまで述べてきた政府解釈に基づく「武力の行使」と「武器の使用」の概念をまとめる。政府において「武力の行使」と「武器の使用」の二つは截然と整理されており、領域外における自衛隊の任務としては前者が「日米同盟」を中心とする同盟関係に立脚する一方で、後者は国連等にオーソライズされた「国際貢献」の文脈で発展してきたことがわかる。

(2) 自衛隊任務の法的基盤

これまで述べてきた政府解釈は、日本国憲法及び国内法との整合性を図った結果として確立してきた日本独自の解釈である。安全保障政策をめぐる最も大きな論争の背景にある「個別的自衛権か、集団的自衛権か」という二分法的観念は、現実には相対化される場合があるという指摘もあり[31]、それ自体、国際法上、定まった概念に基づく議論であるとは言いがたい側面がある。また、安田寛は「国際法上は『自衛』として正当化される行動であっても日本国憲法上は「非・自衛」すなわち侵略とみなされる場合があることになる。これは一見非常識のようであるが、政府が国際法上の自衛権とは別に国内法である憲法の平面に特殊な自衛権の観念を創設したことの論理的帰結である[32]」と述べている。また、政府答弁においても「憲法の解釈は、憲法という国内法でございまして、必ずしもこれを国際法上の自衛権の観念、あるいは自衛権の普通の考え方と合わせなければならぬというものではないと思うわけでございます[33]」とされ、これらの法解釈は日本独自の現象であることは否めない。

ただし、「武力の行使」と「武器の使用」の区別についての政府解釈は、それが日本独自に発展したものであれ、その整合性は確保されている。第一章で触れた村瀬信也は、「国家が国際任務として国連等の活動に参加して行う強制行動(国際法の履行・執行)、あるいは国内法に基づいて行う法執行活動(Law enforcement actions)は、「武器の使用

表 2　自衛隊の行動類型の法的整理（太字は領域外でも適用可能）

「武力の行使」を前提とした行動類型（日本及び同盟国等の武力行使に関連）		「武器の使用」にあたる行動類型（法執行として警職法第 7 条を準用）	
行動類型	根拠法令	行動類型	根拠法令
防衛出動	自衛隊法第 76 条、第 88 条、第 92 条第 2 項	防御施設構築の措置	自衛隊法第 92 条の 4
弾道ミサイル等に対する破壊措置	自衛隊法第 93 条の 3	国民保護等派遣	自衛隊法第 92 条の 3 第 2 項
領空侵犯に対する処置	自衛隊法第 84 条[※1]	治安出動	自衛隊法第 89 条第 1 項、第 90 条第 1 項、第 91 条第 2 項
重要影響事態（旧・周辺事態）に伴う後方支援等	重要影響事態法第 6 条等	治安出動下令前の情報収集	自衛隊法第 92 条の 5
米軍等行動関連措置	米軍等行動関連措置法[※2]	警護出動	自衛隊法第 91 条の 2 第 2 項、3 項
国際平和共同対処事態に伴う協力支援活動等	国際平和支援法第 11 条[※3]	**海上警備行動**	自衛隊法第 93 条第 1 項、第 3 項
		海賊対処行動	海賊対処法第 8 条 2 項
		在外邦人等輸送	自衛隊法第 94 条の 5
		船舶検査活動	船舶検査活動法第 6 条[※4]
		国連平和協力業務	国連平和協力法第 25 条
		武器等防護	自衛隊法第 95 条
		施設警護	自衛隊法第 81 条の 2
		海上輸送規正法に規定する措置	海上輸送規正法第 37 条

註：※1　「必要な措置」について明文化された規定はないが、必要最小限の武器使用あるいは戦闘行動がこれに含まれると解されるため「武力の行使」類型に分類した。

※2　厳密に言えば、武器等防護や施設警護と同じく、「武器の使用」にあたっては警職法第 7 条の規定が準用される。しかし、日本領域内外で「武力の行使」を行う米軍との協力規定であるため、ここに挙げた。

※3　上記と同じく「武器の使用」であるが、外国軍の「武力の行使」に対する領域外での協力支援活動となる可能性があるためここに挙げた。

※4　旗国の同意のない臨検ならば「武力の行使」にあたり得るが、現行法はその規定を設けていない。

出典：防衛省・自衛隊『防衛白書（平成 26 年度版）』、2014 年、412–413 頁等をもとに筆者作成。

（use of arms, use of weapons）」として法的に全く異なる性質の行為として捉えられなければならず、国家間における「武力の行使」とは厳格に区別する必要がある」[34]と論じているが、**表2**に示すように自衛隊の行動類型を政府解釈に基づいて整理するならば、この二つの概念は截然と区別され得る。

（3）法解釈上の分類にかかる二つの政策系譜

かかる法律上の政府解釈に基づく自衛隊の行動類型の整理を前提に、冷戦後の安全保障政策を二つの系譜に分類してみたい。これが、本書で扱うPSIへの参加及び参加国としての諸活動を分析する上での解釈軸となる。

前項で確認したように、領域外における自衛隊の「軍事力（防衛力）」使用にかかる行動類型は、法解釈上、「武力の行使」か「武器の使用」のいずれかに分類され得る。「武力の行使」とは、日本の防衛を目的とする「（個別的もしくは集団的）自衛権の行使」としてなされるか、あるいは日本防衛を目的として活動する同盟軍等の「武力の行使」を後方から支援するかのいずれかの類型にあてはまるが、現時点で領域外における自衛隊の単独行動も、法理上、合憲とされてはいるものの政府はそのための能力整備、能力構築を行っていない。したがって、「領域外における武力の行使」は必然的に日米同盟、もしくは日本と密接な関係にある他国との協力関係に立脚することになるため、本書ではこの政策類型を「同盟深化アプローチ」と名付ける。それはリアリズム的な戦略観に基づく、権力政治的領域に属する政策群でもある。日米同盟を基軸として策定・制定された一連の政策系譜は、第一章でも触れたようにサンフランシスコ講和条約と日米安保条約の締結を経て、再軍備の歴史が始まってから後、一貫して冷戦期の安全保障政策の本流とも言えるアプローチであった。そして、冷戦後は、日米同盟そのものが「アジア太平洋地域の安全保障環境」、「グローバルな安全保障課題」とリンクし、その中核に据えられてきたことにも大きな特徴がある。畢竟、日米同盟の深化と拡大にあわせる形で、「同盟深化アプローチ」に連なる政策的系譜において、自衛隊はその「軍事力

表３　２つの安全保障政策アプローチ（解釈軸の提示）

	同盟深化アプローチ	国際貢献アプローチ
核心的概念	武力の行使	武器の使用
法解釈上の整理	・自衛権 ・（交戦権：日本国憲法により放棄）	・法執行 ・警察権
志向する政策軸	・個別的自衛権の範囲拡大 ・集団的自衛権の（限定）容認 ・改憲、もしくは解釈改憲	・既存法体系の法執行 ・現行の憲法解釈に整合する立法措置
主な政策事例	・日米ガイドライン ・有事法制 ・周辺事態法	・PKO 協力法 ・テロ対策特措法 ・イラク特措法 ・海賊対処法 ・災害、人道支援協力
特徴	権力政治的領域 リアリズム的世界観	行政連合的領域 リベラリズム的世界観

出典：筆者作成。

（防衛力）」を使用する範囲及び領域を拡大させることとなった。

一方、「武器の使用」を伴う政策群は、国連に授権された国際任務の遂行か、国際法あるいは日本の国内法を執行することを目的とするものである。冷戦期には「平和主義」「武器の不使用」と密接にリンクしてきた「国連中心主義」の考え方が、冷戦後には「国際貢献」という概念の導入によって質的に変化を遂げ、積極的に自衛隊の「軍事力（防衛力）」を活用する方向に転じたことによって生起した新しい政策類型である。この目的に従って自衛隊の「軍事力（防衛力）」が日本領域外で使用される際には、必ずと言ってよいほど「国際貢献」がその核心的意義として打ち出されるため、本書ではこれを「国際貢献アプローチ」と呼ぶ。それはリベラリズム的世界観に基づく政策的系譜であり、しばしば広く同盟国ではない他国軍との協調行動も要求されつつ「法執行」を行うという行政連合的性格も帯びる。「国際貢献アプローチ」に連なる政策的系譜も、冷戦後の世界情勢の変化に伴って大きく発展、展開を遂げてきたが、これに伴って領域外における自衛隊の「武器の使用」もまた、その範囲及び領域を拡大させてきた。

表3にこの二つの解釈軸についてまとめる。

政府解釈にかかる「武力の行使」と「武器の使用」の両概念は「相互排他的で完全集合体（MECE: Mutual Exclusive and Collectively Exhaustive）」であるため、自衛隊の行動類型の法解釈上の位置が定まる限り、その「軍事力（防衛力）」の使用態様は「同盟深化アプローチ」か「国際貢献アプローチ」かのいずれかの政策的系譜に分類される。本書はこの解釈軸を使用してＰＳＩ参加、形成、発展に伴う政策過程を分析することを目的とするが、その前に次節以降で、この解釈軸が他の安全保障政策の分類に整合的に使用できるか検証してみたい。

二　同盟深化アプローチ

まず、「同盟深化アプローチ」について検証する。日米同盟の深化は大きなテーマであり、すでに多くの先行研究がある。[35] 本書は、それらを参考にしつつ、政府の法解釈にかかる「武力の行使」を核心とする「同盟深化アプローチ」の政策類型に属するものを抽出する。**表4**に掲載した政策群がそれにあたる。

福田毅によれば、自衛隊創設以後、日米防衛協力には三つの転機があったという。[36] 福田は、これら三つの転機を経てきた日米の防衛協力の拡大の流れを、単に防衛分野の拡大だけではなく、「自衛隊の役割の地理的な拡大」[37]も意味するものとして定義している。それは、「物（基地）と人（米軍）の交換」[38]という日米同盟の非対称性を克服する道のり」[39]であった。最初の転機は一九七八年の「第一次日米ガイドライン」[40]策定時である。ベトナム戦争の収束や、米ソ・デタントの生成とその崩壊といった国際環境の変化の中、米国の国力が相対的に低下する一方で日本経済が急速に発展するという同盟の前提条件が大きく崩れた時期である。米国はニクソン・ドクトリン（一九七〇年）や新太平

表４「同盟深化アプローチ」に連なる政策事例

1951年	旧「日米安全保障条約」承認
1960年	「日米安全保障条約」承認・発効
1978年	「日米防衛協力のための指針」（第1次ガイドライン）策定
1980年	海上自衛隊、環太平洋合同演習（リムパック）初参加
1991年	（冷戦の終結）
1996年	「日米安全保障共同宣言」（橋本・クリントン会談）
1997年	「日米防衛協力のための指針」（第2次ガイドライン）策定
1999年	周辺事態法（朝鮮半島有事を念頭に自衛隊が米軍を支援）
2001年	（米国同時多発テロ）
2003年	「世界の中の日米同盟」（小泉・ブッシュ会談） 武力攻撃事態法など有事関連3法
2005年	SCC合意文書
2006年	「再編の実施のための日米ロードマップ」策定 「新世紀の日米同盟」（小泉・ブッシュ会談） 「世界とアジアのための日米同盟」（安倍・ブッシュ会談）
2007年	「かけがえのない日米同盟」（安倍・ブッシュ会談）
2010年	日米安全保障条約締結50周年
2012年	「未来に向けた共通のビジョン」（野田・オバマ会談）
2013年	NSC発足 特定秘密保護法 国家安全保障戦略
2014年	「アジア太平洋およびこれを越えた地域の未来を作る日本と米国」（安倍・オバマ会談） 集団的自衛権の限定容認（閣議決定）
2015年	「日米防衛協力のための指針」（第3次ガイドライン）策定 「平和安全法制」（一部）※1 制定

註：※1「平和安全法制」は11本の法律の総称であり、「武器の使用」、つまり「国際貢献アプローチ」に分類され得るものも含んでいるが、総体として「集団的自衛権の限定行使」を担保する法整備として制定されたという経緯に鑑み、ここでは「同盟深化アプローチ」の政策事例とする。なお、国会等の議論が不十分であったこともあり、本書刊行時点では個々の法律が意味するところに不明確な部分があることも付言する。

出典：防衛省・自衛隊『防衛白書（平成26年度版）』、2014年、143–144、236–238頁等をもとに筆者作成。

洋ドクトリン（一九七五年）を発表し、従来の２½戦略を１½戦略に大きく転換する中で、同盟国との協力関係を整理した。日本について言えば、「第一次日米ガイドライン」が策定されたわけであるが、自衛隊の任務や地理的範囲については大部分が従来の内容を確認した形で、日本有事の際の防衛協力の枠組が確定されたものである。しかし、冷戦後の国際環境の変化によって、冷戦期に固められた「基盤的防衛力構想」の内容を大きく超えた日米の防衛協力が求められることになった。それが、「第二の転機」である一九九〇年代の「日米同盟再定義」であり、「第三の転機」である二〇〇〇年代の米軍再編と連動した日米同盟の変革の動きである。

（１）一九九〇年代——日米同盟再定義

冷戦の終結とともに、日米同盟をめぐる戦略環境が大きく変化した。一九九一年のソ連崩壊をもって、冷戦下での最大の脅威が消滅したと考えられたのも束の間、イラクによるクウェート侵攻を契機として湾岸戦争が発生した。遠く地球の裏側の出来事が、日本の平和と安定を脅かす問題として大きく立ちはだかったのである。また、日本周辺においても、新たな脅威が台頭した。一九九三年からは第一次朝鮮半島危機が発生した。そして、一九九六年には第三次台湾海峡危機が発生し、冷戦期に想定していたものとは別の形で安全保障上の課題が浮上した。しかし、これらの新たな脅威に対抗する基盤となるべき日米関係は大いに弱まっており、それは八〇年代に激化した日米貿易摩擦の影を引きずり、「同盟漂流」[41]とまで表現されるに至っていた。こうした状況を打開し、新しい戦略環境に適合させる形で、日米同盟の「再定義」の動きが始まった。

①日本側の動き

その動きは日本側から始まった。一九九四年二月、細川護熙首相の私的諮問機関「防衛問題懇談会」が設置され、同年八月、村山富一首相に対してその答申、いわゆる「樋口レポート」を提出した。樋口レポートはその国際情勢認識において、地域紛争の頻発や大量破壊兵器やその運搬兵器の拡散を冷戦後の新たな脅威として挙げ、また、朝鮮半島や台湾海峡の不安定性を指摘した[42]。これらの新たな脅威に対抗するために、樋口レポートは「多角的安全保障協力」の概念を打ち出し、軍備管理や地域的安保対話、及び国連ＰＫＯへの協力をその柱として掲げた。とりわけ、国連への貢献は「日本の国際的地位にふさわしい役割」であり、「国益上もきわめて重要」と定義された[43]。樋口レポートにおいて、「国際貢献」と「国益」の概念がリンクしたのである。一方、レポートは日米安保の重要性についても強調する。それは、「日本自身の防衛のための不可欠の要素[44]」であるばかりでなく、「アジア・太平洋地域全体の安全保障[45]」にとっても重要であるとされ、日米間の防衛協力を強化するよう提言がなされた。ここにおいて、日本の防衛を目的とした日米同盟が、地域の安定全体に資するという概念が打ち出されたのである。樋口レポートの特徴の一つは、こうして「国際環境の安定」と「日本の防衛」の二つの概念が、それぞれが目的と手段となる形で主客を入れ替えつつ、双方を同時に達成することを可能ならしめるべくロジックが組まれた点にある。そして、その政策的手段として、「国際貢献」と「日米同盟」の二つが並列して位置づけられた。

　この「樋口レポート」を受けて、翌一九九五年には新しい「防衛計画の大綱（95大綱[46]）」が策定された。一九七六年の「76大綱」から一九年ぶりの見直しであった。95大綱は、従来の「基盤的防衛力構想」については「今後ともこれを踏襲[47]」するとしたものの、自衛隊の任務の範囲については自国の防衛のみならずＰＫＯ活動や災害対処等を含めた「多様な事態に対して有効に対応し得る防衛力」を構築すべく、「合理化・効率化・コンパクト化[48]」することを目指した。ここで特徴的なのは、やはり、「国際貢献」と「日米同盟」をリンクさせた点である。95大綱では、日米の防衛協力の深化が、日本の防衛だけでなく、「周辺地域の安定」に貢献するものとされ、さらにそれが多国間安保対話や国連ＰＫＯ等を通じて「国際社会の平和と安定への我が国の積極的な取組に資するもの[49]」と定義されたのである。

また、こうした考え方を踏まえて、95大綱では「周辺事態」における「日米安全保障体制の円滑かつ効果的な運用」[50]に言及された。日本政府として、日米同盟における自衛隊の活動の地理的範囲拡大について公式に言及されたのは、これが初めてであった[51]。これが、一九九七年の第一次日米ガイドラインへとつながっていく。

②米国側の動き

樋口レポートは「我が国の防衛」を達成する手段として、「国際貢献」と「日米同盟」の二つを挙げたが、「国際貢献」を先に、「日米同盟」を後に持ってきたことは米国側に日本政府が日米同盟軽視に動くかもしれないという疑念を抱かせた[52]。この危機感が、米国政府内で日米同盟を重視し、これを「再定義」しようという動きとなってあらわれた。一九九四年、米国側から始められた「ナイ・イニシアティブ」である。そして、一九九五年二月、イニシアティブの第一弾である「東アジア戦略報告（ナイ・レポート）」が出された。ナイ・レポートの一つの特徴として、在日米軍をして「日本の防衛及び日本周辺における米国の権益の防衛だけでなく、極東全域の平和と安定の維持にコミットし、かつ備える[53]」ものであると定義した点が挙げられる。すなわち、樋口レポートや95大綱で強調された、「我が国の防衛」が「国際環境の安定」に資するという考え方が、米国側からも確認されたのである。

なお、この時期、米軍の全体的な軍事戦略は冷戦期に採用されてきた大規模正面で強大なソ連軍と対決する戦略思想を改め、地域紛争への対処を重視する方向にシフトしていた。一九九三年九月に発表された「BUR: Bottom-Up Review[54]」である。冷戦に勝利した「平和の配当」を得るためにも、全体的な国防費削減の動きが顕著になり、特に前方展開兵力の削減が米軍の課題となっていた[55]。しかし、ナイ・レポートは、同盟国の懸念を緩和し、米軍のプレゼンスを維持するためにも、東アジアの兵力一〇万人を維持することを宣言した。以後、この「一〇万人」という数字は、東アジアにおける米軍のコミットメントを示すための「マジック・ナンバー[56]」としてある種の政治的に意味を持つまでになった。

③「同盟深化アプローチ」に連なる政策群

日米双方からのこうした動きが一連の政策群となって具体化した。一九九五年に「大綱」が改定されたことは先に触れた。一九九六年には橋本政権とクリントン政権の間で合意が成立し、「日米安保共同宣言」が発表された[57]。ナイ・イニシアティブの第二弾である。「共同宣言」では、日米同盟が「世界の平和と地域の安定並びに繁栄に深甚かつ積極的な貢献を行ってきた[58]」ことを評価した上で、「この地域の力強い経済成長の土台であり続ける[59]」ことを確認し、「日米両国の将来の安全と繁栄がアジア太平洋地域の将来と密接に結びついている[60]」ことで意見が一致したと宣言された。この認識に従えば、日米同盟のもとでの自衛隊の役割とその地理的範囲は拡大せざるを得ず、第一次ガイドラインを見直す作業と、周辺事態への日米共同対処に関する研究を開始することが宣言された。そして、一九九七年には第二次日米ガイドライン[61]が締結され、一九九九年には周辺事態法が制定された[62]。また、「日米安保共同宣言」の二日前には日米の間でＡＣＳＡ（物品役務相互提供協定）が締結されている[63]。

これらの政策群はいずれも、日本有事の際のみならず、日本周辺での有事を想定し、それらの事態に対する「共同対処」として、日米同盟の枠組で「武力の行使」を行うことを想定している。したがって、本書ではこれらを「同盟深化アプローチ」に連なるものとして分類する。これらに共通しているのは、日米同盟の枠組での防衛協力において、自衛隊の役割の拡大とともに、その地理的範囲も拡大したことである。いずれも、日本防衛を第一義的な目的として、自衛隊が行使する「個別的自衛権」の範囲を拡大[64]することで、冷戦後において「再定義」された日米同盟の要請に応えようとしたものである。

（2）二〇〇〇年代――米軍再編と日米同盟の変革

二〇〇〇年代に生起した日米同盟の「第三の転機」は、二〇〇一年に発生した九・一一米国同時多発テロ事件の衝撃と、それに伴う「テロとの闘い」を契機としている。二〇〇一年にはアフガニスタン攻撃が行われ、二〇〇三年にはイラク戦争とそれに続く長い占領の時代が始まったが、いずれも、一九九一年の「湾岸戦争のトラウマ」を忘れない日本政府及び日本国民にとっては、無視も軽視もできない事態であった。また、二〇〇三年には第二次朝鮮半島危機が発生し、大量破壊兵器の拡散やテロ攻撃が、日本にとっても非常に身近で差し迫った問題であることを痛感させた。

①米軍の変革

二〇〇〇年代は同盟国である米国の戦略が大きく変化した。二〇〇一年九月三〇日には「米軍の変革」と「前方展開態勢の見直し」を意図したＱＤＲ（四年ごとの国防見直し）が発表された。ＱＤＲ２００１である。[65]ブッシュ政権は九・一一同時多発テロ事件が発生する前から、予測困難な非対称的脅威による奇襲攻撃が発生することを見越していたとされ、先端技術の導入等によって米軍の即応展開能力の向上を目指していた。この能力向上が「米軍の変革」の骨子である。また、「前方展開態勢の見直し」は、ドイツや韓国への大規模な地上兵力の配備を削減する一方、紛争地に隣接する地域に迅速に兵力を投射できる態勢を整えようとするものである。[66]もっとも、ＱＤＲ２００１には特に目新しい内容はなく、非対照的脅威への対処を進めてきたクリントン政権下からの変革（RMA: Revolution in Military Affairs）と米軍再編の流れを踏襲したものに過ぎず、それらが九・一一テロ事件後の戦略環境に適応したため、国防政策としての進展スピードが加速したもの、という指摘もある。[67]いずれにせよ、ＱＤＲ２００１は米軍再配置（ブッシュ政権においてはGPR: Global Posture Review）だけでなく、一九九〇年代から米国が求め続けてきた同盟国の役割拡大を継続して要請することになり、あわせて共同訓練等を通じた同盟国軍の変革の支援も目的としていた[68]。したがってそれは、「日米同盟の深化」にも大きな影響を与えた。

QDR2001をベースとし、九・一一を契機として生起したアフガン攻撃やイラクとの緊張を踏まえ、二〇〇二年九月には国家安全保障戦略が発表された[69]。しかし、ここで打ち出されたいわゆる「ブッシュ・ドクトリン（先制攻撃戦略）[70]」は、従来、国際法が容認してきた自衛権の概念を逸脱する内容であり、米国による「単独行動主義」として批判を受け、同盟国の間を、米国の単独行動主義を支持する英国や日本等と、支持しないフランス、ドイツ等の二つに割った[71]。この反省から、次のQDR2006からは、再び同盟国との協力の重要性が重視されるようになった[72]。ただし、日本の小泉政権は、終始一貫してブッシュ政権の「単独行動主義」を支持する立場に回り、日米同盟の蜜月時代を演出した[73]。

なお、PSIが創設されたのは、ちょうどこの時期のことである。詳しくは本書第三章で検証するが、ブッシュ大統領とその側近たちがPSI構想を思いついたのは、二〇〇二年一二月九日のソ・サン号事件以後、二〇〇三年三月二〇日に開戦したイラク戦争における「大規模戦闘」が同年五月一日に終結するまでの間であった可能性が高い[74]。ブッシュ・ドクトリンに基づく先制攻撃戦略と単独行動によって同盟国間に軋轢をもたらしたブッシュ政権が、イラク戦争終結と同時に日英等の米国を強く支持する同盟国だけではなく、独仏などいったん「離反」した同盟国群を再び束ね上げるべく呼びかけを行ったことは注目する必要があろう。

②日本側の動き

日本側にもまた動きがあった。二〇〇三年から二〇〇四年にかけて、一連の有事法制が整備された[75]。有事法制とは、日本に対する武力攻撃事態等を想定したものであり、日米同盟を円滑に運用しつつ、日本も自衛権の発動として「武力の行使」を行うための準備である。二〇〇二年四月一六日に閣議決定され、国会に提出された法案は、当初、小泉首相が指示していた「テロ・不審船などにも対応可能な包括法制」の内容が盛り込まれておらず、野党側もそのことを批判したため、採決はいったん見送られた。その後、民主党との修正協議を経て、テロや大規模災害までも対象にした修正案が与野党の合意に基づいて作成され、二〇〇三年六月六日に有事関連法案は圧倒的賛成多数で可決された(76)。なお、この有事法制のすべての任務が「武力の行使」にあたるわけではない。大規模災害への対処は無論のこと、テロ、不審船への対応は「武力の行使」ではなく「武器の使用」にあたる概念であり、作用としては警察権として整理される。しかし、それらの任務は、直接的、間接的に日米同盟の円滑な運用に資するためのものであり、米軍もしくは自衛隊による日本の防衛を目的とした「武力の行使」を支援することがその立法目的である。したがって、本書ではこの有事法制もまた「同盟深化アプローチ」に属するものとして扱う。

二〇〇四年四月には、首相の私的諮問機関「安全保障と防衛力に関する懇談会」が発足し、一〇月には「荒木レポート(77)」として知られる報告書が提出された。荒木レポートが掲げた戦略目標は、「日本防衛」と「国際環境改善」の二つである。このうち「日本防衛」は「自衛権の行使」によって達成される従来型の防衛概念であるが、荒木レポートの特徴の一つは、日米同盟に「地域の諸国にとって公共財的な側面がある(78)」ことを強調し、アジア太平洋地域もしくは世界全体という広い視野の中で再定義・再評価を行ったことにある。この点において樋口レポートやナイ・レポートと認識を共有した上で、日米同盟をさらに深化させることを提言している。一方、「国際環境改善」とは、樋口レポートが打ち出した「多角的安全保障協力」の概念を発展させたものであり、直接的には「武器の使用」を伴い得る国際貢献活動のことである。ただし、樋口レポートでの「多角的安全保障協力」が国連PKOを中心とする概念であったのに対して、荒木レポートの示す「国際環境改善」は、国連とは別の国際平和支援活動をも強く意識しており、インド洋やイラクで行われる対米支援活動をこれに含んでいる。また、「人間の安全保障」の概念と同列に、大量破壊兵器等の拡散阻止活動を「国際環境改善」のテーマとして盛り込んでいることは、本書にとっては示唆深い内容である。荒木レポートは、「非国家主体からの脅威を正面から考慮しない安全保障政策は成り立たない」[79]として、「テロとの闘い」を遂行する米国と認識を共有しているが、大量破壊兵器の拡散阻止活動は国家間の紛争の問題としては捉えられていない。また、荒木レポートは、基盤的防衛力構想を踏襲しつつも、非国家主体等の新しい脅威への対処を念頭に置いた「多機能弾力的防衛力」[80]へと修正を加えるよう提言しているが、方向性としては米国のＱＤＲ２００１で打ち出された非国家主体への対処と同じである。

また、二〇〇四年には新しい「防衛計画の大綱（04大綱[81]）」が策定された。04大綱の掲げる戦略目標は荒木レポートとほぼ同じであり、「我が国の防衛」と「国際環境改善」の二本柱となっている。また、荒木レポートが提唱した「多機能弾力的防衛力」についてもほぼ同じ概念を提唱しているが、04大綱では「即応性、機動性、柔軟性及び多目的性を備え、軍事技術水準の動向を踏まえた高度の技術力と情報能力に支えられた[82]」防衛力という表現を使って、米軍変革との連動性をより強く打ち出し、米国のＱＤＲ２００１が米軍からの働きかけによって同盟国軍の変革を促したことに対応している。

③**「同盟深化」の確認、合意**

この時期において、直接的に日米同盟の深化を示す特徴的な政策群としては、前記の荒木レポートや、04大綱のほかに、日米首脳の蜜月関係もあって導き出された日米両国による一連の確認、合意事項も挙げられる。

二〇〇二年一二月、日米防衛協力強化の議題を示すＳＣＣ共同声明[83]が発表された。そこでは、「日米の役割と任務、双方の兵力及び兵力構成、地域的挑戦やグローバルな挑戦への対処における日米協力[84]」が話し合いの議題として掲げられ、翌二〇〇三年の一月から本格的な日米協議が始まった。そして、二〇〇五年一〇月のＳＣＣでは、「日米同盟：未来のための変革と再編」[85]というタイトルの文書が発表された。また、この間、二〇〇三年五月二三日、小泉・ブッシュ会談で確認された「世界の中の日米同盟」[86]という概念は、日米同盟の役割と地理的領域を世界大に拡大するものであった。また、二〇〇六年五月一日には「再編の実施のための日米ロードマップ」[87]が策定され、普天間飛行場、横田飛行場などの再編、移転の行程表が定められたほか、ミサイル防衛や共同訓練の分野で日米が連携を深めることが確認された。そして、小泉・ブッシュ会談によって「新世紀の日米同盟」[88]という概念が確認され、また、小泉政権の後を受けた第一次安倍政権によっても、「世界とアジアのための日米同盟」[89]という構図で日米同盟は捉え直された。

一九九〇年代の日米同盟「再定義」においては、朝鮮半島や台湾海峡といった地理的にも近い「周辺地域」での有事を想定し、それらのエリアをカバーする形で日米同盟が深化したことは先に見た。二〇〇〇年代の米軍変革と再編に伴う日米同盟の発展は、九・一一米国同時多発テロ事件とそれに続く「テロとの闘い」を受け、同盟がカバーする地理的な戦略的範囲を世界大にまで拡大したことに特徴があると言える。その意味では、「同盟深化アプローチ」はその地理的範囲を中東地域も含む世界規模の「国際環境改善」にまで拡大していくことで、当初、国連への貢献を主眼に置いていた「国際貢献アプローチ」が目指した戦略目標を代替もしくは補完することになったとも言えよう。

三　国際貢献アプローチ

国連によって授権された国際任務及び国際法・国際約束等を実施するため「武器の使用」を前提とする「国際貢献アプローチ」をめぐる国際環境は、一九九〇年代、二〇〇〇年代に二度にわたり発展、拡大を遂げた。これに伴い、自衛隊の海外派遣の性質も様変わりしてきた[90]。

国際貢献をめぐる最初の転機は、冷戦終了の前後であった[91]。一九九二年のＰＫＯ協力法に伴う、国連ＰＫＯ活動への参加である。しかし、それは国連そのものがＰＫＯの性質をめぐって「武器の使用」か「武力の行使」かで揺れていた時期でもあった。冷戦終了前までの「伝統的な国連平和維持活動」は「停戦監視団」と「平和維持軍」の二つの柱からなっており、いずれも「武器の使用」のみを念頭に置いたものであった。ただし、「武器の使用」にとどまらない国連活動の態様が提起されたこともある。冷戦後に生起した様々な内戦や地域紛争の中には、従来型の平和維持活動では対応できないものが生じたため、一九九二年、ガリ事務総長が「武力の行使」にまで踏み込んだ「拡大ＰＫＯ」を志向する報告書（ガリ報告書「平和のための課題」）を発表した。[92] 報告書は、国連の平和と安全のための活動は、予防外交、平和創造活動、平和維持活動、平和構築活動からなる一連の活動へと拡大されるべきと主張している。しかし、この提案に基づいて行われた第二次ソマリア活動（ＵＮＯＳＯＭⅡ）は失敗に終わり、「平和強制活動」が円滑ではなかったことが確認された。一九九五年、ガリ事務総長は報告書の内容を修正し、「平和維持活動」と「平和強制活動」を明確に区別し、前者においては強制行動をさせるべきでないことを主張し、安保理決議に基づいて行われた他の行動についても武力衝突に至った事例を挙げて再検討を促した。[93] 国連は、失敗を教訓として「武力の行使」を伴う「平和強制活動」から大きく後退し、「武器の使用」に限定された「平和維持活動」に回帰したと言ってよい。

国連が「武力の行使」を考慮していた状況下では、自衛隊のＰＫＯへの参加の態様は非常に限定され、抑制的なものにならざるを得なかった。一九九一年六月には国連平和協力法案が国会に提出されたものの、「武力の行使」を目的とする多国籍軍への支援を違憲とする批判が提起され、結局、廃案となった。[94] しかし、一九九二年六月、与野党の協議によって、厳格な「武器の使用」基準等「参加五原則」を盛り込んだ国際平和協力法（ＰＫＯ協力法）[95] が成立し、自衛隊をＰＫＯ活動に派遣する法的基盤が整備された。しかし、国連そのものが、「平和維持」と「平和強制」の狭間で、「武器の使用」と「武力の行使」の間を揺れ動く中、国内において憲法問題に発展する激しい議論を引き起こした。それゆえに、自衛隊の国際貢献は、「参加五原則」によって中立性を重んじ、きわめて厳格に「武力の行使」

への関与を避け、「武器の使用」の条件と範囲を厳しく限定することから始まった。なお、PKO協力法の成立と同時に、災害人道支援等を目的とした国際緊急援助法が成立している[96]。

二度目の転機は、九・一一米国同時多発テロ事件である。この事件を受けて、「国際貢献」を目的とした自衛隊の海外派遣は国連外のスキームにまで拡大し、かつ、自衛戦争を戦う国家に対する支援も許容されることになった。二〇〇一年一〇月に制定された「テロ対策特措法[97]」の策定過程では、「武力行使の一体化論」の定義を改め、安保理決議等に基づいて「テロとの闘い」に従事する国家への支援であれば、当該国が別の作戦で「武力の行使」を行っていても、自衛隊による直接の支援対象が当該国の従事する国際任務による「武器の使用」の範囲内であれば合憲とする整理が行われた。また、この法律を契機として、多国籍軍への支援活動における「武器の使用」の要件が緩和された[98]。この法律に基づいて、インド洋に海上自衛隊及び航空自衛隊が派遣された。そして、二〇〇三年七月、「イラク特措法[99]」が成立し、陸上自衛隊がイラク復興支援を目的として派遣されることとなった。なお、二〇〇一年一二月にはPKO協力法も改正され、PKO任務における「武器の使用」の要件が緩和されている。

これらの任務に自衛隊が武器を携えていくのは、いずれも「武器の使用」のためであるとされる。「テロ対策特措法」は国連決議に基づく国際任務を行う多国籍軍の支援として、「イラク特措法」はイラク戦争における大規模戦闘終了後の復興支援としての任務であり、法律的な整理で言えば「武力の行使」にあたる要素はない。その意味では、両法に基づく自衛隊派遣は「国際貢献アプローチ」に属する政策群ではある。ただし、前節で見たように、樋口レポート以後の安全保障政策が「国際環境の改善」を日本の安全に直結する問題として定義してきたことを考えれば、「法執行の枠組」への「国際貢献」をもって、「同盟深化アプローチ」と近似した戦略目標を達成する取り組みとも言える。さらに言えば、「テロ対策特措法」については、九・一一以後、「テロとの闘い」に邁進する米国から、「Show the flag[100]」という直接的な要請があったとされ、また、「イラク特措法」については、イラク戦争で単独行動に出た米

表 5 「国際貢献アプローチ」に連なる政策事例

1991 年	（冷戦の終結）
1991 年	湾岸戦争 ・ペルシャ湾に掃海艇部隊を派遣（一般命令）
1992 年	PKO 協力法、国際緊急援助法 ・カンボジア派遣（PKO）
1993 年	・モザンピーク派遣（PKO）
1994 年	・ルワンダ難民救援（PKO）
1996 年	・ゴラン高原派遣（PKO）
1998 年	・ホンジュラス・ハリケーン災害派遣（国際緊急援助活動）
1999 年	・トルコ地震災害派遣（国際緊急援助活動） ・東ティモール避難民救援派遣（PKO）
2001 年	（米国同時多発テロ）
2001 年	・インド地震災害派遣（国際緊急援助活動） ・アフガニスタン難民救援（PKO） テロ対策特措法
2002 年	・東ティモール派遣（PKO）
2003 年	（イラク戦争）
2003 年	・イラク難民救援（PKO） イラク特措法
2004 年	・タイ派遣（国際緊急援助活動）※スマトラ大震災
2005 年	・インドネシア派遣（国際緊急援助活動） ・パキスタン派遣（国際緊急援助活動）
2007 年	・ネパール（PKO）
2008 年	補給支援特措法（※テロ対策特措法の後継法） ・スーダン派遣（PKO）
2009 年	海賊対処法（ソマリア沖） ・インドネシア派遣（国際緊急援助活動）
2010 年	・ハイチ派遣（PKO） ・パキスタン派遣（国際緊急援助活動） ・東ティモール派遣（PKO）
2011 年	・ニュージーランド派遣（国際緊急援助活動） ・南スーダン派遣（PKO）
2013 年	・フィリピン派遣（国際緊急援助活動）
2014 年	・マレーシア派遣（国際緊急援助活動）

出典：防衛省・自衛隊『防衛白書（平成 26 年度版）』、2014 年、300 頁、『日本経済新聞』2014 年 6 月 29 日等をもとに筆者作成。

国が同盟国の忠誠を試すため「Boots on the ground」[101]と踏み絵を図ったとされたことに対応したとも言える。それゆえ、実態としては「テロとの闘い」をめぐる日米同盟の「共闘」の一形態にほかならず、領域外での「武力の行使」ができない日本が法執行に伴う「武器の使用」の枠組で同盟国の役割を果たそうとしたと解することも可能であろう。いわば、「国際貢献アプローチ」の手段をもって、「同盟深化アプローチ」を代替したものと言えよう。その過程において、「武器の使用」の要件が緩和され、任務の範囲が拡大していったのである。**表5**に「国際貢献アプローチ」の政策類型に属する政策群を抽出する。

（1）一九九〇年代――国連PKO活動と「武器使用の制限」

自衛隊の国連PKO活動における「武器の使用」は、当初、非常に限定されたものから、徐々にその範囲を拡大していった。「湾岸戦争のトラウマ」から「人的貢献」の必要性が叫ばれて参加が決まった一九九〇年代の国連PKO活動においては、自衛隊はその任務が限定され、また「武器の使用」の範囲が厳しく制限されるという条件下でその任務が始まった。

①「武器の使用」の制限

一九九一年に提出された国連平和協力法案は、武力行使を目的とする多国籍軍を自衛隊が支援するのは違憲ではないかとする強い反発を引き起こし廃案となった。そのため、湾岸戦争後にペルシャ湾に派遣された掃海部隊は、防衛庁長官の一般命令によって派遣され、自衛隊創設以来初めてとなる国際貢献任務に従事している。[102]一九九二年のガリ報告によって「国連PKOにおける武力の行使」という新しい概念が導入されたこともあり、国連PKOへの自衛隊派遣をめぐる議論はより一層激しいものになった。[103]それゆえ、PKO活動への自衛隊の派遣については、「国連PK

Ｏにおける武力の行使」にあたる任務を回避し、冷戦が終了する前から継続してきた「伝統的な平和維持活動」に限定せざるを得なかった。

しかし、ここでも問題が生じた。一部の「武器の使用」の形態が、憲法に抵触する恐れがあるという懸念が生じたためである。「伝統的な平和維持活動」の任務は、「軍事監視団」と「平和維持軍」の二つに大別することができた。このうち、「軍事監視団」は、停戦状況、部隊の撤退、武装解除の監視、非武装地帯の巡視等を行う。それは各国混成の小規模なチームであり、原則として武器を携行しない。したがって「武力の行使」はおろか、「武器の使用」の問題も生じ得ない[104]。一方、「平和維持軍」は通常五〇〇〜八〇〇人程度の歩兵大隊により構成され、停戦の確保、武装解除、治安維持、緩衝地帯等への駐留、パトロール、兵力引き離し、停戦の維持等を任務として派遣される。「平和維持軍」は、偶発的な衝突が想定されるからこそ、大兵力で組織的に派遣されるわけであり、以下の二つの場合、すなわち、要員の生命及び身体の防護のため、あるいは平和維持軍の任務遂行妨害を排除する場合には、自衛の措置として「武器の使用」が許される。なお、この問題に関する議論においては、前者の場合を「タイプＡ」、後者を「タイプＢ」の「武器の使用」と呼ぶことが通例となっている[105]。

自衛隊のＰＫＯ派遣の際に問題になったのは、タイプＢの「武器の使用」であった。内閣法制局は、「タイプＡ」、すなわち、要員の生命または身体が脅かされた場合に武器を使用することは「自己保存のための自然的権利」であるので、憲法の禁ずる武力の行使に当たらないとしたが、ＰＫＯの任務が実力によって妨げられた場合に妨害を排除するために武器を使用する「タイプＢ」の場合は、憲法第九条に抵触する恐れがあるとしたのである[106]。そこで、日本政府は独自の立場をとった。本来、国連平和維持活動には、国連平和維持軍（ＰＫＦ）を区別していないが、日本政府は「平和維持隊本体業務（ＰＫＦ）」と「平和維持隊後方支援業務（ＰＫＯ）」とに分割し、自衛隊の「本体業務（ＰＫＦ）」への参加を凍結する措置をとり、ＰＫＯ協力法には妨害排除のための武器使用を許す規定を入れなかった。そして、国連ＰＫＯへの参加原則を示した「参加五原則」の最後には、「タイプＡ」に分類される「武器の使用は要員の生命等の防護のために最小限のものに限られること」[107]という内容のみが盛り込まれることになった。これにより、自衛隊が行うことのできる活動は、医療、輸送、通信、建設活動等に限定され、また、自衛隊以外が行うことのできる任務として選挙監視、警察業務、行政事務のみが定められた[108]。ＰＫＯへの参加にあたり、日本政府は「武力の行使」にあたる恐れを徹底的に排除した結果、「武器の使用」の範囲までもきわめて限定的な内容に制限したのである。こうして、自衛隊による「国際貢献」の歴史が始まった。

(2) 二〇〇〇年代――国連外の国際貢献活動と「武器の使用」の緩和

九・一一米国同時多発テロ事件を受け、二〇〇〇年代に自衛隊の国際貢献活動は新たな段階へと発展した。国際法、あるいは国連決議、安保理決議等の国際約束、国際取り決めを執行するという前提を堅持しつつも、国連を離れた多国間の枠組での国際任務にも、自衛隊を派遣することができるようになった。そして、二〇〇七年には双方を含む国際貢献が自衛隊の本来任務に格上げされた[109]（表6参照）。また、「テロとの闘い」に従事する多国籍軍を支援するにあたって、「武器の使用」の条件が緩和されたこともこの時期における自衛隊の国際貢献が直面した大きな変化の一つと言えよう。あわせて、国連ＰＫＯにおける「武器の使用」の条件も緩和された。

ただし、「武力の行使」を前提としないこれらの任務は「国際貢献アプローチ」に分類される政策群によるものではあるが、他方で「武力の行使」を回避する形で「同盟深化アプローチ」が目指す政策目標と同じものを達成しようとしたという見方も可能であろう。直接的な日本防衛以外に「武力の行使」ができない自衛隊には「同盟深化アプローチ」では対米協力オプションに制限があるため、「国際貢献アプローチ」における「武器の使用」の範囲を拡大する形で、同盟国からの要請に応え、日本の安全を守ろうとしたと言える。この点において、「国際貢献アプローチ」

表６　防衛省・自衛隊の定義する「国際平和協力活動」

（これらの「国際平和協力活動」は、2007 年に自衛隊の「本来任務」に格上げされた）

枠組	活動名	根拠法	備考
国連	国連平和協力業務	PKO 協力法（1992 年）	
二国間	国際緊急援助活動	国際緊急援助法（1992 年）	「武器使用」なし
多国間	国際テロ活動のための活動	テロ対策特措法（2001 年）	2010 年終結
多国間	イラク国家再建に向けた取り組みへの協力	イラク特措法（2003 年）	2009 年終結

出典：防衛省・自衛隊『防衛白書（平成 26 年度版）』、2014 年、301 頁をもとに筆者作成。

は「同盟深化アプローチ」と対立するものではなく、補完的、代替的なものとして機能したと言ってよい。

①テロ対策特措法による海自・空自部隊派遣

二〇〇一年九月一一日の米国同時多発テロを契機として、自衛隊の海外派遣の範囲は拡大した。「テロとの闘い」に従事する多国籍軍を支援するため、二〇〇一年一〇月に「テロ対策特措法」[110]が成立し、国連外のスキームでも自衛隊を海外派遣できるようになったのである。「武器の使用」の範囲も拡大された。ＰＫＯ協力法では「武器の使用」は「生命又は身体の防護」に限定されていたが、テロ対策特措法では「自己又は自己と共に現場に所在する他の自衛隊員」、及び、「その職務を行うに伴い自己の管理の下に入った者」を防護するための武器使用まで許容された。また、自衛隊法第九五条が適用され「武器等防護のための武器使用」も認められることになった[111]。この法律に基づいて、海上自衛隊及び航空自衛隊がインド洋、中東地域に派遣された。

テロ対策特措法に基づく自衛隊の派遣は「武力の行使」ではなく、あくまで国連安保理決議に基づく法執行を目的として行われた。同法の特徴として挙げられるのは、まず、同法によって自衛隊が使用される根拠を、すべての国連構成国に対し「国際社会の平和と安全に対する脅威」[112]であるテロと闘うため協力を求めた国連安保理決議一三六八に依拠した点である。この前提条件に基づく限り、安保理決議一三六八に基づいて行われる米軍の「テロとの闘い」は、「国際社会の平和と安全」を守るためのものであり、自衛隊が「テロとの闘い」に従事する米軍を支援したとしても、「米国の自衛」に加担する「集団的自衛権」にはあたらないという整理である。[113]この点、たとえば周辺事態法が同法の目的を「我が国の平和及び安全の確保に資すること」[114]として、あくまで自衛権の問題として捉えたこととは異なる。テロ対策特措法の目的は「我が国を含む国際社会の平和及び安全の確保に資すること（傍線部、筆者）」[115]にシフトしており、「国際社会の平和と安全」を守ることを目的とした安保理決議一三六八という国際取り決め、国際約束を執行するために同法は制定された。この前提に従って、自衛隊が米国及びその他の外国軍隊に対する「協力支援活動」を行う地理的領域は、「公海」、「及びその上空」や、当該国から同意のとれた「外国の領域」へと拡大されたが、[116]それは集団的であれ個別的であれ自衛権の問題ではない。また、拡大された「武器の使用」要件は、依然として法執行に付随的に発生するものであり、「武力の行使」にはあたらないと整理される。それゆえ、テロ対策特措法は「国際貢献アプローチ」に属する政策に分類されよう。

ただし、「テロとの闘い」は米国等による自衛戦争という性格が濃いと言える。事実、ブッシュ米大統領は九月一二日、今回のテロは戦争行為であるとする声明を発表し、北大西洋条約機構（ＮＡＴＯ）は大使級理事会でＮＡＴＯ条約第五条による集団的自衛権の適用対象とみなすことについて合意した。[117]そして、日本政府もまた、「テロとの闘い」に米英の自衛戦争の側面があることを認めている。[118]それゆえ、もし、自衛権を行使して戦う米国を支援すれば、憲法が禁止する集団的自衛権の行使にあたる恐れがあった。しかし、小泉首相はこうした懸念を回避するため、国会答弁において、「本法案は、関連の国連安保理決議を踏まえ、国際的なテロの防止及び根絶のための国際社会の取り組みに積極的かつ主体的に寄与することを目的としているのであり、日米安保体制を基軸とする日米同盟関係と直接に関係するものではありません」[119]と述べ、自衛隊の支援活動を、米国の自衛戦争から切り離す論理を展開した。日本政府は「テロとの闘い」を、「米国等の自衛戦争」と「国際社会の平和と安全を守る闘い」という二つの側面に分類しつつ、その一方のみを選択的に取り上げる形で、後者の意味で米軍及び他の外国軍を支援したわけである。また、テロ集団等との間に、偶発的な事由等でやむを得ず交戦事態が発生し、それに対する「対応措置」が必要となった場合を想定して、同法には「対応措置の実施は、武力による威嚇又は武力の行使に当たるものであってはならない」[120]と明記されている。この場合の「武器の使用」は法執行に伴うそれであり、「武力の行使」との混同は厳格に避けられた。これらの論理を組んだ上で政府は、「本法は憲法九条に抵触しない範囲内において、憲法の前文及び九八条の国際協調主義の精神に沿って我が国が実施し得る措置を定めたものとする」[121]と説明し、「武力の行使」を念頭に置いた権力政治的な政策とはその法的基盤を異にするとの立場を鮮明にした[122]。本書がこれを「国際貢献アプローチ」に分類する理由はここにある。

②PKF本隊業務の凍結解除と「武器使用」の緩和

テロ対策特措法で「武器の使用」の要件が緩和されたことを受け、PKO協力法の「武器の使用」の条件も緩和された。テロ対策特措法に倣う形で、従来の防衛対象（生命または身体の防護）に加え、「自己の管理下に入った者の防衛」及び、「武器等の防護」も認められることとなった[123]。以後、自衛隊の国際任務における「武器の使用」の基準は、これに倣うこととなった。

ところで、一九九二年に成立したPKO協力法では、PKF本体業務について「別に法律に定める日までは実施しない」[124]として、ほぼ無期限に凍結されたことは先に見た。具体的に、その内容は以下のものである[125]。

イ　武力紛争の停止の遵守状況の監視又は紛争当事者間で合意された軍隊の再配置若しくは撤退若しくは武装解除の履行の監視

ロ　緩衝地帯その他の武力紛争の発生の防止のために設けられた地域における駐留及び巡回
ハ　車両その他の運搬手段又は通行人による武器（武器の部品を含む。ニにおいて同じ。）の搬入又は搬出の有無の検査又は確認
ニ　放棄された武器の収集、保管又は処分
ホ　紛争当事者が行う停戦線その他これに類する境界線の設定の援助
ヘ　紛争当事者間の捕虜の交換の援助

これによって、国連ＰＫＯの武器使用に関する原則と、ＰＫＯ協力法の規定との間の整合性がなくなり、国連ＰＫＯが意図する多くの業務に自衛隊は参加できなくなった。これを是正すべく、「テロ対策特措法」が成立した直後の二〇〇一年一二月、ＰＫＯ協力法も改正され、右記六項目のいわゆる「ＰＫＦ本隊業務」の凍結が解除された[126]。米国同時多発テロ事件と多国籍軍への支援開始を受けて、自衛隊の国連ＰＫＯ活動の範囲も大幅に拡大したのである。

③イラク特措法による陸自派遣

海自、空自に続いて、陸上自衛隊の国際貢献活動の範囲も国連外のスキームに拡大した。イラク特措法の成立による、陸上自衛隊のイラク派遣である。

背景には二〇〇三年五月一日、ブッシュ大統領による「主要な戦闘」の終結宣言があった。五月二二〜二三日にテキサス州クロフォードにブッシュ大統領の私邸を訪れた小泉首相との間で確認された「世界の中の日米同盟[127]」というスローガンは、端的に言えば、イラク戦争において日米同盟の枠組を具体的な政策に落とし込み、利用する作業を意味しよう。しかし、領域外において、しかも多国間での「武力の行使」が許されない自衛隊の任務は、人道復興支援

活動と安全保障支援活動に絞られる。それらはいずれも「武力の行使」にはあたらず、テロリストやゲリラ等との間に偶発的な戦闘が発生するとしても、それは「武器の使用」として整理される任務となる。こうして、新しい形の国際貢献である「イラク人道復興支援特別法」が成立し、同年一二月九日、この法律に基づいて政府は「基本計画」を閣議決定し、翌年一月、自衛隊の本隊がイラクに派遣された。

しかし、二〇〇四年六月三〇日には、連合国暫定当局からイラク暫定政府へ主権が委譲されるに伴い、イラク国内の外国軍は国連安保理決議に基づく多国籍軍に再編成されることになった。そして、イラク・サマーワに駐留する自衛隊も、多国籍軍の一員となるにあたり、他国軍が「武力の行使」を行った際に、自衛隊が間接的にでもその支援を行えば「武力行使との一体化」とみなされる懸念が発生した。そのため、日本政府は多国籍軍の役割として人道復興支援を盛り込んだ国連安保理決議一五四六の内容を「基本計画」に加えることとし、「多国籍軍派遣に関する政府見解」の閣議決定を行った(128)。そこでは、自衛隊が非戦闘地域で活動し、他国軍の武力の行使とは一体化しないことが確認されている。また、日本政府が米英両国と結んだ了解の中に、以下の内容が盛り込まれた(129)。

― 人道復興支援が多国籍軍の任務に含まれていることは国連安保理決議一五四六で確認されている。
― 自衛隊は、イラク特措法に基づき、我が国の指揮下で活動を継続、多国籍軍の下で活動を継続、多国籍軍の下で活動することはない。
― イラク特措法や基本計画で定められた要件が満たされなくなった場合、自衛隊の活動を我が国の判断で中断、イラクから撤収させることができる。

ここでも、テロ対策特措法で採用されたものと同様の論理が見られる。すなわち、イラクに滞在する多国籍軍が

「武力の行使」を行う事態になったとしても、それら他国軍の作戦と自衛隊の活動を完全に切り離すことで、自衛隊は国連安保理決議一五四六に基づく国際任務を遂行するに過ぎないという整理が行われたのである。自衛隊のイラクでの活動は、「世界の中の日米同盟」のコンセプトに基づく同盟上の要請から発したものであり、同盟深化の手段ではあるが、「国際貢献アプローチ」によってなされたものであることは留意すべきであろう。

④海賊対処法による多国間協力

二〇〇九年には「海賊対処法」[130]も制定され、ソマリア沖・アデン湾等での海賊対処が自衛隊の任務に加わった。海上自衛隊は、同法に基づいて護衛艦二隻からなる海賊対処行動水上部隊を派遣し、この海域を通行する船舶の護衛活動を実施している。また、広大な海域における海賊対処をより効果的に行うため、固定翼哨戒機二機からなる海賊対処行動航空隊を現地（ジブチ共和国）に派遣して海賊の監視警戒を実施している[131]。これらも「武力の行使」ではない。海賊という犯罪行為への対処であり、当該任務に伴って自衛隊の「軍事力（防衛力）」が使用される際は、法執行に伴う「武器の使用」としてなされるという点で、「国際貢献アプローチ」に属する政策である。

同法は二〇〇七年に策定された海洋基本計画とリンクしている。海洋基本計画では、海洋立国日本の目指すべき姿として四つの柱を挙げているが、そのうち「①国際協調と国際社会への貢献」として「法の支配に基づく国際海洋法秩序の確立の主導」という目的と、「②「海に守られた国」から「海を守る国」」というコンセプトを構成する「海洋はグローバルコモンズ（国際公共財）」という政策目的を実現する手段の一つとして海賊対処法は位置づけられている[132]。ここにも、樋口レポート以後、繰り返し強調されてきた国際貢献としての「国際環境改善」という手段をもって、日本の安全保障を図るという構図が見られる。

なお、海賊対処については二〇〇一年一一月、アジアの海賊問題に有効に対処することを目的として、小泉首相のイニシアティブで始まり、二〇〇四年一一月に採択された「アジア海賊対策地域協力協定」[133]の先例もある。この協定に米国は加わっていないこと[134]からもわかるように、海賊対処については必ずしも米国と日本は完全に歩調をあわせてきたわけでもない。したがって日米同盟を基軸とする安全保障枠組とはやや異なる位相にあり、純粋に「国際貢献アプローチ」としての政策であったといえ、「同盟深化アプローチ」と連動したり、代替したりするものとまでは言えない。また、「アジア海賊対策地域協定」に基づく海賊対処については海上保安庁が主管となっており、自衛隊の派遣は想定されていない。したがって、法執行機関による行政連合的な枠組であるため、同協定に基づく活動は本書で扱う安全保障政策の一つには数えない。

四　小括――ＰＳＩは「武力の行使」か、「武器の使用」か

官僚組織が政策立案、政策形成過程において最重要視するのは法的整合性である。また、立法府においても政策判断の是非もさることながら、国会審議の多くが法的整合性あるいは法的安定性の検証に費やされる。ことに、戦後、なかんずく、冷戦後の安全保障をめぐる政策過程においては、法解釈や法的整合性の問題が熾烈な形で政治問題化したため、その傾向が顕著であった。それゆえ、領域外における自衛隊の「軍事力（防衛力）」の使用については、それが「武力の行使」にあたるのか「武器の使用」にとどまるのかという区別は厳密を極めた。そして、「武力の行使」を前提にした政策の系譜も、「武器の使用」を目的にした政策群も、それぞれに解釈を変えながらその範囲及び領域を拡大してきたが、本章で検証したようにこれら二つの概念は截然と区別されており、混同されたことはない。それゆえ、冷戦後の安全保障政策は何らかの形での「武力の行使」を前提にした「同盟深化アプローチ」と、「武器の使用」のみを念頭に置いた「国際貢献アプローチ」の二つの政策系譜に大別されることを本章は検証してきた。なお、

二〇一五年九月に成立した安保関連法制は一〇本の法律の総称であり、多岐にわたる自衛隊任務に関わる法整備であった。そこには「武力の行使」にあたるものと、「武器の使用」にあたるものが別個に含まれており、「同盟深化アプローチ」と「国際貢献アプローチ」が併存していたと言ってよい。しかしながら、法案の審議過程において政府は「武力の行使」と「武器の使用」を截然と区別した法解釈を示しており、両概念の混同を避けようとしたことは本章で触れたとおりである(135)。

本書は日本とPSIとの関わりを分析するにあたって、これら二つの概念を解釈軸として用いることにする。PSIにおいて自衛隊の「軍事力（防衛力）」の使用がなされるとして、それは「同盟深化アプローチ」としてなされるのか、あるいは「国際貢献アプローチ」としてなされるのかという点は、安全保障政策としてのPSI参加の最も本質的な性格を端的に示すものと考えられるからである。PSIが「法執行の取組」とされるのであれば、それは定義上、「国際貢献アプローチ」に属する政策となろう。しかし、第一章で見たようにそれは「双面神的性格」を持つPSIの一つの側面に過ぎない。そもそもPSIにおいて、どのような法律が執行されるのかは未だに判明していない一方で、自衛隊はPSIにおいて他国軍との間に軍事オペレーションを伴う多国間安全保障協力を深めつつあることも事実なのである。ならば、自衛隊はPSIにおいて「同盟深化アプローチ」に属する活動を行う可能性はないのだろうか。

日本の安全保障政策としては、ほとんど研究対象となっていないPSIだからこそ、かかる法的整合性に基づく解釈軸に従って、そこでの自衛隊の活動内容を厳密に分類、整理、確定していく作業は、政策過程の分析にあたって有益であろう。

註

（1）別の言葉で言えば、それは政治上の要請によってなされる自衛隊任務の範囲及び領域の拡大に応えるべく、整合性と継続性が担保された法解釈を編み出し続ける困難な作業であった。一方、冷戦期の自衛隊任務は、基本的に日本領域内及びその近海等における「個別的自衛権」に限定されていた。高坂正堯は「国内では憲法論議はタブーであり、常に外交、安全保障問題をサボタージュするための逃げ口上として使われてきた」（高坂正堯「日本が衰亡しないために」『高坂正堯外交評論集――日本の進路と歴史の教訓』中央公論社、一九九六年、三三六頁）と指摘しているが、冷戦後の安全保障政策の最も大きな環境変化は、こうした「逃げ口上」が通用しなくなり、正面からこの問題に取り組まざるを得なくなったことにあるとも言えよう。

（2）橋本龍太郎内閣総理大臣の言（『産経新聞』一九九六年五月四日）。もっとも、橋本首相のこの言葉は、加藤紘一自民党幹事長（当時）の「台湾、朝鮮問題で神学論争をやるべきではない」という言葉の受け売りだったとされる（『朝日新聞』一九九六年四月四日）。

（3）衆参両院での憲法調査、憲法審査の記録を追うと、安全保障法制をめぐる議論が「神学論争」化をしてきたことを批判する言葉が、特に自民党議員から多く発せられている（たとえば、衆議院憲法調査会「中間報告書」、二〇〇一年一一月。参議院憲法審査会「日本国憲法に関する調査報告書」、二〇〇四年等）。一九九〇年代には八党連立の細川政権の誕生から、自社さ政権による政権奪回、そしてまた自（自）公政権への連立組み替えへと至る一連の政局において、安全保障をめぐる議論が常に政治問題化したことが、この混迷に拍車をかけたことは否めない。その反動もあって二〇〇〇年代には各政党とも安全保障論議に消極的になる傾向も散見されたが、ひとたびこの問題が政治問題化すれば、国会が一時的に機能停止する混乱が発生することは変わらない。

（4）第一二一回国会　衆議院国際平和協力等に関する特別委員会提出資料「武器の使用と武力の行使の関係について」、一九九一年九月二七日。

（5）第一八九回国会　衆議院我が国及び国際社会の平和安全法制に関する特別委員会、二〇一五年五月二七日、維新の党柿沢未途幹事長に対する中谷元防衛大臣答弁。

（6）同右。「武力の行使」と「武器の使用」の両概念が「国民が見て、どう違うのか全然わからないと思うんですよ」という柿沢議員からの問いに対し、中谷防相が「本当にわかりませんか。これがわからないと議論できませんよ」と柿沢議員に逆質問したことが問題となり、防相は後日、柿沢議員に陳謝をすることになった。国民目線での質問をした柿沢議員を侮辱するかのような中谷防相の態度等には不適切の誹りを免れない要素があったことは否めないが、「これがわからないと議論できません」という言葉は防衛当局の責任者としての素直な心情だったであろう。

（7）　第一九回国会　参議院本会議「自衛隊が海外出動を為さざることに関する決議」、一九五四年六月二日。自衛隊法の成立に際して参議院本会議が付帯決議として採択したもの。

（8）　第五一回国会　衆議院予算委員会、一九六六年三月五日、椎名外相答弁。

（9）　稲葉誠一衆議院議員提出の「自衛隊の海外派兵・日米安保条約等の問題に関する質問主意書」に対する政府答弁、一九八〇年一〇月二八日、閣議決定。

（10）　国連が憲章第七章に基づく強制措置として多国籍軍に「武力の行使」の権限を授権することが模索されたこともある。ただし、ここで言う国連用語の「武力の行使」は、国家行為としての「武力の行使」とは異なり、実質的にはＰＫＯ要員の「武器の使用」にほかならないとの指摘もある。この解釈に立つならば、自衛隊によるＰＫＯ活動はいかなる意味でも「武力の行使」には抵触しない。矢部明宏「国際平和活動における武器の使用について」『レファレンス』第六九二号、国立国会図書館、二〇〇八年九月。松葉真美「国連平和維持活動（ＰＫＯ）の発展と武力行使をめぐる原則の変化」『レファレンス』第七〇八号、国立国会図書館、二〇一〇年一月等。

（11）　国連用語の「武力行使」と、政府解釈による「武力の行使」の両概念のズレあるいは相違が、冷戦後の自衛隊海外派遣をめぐる神学論争の混迷を深めたのではないか。

（12）　第一一九回国会　衆議院国際連合平和協力に関する特別委員会「武力行使を伴う国連軍等への協力に関する政府統一見解」、一九九〇年一〇月二六日。

（13）　同右。また、右記「政府統一見解」の翌年には、「武力行使との一体化を防止する歯止めとしてのＰＫＦ参加五原則」が説明されている。第一二一回国会　衆議院予算委員会、一九九一年八月二二日、工藤内閣法制局長官答弁。

（14）　警察官職務執行法は第七条において、警察権を行使する際の「武器の使用」について定めている。警察官がその職務を遂行するための相当の理由があり、合理的に必要と判断される限りにおいて「武器の使用」が許可されるが、「正当防衛」（刑法第三六条）もしくは「緊急避難」（刑法第三七条）等以外の場合は、人に危害を加えてはならないとされる。

（15）　第一二二回国会　参議院国際平和協力等に関する特別委員会、一九九一年一二月五日、工藤内閣法制局長官答弁。

（16）　第一五六回国会　参議院外交防衛委員会、二〇〇三年五月一五日、宮崎内閣法制局第一部長答弁。

（17）　防衛省公式ＨＰ「憲法と自衛権」、http://www.mod.go.jp/j/approach/agenda/seisaku/kihon02.html（二〇一七年六月一日閲覧）。

（18）　第二四回国会　衆議院内閣委員会、一九五六年二月二九日、船田防衛庁長官による鳩山首相答弁代読。

（19）　第三一回国会　衆議院内閣委員会、一九五六年三月一九日、伊能防衛庁長官答弁。

（20）　同右。ただし、度重なる北朝鮮からのミサイル発射と、同国ミサイルの高性能化や核開発の進捗を受け、自民党の安全保障調査会は二〇一七年三月三〇日、安倍首相（自民党総裁）に対して「敵基地攻撃能力の保有が必要」という提言を行っている（自由民主党「弾道ミサイル防衛の迅速かつ抜本的な強化に関する提言」、二〇一七年三月三〇日、https://www.jimin.jp/news/policy/134586.html（二〇一七年六月一日閲覧））。

（21）　一九九七年に締結された第二次ガイドラインには、日本に対する武力攻撃が発生した際の「作戦構想」の中に、自衛隊が「楯」として自国防衛の作戦を展開する一方で、米軍は「打撃力の使用を伴うような作戦」及び「軌道打撃力の使用を伴うような作戦」をもって、攻撃国を叩く「矛」の役割を果たすことが明記されている（防衛庁・自衛隊「日米防衛協力のための指針」、一九九七年九月二三日、http://www.mofa.go.jp/mofaj/area/usa/hosho/kyoryoku.html#1（二〇一七年六月一日閲覧））。しかし、二〇一五年の第三次ガイドラインの「作戦構想」では、自衛隊による自国防衛に関する作戦が強調される一方、米軍が「矛」の役割を果たすと見られる直接的な記載は削除され、「米軍は、自衛隊の作戦を支援し及び補完するための作戦を実施する」と短く記されるにとどまっている。また、「領域横断的な作戦」の際は米軍の「打撃力の使用」に自衛隊が「必要に応じ、支援を行う」とされ、「日本以外の国に対する武力攻撃への対処行動」として「日本の存立を全うし、日本国民を守るため、武力の行使を伴う適切な作戦を実施する」こと等、自衛隊が領域外において「矛」の役割を担う可能性にも言及されている（防衛庁・自衛隊「日米防衛協力のための指針」、二〇一五年四月二七日、http://www.mofa.go.jp/mofaj/files/000078187.pdf（二〇一七年六月一日閲覧））。従来、「楯と矛」が日米同盟を表現する際に使用されてきたが、今後、このアナロジーを使用するにあたっては一定の留保を必要とする可能性があろう。

（22）　佐瀬昌盛は戦後の安全保障政策の特徴の一つとして、「個別的自衛権行使の許容範囲を態様上どんどん拡大」してきたことを挙げる（佐瀬昌盛「集団的自衛権解釈の怪」『Voice』一九九六年六月、一三二頁）。佐瀬はまた、「「国際法上、自衛権に基づく武力行使は一般に「必要」を限度としているが、わが国の場合はそれに「最小限度」が加えられて、いっそうの減量が加えられている」（佐瀬「集団的自衛権のベールをはぐ」『This is 読売』一九九六年四月、一九一頁）と指摘した。その「最小限度」の範囲及び領域が徐々に緩和され、拡大してきたことが冷戦後史における日本独自の政策的系譜と言えよう。

（23）　防衛省・自衛隊『防衛白書（平成二六年版　日本の防衛）』、二〇一四年、三–五頁。

（24）　同右、五–六頁。

(25)「国の存立を全うし、国民を守るための切れ目のない安全保障法制の整備について」、二〇一四年七月一日、国家安全保障会議決定及び閣議決定。

(26) いわゆる「新三要件」:①わが国に対する武力攻撃が発生したこと、またはわが国と密接な関係にある他国に対する武力攻撃が発生し、これによりわが国の存立が脅かされ、国民の生命、自由および幸福追求の権利が根底から覆される明白な危険があること。②これを排除し、わが国の存立を全うし、国民を守るために他に適当な手段がないこと。③必要最小限度の実力行使にとどまるべきこと。

(27) 二〇一五年九月一日現在。ただし、サイバー空間や宇宙空間などの「グローバル・コモンズ(国際公共財)」においては領域という概念が異なるため(領域横断的)、自衛隊は今後、これら「第四の戦場」「第五の戦場」における「個別的自衛権の行使」として、単独での「武力の行使」の能力を整備する可能性がある。たとえば二〇一三年の陸上自衛隊図上演習「ヤマサクラ」では、初めてサイバー戦がシナリオに組み入れられたが、「敵基地攻撃」を可能とした一九五六年の法理上解釈を援用すれば、自衛隊が単独で大規模サイバー攻撃に「反撃」することは可能であろうと推測される。『朝日新聞』二〇一四年一月三〇日。

(28) 前掲註(4)、一九九一年九月二七日政府提出資料。

(29) 余談ながら、単なる山賊・匪賊あるいは犯罪集団ではなく、それを対象とする戦闘行為が「武力の行使」にあたり得る攻撃対象を、しばしば政策関係者は「国準《くにじゅん》」と呼称し、前者とは区別するように努めている。

(30) 前掲註(16)、宮崎内閣法制局第一部長答弁、「駆け付けて応援しようとした対象の事態、ある今お尋ねの攻撃をしているその主体というものが国又は国に準ずる者である場合もあり得るわけでございました」。浦田一郎はこれについて、「その相手方が国又は国に準ずる組織であった場合でも憲法上の問題が生じない武器の使用の類型としては、現行の、自己等を防衛するもの及び自衛隊法第九五条(筆者註:第一項、武器等の防護及び、第二項、施設の警護)に規定するもの以外にはなかなか考えにくいのではないかと考える」と解説している(浦田一郎『政府の憲法九条解釈——内閣法制局資料と解説』信山社、二〇一三年、六三頁)。また、二〇一五年一一月に南スーダンPKO部隊に付与された「駆け付け警護」の任務に関連する国会での議論の際、稲田防衛大臣は「戦闘」と「武力衝突」を区別して答弁している。二〇一六年七月に南スーダンの首都ジュバで発生した「戦闘」を稲田は「武力衝突」と表現したが、その理由として次のように述べた。「当時の南スーダンの状況について、国または国準《くにじゅん》、そして国対国の間の国際的な武力紛争の一環として行われる人を殺傷しまたは物を破壊する行為と定義されているようなものではないということを答弁したということでございます」(第一九三回国会　衆議院予算委員会、二〇一七年二月八日)。二〇一五年九月に成立した安保関連法制で追加された「駆け付け警護」の任務は改正PKO協力法（国際連合平和維持活動等に対する協力に関する法律）に基づく「武器の使用」にあたり、国又は国に準ずる機関に対しては実施できない。稲田大臣の答弁は「国民にわかりにくい」と批判を浴びたが、従来の政府解釈を完全に踏襲するものである。

(31) たとえば、中谷和弘「集団的自衛権と国際法」村瀬信也編『自衛権の現代的展開』東信堂、二〇〇七年。

(32) 安田寛「日本国憲法と集団的自衛権」安田寛他『自衛権再考』知識社、一九八七年、三四頁。

(33) 第三一回国会　参議院予算委員会、一九五六年三月九日、林内閣法制局長官答弁。

(34) 村瀬信也編『自衛権の現代的展開』東信堂、二〇〇七年、iii頁。

(35) 本書では、註で引用した以外にも、以下の研究を参照した。神谷万丈「日本の安全保障政策と日米同盟」日本国際問題研究所監修『アメリカにとって同盟とは何か』中央公論社、二〇一三年、三〇五–三五七頁。植村秀樹『「戦後」と安保の六十年』日本経済評論社、二〇一三年、二一五–二四九頁。山口昇「日米同盟再定義」『Nippon.com』二〇一二年二月一〇日。北岡伸一、渡邉昭夫監修『日米同盟とは何か』中央公論社、二〇一一年。坂元一哉「日米同盟の「深化」を考える」『外交』二〇一〇年一〇月。田中明彦「日本の外交戦略と日米同盟」『国際問題』二〇一〇年九月。波多野澄雄『歴史としての日米安保条約』岩波書店、二〇一〇年。梅本和義「日米防衛協力――経緯と課題」森本敏監修『岐路に立つ日本の安全』北星堂書店、二〇〇八年、七三–九七頁。春原剛『同盟変貌――日米一体化の光と影』日本経済新聞社、二〇〇七年。赤根屋達雄、落合浩太郎編『日本の安全保障』有斐閣、二〇〇四年、一二三–一三六頁。坂本一哉『日米同盟の絆』有斐閣、二〇〇〇年。マイケル・グリーン、パトリック・グローニン『日米同盟――米国の戦略』勁草書房、一九九九年。室山義正「冷戦後の日米安保体制――「冷戦安保」から「再定義安保」へ」『国際政治』第一一五号、一九九七年五月。岩田修一郎「米国の軍事戦略と日米安保体制」『国際政治』第一一五号、一九九七年五月。船橋洋一『同盟漂流』岩波書店、一九九七年。

(36) 福田毅「日米防衛協力における三つの転機――一九七八年ガイドラインから「日米同盟の変革」までの道程」『レファレンス』第六六六号、国立国会図書館、二〇〇六年七月。

(37) 同右、一四三頁。

(38) 日米同盟を「物と人の交換」と表現した外務省の西村熊雄条約局長の発言は有名である。たとえば、坂本一哉「日米同盟における「物と人の協力」「人と人との協力」」『外交フォーラム』第二〇五号、二〇〇五年八月、一五–二一頁等。

(39) 前掲註（36）、福田「日米防衛協力における三つの転機」、一四三頁。

(40) この呼称はあまり一般的ではなく、現時点において参照できる文献では、一九七八年のものを「旧ガイドライン」、一九九七年のものを「新ガイドライン」と呼ぶのが通例となっている。しかし、二〇一四年の日本政府による集団的自衛権の行使容認を受けて、二〇一五年、新たなガイドラインが策定された。したがって、本書では旧ガイドライン、新ガイドラインをそれぞれ、第一次、第二次と呼称し、混乱を避けることとする。

(41) 「同盟漂流」の概念については前掲註(35)、船橋『同盟漂流』等。

(42) 防衛問題懇談会『日本の安全保障と防衛力のあり方――二一世紀へ向けての展望』、一九九四年八月、二一-四頁。懇談会の座長を務めた樋口廣太郎・アサヒビール会長の名前をとって「樋口レポート」と呼ばれる。

(43) 同右、一三-一六頁。

(44) 同右、一六-一八頁。

(45) 同右、一六-一八頁。

(46) 「平成八年度以降に係る防衛計画の大綱について」、一九九五年。いわゆる「95大綱」である。その策定過程と内容については、秋山正廣『日米の安全保障対話が始まった』亜紀書房、二〇〇二年、六二-六七、九〇-一六九頁等。

(47) 前掲註(46)、「95大綱」。

(48) 同右。

(49) 同右。

(50) 同右。

(51) 前掲註(36)、福田「日米防衛協力における三つの転機」、一六一頁。

(52) 同右、一六〇-一六一頁。

(53) Department of Defense, "United States Security Strategy for the East Asia-Pacific Region," February 1995.

(54) Department of Defense, "The Bottom-Up Review: Forces for A New Era," September 1993.

(55) BURはそれまでの「地域防衛戦略」や「基盤戦力構想」に掲げられた、「一九九五年度で約一六二万人」という兵力目標を、「一九九九年度で約一四〇万人」に引き下げている。上野英詞「米国の国防政策の動向――地域防衛戦略からアスピン構想へ」『新防衛論集』第二一巻第一号、一九九三年六月。上野英詞「米クリントン政権の国防計画」『国防』第四二巻第一二号、一九九三年一二月等を参照。

（56）アジア太平洋における米軍戦力「一〇万人」が『東アジア戦略報告』に記載されたことで、この数字が当該地域における米軍のプレゼンスを示す「マジック・ナンバー」として独り歩きした。後に数値が固定して論じられることに、当のナイ本人も困ったという。現在では「一〇万人体制」から脱却し、人数ベースではなく能力を主眼とした柔軟な戦略に移行している。Chalmers Johnson and E. B. Keehn, "The Pentagon's Ossified Strategy," *Foreign Affairs*, Vol.74. No.4, July 1995.『朝日新聞』一九九六年三月一〇日。『毎日新聞』一九九八年八月二六日。『朝日新聞』二〇〇一年三月八日。

（57）「日米安全保障共同宣言――二一世紀に向けての同盟」、一九九六年四月一七日（"Japan-U.S. Joint Declaration of Security: Alliance for the 21st Century"）。

（58）同右。

（59）同右。

（60）同右。

（61）防衛庁・自衛隊「日米防衛協力のための指針（"Guidelines for Japan-U.S. Defense Cooperation"）」、一九九七年九月二三日。

（62）「周辺事態に際して我が国の平和及び安全を確保するための措置に関する法律」（一九九九年五月二八日　法律第六〇号）。

（63）「日本国の自衛隊とアメリカ合衆国軍隊との間の後方支援、物品又は役務の相互の提供に関する日本国政府とアメリカ合衆国政府との間の協定」、一九九六年四月一五日。

（64）周辺事態法とその関連法規に規定された自衛隊の任務の多くは、法律的な整理としては「自衛権」ではなく「警察権」に分類されるとする解釈が一般的であるため、周辺事態法の機能を「国際協力」とする考え方もある（たとえば、奥平譲治「軍の行動に関する法規の規定のあり方」『防衛研究所紀要』第一〇巻第二号、二〇〇七年一二月等）。しかし、自衛隊に課せられた個々の任務が「警察権」に基づくものであったとしても、自衛隊による米軍の支援が正当化され得るのは、（たとえ当該米軍部隊が周辺国の防衛作戦に従事しているとしても、その反射的効果として）それにより日本の防衛が達成されるからであり、その場合の米軍の軍事オペレーションは「武力の行使」にほかならない。したがって、周辺事態法が日米同盟という枠組をもって「武力の行使」を行うスキームとして活用される限りにおいて、本書で掲げた定義に従えば「同盟深化アプローチ」に属するものと考える。

（65）Department of Defense, "Quadrennial Defense Review Report," September 30, 2001.

（66）ＱＤＲ２００１における米軍変革と態勢見直しについては、福田毅『米国の国防政策』昭和堂、二〇一一年、二一三–二一九、二二五–二三九頁。福田毅「アメリカ軍の変革と再編――ポスト九・一一の世界における戦争の合理化」渋谷博史、渡瀬義男編『アメリカの連邦財政』日本経済評論社、二〇〇六年、一九九–二五〇頁等。

(67) 前掲註(66)、福田「アメリカ軍の変革と再編」、一六三頁。

(68) 同右。

(69) White House, "National Security Strategy of the United States of America," September 2002.

(70) ブッシュ・ドクトリンについては、Lee Feinstein and Anne-Marie Slaughter, "A Duty to Prevent," *Foreign Affairs*, No.83, January/February 2004. Lawrence Freedman, "Prevention, Not Preemption," *The Washington Quarterly*, No.26, Spring 2003. 吉崎知典「国際秩序とアメリカの先制攻撃論——戦略論の視点から」『国際安全保障』第三一巻第四号、二〇〇四年三月。岡垣知子「「先制」と「予防」の間——ブッシュ政権の国家安全保障戦略」『防衛研究所紀要』第九巻第一号、二〇〇六年九月等。

(71) 同盟国間、特に米欧間の亀裂については以下のような研究がある。Sergio Fobbrini ed., *The United States Contested: American Unilateralism and European Discontent*, Routlegde, 2006. Philip H. Gordon and Jeremy Shapiro, *Allies at War: America, Europe, and the Crisis over Iraq*, MaGraw-Hill, 2004.

(72) 福田毅「ＱＤＲ２００６と二〇〇七年国防予算案「長い戦争」のための国防計画」『調査と研究—ISSUE BRIEF—』第五一二号、国立国会図書館、二〇〇六年。前掲註(66)、福田『米国の国防政策』、二四九–二五一頁等。

(73) この時期におけるブッシュ・小泉両首脳間の「蜜月関係」、及び、日米同盟を基礎としつつこれを国際協調と両立させる努力については本書第三章で詳しく考察する。

(74) イラク政府が統治機能を失い、正規軍による組織的戦闘が終息したことを受けて、ブッシュ大統領は二〇〇三年五月一日「大規模戦闘終結宣言」を発したが、これはその後に続く長い米英軍等による占領統治と、ゲリラ、テロとの闘いの始まりを意味するに過ぎず、「終戦宣言」ではない。

(75) 有事法制関連として挙げられるのは以下の法律である。武力攻撃事態対処関連三法(二〇〇三年六月六日成立):「自衛隊法及び防衛庁の職員の給与等に関する法律の一部を改正する法律」、「安全保障会議設置法の一部を改正する法律」(改正後安全保障会議設置法)、「武力攻撃事態等における我が国の平和と独立並びに国及び国民の安全の確保に関する法律」。事態対処法制関連七法及び三条約(二〇〇四年六月一四日成立・承認):**【内閣官房主管(法律)】**「武力攻撃事態等における国民の保護のための措置に関する法律」、「武力攻撃事態等におけるアメリカ合衆国の軍隊の行動に伴い我が国が実施する措置に関する法律」、「武力攻撃事態等における特定公共施設等の利用に関する法律」。**【防衛庁主管(法律)】**「武力攻撃事態における外国軍用品等の海上輸送の規制に関する法律」、

「武力攻撃事態における捕虜等の取扱いに関する法律」、「国際人道法の重大な違反行為の処罰に関する法律」、「自衛隊法の一部を改正する法律」。【外務省主管（条約）】「一九四九年八月一二日のジュネーヴ諸条約の国際的な武力紛争の犠牲者の保護に関する追加議定書（議定書Ⅰ）」、「一九四九年八月一二日のジュネーヴ諸条約の非国際的な武力紛争の犠牲者の保護に関する追加議定書（議定書Ⅱ）」、「日本国の自衛隊とアメリカ合衆国軍隊との間における後方支援、物品又は役務の相互の提供に関する日本国政府とアメリカ合衆国政府との間の協定を改正する協定」。

（76）信田智人『日米同盟というリアリズム』千倉書房、二〇〇七年、一八六―一八八、一九三―一九四頁。

（77）安全保障と防衛力に関する懇談会『「安全保障と防衛力に関する懇談会」報告書　未来への安全保障・防衛力ビジョン』、二〇〇四年一〇月。

（78）同右。

（79）同右。

（80）同右。

（81）「平成一七年度以降に係る防衛計画の大綱について」、二〇〇四年一二月一〇日。

（82）同右。

（83）"Joint Statement of the U.S.-Japan Security Consultative Committee," December 16, 2002.

（84）同右。

（85）"Joint Statement of the U.S.-Japan Security Consultative Committee," February 19, 2005.

（86）二〇〇一年五月二二～二三日、小泉首相は米国を訪問し、テキサス州クロフォードにあるブッシュ大統領の私邸を訪問し首脳会談を行い、「世界の中の日米同盟」という概念を確認した。外務省、http://www.mofa.go.jp/mofaj/area/usa/kankei_200612.html（二〇一七年六月一日閲覧）。

（87）United States-Japan Security Consultative Committee Document, "United States-Japan Roadmap for Realignment Implementation," May 1, 2006（再編実施のための日米のロードマップ）.

（88）Japan-U.S. Summit Meeting, "The Japan-U.S. Alliance of the New Century," June 29, 2006（日米首脳会談「新世紀の日米同盟」、二〇〇六年六月二九日）.

（89）安倍首相とブッシュ大統領との間の日米首脳会談、二〇〇六年一一月一八日。外務省公式ＨＰ、http://www.mofa.go.jp/mofaj/kaidan/

s_abe/apec_06/kaidan_jus.html（二〇一七年六月一日閲覧）。

（90）本項は自衛隊の国際貢献活動について書かれた以下の研究・記事等を参考にした。高橋礼一郎「日本の国際平和協力と平和構築」谷内正太郎編『（論集）日本の安全保障と防衛政策』ウェッジ、二〇一三年。本多倫彬「自衛隊による国際平和協力活動の平和構築における役割――国連東ティモール支援ミッションへの陸上自衛隊派遣を中心に」『国際安全保障』第三九巻第二号、二〇一一年九月。吉田正紀「海上自衛隊による国際活動の実践と教訓――ペルシャ湾における掃海活動とインド洋における補給活動を中心に」『国際安全保障』第三八巻第四号、二〇一一年三月。飯島滋明「若手研究者が読み解く平和憲法（1）国際貢献　自衛隊派兵と国際貢献論について」『法と民主主義』第四五三号、二〇一〇年一一月。福好昌治「現代の焦点　グローバル自衛隊――国際貢献で果たした任務と実績」『丸』第六三巻第五号、二〇一〇年五月。山口昇「平和構築における自衛隊の役割」防衛省防衛研究所編『平和構築と軍事組織』防衛省防衛研究所、二〇〇九年。衆議院調査局国家安全保障戦略としての国際貢献に関する研究グループ「国際平和協力のための自衛隊海外派遣・今後の課題と展望」『RESEARCH BUREAU 論究』第五号、二〇〇八年一二月。大谷良雄「国際関係法の諸問題（5）国際平和維持活動と自衛隊の国際貢献（下）」『時の法令』第一八一六号、二〇〇八年八月。大谷良雄「国際関係法の諸問題（4）国際平和維持活動と自衛隊の国際貢献（中）」『時の法令』第一八一四号、二〇〇八年七月。大谷良雄「国際関係法の諸問題（3）国際平和維持活動と自衛隊の国際貢献（上）」『時の法令』第一八一二号、二〇〇八年六月。佐道明広「自衛隊の国際協力諸活動と戦後防衛体制の再検討」『国際安全保障』第三六巻第一号、二〇〇八年六月。上杉勇司「日本の国際平和協力政策における自衛隊の国際平和活動の位置づけ――政策から研修カリキュラムにみる重点領域と課題」『国際安全保障』第三六巻第一号、二〇〇八年六月。秋山信将「国際平和協力法の一般法化に向けての課題と展望――自民党防衛政策検討小委員会案を手がかりとして」『国際安全保障』第三六巻第一号、二〇〇八年六月。笹本浩「日本の外交・防衛政策の諸課題（4）自衛隊による国際協力活動」『時の法令』第一八〇二号、二〇〇八年一月。澤野義一「国際社会への「貢献」と平和主義――自衛隊海外派兵と憲法九条改正のための「国際貢献」論の検討」『法律時報』二〇〇七年六月号。西本徹也「自衛隊と国際平和協力――実行組織の立場から」『国際安全保障』第三四巻第一号、二〇〇六年六月。近藤重克「国連改革と自衛隊の国際平和協力活動―期待と課題」『国際問題』第五四三号、二〇〇五年。

（91）清水隆雄「自衛隊の海外派遣」『シリーズ憲法の論点⑦』国立国会図書館、二〇〇五年三月、一–一二頁。立法府の立法補佐機関である国立国会図書館調査及び立法考査局外交防衛課の清水調査員は、両院に設置された憲法調査会の議論に資するため、国際貢献を目的とした自衛隊の海外派遣についてこの報告書に簡潔にまとめた。この問題についての憲法解釈等、国会での議論の基礎資料となっている報告書である。

(92) Boutros Ghali, "An Agenda for Peace: Preventive Diplomacy, Peacemaking and Peace-keeping," UN Doc. A/47/277, S/24111, June 17, 1992.

(93) 斎藤直樹『国際機構論——二一世紀の国連再生に向けて（新版）』北樹出版、二〇〇一年、二六三―二六四頁。

(94) 国連平和協力法案及び国際平和協力法の内容及び審議経過、主な国会議論等については、衆議院調査局安全保障研究会「自衛隊任務に関する法制と国会審議」『RESEARCH BUREAU 論究』第六号、二〇〇九年一二月、一七六―一七九頁。

(95) 廃案になった国連平和協力法案と区別して、国際平和協力法、あるいはＰＫＯ協力法と呼ばれる。「国際連合平和維持活動等に対する協力に関する法律」、一九九二年六月一九日。

(96) 「国際緊急援助隊の派遣に関する法律」、一九九二年六月一九日。なお、政府は治安等の危険が存在し「武器の使用」が必要と認められる場合には、国際緊急援助隊を派遣しないこととしている。したがって、自衛隊が現地に武器を携行することはない。二〇一〇年のハイチ地震の際、治安状況への懸念等を理由として救助チームが派遣されなかったり、二〇一〇年夏に発生したパキスタン中部の洪水で、テロが起きる可能性もあった地域に部隊を「丸腰」で派遣されたりしたことに懸念を示す声もあり、同年には「自己又は自己と共に現場に所在する他の国際緊急援助活動を行う者、……若しくはその職務を行うに伴い自己の管理の下に入った者」の生命又は身体を防衛するために「武器の使用」ができるよう改正案が提出されたが、議論されないまま廃案となった。中内康夫「国際緊急援助隊の沿革と今日の課題——求められる大規模災害に対する国際協力の推進」『立法と調査』第三二三号、国立国会図書館、二〇一一年、八、一一―一二頁。

(97) 「平成十三年九月十一日のアメリカ合衆国において発生したテロリストによる攻撃等に対応して行われる国際連合憲章の目的達成のための諸外国の活動に対して我が国が実施する措置及び関連する国際連合決議等に基づく人道的措置に関する特別措置法」。二〇〇一年一〇月に成立した際は二年間の時限法であったが、その後、二〇〇三年一〇月（二年延長）、二〇〇五年一〇月（一年延長）、二〇〇六年一〇月（一年延長）の三度にわたり延長された。二〇〇七年一〇月の四度目の延長は、臨時国会での審議を前に第一次安倍政権の退陣とともに日程的困難から成立が断念され、失効した。二〇〇八年一月一六日には後継法である「テロ対策海上阻止活動に対する補給支援活動の実施に関する特別措置法」が成立し、二〇一〇年一月に失効するまで、インド洋・中東地域における「テロとの闘い」に従事する有志連合軍への、海上自衛隊及び航空自衛隊による支援作戦の法的根拠となった。テロ対策特措法の内容及び審議経過、主な国会論議等については、衆議院調査局安全保障研究会「自衛隊任務に関する法制と国会審議」『RESEARCH BUREAU 論究』第六号、二〇〇九年一二月、一八二―一八五頁。

(98)「武器等の防護」のための「武器の使用」が新たに追加された。また、「テロ対策特措法」から二か月後に成立した「PKO協力法」の改正によって、自衛隊のPKO任務においても「武器等の防護」のための「武器の使用」が容認されることになった。

(99)「イラクにおける人道復興支援活動及び安全確保支援活動の実施に関する特別措置法」。四年間の時限立法として、二〇〇三年七月二六日未明に制定された。

(100)通説では、リチャード・アーミテージ国防副長官の発言であるとされるが、柳井俊二元外務事務次官はこうした要請はあったものの、「Show the flag」という言葉はなかったと証言している。柳井俊二・五百旗頭真・伊藤元重他『シリーズ九〇年代の証言——外交激変』朝日新聞社、二〇〇七年、一八八―一九八頁。

(101)「Boots on the ground」という言葉については、本書第五章で触れる。

(102)ペルシャ湾掃海作業は海上自衛隊の作戦名を「湾岸の夜明け作戦」という。碇義朗『ペルシャ湾の軍艦旗——海上自衛隊掃海部隊の記録』光人社、二〇〇五年。

(103)国会でも与野党の議論は折り合わず、採決に至っては社会党をはじめとする野党の「牛歩戦術」によって五泊六日を要した。

(104)神余隆博『新国連論』大阪大学出版会、一九九五年、一三七―一三八頁。

(105)たとえば、矢部明宏「国際平和活動における武器の使用について」『レファレンス』第六九二号、国立国会図書館、二〇〇八年九月等。

(106)柳井俊二「日本のPKO——法と政治の一〇年史」『法学新報』第一〇九巻第五・六号、二〇〇三年三月、四四六―四四七頁。

(107)「自衛隊の国際貢献活動の歩みと今後の課題」『防衛年鑑(二〇〇四年度版)』防衛メディアセンター、二〇〇四年、一九―二〇頁。

(108)PKO協力法第三条三号(ト以下)。

(109)二〇〇七年、防衛庁の防衛省への移行に伴い、国連平和維持活動等の国際貢献任務は自衛隊の本来任務に格上げされた。

(110)テロ対策特措法、「平成十三年九月十一日のアメリカ合衆国において発生したテロリストによる攻撃等に対応して行われる国際連合憲章の目的達成のための諸外国の活動に対して我が国が実施する措置及び関連する国際連合決議等に基づく人道的措置に関する特別措置法」。

(111)同右、「概要」。

(112)同右、「概要」。なお、同法はその主たる根拠として国連安保理決議一三六八を置いているが、あわせて安保理決議一二六七、一二六九、及び一三三三に対応するため、適切な措置をとることも示されている。

（113）テロ対策特措法を合憲化する論理的整理については、倉持孝司「日本における安全保障」『比較安全保障――主要国の防衛戦略とテロ対策』成文堂、二〇一三年、二五四―二五五頁。C. W. Hughes, *Japan's Re-emergence as a 'Normal' Military Power*, Routlegde, 2006, pp. 127–128, 131 等。
（114）周辺事態法第一条。
（115）テロ対策特別措置法第一条。
（116）テロ対策特別措置法第二条の三。
（117）「平成一三年衆議院の動き九号」（第一五三回国会　テロ対策特別措置法等関係法案等の審議）、衆議院、http://www.shugiin.go.jp/internet/itdb_annai.nsf/html/statics/ugoki/h13ugoki/153/153tero.htm（二〇一七年六月一日閲覧）。
（118）第一五三回国会　衆議院本会議議、二〇〇一年一〇月一〇日、小泉総理大臣答弁。
（119）同右。
（120）テロ対策特別措置法第二条の二。
（121）青木信義「テロ対策特別措置法の概要」『ジュリスト』第一二一三号、二〇〇一年、二六一頁。
（122）小泉首相は、米国同時多発テロ事件から八日後の二〇〇一年九月一九日に発表した「米国における同時多発テロへの対応に関する我が国の措置について」の中で、次のように述べている。「日本としましても、憲法の前文にありますとおり、国際社会において名誉ある地位を占めたいと謳っております。同時に憲法九条、国際紛争を解決する手段として、武力行使を放棄するという点を重視しながら、武力行使と一体とならない支援は何かという事を考えまして、出来る限りの支援協力体制を、米国始め関係諸国と協力しながら考えて行きたいと思います。」前掲註（91）、清水「自衛隊の海外派遣」、八―九頁。首相官邸「米国における同時多発テロへの対応に関する我が国の措置について」首相官邸、http://www.kantei.go.jp/jp/koizumispeech/2001/0919terosoti.html（二〇一七年六月一日閲覧）。
（123）『防衛年鑑（二〇〇四年）』、三五―三八頁。
（124）ＰＫＯ協力法附則第二条。
（125）ＰＫＯ協力法第三条三号（イ～ヘ）。
（126）内閣府「国際平和協力法の一部改正（平成一三年一二月）について」内閣府公式ＨＰ、http://www.pko.go.jp/pko_j/data/law/law_data04.html（二〇一七年六月一日閲覧）。

（127）外務省、日米関係「ブッシュ政権後の主要な動き」、http://www.mofa.go.jp/mofaj/area/usa/kankei_200612.html（二〇一七年六月一日閲覧）。

（128）「イラクの主権回復後の自衛隊の人道復興支援活動等について」、二〇〇四年六月一八日。

（129）前掲註（91）、清水「自衛隊の海外派遣」、一〇頁。

（130）「海賊行為の処罰及び海賊行為への対処に関する法律」、二〇〇九年六月二四日。

（131）防衛省統合幕僚監部公式、「ソマリア・アデン沖における海賊対処」、http://www.mod.go.jp/js/Activity/Anti-piracy/anti-piracy.htm（二〇一七年六月一日閲覧）。

（132）長田太「新たな海洋基本計画について」『運輸政策研究』第一六巻第二号、二〇一三年、六七–六八頁。

（133）アジア海賊対策地域協力協定（ReCAAP: Regional Cooperation Agreement on Combating Piracy and Armed Robbery against Ships in Asia）。二〇〇六年一一月に発効し、同月、情報共有センター（ISC: Information Sharing Centre）がシンガポールに設立された。協定の骨子としては、ＩＳＣを設立することとともに、「ＩＳＣを通じた情報共有及び協力体制（容疑者、被害者及び被害船舶の発見、容疑者の逮捕、容疑船舶の拿捕、被害者の救助等の要請等）の構築」、及び、「ＩＳＣを経由しない締約国同士の二国間協力の促進（犯罪人引渡し及び法律上の相互援助の円滑化、並びに能力の開発等）」の二つがある。日本政府の呼びかけに応えた一六か国（ＡＳＥＡＮ、中国、韓国、インド、スリランカ、バングラデシュ）が参加して設立のための交渉がなされた（うち、マレーシア、インドネシアは正式参加せず、オブザーバー資格で協定に参加している）。なお、歴代の事務局長は、すべて日本人が就任している。外務省「海上の安全保障　アジア海賊対策地域協力協定」、http://www.mofa.go.jp/mofaj/gaiko/kaiyo/kaizoku_gai.html（二〇一七年六月一日閲覧）。

（134）設立交渉に参加した一六か国に加え、ノルウェー、オランダ、デンマーク、英国、オーストラリアが後に加わっているが、米国は参加していない。

（135）前掲註（6）を参照されたい。

第三章　ＰＳＩへの「参加」決定過程

本章では、日本がＰＳＩへの参加を決定した経緯を検証する。日本のＰＳＩへの参加は、提唱国である米国政府に対し、構想の「趣旨への賛同」を通告・表明しただけでなされた。それは閣議決定の手続きを経たわけでもなく、また、国会での審議、決議、批准等を経たわけでもない。したがって、公開での議論はまったくなされておらず、また、公表された記録もないため、参加経緯についてはこれまでほとんど知られてこなかった。当初、米国が想定していたＰＳＩ活動は、領域外における多国間共同での「武力の行使」をも含み得る内容であったが、そうしたことが参加決定にあたって考慮されていたかどうかも不明である。

本章はそうした重要な政策が、米国からの外交ルートを通じた打診からわずか三日後までには参加が決断された経緯を考察する。また、参加の決断を下した主体は誰か、そして、決定にあたって、ＰＳＩ活動の内容についてはどこまで把握されていたのかも検証する。

一　PSI構想への参加決定

外務省から開示された記録には、同構想がブッシュ大統領個人の着想にかかるものであった旨が記されている。発想段階におけるPSIがある種の属人的性格を帯びていたことは、日本の参加の経緯を検証する際に一つの手がかりとなろう。以下、詳しく検証する。

(1) ブッシュ大統領の構想

二〇〇三年五月三一日、ブッシュ大統領は訪問中のポーランド・クラコフにおいて、「大量破壊兵器拡散阻止イニシアティブ」を突然に発表し、世界を驚かせた。外務省の記録には、この演説の後、ある米政府某高官が、この構想の背景について記者たちに説明をした内容が残されている(1)。それによれば、このイニシアティブは、過去二～三週間(the last couple of weeks)で発案されたという相当に新しい話であるが、この時点ですでに、米国側から、英、スペイン、ポーランド、オーストラリア及びその他いくつかの国にアプローチがなされていた。そして、ポーランドでの演説であったため、演説の中ではポーランドの名前だけが挙げられたが、事前に米国が得ていた英、スペイン、ポーランド等からの反応は、参加を熱望するというきわめて前向きなものであったという。

同高官はまた、構想の実施に際して何をする必要があるかを検討するため、二週間以内に最初の会合が持たれることもあわせて説明している。ホスト国はスペイン、会合場所はマドリッドである。同高官は、想定される参加国として「緊密な同盟諸国や、国名に言及した諸国等」を挙げたが、それらがいずれもイラク戦争での有志連合諸国であることを記者に指摘されると「イラク問題についての立場を利用するつもりもない(2)」と断言し、新しい構想を普遍的な広がりを持った枠組にする意欲を表した。事実、国名こそ挙げないものの、いわゆる「有志連合」以外の他の国々とも接触中であることを認めている。

この資料はまた、ブッシュ大統領がこの構想を着想するに至った背景には、北朝鮮及びイランという具体的な「拡散懸念国」の存在があったと伝えている(3)。同高官はまた、構想の直接のきっかけになったのは、ソ・サン号事件(4)であったことを認めた。二〇〇二年一二月、北朝鮮のスカッド・ミサイルを運んでいた船舶ソ・サン号をスペイン海軍が停船させたものの、当時の法的枠組では積み荷を検査、押収する法的権限がないことが判明し、釈放せざるを得なかったという事件である。公海上を航行する船舶を、旗国の同意なく臨検、押収する行為は国際法上禁止されており、あえてそれを行うとすればそれは「武力の行使」にほかならず、当該国との間の国際紛争を意味する。したがって、米国らは大量破壊兵器及び関連物資と思われる資材が、「拡散懸念国」である北朝鮮から第三国にわたるのを、手をこまねいて見ているしかできなかったという苦い記憶である。この反省を受けて、ブッシュ政権は拡散活動を防止する手段の策定と、これに賛同する諸国のグループ化を考え始めた(5)。いずれにせよ、ブッシュ大統領が構想した内容が、北朝鮮やイラン等特定の「拡散懸念国家」を念頭に置いた上で、当時において「武力の行使」にあたる共同オペレーションを含んでいたことは間違いなく、少なくともクラコフでのブッシュ演説直後の時点までには、日本政府もこうした事情あるいは懸念を認識していたことをこの資料は示している。

同資料において同高官がはっきりと「ブッシュ大統領のイニシアティブである。ブッシュ大統領が宣言した。ライス博士やそのスタッフたるNSCが活発に動いており、国務省、国防省とともに効果的なトロイカとして作業している(6)」と述べているように、この新しい構想は、あくまでブッシュ大統領自身による呼びかけであり、大統領とその側近によってトップダウンで決定がなされ、迅速に準備されたものである。事実、クラコフ演説からわずか一二日後の六月一二日にはマドリッド会合が開催され、コア・メンバー諸国はPSIを創設することで一致。その後、七月のブリスベン会合、九月のパリ会合という二つの国際会議を経て、政治文書である「SIP: Statement of Interdiction Principles

（阻止原則宣言）」を採択し、ＰＳＩが正式に発足している。ブッシュ大統領によるクラコフ宣言からＰＳＩの創設まではわずか三か月である。構想を唱えたブッシュ大統領の強い意気込みとリーダーシップなくしては、到底、不可能なスケジューリングであったと言えよう。

（２）米国からの要請

ブッシュ大統領がＰＳＩについての着想を得たのは、「テロとの闘い」及び、イラク戦争とその復興支援等をめぐって、日米の協力が推し進められ、ブッシュ＝小泉間の強固な絆を内外にアピールしていた時期である。しかし、ブッシュ・小泉両首脳の間でＰＳＩについての議論がなされた記録はない。二〇〇三（平成一五）年五月二二～二三日、小泉首相がテキサス州クロフォードにあるブッシュ大統領の私邸を訪問し、日米同盟を真にグローバルな「世界の中の日米同盟」に進化させることを確認している。[7] 先に見たように、この時点ですでにブッシュ大統領及びその周囲はＰＳＩに関する構想を具体化する作業を進めていたはずであるが、両国による発表の中にはＰＳＩについての直接的な言及はない。[8] もともと、日米両国は核及び大量破壊兵器の不拡散について緊密に連携をしていたはずである。二〇〇〇年以降は、局長級の会合である「日米軍備管理・軍縮・不拡散・検証委員会」を開催し、この分野で幅広い対話を行ってきた。[9] また、二〇〇二年六月のカナナキス・サミットにおいては、Ｇ８首脳とともに大量破壊兵器等の拡散に対するＧ８グローバル・パートナーシップを立ち上げ、日本も当面二億ドル余の貢献を発足当初から表明しているが、この際もブッシュ＝小泉間の強固な連携があったことが外務省によって強調されている。[10] しかしながら、これら一連の核・不拡散構想の話し合いにおいても、ＰＳＩの根幹となる「拡散対抗」という新しい考え方や、イニシアティブに直接的につながる行動計画等について日米間で話題にのぼったことは、少なくとも公表された文書には記されていない。

公式記録で確認できる限り、米国から日本政府に対し、外交ルートを通じた打診があったのは小泉訪米から四日後の五月二七日であった。これは、ブッシュ大統領がポーランドで行った「クラコフ宣言」の四日前である。米本国からの訓令を受けたベーカー駐日大使によって「大量破壊兵器流出阻止のためのイニシアティブの提案」の概要が伝えられ、日本側の協力が要請された。応対した外務省田中均審議官は「大量破壊兵器関連物資不拡散のための取組強化が重要であるとの認識は貴国と基本的に共有している」と述べながらも、すでに「関係当局と連携して厳格な輸出管理を実施」し、「できることを全てやっている」と主張した。そして、本提案については、「いずれにせよ、今後我が国としてどのような協力が可能であるか協議を進める」として回答を留保した[12]。

このイニシアティブの打診は日本政府の各部署にとっては寝耳に水の提案であった模様である。この日を境に、外務省から在外公館や各省に対して至急電や至急連絡が次々に打たれている。本省は、ベーカー大使から六月六日にスペインで最初の会議が開かれることを聴取した上で、駐米日本大使館に対し、「大量破壊兵器流出阻止のためのイニシアティブの提案」の概要について米国側からより詳細な情報を聴取するよう指示を出している。聴取すべき内容とは、「本イニシアティブ策定の背景、議論の過程、目標」であり、このうち「目標」については、「米政府内でどのような議論が如何なるレベルで行われたのか、昨年一二月一一日に発表された『大量破壊兵器と闘う国家戦略』との関連等」について調査するよう細かく指定してある。また、六月六日のスペイン会合についても、詳細な情報を調査するよう指示が出され、その回答期限は翌二九日午前中とされた[13]。

翌日の駐米大使館からの回答を読むと、ワシントンにおいても本件に関する情報を掌握していなかった様子がうかがえる。「(構想の) 詳細」、「主催国」、「関係国の反応」、「出席者のレベル」等についてはまったく情報がなく、米国政府に対して内容を照会したものの詳細は不明であるため、より詳しい情報収集を三〇日に行うとしていた[14]。なお、この時点で駐米大使館は「例えば、ミサイルについては、それを輸送している船舶等を拿捕するための現実の国際的規範が存在しないのではないか」と質したことが記載されているが、これに対する米国側の回答部分は現時点で非公開である。[15]

二九日にはこのやりとりと並行して、本省から英、豪、スペインの大使館に対し、「（米国から）本イニシアティブについてどのようなコンタクトがあったか」「本件に関する責任国政府内での検討状況」等を聴取するよう指示が出されている。[16] これに対して、駐スペイン大使館からは、スペインが会合のホストを依頼されたことが、[17] 駐英、豪両大使館からは日程が急過ぎるので六日ではなく一週間ほど延期する方向で調整されていること等の回答があった。[18]

三〇日には、駐米大使館からより詳しい情報が寄せられた。四ページにわたるこの電信は「極秘第三七号」に指定されており、現時点ではそのほとんどが非開示のままである。もっとも、米国出張中の天野之弥審議官が「ミサイルについては、それを輸送している船舶等を拿捕するための現実の国際的規範が存在していない」と米国側に指摘した部分等は判読されており、二八日に本省から聴取するよう指示のあった項目に加え、イニシアティブの具体的な中身に踏み込んだやりとりがなされたことは見てとれる。なお、米国側が「働きかけの対象」とした国の名前も開示されていないが、本電信（「極秘第三七号」）は英、仏、独、伊、豪、蘭、ポーランド、ポルトガル、スペイン、ロシア（サンクトペテルスブルグ）にも極秘転電されており、[19] そのうちロシア以外は後のコア・メンバーであることから、外務省はおそらくこの時点で参加国の全容をほぼ正確に把握したと推察される。

(3) イニシアティブへの参加決定

本件に関する外務省内の体制については、米国からの聴取内容を踏まえてその省内主管が決められることとされていたが、[20] 五月三〇日には軍備管理・科学審議官組織がこれまでの経緯を記したメモをまとめ、[21] 兵器関連物資等不拡散室が本件についての検討事項を列挙した部内資料を作成している。[22] 以後、不拡散室がＰＳＩに関する種々の検討の主管となった。不拡散室資料には、「我が国の立場」としてA案（基本的に支持）、B案（様子見）、C案（内容不開示）の三案が列記されている。このうち、A案（基本的に支持）は、「国内法上の制約はある」と前置きした上で、どのような貢献が可能か検討していきたいという内容であり、同構想へ参加するにしても、具体的な活動内容についての判断まで踏み込んではいない[23]。また、B案は「詳細がもう少しはっきりした段階で検討したい」と述べており、参加の可否を判断するに足る情報がこの時点で不足していたことがわかる[24]。C案については内容が不開示とされているため、現時点では推測するしかないが、A案、B案との対比を考えるならば、参加についてきわめて否定的なトーンの立場が記されたものと思われる。

また、このペーパーの中では、各省との間で、どの時点で、どの程度の情報を共有するかの検討もなされている[25]。同ペーパーはこれらの検討課題を列挙した上で、「六月中旬のスペイン会合への対応」を検討しているが、短く、「省内幹部を米に事前派遣する」という案を提示するにとどまっており、同会合にどのような立場で臨むのかについてはまったく言及がない[26]。つまり、この時点で外務省としては自信を持って態度を決定するに足る根拠も得ておらず、さらにはどの省庁とも情報の共有すら行っていないのである。同構想において予想される具体的な活動内容が判然とせず、また、関係する省庁には構想の存在すら知らされていない以上、政府全体としては参加の可否を検討することすら不可能であったと言える。

ところが、外務省内の検討状況がこのようなものであるにもかかわらず、その翌日（三一日）、ブッシュ大統領によるポーランド・クラコフでのPSI構想発表にあわせ、日本政府は構想への「参加」を表明した。外務省はクラコフでの演説の直前、アウシュヴィッツ視察中のブッシュ大統領サイドに「参加国について言及されるのであれば、我が国も参加国として言及されるべきである」と申し入れを行っている[27]。あわせてこの日、不拡散室は「対外応答要領」を作成し、在外公館等に配布した[28]。時系列的に見て、イニシアティブへの参加が決定したのは三〇日から三一日にかけてであり、即座に米国側に通告された上で、各在外公館にもその旨が伝えられたものと推測される。

三一日に不拡散室が作成した「対外応答要領」には以下のように記されている。まず、「(このイニシアティブは)基本的には、大量破壊兵器等の拡散に対抗する我が国の取り組みに沿ったものと認識しており、我が国としても本イニシアティブの趣旨には賛同している」とし、「(我が国は)積極的に参加する考えである」との決定内容を示した。[29] ただし、「具体的な内容については、今後、参加国間での議論の上、策定されるものと承知」する段階でしかなく、日本以外の参加国についても「ブッシュ大統領が演説で述べていたとおり、現在、ポーランドを含む多くの米の同盟国が参加しているものと思われるが、具体的にどの国が参加しているかについては、現時点では承知していない」と[30]述べている。また、ブッシュ大統領が演説で述べた「米国の親密な同盟国と航空機・船舶の臨検等のための新たな合意に向けた取り組みを開始した」という発言について、「この同盟国に日本が含まれているか」[31]という想定問を用意している。公海上での船舶等の臨検は旗国の同意が必要とされ、もし、同意を伴わずに行った場合は「武力の行使」にあたる戦闘行為とみなされ得る。日本政府が臨検等のオペレーションの実施にあたってどのような態度をとるかは、PSIのみならず、日本の外交・安全保障政策全般に関わる大きな課題の一つのはずであるが、この想定問に対して、応答要領が述べているのは、「米国よりは、先般、外交ルートを通じ、本イニシアティブの内容の説明と我が国の参加について打診があった」ことにとどまっており、臨検等の具体的な活動実施の可否については、「大量破壊兵器等の拡散を阻止するとの本イニシアティブの基本的な趣旨は、我が国のこれまでの国際的な不拡散体制強化への取り組みに沿うものと認識している」と、規範レベルの基本認識を繰り返すだけで、やるともやらないとも述べていない。[32]この想定問答は、問いと答が完全には符合しておらず、重要な論点について明らかに意図的にはぐらかしており、一読して奇妙な印象を受ける。

これまでの経緯を見ても明らかなように、外務省はこの時点で参加国の概要について承知していたと思われ、また、構想の具体的な内容も、米国側とのやりとりを通じてほぼ正確に把握していたと推察される。また、早い段階で米国側から「進むべき道筋のルール（Rules of the Road）」と題する構想案がもたらされた事実も判明している。[33]そうでありながら、外務省は既知の情報をあえて「知らない」として発表したと見られる。事実、六月二日に外務省軍科審組織が作成し、関係国駐在大使あてに発出された「米の大量破壊兵器等拡散阻止の新イニシアティブ（提案の概要）」という資料には、かなり突っ込んだ記載がある。ここには、米国の懸念の対象が、「北朝鮮、イランをはじめとする懸念国の大量破壊兵器・ミサイル開発、及びアル・カーイダをはじめとするテロリストグループの大量破壊兵器等入手」であることが明記されている。[34]また、このイニシアティブが、前年一二月に発表された米国の国家戦略である「大量破壊兵器と闘う国家戦略」に盛り込まれた新しい規範の一つである「拡散対抗」の中で、「阻止」（interdiction）という概念を「更に精緻化したもの」であるという解説が添えられている。

外務省はこの時点で、PSI構想が米国の国家戦略の一端であり、北朝鮮及びイランという具体的な国名が念頭にあることを認識していたことは明らかであるし、「阻止」行動のためには何らかの具体的なオペレーションが想定され得ることを認識していたと考えるのが自然であろう。しかしながら、外務省がはっきりさせているのは規範レベルでの賛同でしかない。事実、このイニシアティブの基本的な趣旨が、大量破壊兵器等の拡散に対抗し、国際的な不拡散体制を強化するという「我が国の取り組みに沿ったもの」という認識のもとで、規範的な意味で「基本的な趣旨を支持」することは記されている。しかし、幾多の懸念が予想され得る「具体的な内容」については、「今後、参加国間で議論の上、策定されるものと承知」としか記載されていない。[35]爾後の行動については「議論に積極的に参加」することで、「積極的に貢献」していきたいという旨のメッセージを米側に伝えることは記されており、[36]この点は不拡散室の作成した対外応答要領と一致しているが、日本として具体的にどのような活動をするのかといった議論は避けられている印象がある。

おそらくは、意図的に「あいまい戦略」がとられたものと推測される。少なくとも、規範レベルの支持を表明することで参加国の地位を確保しつつも、詳細については「これから議論される」と先送りすることで、この時点における政治問題化を避ける効果を得たことは指摘できよう。確かに、大量破壊兵器の拡散は国際社会全体への脅威であるというクラコフ宣言の認識は、G8・カナナキス宣言[37]等に依拠してのものであり、すでに国際的な不拡散体制の強化に取り組んできた日本にとって「拡散対抗」の概念は規範レベルにおいて異存はない。また、カナナキス宣言でのコミットメント六項目のうち一つ目には、大量破壊兵器及び関連物資の拡散を防止するための「多国間条約及びその他の国際的手段の採択、普遍化、完全な履行及び、必要な場合には、その強化を促進すること」が挙げられており、PSI構想がその線に沿ったものであることは明らかではある。しかし、この時点において米国から提示されたPSI構想は、カナナキス宣言をやや逸脱する恐れのある内容を含んでいる疑いも否定できなかったはずである。カナナキス宣言における行動面での具体的なコミットメントは、大量破壊兵器等の「国内及び国家間の移転の際の安全確保」、「貯蔵施設の防護措置」、「不法移転を阻止する国境管理」、「輸出、中継貿易の管理システム」、「核、化学物質のストック削減」等に限定されており、PSI構想で想定され得る北朝鮮やイランといった特定の国、あるいは、国に準じる機関を標的にした具体的な阻止オペレーション等がそこに明示されているわけではない[38]。まして、「拡散対抗」という新しい概念はカナナキス宣言には含まれていないことは明らかであろう。したがって日本がPSI構想という新しい国際的な行動枠組に参加するかということは、カナナキスにおけるG8の合意内容とは違う、新たな国際約束への参加を意味すると解釈されるべきであった。にもかかわらず、新たに創設される枠組にどの国が参加し、どのような義務を負い、何を行うのか、そしてそれがどういった政治的・軍事的影響をもたらすのかという点にまったく触れないまま、日本の「参加」が表明された事実に留意すべきであろう。

二　決定したのは誰か

本節では、参加を決定した主体について検証する。この過程に関与し得たアクターは非常に少なく、一つは外交ルートを通じて米国と交渉をした外務省であり、次に、首相官邸、そして、小泉首相本人であるが、本節においてはこれらアクターのうち誰が、どのタイミングで参加を決定したかを詳述する。

(1)「政治的な合意」の存在

スペインでの会議に参加するにあたって、外務省から各省にコメント作成の作業依頼が出されたのは六月二日になってからである。[39]具体的には、内閣官房(安危室)、防衛庁、海上保安庁、経産省、国交省、警察庁、財務省(関税局含む)、法務省、水産庁等各省庁であるが、このうち、経産省のみはすでに何らかの方法で情報を入手していたという。[40]もっとも、経産省の情報入手が三〇日以前であっても、同省は構想への参加を決定する立場にない。したがって、五月三一日の参加表明の時点でPSIについて詳細を把握し、参加決定に関与し得た組織は外務省と官邸のみである。

ＰＳＩはブッシュ大統領個人の着想にかかるものであり、その構想はブッシュ大統領と、ごく少数の側近の間で練り上げられた経緯は先に見た。日本においても、ＰＳＩへの参加について官邸のトップレベルで参加が決定されたことを推察させる資料がある。たとえば、先述の外務省からの作業依頼の中には、すでに米国との「政治的な合意」があることが示唆され、国交省からその内容について逆照会がかけられている箇所がある。[41]また、六月七日、天野外務省審議官は、一二日のマドリッド会議に先立ち、ワシントンで米国側と打ち合わせを行った冒頭で次のように述べている。「我が国は本件イニシアティブを支持するとの立場を固め、既に福田官房長官からも公に発言いただいている。また、川口大臣も本件イニシアティブは重要且つ創造的であると考えておられ、その故に自分を当地に派遣した」[42]。

さらに、「現時点でも既存の国内法に基づいてできることがある」[43]とし、「本件イニシアティブでは、政治的コミットメントを確保しつつ、斬新的に更なる戦略を検討していくと考えて良いか」と米国側と見解の摺り合わせを行っている。[44]これらはいずれも、各省が参加の是非やその態様を検討する前から、米国との間にトップレベルの「政治的な合意」が存在し、「政治的コミットメント」を優先して参加表明がなされたことを示す。

この参加決定にあたっては、官邸スタッフやブレーンも交えずに小泉首相が一人で決断した可能性が高いと判断できる証言がある。当時、小泉首相の秘書官（安全保障・危機管理担当）であった小野次郎は、官邸内でのＰＳＩ参加決定が行われた経緯について問う筆者のインタビューに対し、「なぜ、参加することになったのか詳しい記憶がありません。官邸スタッフは詳しい経緯にタッチしていないのです」[45]と答えた。そして、次のように証言した。「ただ、日米同盟が土台にあることは理解していました。（官邸の）みんなも『ブッシュさんが言い出したことだからね』というだけで、官邸でもよくわかっていなかったし、外務省のほうもよくわかっていなかった。だけど、首脳同士の間で決まったことだから、私たちもみんな協力してやらなきゃという空気でした」[46]。この証言によるならば、「政治的合意」は両首脳間、すなわちブッシュ大統領と小泉首相という両首脳間の個人的なやりとりの中で決定されたものと推測するほかはない。

小泉首相が官邸スタッフ等に意見を求めず、たった一人で日米同盟に関する重要事項を決断した例はほかにもある。二〇〇四年から小泉内閣の内閣官房副長官補（安全保障・危機管理担当）を務めた柳澤協二はその著書『検証　官邸のイラク戦争』の中で、「小泉政権では、官邸が実質的に外交・安保戦略をリードし、官房長官・外務・防衛の三閣僚による協議が機能していた」と証言する。[47]さらに柳澤は、二〇〇三年三月一八日に小泉首相が米国によるイラクへの武力行使に支持を表明したことについて、「当時の関係者は一様に、総理が、このタイミングで与党との根回しもなく、国会への報告もなく支持表明したことに戸惑いを感じるとともに、総理の強い決意を感じたと言う。それは、小泉総理独特の政治的『勘』による決断であったと思う」[48]と記している。小野元秘書官の証言を考え合わせるならば、ブッシュ大統領のクラコフ宣言への対応についても同様であった可能性が高い。

(2) イラク戦争と「ブッシュ＝小泉」関係

では、どのような理由で小泉首相は構想への参加を決断したのであろうか。まず、考慮しなければならないのは、日米両首脳の「蜜月関係」であろう。先述したとおり、外交ルートでイニシアティブについての正式な打診がなされた数日前、五月二二、二三日と小泉首相はテキサス州クロフォードにブッシュ大統領の私邸を訪ね、「世界の中の日米同盟」という概念を確認している[49]。すでに「テロ対策特措法」等の政策によって「テロとの闘い」を共闘していた両首脳は、イラク戦争とその後の復興支援においても日米同盟のスキームを活用することで合意したのである。

ただし、領域外における「武力の行使」ができない自衛隊には、日米同盟の枠組を利用してできることも限られている。そこで、「テロ対策特措法」と同じく、国連安保理決議等の「法執行」という建前で、主要な戦闘が終結したイラク本土における復興支援活動に携わることになった。それが、「イラク特措法」に基づく陸上自衛隊のイラク派遣である。柳澤の証言では、イラク特措法案の作成指示が福田官房長官から事務方になされたのは、二〇〇三年五月の連休明けであったという[50]から、小泉首相は訪米前から対米協力の具体的内容についての検討を密かに進めていたことになる。したがって、クロフォード滞在中にイラク戦争における日米同盟の活用について、かなり突っ込んだ内容が話し合われたことは想像に難くない。ＰＳＩ構想についての「政治的な合意」がなされたのであれば、この訪米中、もしくはその前後になされた可能性が高い。

本書第二章で検証したように、「テロ対策特措法」、「イラク特措法」は、直接的には日米同盟深化に類する戦略目標を、「国際貢献アプローチ」に属する政策手段で達成しようとしたものと言える。ならば、同じ文脈で登場したＰ

表7　2003年におけるイラク戦争、PSI関連の日程対応表

	イラク戦争関連	PSI関連
1月10日		北朝鮮、NPT脱退
3月19日	ブッシュ開戦演説、 米英軍、イラク攻撃開始	
4月14日	米英軍、全土制圧	
5月1日	主要な戦闘の終結を宣言	
5月22日	安保理決議1483採択 （イラク復興協力を要請）	
5月23日	ブッシュ・小泉首脳会談 （テキサス州クロフォード）	（※首脳間の打診、及び何らかの「政治的合意」の可能性あり）
5月27日		外交ルートによる正式な打診
5月31日		ブッシュ大統領・クラコフ宣言 日本政府、PSI参加を表明
6月12日		マドリッド会合（第1回総会）
（6月13日）	（有事法制成立）	
7月9〜10日		ブリスベン会合（第2回総会）
7月26日	イラク特措法成立	
7月30日		オペレーション専門家会合
9月3〜4日		豪主催PSI海上阻止訓練
9月12〜14日		パリ会合（第3回総会）にて、「行動阻止宣言（SIP）」採択
12月15日〜	陸上自衛隊イラク派遣	

出典：柳澤協二『検証　官邸のイラク戦争』岩波書店、2013年、及び本書の内容をもとに筆者作成。

SI構想への参加もまた、小泉・ブッシュ関係が目指した「日米同盟深化」を念頭に置く戦略的意図に基づくものであった可能性が高い。**表7**に見るように、イラク戦争とPSI創設は時系列的に重なっている出来事であり、この時期においては両首脳の間で「テロとの闘い」と「日米同盟」がリンクしていたことを考え合わせると、少なくとも小泉首相個人の認識においてPSIへの参加は、日米同盟の深化と深く関連していたはずである。この点は、先に見た小野元秘書官の「日米同盟が土台にあるこ

とは理解していました[51]」という証言のとおりであろう。

三　小括――「参加」ありきの政治決定

本章での分析を通じて、以下の諸点が明らかになった。まず、日本のＰＳＩ参加は、小泉首相本人と思われるトップレベルによって、ブッシュ大統領との「政治的な合意」をもとに決定がなされた可能性が高いという点である。事実、外務省には参加の可否を十分に検討する時間が与えられておらず、また防衛庁・自衛隊をはじめとする他省庁に至っては構想の存在を知らされたのは参加表明の後であり、しかもそれは「政治的合意」をもとにした決定事項として伝達された模様である。そして、もう一つ重要な点は、ＰＳＩにおける具体的な活動内容や、政治問題化することが想定され得る既存の国際法、国内法等との整合性の問題や、新たな法整備といった課題に関する検討も、すべて先送りとされたという事実である。これらの点を掘り下げつつ、本章をまとめたい。

（１）「官邸外交」の検証

当初におけるＰＳＩの構想そのものがブッシュ大統領個人の着想にかかる属人的な性格を帯びていたことが米政府某高官の証言から明らかになったことは先に見た。同様に、日本のＰＳＩへの参加決定はブッシュ大統領との盟友関係を重視した小泉首相個人の決断であった可能性が高いという見方も先に提示したとおりである。

小泉政権における官邸主導、トップダウン型の政策過程による外交が、しばしば「官邸外交[52]」と呼ばれたことは本書の第一章で見た。ＰＳＩ参加が小泉首相個人の主導によるものであるとすれば、本事例もまた「官邸外交」の一事例としてよいだろう。少なくとも外務省内で参加の可否について検討が積み上げられ、組織としての決裁が仰がれたという事実は確認できず、むしろ、外務省は小泉首相側からの「参加決定」を受けて、事後処理に追われたというのが実情である。

もっとも、組織としての首相官邸がこの決定に深く携わったわけでもない。当時、安全保障担当秘書官であった小野ですら、「参加決定」を既定事項として知らされたという事実を鑑みれば、官邸スタッフもまた外務省と同列に決定過程での関与は限定的であった。その意味では、「官邸外交」でありながらその実態は、伝統的な「首脳外交」に近い形で決定されたというのが実情ではないだろうか。

(2) 法的基盤の認識と戦略的意図の考察

日本政府のPSI参加にあたっての法的基盤の認識について整理する。本章で見てきたように、PSIへの参加の可否や、参加国としてPSI阻止活動を行うために必要なリソース、また、爾後に予想される政治的、実務的課題等が官邸スタッフの間で議論された形跡はなく、この決定が日本の安全保障政策に本質的な変化をもたらす可能性があったことを決定の当事者が認識していたかどうかも定かではない。それゆえ、参加決定の時点においてはPSIが「武力の行使」を念頭に置いたものか、それともその活動が「武器の使用」に限定されるものか、日本政府においてはっきりとした認識がなかったか、あるいは定まっていなかったというのが実情であろう。それは、各省庁間の議論を見てもわかる。次章以下で詳しく検証するが、PSIとはいったい何をする構想なのか、また、そこで日本はどんな任務を受け持つのか、また、何らかの任務があるとしてその根拠法は何かといった事柄が、外務省をはじめとする主要省庁、各法執行機関、そして防衛庁・自衛隊によって精査・検討がされたのは、すべてPSIへの参加表明の後である。このように、法的基盤についての整理が曖昧なままであるにもかかわらず、まず、PSIへの「参加」が優先された事実は、日本の冷戦後の安全保障政策史の一頁として記憶にとどめられるべきではないか。

　また、参加決定にあたっての外交戦略的な意図についても、現時点で一面的な結論を下すことには慎重を期したい。確かに、本章で検証してきたように、官邸スタッフの証言からも、また、当時の状況を鑑みても、この決定の目的の一つには日米同盟の深化があった可能性は濃厚である。また、当時においてイラク戦争の開戦、戦闘終結、復興支援等に際して日米同盟の深化が進行していた背景があり(53)、また、このイニシアティブが北朝鮮という主権国家を具体的な脅威として想定していたという意味では、やはり、ちょうどこの頃生起した北朝鮮に対する「対話と圧力」という外交姿勢(54)ともあいまって、リアリズム的な戦略意図があったことも否定できないであろう(55)。ただし、小泉政権の外交の一つの特徴として、対米支持を優先させながらも、常にそれを国際協調と両立させる努力があったことも無視できない。それは本書の第二章で検証したように、冷戦後史における日本の安全保障政策における一つの大きな潮流でもある。佐藤丙午は小泉首相が対米支持と国際協調を両立させる条件として、①米国のコミットメントに対する揺るぎない信頼感を日本側が寄せ続けること、②国際社会及びアジア太平洋において両国が直面する安全保障問題に対する意識を共有し、その解決手法に関する共通認識が存在すること、③米国が自衛隊の海外での活動を支持し続けることの三つを掲げていると指摘(56)したが、これらの条件が満たされる限り、小泉政権において日米同盟は国際協調と矛盾なく両立する、あるいは両立させるべき概念であったと言えよう。小泉首相は、米国が単独主義的な傾向を強めた際には、より国際協調的な手法をとるようこれを諫めてもいる。大嶽秀夫は「大義なき力は『暴力』だ。力なき大義は『無力』だ。米国には今、力も大義もある。だからこそ、国際協調を追求すべきだ(57)」と、小泉首相が「テロとの闘い」に前のめりになるブッシュ大統領を説得したことを指摘する(58)。また、佐藤丙午も、「この問題の解決にあたっては、国際協調のための一段の努力が行われることが望ましい。米国民が憤慨されることはわかるが、ここは耐えがたきも耐え、更に一段の国際協調をとることが望ましい」という小泉首相からブッシュ大統領への諫言を紹介している(59)。このように、日米同盟の深化が常に国際協調と整合するよう、あるいは国際協調という衣をまとうように努力がなされたこともまた、冷戦後の日本外交及び安全保障政策、特に小泉政権の顕著な特徴の一つとして留意せねばなるまい[60]。次章以降で詳しく分析するように、ＰＳＩの形成と発展に際して日本がとった態度にも、この傾向は強くあらわれることになる。

註

（１）外務省情報公開開示文書（以下、外務省開示文書と略す）、外務省ＦＡＸ公信第五六七〇号「拡散防止イニシアティブ（米政府高官によるバックグラウンド・ブリーフィング）」、二〇〇三年六月三日。

（２）同右。

（３）同右。なお、「拡散懸念国」あるいは「拡散懸念主体」という用語は、後に本書第五章で扱う「行動阻止宣言：ＳＩＰ」（及び、その外務省仮抄訳）にも明記されており、今日においてもＰＳＩ活動の対象を示す重要なキーワードになっていると言ってよい。阻止活動の対象が「国」であるか「（非国家）主体」であるかは、国際法及び国内法上、大きな違いが生じるはずであるが、この点についても本書で検証する。

（４）ソ・サン号事件については第一章註（47）を参照。

（５）前掲註（１）、外務省「ブリーフィング」。

（６）同右。

（７）外務省「ブッシュ政権発足後の主要な動き」、二〇〇六年一二月、http://www.mofa.go.jp/mofaj/area/usa/kankei_200612.html#01（二〇一七年六月一日閲覧）。

（８）小泉首相はこの会談の席上、「我々は、テロや大量破壊兵器との闘いを断固たる決意で進めていく、役割、方法は違うが、テロ根絶のため、断固たる決意で協力を進めていきたい」と述べた旨が記されているが、拡散阻止について我が国の従来からの立場を繰り返したものに過ぎず、この時点で新構想について具体的な話があったかどうかは確認できない。外務省「日米首脳会談の概要」、二〇〇三年五月二六日、http://www.mofa.go.jp/mofaj/kaidan/s_koi/us-me_03/us_gh.html（二〇一七年六月一日閲覧）。

（9）前掲注（7）外務省、「ブッシュ政権発足後の主要な動き」。
（10）同右。
（11）米国側の要請内容の詳細については現時点で、非開示となっている。その後の政府資料には、「米より二七日付で要請越した大量破壊兵器関連物資・技術流出阻止のためのイニシアティブ」といった表現がしばしば出てくるが（たとえば次章で確認する「対処方針」への決裁書等）、参加の要請に伴って、米国側は呼びかけ対象国に「進むべき道筋のルール（Rules of the Road）」と題するＰＳＩ構想のアウトラインが手交されたことが確認される。これについては後に詳しく分析する。
（12）外務省、二〇〇三年五月二八日、電信第二三一八号（外務省開示文書）。同、二〇〇三年五月二八日、ＦＡＸ公信第一三一八号（外務省開示文書）。
（13）同右。
（14）外務省、二〇〇三年五月二九日、電信第五五〇四号（外務省開示文書）。
（15）同右。
（16）外務省、二〇〇三年五月二九日、電信第一三〇三三号（外務省開示文書）。
（17）外務省、二〇〇三年五月三〇日、電信第六四一号（外務省開示文書）。
（18）外務省、二〇〇三年五月三〇日、電信第七三一号（外務省開示文書）。同、二〇〇三年五月三〇日、第一八七三号（外務省開示文書）。
（19）外務省、二〇〇三年五月三一日、電信第五五九六号（外務省開示文書）。「極秘第三七号」（同年五月三〇日付）の極秘転伝である。
（20）前掲注（12）、「電信第二三一八号」。
（21）外務省、二〇〇三年五月三〇日、軍備管理・科学審議官組織メモ「米によるイニシアティブの提案：概要」（外務省開示文書）。
（22）外務省、二〇〇三年五月三〇日、不拡散室部内資料「米の新イニシアティブに関する検討事項」（外務省開示文書）。
（23）同右。
（24）同右。
（25）同右。
（26）同右。

(27) 外務省、二〇〇三年五月三一日、電信第一二三号。同、二〇〇三年五月三一日、電信第五四八号(外務省開示文書)。
(28) 外務省、二〇〇三年五月三一日、電信第一三二〇八号(外務省開示文書)。本電信は、従前のサンクトペテルスブルグ、英、米、仏、独、伊、蘭、スペイン、ポーランド、ポルトガル宛に発出されたものであるが、これに加えてさらに一五の国と地域にも転電されたこともあわせて記載がある。
(29) 同右。
(30) 同右。
(31) 同右。
(32) 同右。
(33) 前掲註(11)を参照。
(34) 外務省軍科審組織、二〇〇三年六月二日、合第一三二〇七号、「米の大量破壊兵器等拡散阻止の新イニシアティブ(提案の概要)」(外務省開示文書)。
(35) 同右。
(36) 同右。
(37) G8カナナキス・サミットについては、以下を参照。G8 Information Centre, 2002 Kananskis Summit: Documents, G7/8 Summits, June 26–27, 2002, http://www.g8.utoronto.ca/summit/2002kananaskis/(二〇一七年六月一日閲覧). Hakan Akbult, "The G8 Global Partnership: From Kananaskis to Deauville and Beyond," June 2013, Austrian Institute for International Affairs, http://www.oiip.ac.at/fileadmin/Unterlagen/Dateien/Arbeitspapiere/AP_67_HA_Global_Partnership.pdf(二〇一七年六月一日閲覧).
(38) カナナキス・サミットにおける不拡散宣言と日本の取り組みについては、外務省軍縮不拡散・科学部編『日本の軍縮・不拡散外交(第六版)』、二〇一三年、七四–七九頁。大杉健一「グローバルな課題へのローカルな取り組み」『外交フォーラム』九月号、二〇〇五年。秋山信将「旧ソ連地域における大量破壊兵器拡散の脅威」日本国際問題研究所軍縮・不拡散センター編『大量破壊兵器不拡散問題(平成一五年外務省委託研究所報告書)』、二〇〇四年六月等を参照。日本政府はこれに基づいて、まず二億ドルを拠出することを表明したが、政府は国会に対して、この支援措置を「対ロ協力」の一環として行われたものと明言している。すなわち、ロシアが保有する核兵器等大量破壊兵器及び核関連物資等がテロ組織に流出するのを防ぐための新たな支援の枠組ではあるが、当時、ロシア極東地域の沿岸部において、ロシア太平洋艦隊の原子力潜水艦が未解体のまま四一隻も放置されており、これが日本周辺海域に深刻な環境汚染を引き起こすことを懸念しての措置であるとの説明もなされている。したがって、カナナキス宣言における、我が国の不拡散に関する対ロ支援措置は、米国からの新イニシアティブとは直接にリンクするものとは言いがたい。なお、カナナキスサミットと一連の対ロ支援措置については、第一五六回国会　参議院外交防衛委員会会議録第一三号、二〇〇三年六月一〇日、一一‐一三頁。第一五六回国会　参議院本会議会議録第四号、二〇〇三年一月三一日、五頁。第一五五回国会　参議院沖縄及び北方問題に関する特別委員会会議録第四号、二〇〇二年一一月二七日、一一頁。第一五四回国会　衆議院外務委員会会議録第二三号、二〇〇二年七月一九日、六‐七頁。第一五四回国会　衆議院外務委員会会議録第二二号、二〇〇二年七月一七日、一九頁等に上記の経緯を説明するやりとりがある。

(39)　防衛省情報公開開示文書（以下、防衛省開示文書と略す）、外務省、二〇〇三年六月二日外務省軍備管理・科学審議官組織「米による『拡散阻止イニシアティブ』【作業依頼】」。作業依頼に添付された資料の一部（主に米国側が説明したイニシアティブの中身に関するものと推察される）は現時点で非開示。

(40)　同右。次章で分析するように外務省等から開示された資料を読む限り、経産省は五月二八日から三〇日の間に情報を入手したことが推察されるが、現時点で経産省はPSIに関するすべての情報開示を拒否している。

(41)　国交省は六月二日付の外務省からの作業依頼（前掲註（39））について、「政治的な合意とは何か」との逆照会を行っている。外務省、二〇〇三年六月四日、外務省軍科審組織部内資料「各省・省内コメントとりまとめ」（防衛省開示文書）。なお、これに対する外務省側の回答については資料開示がなされておらず、不明である。

(42)　外務省、二〇〇三年六月七日、電信第五八二三号（防衛省開示文書）。

(43)　同右。

(44)　同右。

(45)　イラク戦争当時、小泉首相の安全保障・危機管理担当秘書官を務めた小野次郎参議院議員（当時）へのインタビュー、二〇一四年一〇月二九日、於：参議院議員会館。

(46)　同右。

(47)　柳澤協二『検証　官邸のイラク戦争』岩波書店、二〇一三年、一三八頁。

(48)　同右、六四頁。

(49)　外務省、（公開日不詳）、「日米関係　両国首脳間の関係（小泉総理、ブッシュ大統領）」、外務省、http://www.mofa.go.jp/mofaj/

area/usa/kankei_200612.html#01（二〇一七年六月一日閲覧）。

(50) 前掲註（47）、柳澤『検証　官邸のイラク戦争』、九一頁。

(51) 前掲註（45）、小野元秘書官証言。

(52)「官邸外交」、もしくは「官邸主導外交」については以下を参照。信田智人『官邸外交』朝日新聞社、二〇〇四年。信田智人「強化される外交リーダーシップ――官邸主導体制の制度化へ」『国際問題』二〇〇七年一・二月号。上久保誠人「小泉政権期における首相官邸主導態勢とアジア政策」『次世代アジア論集』第二号、二〇〇九年三月。柳原透「日本の「ＦＴＡ戦略」と「官邸主導外交」」『海外事情』第五二巻第四号、二〇〇四年四月等。

(53) 主に日米同盟深化の文脈において、イラク戦争に関係する外交過程、立法過程、及びそこから導き出された自衛隊派遣等について論じた研究等には、たとえば、以下のようなものがある。織田邦男「航空自衛隊の国際協力活動――現場から見たイラク派遣」『防衛学研究』二〇一〇年三月号。出川展恒「自衛隊派遣をイラクで取材して」『国際安全保障』第三六巻第一号、二〇〇八年六月。知々和泰明「イラク戦争に至る日米関係――二レベルゲームの視座」『日本政治研究』第四巻第一号、二〇〇七年。矢島定則「アジア外交とテロ対策特措法・自衛隊イラク派遣の延長を巡る国会論議」『立法と調査』第二五二号、二〇〇六年三月、国立国会図書館。浅野一弘「イラク戦争と「アカウンタビリティ」――日米首脳の発言から」『世界と議会』二〇〇四年五月号、尾崎行雄記念財団。村田晃嗣「イラク戦争後の日米関係」『国際問題』第五二八号、二〇〇四年三月。丸楠恭一「小泉政権の対応外交」櫻田大造・伊藤剛編『比較外交政策――イラク戦争への対応外交』明石書店、二〇〇四年等。また、国際協力、国際協調の色合いを濃く分析したもの、法律的側面に焦点を当てたものに、庄司貴由「イラク自衛隊派遣の政策過程」『法学政治学論究』第八一号、二〇〇九年。山口昇「平和構築と自衛隊――イラク人道復興支援を中心に」『国際安全保障』第三四巻第一号、二〇〇六年六月。倉持孝司「法律時評　自衛隊のイラク「派遣」と国会審議」『法律時報』二〇〇四年四月号。神谷万丈「なぜ自衛隊をイラクに派遣するのか――積極的平和国家として」『外交フォーラム』第一七巻第三号、二〇〇四年三月。瀬戸山順一「イラク人道復興支援特措法案をめぐる国会論戦」『調査と立法』第二三九号、二〇〇四年一月、国立国会図書館。森本敏『イラク戦争と自衛隊派遣』東洋経済新報社、二〇〇四年等。

(54) 冷戦後の外交・安全保障政策史の政策事例の一つに、北朝鮮に対する「対話と圧力」という新しい外交戦略が生起したことを加えることも可能であろう。日本政府が「対話と圧力」という対北朝鮮政策を策定したのは二〇〇三年五月上旬の外務省で開かれた幹部協議であるとされる（藤野清光「北朝鮮への「対話と圧力」で不協和音」『世界週報』第八四巻第二三号（通号四一〇二号）、二〇〇三年六月二四日、一八–一九頁)。そして、初めてこの言葉が報じられたのが、まさに本項で触れた五月二三日の首脳会談の際の報道である。ここで小泉首相が「対話と圧力が必要」という言葉を使って北朝鮮に対して強い姿勢を打ち出すことを表明し、以後、この表現が定着したとされる(『朝日新聞』二〇〇三年五月二四日)。

(55) 北朝鮮に対する「武力の行使」を示唆してきた米国に対して、日本政府による「圧力」は送金や輸出の規制等、経済的なものが中心である。(たとえば、城祐一郎「北朝鮮に対する国連安保理決議とその履行としての日本制裁措置及び国内法による刑事処罰等について(上)」『警察学論集』第六八巻第二号、二〇一五年二月、四八–七六頁。同「同(下)」『警察学論集』第六八巻第三号、二〇一五年三月、一二六–一四二頁。)PSIへの参加によって自衛隊の持つ「軍事力(防衛力)」が「圧力」の手段の一つに加わったことは、本書の指摘の一つである。なお、北朝鮮への「制裁」に関してはほかに以下を参照。浅田正彦「北朝鮮の核開発と国連の制裁──三つの制裁決議をめぐって」『海外事情』第六一巻第六号、二〇一三年六月。寺林裕介「北朝鮮の核実験と国連安保理決議一〇九四──挑発行為を続ける北朝鮮への追加制裁」『立法と調査』第三七七号、二〇一六年六月、国立国会図書館。宮川眞喜雄「北朝鮮に対する経済制裁──核兵器開発等を行う北朝鮮に対する経済政策の評価」『海外事情』二〇一一年一二月号。広実郁郎「北朝鮮制裁について」日本安全保障貿易学会第一二回研究大会資料。稲木宙智布「特定船舶禁止法の成立経緯と入港禁止措置の実施」『立法と調査』第二七二号、二〇〇七年九月、国立国会図書館。森恭子「法令解説　我が国単独による経済制裁発動が可能に──外国為替及び外国貿易法の一部を改正する法律」『時の法令』第一七一一号、二〇〇四年四月。「ドキュメント・激動の南北朝鮮(73)「対話と圧力」路線の中で」『世界』第七一七号、二〇〇三年八月等。

(56) 佐藤丙午「ブッシュ第二期政権の安全保障政策と日本の対応──小泉政権下の日米関係を中心として」『安全保障国際シンポジウム　平成一六年度報告書　第二期ブッシュ政権安全保障政策と世界』防衛研究所、二〇〇五年一二月、六二–六三頁。

(57) 初出は『読売新聞』二〇〇五年三月一〇日。

(58) 大嶽秀夫『小泉純一郎──ポピュリズムの研究　その戦略と手法』東洋経済新報社、二〇〇六年、一七七頁。

(59) 前掲註(56)、佐藤「ブッシュ第二期政権の安全保障政策と日本の対応」、六〇頁。

(60) その他、小泉政権がイラク戦争の開戦過程において、日本外交の基本である「日米同盟」と「国際協調」の両立を実現しようとした様子を描いたジャーナリズムの記録として、読売新聞政治部「日米外交戦後最良のとき」『外交を喧嘩にした男──小泉外交二〇〇〇日の真実』新潮社、二〇〇六年、一四九–一八二頁。また、イラク戦争に関して「日米同盟」と「国際協調」の関係性について論じたものに、酒井啓子、秋山昌廣、五百旗頭真、伊奈久喜「座談会「日米同盟か、国際協調か」を超えて──日本はどういう国を目指すのか」『外交フォーラム』二〇〇四年三月号、一二―二三頁等があるが、事実関係やその後の影響も含め、厳密な意味での学問的検証によるものではない。その意味で、イラク戦争に際しての「日米同盟」及び「国際協調」の両概念の関係性については、実証研究の蓄積をもとにした学問的見地からのより精密な分析が求められるテーマであろう。

第四章　多国間交渉とＰＳＩの形成過程

前章で検証したように日本のＰＳＩへの参加は、小泉・ブッシュ両首脳の良好な関係を土台に、イラク戦争に際して深まる日米協力の一環としてなされた可能性が高い。その戦略的意図には、日米同盟の深化があったという側面があったことは否めないと思われる。

しかしながら、参加決定時点においてＰＳＩが具体的に何をする場なのか、また、日本はそこでどんな任務を担うのかについては何もわかっておらず、したがって、自衛隊の「軍事力（防衛力）」がそこで使用されるのか、また、使用されるとしてそれはどのような態様なのかについても不明であった。具体的なＰＳＩの態様については二〇〇三年六月一二日に開催されるマドリッド会合に始まる多国間交渉を通じてなされることになっていた。それゆえ、日本政府は外務省を中心にＰＳＩの制度設計をどう提案するか、また、日本の参加のあり方をどうするか等の課題について、急いで検討・準備がなされることとなった。本章はＰＳＩの基本的性格及び日本のＰＳＩに対する基本的態度が固まったスペイン会合（二〇〇三年六月一二日）を中心に、日本政府内の政策過程を検証する。

一　外務省による検討

　ＰＳＩへの参加決定を受けて、政府部内の各省庁では、外務省が主導する形で、参加の態様と、参加後の活動内容について検討を開始した。ＰＳＩに対する基本的姿勢についてこうした議論が始まったのは、第三章で確認したとおり、参加表明の後になってからである。

　しかし、当初において米国が考えていた構想の中身は、場合によっては国際法の大きな改変を伴うものであった。しかもそれは、多国籍の海軍による臨検等の「武力の行使」をも念頭に置く「意欲的」なものであった。しかしながら、日本にはそうした「意欲的」な活動を行う法的基盤がない。たとえば、日本に対する武力攻撃等が想定されないにもかかわらず、国または国に準ずる機関に対して「武力の行使」を行うことは日本国憲法に抵触する。外務省を中心に各省庁は、想定されるＰＳＩの活動内容のうち、既存の国際、国内法規で対応可能なものは何かを抽出する作業を開始した。

(1)　外務省の立場

　二〇〇三年六月五日、衆議院本会議において、伊藤英成議員はブッシュ大統領のクラコフ宣言について、日本政府との事前調整の有無と今後の対処方針について質問した。小泉首相は「提案につきましては、先般より我が国の参加について打診があったところです。我が国はその趣旨に賛成し、今後の議論に積極的に参加していく考えです(1)」と答弁した。首相の国会答弁は、外務省が作成した応答要領より幾分トーンが落ち、「議論に参加する」という建前をとっている。

　まさにこのとき、外務省は対処方針を作成中であった。突然の参加表明から、六月一二日に開催されるマドリッド会合まで一〇日余りしかない中で、関係する全省庁の意見を集約し、政府の方針を策定する作業である。第二章で触れた外務省からの作業依頼（六月二日）を受け、各省それぞれに出された論点と課題は六月四日、九日と二度にわたって外務省内で取りまとめられた。[2] 次項では、各省から寄せられたコメントの概要を検証するが、その前にまず、この時点における外務省内の議論を確認しておきたい。

外務省内からは、経済局海洋室と条約局法規課がコメントを寄せた。[3] 法規課のコメントはこの後、さらに練り上げられ、六月一〇日に条約局として「大量破壊兵器等拡散防止に関する米提案についての考え方」[4]という文書にまとめられ、爾後、ＰＳＩ参加に関する日本の態様等を考える基礎資料となった。この資料については後に詳しく確認する。

まず、経済局海洋室のコメントである。これは国連海洋法条約とこのイニシアティブの関係を確認するものであった。イニシアティブの参加国は日本のほかに、英、スペイン、豪、仏、独、ポーランド、ポルトガルであるが、これらの国々は国連海洋法条約の加盟国であり、同条約を前提とした国内法制度をすでに作り上げている。一方、イニシアティブを持ちかけた米国のみはこの条約に署名も批准もしておらず、[5] 当時において同条約とどういう距離をとるのかわからない状況にあった。そのため、海洋室はこの事実に「留意」し、米国について「本イニシアティブをきっかけとして、批准する意向はないのか」との問いを発している。[6]

海洋室によれば、新イニシアティブの内容には国連海洋法条約でカバーできる部分と、同条約の改正等の措置が必要になる部分があるという。たとえば、「領海」に関して言えば、同条約第一九条一、[7] 第一九条二（f）[8]（g）[9]によって米国の意図する大量破壊兵器対策が「許容されるかもしれない」という。[10] しかし、「排他的経済水域」に関しては、沿岸国の管轄事項が同条約第五六条一[11]の内容に限定されるため、主に旗国による対応が想定されるものと思われるとしているが、その際、沿岸国の意向が留意されるべきという見解を示している。[12] また、「公海」については、当然ながら旗国主義が想定されるとしているが、米国案はこの旗国の権利及び義務に抵触する可能性が示唆されている。[13]

海洋室が挙げたこれらの論点は、条約局法規課も問題として指摘した。法規課の見解では、「進むべき道筋のルール（Rules of the Road: RR）」に示されている諸措置は、「具体的な管轄権の行使の方法等」について検討課題があるものの、「国際法上は、国際約束の締結又は安保理の所要の決定により基本的に可能」と考えられた[14]。また、当時、国内法として提起されていたものの中に、新イニシアティブと関連すると思われるものがあり、これらの立法措置に関する影響への留意も促している[15]。一つは、海上保安庁からの「無害ではない通航を包括的に取り締まる立法」であり、これは工作船事案との関連で提起されるとされたものである[16]。もう一つは、万景峰号との関係で提起された入港規制に関する議員立法である[17]。これら国際法、国内法上の立法措置について、法規課は論点を二つに絞ってそれぞれの課題を論じた。一つは「旗国の義務」であり、もう一つは「沿岸国及び中継国の義務」である[18]。ここで法規課がまとめた論点は、さらに掘り下げられ、また、新たな視点が追加された形で、六月一〇日に作成された条約局としての見解のベースとなったものと思われる。条約局の見解については後述する。

（2）各省からのコメント

外務省が集約作業を行った各省庁からのコメントは以下のとおりである。総じて、新しい構想の具体的な中身が不透明であることへの当惑と、予想し得る新しい活動を遂行するためには現行の法制度では不十分であるとの認識は一致している。

①国土交通省

国交省は「全体として、定義が曖昧」とした上で、物資の輸送制限が私権の制限にあたる懸念を示し、「何らかの基準」や「法的枠組」が必要となるとの見解を示した[19]。ことに、船舶に対する「臨検等の実施」については運輸行政の所轄省庁として詳細なコメントを寄せており、「事業者への過度な負担とならないよう、配慮が必要」と慎重な姿勢を示した上で、「憲法等法令上、私権の制限、輸送事業者への協力要請は困難と思料」として、実施にあたってきわめて後ろ向きの見解を述べている。また、「船舶検査活動法においては、国連安保理決議又は旗国の同意を要件としている」として、外務省から回付された案のように定義や基準が曖昧なままでは、国内法上の制限をクリアできない可能性がある旨を明記している。[20]

もっとも、日本領空を通過する航空機に対するＰＳＩ阻止活動については、現行の国内法を運用することで対処できる可能性も示唆している。そもそも、現行の航空法は爆発物等の輸送が原則として禁止されており[21]、ＰＳＩ構想が想定する大量破壊兵器及びその関連物資等は、日本領空を通過できないと判断される可能性が高い。また、外国籍の航空機が兵器及び弾薬等の軍需品を輸送する場合は、国土交通大臣の許可を必要とするが[22]、大量破壊兵器及び関連物資等を運搬していることが合理的に疑われる航空機が、無許可で日本領空を通過している場合、航空法には臨検及び関連物資の押収のため、これを強制着陸させることができるという規定がある。[23]なお、これらは「領空主権」[24]の観点から外国籍航空機に対してなされ得る措置について述べたものであり本邦機への適用はないため、日本国籍航空機が大量破壊兵器及び関連物資等の運搬をしていると合理的に疑われる場合は、先に述べた「爆発物等の輸送禁止」の規定に基づいて、必要な措置がとられることになる。[25]

なお、国交省は、同構想が港湾における大量破壊兵器関連物資及び技術の国際的な取引の流れを阻止するため、関係国が共同してとり得る措置を検討するとしていることについて、現行の港湾法[26]は公共施設たる港湾施設を適切に管理・運営することを目的とする法律であり、大量破壊兵器等の拡散阻止のための、船舶に対する臨検や関連物資の押収を目的とした法律ではないこともあわせて指摘している。[27]

②海上保安庁

海上保安庁は、「臨検とは軍隊行為として実施するものか、警察行為として実施するものか」を問い、「公海上における日本船籍以外の船舶については、国内法の担保がない限り臨検等実施し得ないところ、海洋法条約と国内法との整合性の検討如何」と懸念を表明した(28)。同庁は一応、日本の領海内については、大量破壊兵器及び関連物資の運搬行為が国内法に関して違法と言えるものであったり、あるいは当該行為を禁止する国内法が整備されたりすれば、船舶への立ち入り、押収等は可能となるとの見解も添えている(29)。これらは海上保安庁の本来任務の遂行と考えられるからである(30)。かかる行為は海上における犯罪の予防及び鎮圧にあたり、ただし、その場合であっても、船舶の立ち入りは一定の場合を除いて「任意ベース」(31)であり、「本イニシアティブによりそれ以上の措置を求められるのであれば、現行法での対応は困難」とその限界を明示している(32)。また、実際のオペレーション上も懸念があり、他の参加国からの要請に従って船舶に対して臨検等を行うことを合意するという枠組に関しては、まず、「その前提として、情報の確度」が問題となることを指摘した上で、「船舶側に損害が生じた場合の取り扱い」等についても周到な議論が必要である旨を述べている(33)。いずれにせよ、同構想が想定する行動の多くは、現行の海上保安庁設置法が想定していないものが多く含まれ、実施にあたっては国際法との整合性とともに、担保となる国内法の整備が不可欠であるとの認識が示された(34)。

なお、外務省条約局法規課が留意項目として挙げていた、海保提起の立法措置「無害でない通航を包括的に取り締まる立法(35)」については、ここでは特に触れられていない。また、筆者が海上保安庁に照会をかけたところ、かかる立法措置について、同庁内で検討が行われたことはないとの回答があった(36)。外務省条約局法規課の資料とは明らかに食い違う内容ではあるが、海上保安庁側の説明では、当該立法措置は条約の解釈に関わる問題であり、条約の解釈権は外務省に属する以上、海上保安庁では条約の解釈に対応した立法の提起等を行うことはできないとのことであった(37)。

③経済産業省

経産省は、先述したように、何らかのルートで事前に情報を得ていたためか、外務省からの問い合わせにはない角度の分析を行い、その見解を示した。

まず、本イニシアティブが対象とする拡散懸念事態を、イニシアティブの「メンバー国」と「非メンバー国」からのものに分けて論じている。[38] そして、「メンバー国」からの懸念貨物の輸出については、現行の不拡散条約（NPT、BWC、CWC）や国際輸出管理レジームに従って、厳格に輸出管理を実施しているという現状を述べ、国際法及び日本を含む「メンバー国」の現行国内法の範囲で対処が可能であるとの見解を示した。[39] 公海上であれ、日本領域内であれ、メンバー国同士の合意と了解が存在する限り、大量破壊兵器及び関連物資の運搬が合理的に疑われる船舶等については、既存の国内法に従って法執行権限（警察権）を行使することができるというわけである。とりわけ、既存の不拡散条約及び国際輸出管理レジームは、核兵器、生物・化学兵器及びその関連物資をはじめ、ミサイル等の運搬手段及びその関連物資も対象に入っており、[40] これらに従って整備された国内法を執行することで、懸念される拡散事態を防止することが可能となる。後述するがこの見解はPSI構想そのものの本質をよく衝いており、実際のPSIの形成、発展の歴史においては、新たな規範創造、法創造の取り組みによって「非メンバー国」からの拡散懸念事態に網をかける努力がなされたが、「公海自由の原則」や「領海内の無害通航権」との整合性の問題で幾多の限界につきあたる。代わりに、PSI構想の提唱国である米国がより実効的、即効性の高い措置としてあわせて進めたのが、「非メンバー国をメンバー国に取り込む」という拡大路線であり、また、事前になるべく多くの国との間に、臨検等に関する二国間取り決めをあらかじめ結んでおくことで、国内法の適用対象を広げるという戦略であった。

しかしながら、「非メンバー国」からの物資輸送についてはこの限りでない場合があり得る。経産省がまとめたコメントは、日本領海、領空を通過する船舶や航空機についてしか検討の対象としていないが、それゆえに問題は領域内法執行の範囲内に限定されており、かかる条件のもとであれば、生物兵器及び化学兵器についてはBWC、CWCの各条約に従った国内法令（経産省主管）[41]によって対処が可能となり、また、原子燃料物質についてもNPT条約に従った国内法令（国交省等主管）[42]によって取り締まりを行うことが可能となる。ところが、ミサイルについては、この所持や輸送に関する国際的な枠組が存在しないため、国内法令により有効に規制や取り締まりを行うしくみになっていない[43]。したがって、二〇〇三年六月に予定されるスペイン会合に際して、外務省に対して「今時会合《ママ》メンバー国に説明し、共通理解を得ることが重要」と注文をつけた[44]。具体的な検討項目としては、「その最終用途に懸念があるか否かについて、誰がそのような基準により判断を行うか、そのような貨物を対象とすべきか、どのような国・地域向けを懸念とすべきか等」と細かく指定をしているが[45]、これらはそもそもPSI構想の発端となったソ・サン号事件と酷似するケースであり、事件にあたって米国をはじめとする関係国が苦慮した課題が公海上のみならず、領海内でも克服されるべき障害として立ちはだかっていることを示している。ところが、経産省は本イニシアティブが行き過ぎた形で濫用され、正当な輸送の確保にも障害をきたすケースがあり得ることを危惧している。とりわけ、放射性廃棄物等の国際輸送については、無害通航権が国連海洋法条約で認められているが、「昨今、沿岸国が右輸送を妨害する動きがあるところ、新たな口実を沿岸国に与えないよう注意すべき」という具体的な事例を挙げて警戒を示した[46]。

④法務省

法務省はイニシアティブについて「大量破壊兵器の拡散防止という観点から意義深い」とし、「これを検討していくことに賛成する」と、基本的に賛成との立場を明らかにした[47]。しかし、そのためには「外国為替及び外国貿易法等に基づく行政的規制が重要」との基本認識を示し、「刑事的な措置でのみ対応し得るものではない」との国内法整備にあたっての意見を述べている。[48] 具体例として、大量破壊兵器・ミサイル関連物資を売却することへの罰則は外国為替及び外国貿易法（外為法）[49] にあるものの、同法が対象とするのは国内からの輸出に限定されており、国外犯の処罰規定がないことが挙げられている。

もっとも、同条項が規制の対象とする物資等が何を指すのかは政令の内容如何で規定されるため、運用にあたっては経済産業大臣の適切な許認可措置が必要となろうが、行政の裁量次第でなんとかなる問題であるならば、法整備に関しての大きな問題は発生しないはずである。しかし、法令が想定している主体とは「輸出しようとする者」に限られるため、輸出の形態をとらない移転措置について同法が対象となり得るかどうかは判然とせず、この点、イニシアティブが想定する「proliferation」のすべてを含み得るかどうかについて疑義が呈せられる。[50] また、臨検を行う場合であっても、現行法では行政措置として行うものに限られるとされており、「刑事訴訟法に基づく措置は困難」とその課題を指摘している。無令状での臨検が正当化されるのは、明白に日本国内における犯罪である等、現行犯逮捕等の要件を満たすことが必要であり、たとえ「現行犯への臨検」の要件を満たすとしても、日本の裁判管轄権が及ぶ場所に限られることもあわせて指摘がなされた。[51] つまり、日本の行政訴訟法を援用して大量破壊兵器及び関連物資等を押収する措置が正当化され得るのは、「我が国から」違法かつ無許可に「輸出」がなされようとしていることが合理的に疑われる場合のみであり、しかも、当該船舶等が日本の領空、領海を一歩でも出たならば、臨検等の措置は不可能となる。これでは、イニシアティブが想定するオペレーションは、その多くの場合、不可能と結論せざるを得ないであろう。

なお、法務省はこれらの課題のほかに、ＩＭＯ（国際海事機関）におけるＳＵＡ条約（海洋航行不法行為防止条約）の改定作業において、米国から大量破壊兵器の船舶輸送等を犯罪化するよう提案がなされている事実を挙げ、今般のイニシアティブとＳＵＡ条約改定作業の関係について注意をする必要があることも指摘している。[52] 法務省が指摘したとおり、ＳＵＡ条約改定はＰＳＩ構想を具体化するための柱の一つとなり、二〇〇五年の改定以後は、大量破壊兵器及び関連物資等の運搬は普遍的な意味での「犯罪」と定義された。そして、公海上での海賊行為に遭遇した艦船に国籍を問わず認められた「普遍的管轄権」が、大量破壊兵器及び関連物資等についても認められることとなり、一定の条件のもと旗国の同意を得ずとも臨検等の措置を行うことが可能となった[53]。このことについては後に述べる。

⑤水産庁

水産庁は「公海における旗国主義」の原則を主張した[54]。すなわち、「我が国の排他的経済水域においては日本漁船及び外国漁船に対して、また公海においては日本漁船に対して臨検を行っている」という事実はあるが、「本イニシアティブの内容について漁業監督者が臨検を行うことはあり得ない」とし[55]、ＰＳＩ構想で想定され得る臨検等のオペレーションについては同庁の活動内容の範疇にないことをはっきりと述べた。もっとも、同庁としても大量破壊兵器及び関連物資等の脅威について無関心というわけではなく、コメントとは別のペーパーを同日付で作成し、「大量破壊兵器等の拡散は国際社会全体への脅威」との基本認識を示した上で、その防止のためこれまでもイラク戦争時において、遠洋漁業に従事する船舶に対して、不審船等の情報通知を要請する等の対応をとってきた実績等を強調した[56]。この件は、イラク戦争をめぐる日本政府の協力の一端を物語る、あまり知られていない歴史的事実の一つと言ってよい。

⑥財務省、警察庁

財務省国際局は特にコメントを寄せていないが[57]、関税局は「税関の申告の時点で検査し、輸出を差し止めることは可能でも、押収（没収）することは、国民の財産権の侵害にあたるので、現行法では認められない」旨を口頭で回答した[58]。

その他、警察庁は「我が国の対応を検討する過程においては、十分な時間的余裕をもっての事前協議を願いたい」と申し入れを行ったほかは、特にコメントを寄せていない[59]。

以上、コメントを確認できた七つの省庁は「法執行機関」に分類され得るものであり、法解釈に関する見解は「法執行（Law enforcement）」の立場からなされているものである。そして、法執行としてのＰＳＩには何らかの法整備上の手当が必要であることは共通していることに留意したい。

二　防衛庁の懸念

最も時間をかけて検討をしたのは防衛庁であった。外務省からの作業依頼を受け取った翌日、庁内の八つの部署に対して六日までに意見を集約すべく照会がかけられた後[60]、六月九日まで時間をかけて正式な回答書が作成された[61]。

(1) 防衛庁の基本的態度

外務省からの照会に対する防衛庁の回答書では、冒頭においてその結論が述べられている。「本イニシアティブにおいて検討されることとなる『船舶への立ち入り、臨検、物資の押収』等の活動に関して、現行法上、（略）、自衛隊が担い得る役割は限定されていること等を踏まえ、我が国として、本イニシアティブの内容について更に米からの説明を受けるとともに、今後の関係国間での議論に積極的に参加していくことが適切と考えられる」（傍線部は開示オリジナル資料に付されていたもの）。防衛庁がその「限定され」た「自衛隊の担い得る役割」の根拠として挙げたのは、

「警戒監視活動」、「海上警備行動」、「領空侵犯に対する措置」、「船舶検査活動法に基づく船舶検査活動において付与され得る自衛隊の権限」の四つである[62]。

なお、筆者は防衛庁と外務省から、それぞれまったく同じ文書（回答書）を開示されているが、防衛庁側からは回答の全文を開示された一方、外務省側からは一部が黒塗りとなった文書が開示された。外務省側が非開示とした部分とは、「進むべき道筋のルール（Rules of the Road: RR）」について言及されたすべての部分と、「拡散対抗・流出阻止連合」というコンセプトに関する部分である[63]。外務省は現時点で、すべての情報開示文書から「ＲＲ」に関する文言を削除しているため、その内容についてはこうして他省庁から開示された文書に散見されるものをもとに推測するしかないが、スペイン会合に向けての対応検討段階からすでに「拡散対抗・流出阻止連合」といった具体的なコンセプトが登場していることは特筆に値すると言えよう。また、この中で既存の国際法、国内法に抵触することが懸念されるいくつかの具体的なオペレーションが例示されていたという事実も重要であろう。

また、外務省、防衛庁をはじめ、日本政府各部署はイニシアティブへの参加をめぐる議論において、ＰＳＩに伴う「オペレーション」について、カタカナ表記の英語をそのまま使用していることについては、本書の掲げる問題意識と大いに関係するものであり、留意すべきと思われる。というのも、ＰＳＩに関する「オペレーション（Operation）」に対応する日本語訳としては、「作戦」あるいは「活動」が考えられようが、前者は軍事色が強く、たぶんに「武力の行使」の場合に用いられることが多い。一方、後者の場合はそれが「軍事力（防衛力）」を使用したものであっても、「法執行」に伴う「武器の使用」の色合いが濃くあらわれ、軍事色も薄まる印象を与え得よう。ＰＳＩへの参加と、また、ＰＳＩの制度設計及びＰＳＩにおける日本の役割、任務等を検討する段階において、「オペレーション」が何を示すか明示しないまま，検討作業が進んでいったことにも、ＰＳＩ参加をめぐる日本政府の躊躇や葛藤の一端が示唆されているのではないか。なお、後述するように、現時点においてＰＳＩに関する実際のオペレーションについては、外務省、防衛省ともに「ＰＳＩ阻止活動」という表記に統一しており、自衛隊がその「軍事力（防衛力）」を使用するものであっても、それは「法執行」であるとの建前に整合させる形となっている。

建前上、ＰＳＩは二〇〇三年六月のスペイン会合から九月のパリ会合に至るまで、参加を表明したコア・メンバー間の議論によってその骨格が形作られたことになっており、先に見た「対外応答要領」[64]から後、日本政府（外務省）はそのシナリオを維持している。しかし実際のところは、参加打診の段階でかなり具体的かつ包括的な構想案が米国から示され、その内容を参加国がそれぞれに点検したものを、スペイン会合に持ち寄ったというのが実態に近いものと思われる。事実、外務省からの照会を受けて、防衛庁内部で作成されたペーパーには、より具体的で鮮明な形で、イニシアティブの概要が描かれている。[65]

防衛庁作成の「米イニシアティブの概要」には、「（ア）目的[66]」として、「大量破壊兵器及びミサイル関連物資・技術の国際的な拡散を阻止するための枠組みの作成[67]」とあり、さらに、「問題の範囲及び大量破壊兵器及びミサイル関連物資の阻止に向けた共同の取組の必要性についての政治的な合意の確立[68]」及び、「阻止オペレーションを立案、準備、遂行するための法的、外交的、経済的、軍事的及びその他の手段を策定するために協力[69]」が併記されている。事実上、この三つの項目だけで、その後誕生するＰＳＩの内容はほぼ網羅されていると言えよう。

また、この時点ですでに、外務省、防衛庁を含む日本政府は何らかの「阻止オペレーション」が立案、準備、遂行されると認識していたこともあわせて指摘したい。また、これらの「目的」を達成するために、「見直し又は議論の対象となる分野[70]」として、「米イニシアティブの概要」には次の四つが記されている。すなわち、「既存の慣習国際法の見直し」、「各国の法的機関（権限）の比較」、「参加国間の行動計画の検討（売却に関与した業者に対する罰則等）」、「各国が取り得る措置の検討（不拡散強化のための輸出管理、国境管理等）」の各項目である。[71]これらの作業を積み上げることで、「目的」とされる「枠組の作成」、「政治的合意の成立」、「阻止オペレーションの立案、準備、遂行」が達成されることになる。後述の回答書に記された防衛庁側からの検討項目はすべて、こうした具体的な青写真をもとにして描かれた模様である。なお、このペーパーには、米国が打診中の参加国は、米国を含めて一一か国であることが明記されており[72]、これらは後の「コア・メンバー」となってPSIの創設・発展に携わったことを考えると、米国から参加国へ打診があった段階ですでに、PSI構想の枠組はほぼ完成された状態にあったと考えるほうが自然であろう。

(2) 国際法体系の変更の必要性

いずれにせよ、外務省から照会を受けた防衛庁には、国際法、国内法とも、現行の法体系のままでは、完全な意味でPSI阻止活動を実施することは不可能という認識があった。そのため、防衛庁の回答書はまず、「既存の国際法との関係」から「新たな条約の制定が必要か?」と、また「国内法上の措置」の観点から、「取締りのための包括法制定が適切か?」と外務省に問いかけている[73]。そのうち、国際法については、新たな条約の制定を目標に積極的に検討を進めていくことを考えているのか、それとも、条約以外に何らかの国際的な宣言や国連安保理決議等を作成することによって、既存の条約や慣習国際法との関係が整理できると考えているかと、具体的に外務省にその認識を質している[74]。先に述べたように、防衛省から開示された資料によると、外務省側は米国から得たイニシアティブの内容を分析し、「拡散対応・流出阻止連合」といったものを想定した模様であることが判明している[75]。その際、「既存の慣習国際法の見直し・拡大」といった措置が必要になると考え、防衛庁らに対していくつかの事例を提示しているが、一例として挙げられたのは、国連海洋法条約に規定されている外国船舶の領海内における無害通航権が、イニシアティブが想定する「沿岸国及び中継国の義務」に抵触する可能性であった[76]。

回答書のもとになった前出の防衛庁のペーパーでは、具体的な「沿岸国及び中継国の義務」として以下のようなものが描かれている。[77] すなわち「内海又は領海内において船積みされる拡散懸念国等からの、又は拡散懸念国等への大量破壊兵器・ミサイル関連貨物を停止、臨検、押収する[78]」、「大量破壊兵器・ミサイル関連貨物を運んでいると疑われる場合、その船舶が内海又は領海内に入る際に、当該船舶への立ち入り、臨検、押収を行うことを求める等の条件を付ける[79]」、「自国領空を通過する、大量破壊兵器・ミサイル関連貨物を拡散懸念国等へ運びあるいは拡散懸念国等から運んでいると疑われる航空機に対し、臨検及び関連貨物の押収のため、着陸を求め、その特定された貨物を押収する[80]」といった義務である。後述するが、これだけ多くの、かつ重要な議論が含まれる形で既存の国際法体系の変更が必要となるのに対し、そのアプローチが不明だったことが、防衛庁をして外務省に対する問いかけの主因だったと推定できる。「新条約か、別の形による既存法規の整理か」という問いかけはまた、その後のＰＳＩ創設、発展の各段階で繰り返される議論でもあった。

(3) 国内法整備の必要性

防衛庁は、国内法との関連について、「『進むべき道筋のルール』を見る限り、現行国内法では取締の対象とならない事項も多く含まれていると考えられるところ」と、現状では想定される阻止オペレーションに法的基盤がないことを指摘している。[81] そして、仮に「積極的に本イニシアティブに参加することとする場合」になれば、個別法の改正という手法以外に、「取締のための包括法を制定」することも選択肢の一つとなると提案している。[82] 日の目を見なかったとはいえ、ＰＳＩ関連の包括法を作るというアイデアは、外務省内でも検討がなされた形跡があり、[83] ＰＳＩ阻止活動の実施にあたって主な役割を担う防衛庁から同様の提案がなされていたことは注目に値しよう。防衛庁が想定した「包括法」とは、「我が国としての対処の基本方針、特定行為の違法化、取締りのための権限、取締に当たる機関の役割分担を定める」ものであり、かかる法整備手続きを通じて「我が国としての姿勢を明確化すること」は、「一つの有意義な選択肢として検討に値する」というものであった[84]。

事実、現行法において自衛隊にできることは非常に限られていた。防衛庁が挙げた「現行法において自衛隊が担い得る役割」の一つである「警戒監視[85]」では、日本の防衛、警備のために平素から周辺海域及び上空の警戒監視を行っているものの、自衛隊にできるのは「違法行為を行っている又はそのおそれのある船舶」を発見した場合に、「警察機関に通報する」ことのみである[86]。もっとも、海上警備行動が発令された状況下ではこの限りではなく、自衛隊そのものが海上保安庁法や警職法を準用して警察権を行使することが可能になる[87]。ただし、海上警備行動の発令下であっても、自衛隊が行使できる警察権の内容は限定されたものにとどまる。海上における治安の維持については、第一義的に警察機関たる海上保安庁の責務であり、また、海上警備行動を命じられた自衛隊部隊の目的は司法警察権の行使ではなく、現に生じている、もしくは将来における治安維持に対する障害を除去することにあるからである。したがって、自衛隊の行動が容認されるのは「特別の必要がある場合」に限定されており[88]、それは「不審な船舶によって海上交通が著しく阻害される場合」や「海賊行為のような暴力的な不法行為が行われているような場合」、または「不審船のように悪質な態様で法令違反を行い、そのまま逃走を許せば将来において悪質な態様での法令違反を繰り返し行う蓋然性が高い場合」であり、かつ「海上保安庁によっては法秩序の回復が不可能又は著しく困難なとき」という非常に稀なケースのみであり[89]、しかも、海上警備行動に基づく自衛隊部隊は、船舶に対する立入検査等を行うことはできるものの、職務としての逮捕行為や証拠品の押収等はできない[90]。

また、「領空侵犯に対する措置」については、自衛隊法の規定に基づき、国際法規または航空法等の国内法に違反して我が国上空に侵入した外国航空機に対して、これを着陸させたり、日本領域外に退去させたりすることはできる[91]。ただし、これは日本の領域外から我が国の領域内に侵入する航空機に限られており、日本から離陸して領空外に向かうものについて自衛隊は権限を持っていない[92]。

さらに「船舶検査活動法に基づく船舶検査活動」について言えば、自衛隊は周辺事態に際し、日本の領海または排他的経済水域を含む日本周辺の公海において「臨検」を行い、船舶の積み荷、目的地を検査し、確認することができる。[93]ただし、船舶検査活動法によって「臨検」が可能となるのは、国連安保理決議に基づく場合か、当該船舶の旗国の同意がある場合のみであり、[94]また、同法に基づいて行うことができるのは「船舶検査活動」であり、これは厳密な意味での「臨検」とは区別されており、検査活動を強制したり、積み荷を押収したりすることはできない。[95]

以上が、防衛庁からの回答書における、「自衛隊に担える役割」の概要である。なお、これら「自衛隊に担える役割」における国内法上の障害は、ＰＳＩ参加後、そこでの自衛隊の活動が深まる際に、大きな課題となって自衛隊の前に立ちふさがることとなる。これについては、本書の第六章において、再度、議論する。ＰＳＩへの参加決定から一〇年以上経過する現在に至るも、自衛隊はＰＳＩ阻止活動を行う十分な根拠法を持たないまま、ＰＳＩを舞台にした多国間軍事協力を深化させるという奇妙な構図が継続している。

（4）政治的リスクと防衛庁・自衛隊

回答書は、最後の項目として「留意事項」を置き、「上記は、自衛隊が本イニシアティブに関与する場合に果しえる可能性のある役割を、あくまで法的根拠の観点から記述したものであるが、実際に自衛隊が活動を担うか否かについては、第一義的に取締りにあたる当局との関係で必要性があるか否か及び実際に活動が必要となる時点における能力（他の任務との優先順位等）も踏まえて判断する必要がある[96]」と、きわめて慎重な言葉でコメントを締めくくっている。ここで指摘され得るのは、イニシアティブへの参加に伴う「政治的リスク」の問題について、防衛庁は敏感に捉えていたであろうと推測されることであろう。当時、イラク戦争の進展に伴い、自衛隊の海外派遣や国際貢献任務についての議論が再び始まったところであり、これがもたらす政治的リスクが小泉政権及び防衛省・自衛隊にとっても大きな課題となっていた時期だけに、イニシアティブが新たな政治的論争の争点となることを懸念したであろうことは想像に難くない[97]。もっとも、こうした議論は、防衛省から開示された資料のどこにも明記されておらず、伝聞や状況証拠でしか推測せざるを得ないが、防衛庁がまとめたコメントの「留意事項」としてこのような予防線が張られていたことは、日本政府、なかんずく、防衛庁（省）・自衛隊とＰＳＩの関わりを分析する上で注目すべきポイントであろう。

いずれにせよ、その政治的なリスクの問題をさしおいたとしても、防衛庁からの回答は、ＰＳＩ阻止活動を完全な意味で実施するには、法的基盤に疑問が残るというものであり、これをもって警察庁を除くすべての省庁から「ＰＳＩにおける活動の実施には、国際法上の疑問、国内法上の課題が大きい」と結論されたことになる。

三　外務省の「基本的立場」と「対処方針」

こうして各省からのコメントをとりまとめた外務省は「基本的立場」を定め、「対処方針」を策定した。そこで決定的役割を果たしたのは、条約等の国際取り決めに有権解釈権を持つ条約局の国際法的立場からの見解であった。

（1）外務省条約局の見解

二〇〇三年六月一〇日、外務省条約局は主に国際法上の課題をまとめた資料「大量破壊兵器等拡散防止に関する米提案についての考え方」を作成した。この資料は、先述した六月四日付条約局法規課資料[98]をベースにしており、これを局としての見解にまとめあげたものである。外務省条約局は、国際法や国内条約についての有権解釈権を有しているとされ、この権限は憲法をはじめとする国内法について内閣法制局長官が持っている権限と同等の、きわめて強いものとされている。[99] したがって、イニシアティブに関連する国際約束等に対応する国内法令の整備の際には大きな権限を持っており、ここで出された「見解」はＰＳＩ参加及び、活動について相当の重みを持つと判断してよい。

条約局資料は、その冒頭、「国際法上は、国家が独自にとる措置として、又は国際約束や法的拘束力を有する安保理決議の履行といった形で実施することが基本的には可能であると考えられる」[100]との基本認識が示された。そして、その「国際約束」について、「ただし、その場合には、国際約束の締結主体（いわゆる懸念国・地域は含まれないであろう。）間においてのみ効力を有する」とその実現可能性に疑問を投げかけるとともに、「他方、取締りの対象となる行為の定め方、具体的な管轄権の行使の態様・方法、既存の国際慣習、条約の関係等の検討課題がある」として、実際のオペレーションに大きな壁が立ちはだかっていることを指摘する。[101] また、ＰＳＩ阻止活動の実施については、「国際約束の締結、安保理決議の採択がなされる場合には、その履行を確保するための国内立法措置を要する場合も考えられる」と、国内法制度が未対応であることもあわせて指摘した。[102] なお、この資料で条約局が整理した論点は、すべて「平時における臨検」を前提としたものであり、それは「法執行」、「取締行為」に区分される警察権の行使のことである。「武力の行使」にあたる武力紛争法における「武力紛争時における臨検」とは区別して論じていることに留意したい。[103] 武力紛争法においては、船舶、航空機に対する臨検及び拿捕に関する規則が存在したが、[104] 条約局は、新イニシアティブにおいて米国が挙げた阻止活動の内容が、武力紛争法に定めのあるものとは異なるものであると認識していたことを示している。

①「旗国の義務」について

条約局は法規課の挙げた論点をベースに、国際法上の問題を精査している。まず、「旗国主義」の問題である。公海においては旗国主義が存在し、船舶は旗国の排他的管轄権に服するため、国連海洋法条約一一〇条に定められた

「海賊行為等に対する臨検の権利」等の場合以外、旗国の同意のない臨検等は認められない。[105] また、排他的経済水域については、沿岸国は天然資源の探査、開発、保存及び管理のための権利並びに海洋環境の保護・保全等に関する管轄権を持つものの、それら以外の分野においては、公海と同様に船舶は旗国の排他的管轄権に服することになる。[106] それゆえ、PSI活動を実施するにあたって考えられるアプローチの一つは、旗国をして大量破壊兵器及び関連物資の拡散が懸念される船舶に対する取り締まりを行うことを義務化するということになる。旗国は自国籍船舶に対して一定の規制を及ぼすことが可能であるが、旗国は他の参加国の要請を負う義務はないため、旗国に対してそのような義務を負わせる場合には、「国際約束（ないし法律）又は安保理の所要の決定（及びその実施のための法律）」が必要となるということが、条約局の指摘である。[107] すなわち、国際法上の新たな立法措置によって、旗国に自国籍船舶を取り締まる国内法を整備するよう義務を課すというものである。条約局はここで言う国際約束（ないし法律）について、「基本的には国会承認条約になると思われる」[108] と書いており、裏を返せば現行の国際法の体系ではイニシアティブが想定する活動は不可能と考えていたことがわかる。また、この「国際約束（ないし法律）」に対応する国内法についても、「我が国国内法上は、我が国船舶に対し取締りの対象となる行為を禁ずる法令が必要とな」ることを明記しており、[109] 実際のオペレーションは所要の法令に基づいて海上保安庁が立入検査等の措置をとることを想定していた。[110] また、旗国が自国籍船舶に対して国内法に基づいた臨検等の措置をとる場合であっても、外国の内水や領海の場合は、当該国の同意を包括的あるいは個別的にとる必要があるが、沿岸国がそうした同意を与えることは通常では想定しがたいことも条約局は指摘している。[111]

また、もう一つのアプローチとして考えられるのは、旗国が他のイニシアティブ参加国に対して、拡散懸念事態に際して自国籍船舶の取り締まりを行うことに同意を与えることである。これについて、条約局は「我が国船舶に対する臨検を他の参加国が行うため、旗国として同意を与えることは国際法上は可能」とする見解を述べる。[112] ただし、その場合も、「個々の事例に応じた同意」とするか、「事前の包括的な同意」とするかは、本イニシアティブがどのような内容の国際的スキームになるかを見定めた上で検討を要するとし、「外国の官憲による措置を我が国船舶に受け入れさせるための所要の国内法令の整備」及び、「国際約束又は安保理の所要の決定」が必要となると指摘している[113]。また、こういった内容のスキームを構築するにあたって、外国取締船による臨検を受けることが発生しかねない国内関係者（船舶業者）との十分な調整の必要性を指摘したほか、海上保安庁による外国私船に対する立入検査を可能とするため、外国人または外国船舶による拡散懸念行為を国内法令で禁じる必要性についてもあわせて言及した[114]。個別的であれ、包括的であれ、イニシアティブ参加国との間に、臨検等に関する事前同意を与えあうという方式については、日本船舶への外国官憲の臨検であれ、外国船舶への我が国官憲の臨検であれ、国際法上は可能ではあるが、国内法上の整備が必要になるという解釈である。

なお、イニシアティブが「自国民」に対して、大量破壊兵器・ミサイル関連貨物の移転及び移転協力を行わないようにさせることを目指していることについて、条約局は難色を示した。「自国民」が「自国の国籍を有するもの」を意味するのであれば、「立法政策の問題をさておくとして、実際上担保することは困難」だからである[115]。外国に滞在する自国民に対して、日本の国内法を執行することは事実上、不可能なことが多い。無論、日本の領域内に居住するものを「自国民」と定義するのであれば、国内法の管轄権の問題は生じないのは言うまでもないが、その場合であっても、特定の拡散懸念国等を念頭に置いての特定物資の輸出入の禁止は、特定国の差別的取り扱いを禁じたGATTとの整合性が問題とされる場合があるので[116]、その正当性について検討を要するとしている[117]。ただし、条約局はここでガットとの関連で問題とされるのはWTO加盟国間のみであり、「したがって北朝鮮との間では問題とならない」とも指摘している[118]。この点は、一連の北朝鮮制裁措置の正当性の根拠ともなった。また、条約局は、国内法令上、輸出については外為法に基づくいわゆるキャッチオール規制などが可能であることを認めた上で、「自国民の大量破壊兵器・ミサイル関連貨物の移転行為又は移転協力行為を規制する法令が必要となる」という見解を示している[119]。

②「沿岸国及び中継国の義務」に関する条約局の見解

沿岸国の義務について、条約局は「内水」と「領海」の二つに分けて論じている。

まず、内水については、沿岸国には領域主権に基づいて、外国船舶に対する自国法令に基づく措置をとることができる旨が指摘されている[120]。この中には、停止や臨検等の措置が含まれ、したがって、イニシアティブが想定する拡散阻止活動を行うことは可能と解釈される。しかし、国際法令上、外国の軍艦及び非商業目的のために運行するその他の政府船舶については、こうした沿岸国の国内法令による措置を免除される権利を有しているため、内水においても沿岸国の管轄権には服さないこともあわせて指摘されている[121]。無論、沿岸国が外国軍艦等の入港を認める義務を負っていない以上、内水への外国軍艦等の来港を拒むことはできるが[122]、いったん内水に入った軍艦を含む外国政府船舶に対して国内法令に基づいた強制的措置を行うことは難しい。いずれにせよ、内水においては、拡散懸念主体と合理的に疑われる「軍艦及び非商業目的の政府船舶」にはあたらないすべての船舶に対して日本が拡散阻止活動を行うことは国際法上可能ではあるが、日本の国内法上、拡散懸念国等を相手方とする大量破壊兵器・ミサイル関連貨物の移転行為及び移転協力、その一環としての船積み行為を禁じる法令は明確に存在しておらず、条約局は新たな国内法上の措置が必要になるとの見解を示している[123]。なお、その場合、かかる法執行措置を行う主体は「海上保安庁等」と指摘されているところは従前と変わりない[124]。

次に領海であるが、条約局は「すべての国の船舶は無害通航権を有しており、通航は沿岸国の平和、秩序又は安全を害しない限り無害とされ、沿岸国は外国船舶の無害通航を阻害してはならない」という「無害通航権の原則」を強調した[125]。もっとも、条約局は、国連海洋法条約に「無害でない通航」とされる条件が例示、列挙されていることに注目しており[126]、その中に「(f)軍事機器の発着又は積み込み[127]」、「(g)沿岸国の通関上、財政上、出入国管理士又は衛生上の法令に違反する物品、通貨又は人の積込み又は積卸し[128]」があることから、領海内で拡散阻止活動を行うにあってはこれらの項目が適用される可能性はあるとした上で[129]、その場合、同条約に定めのある「通関上の法令の違反の防止のための措置[130]」をとることが可能と解釈されるとの見解を記している[131]。しかし、これが、国連海洋法条約が禁じるところの、「特定の国に対する法律上、又は事実上の差別[132]」にあたる懸念を述べ、「本件についての国際的なスキームの下での措置がそのような差別に当たるかどうかについてはさらに検討が必要と考える」と留意している[133]。いずれにせよ、国際法上の懸念が払拭されたとしても、法執行のためには新たな国内法上の措置が必要であることは内水の場合と変わらず、それゆえ、「我が国国内法上は、領海において取締りの対象となる通航を禁ずるための法令の整備が必要となり、所要の法令に基づき海上保安庁が立入検査等の措置をとることとなるものと考えられる[134]」という見解が繰り返された。したがって、現行の法体系では領海における拡散阻止活動はできないという結論はここでも同様ということになる。また、軍艦について、沿岸国は領海から直ちに退去するよう要求できるのみであることも付記して[135]あり、こちらは国内法上の整備如何を問わず、とり得る拡散阻止活動の内容に大きな制約があることを示唆している。

なお、大量破壊兵器及び関連物資が発見されたとして、これを押収できる可能性について、条約局は非常に慎重な見解を述べている。まず、沿岸国はその接続水域[136]において、自国の領土・領海内における通関上等の法令の違反を防止することができ、また、領海内で行われた法令の違反を処罰することができる[137]ことを指摘するものの、領海に入る前の船舶に対して沿岸国が接続水域においてとれる措置はあくまで防止措置に限られており、当該物資の押収が可能かどうかは「国際法上直ちに明らかではない」としている[138]。したがって、いかに国内法上の措置を行った場合であっても、領海に接近しつつある外国船舶に対して大量破壊兵器及び関連物資を押収できるかどうかは、それを明確にするための国際法上の何らかの取り決めや措置が必要になり、そうなればこれは日本だけの問題ではなく、条約局が言うところの「国際約束や法的拘束力を有する安保理決議[139]」の問題となる。ただし、当該船舶がいったん領海に入った場合は、沿岸国はその船舶が「内水に入るために従うべき条件」に違反することを防止するための必要な措置をとる権利を有していることもあわせて指摘している[140]。この中には、押収も入ると考えられ、国内法上の整備如何によっては可能になる余地がある[141]。しかしながら、先にも述べたように、これが国際海洋法条約の定める「法律上又は事実上の差別」にあたることも懸念されており、国際法上、「差別」ではないという明示的な「国際約束や法的拘束力を有する安保理決議」が必要になる可能性を示唆している。ただし、国際法上の疑念が払拭されたとしても、国内法上の措置が必要となるのはこの場合も変わりなく、こうした行為を可能とする国内法令はない。そのため、先に述べた「拡散懸念国等を相手方とする大量破壊兵器・ミサイル関連貨物の移転行為及び移転協力、その一環としての船積み行為を禁じる法令[142]」を整備することに加え、内水に入ろうとする船舶に対して防止措置がとれるようにするための国内法令の整備が必要となると結論づけている[143]。

ただし、その場合も、当該法令が「自国領域たる内水及び領海内でなされる移転又は移転協力行為であれば、当該行為の実行者が自国民か外国人かを問わず禁止されることが前提[144]」と注文をつけており、国内法令を整備するにしてもそのハードルはそれほど低くないことが示唆された。これらを踏まえると、接続水域、領海、内水ともに、新イニシアティブが想定するオペレーションを遂行するための国際法、国内法上の制約は大きく、新たな国際約束等や、新しい国内法の整備を俟たなければ、海上保安庁等による立入検査、臨検、押収といったオペレーションは不可能と結論せざるを得ず、外務省は関係国との交渉や、国内法整備のための所管省庁との折衝等の課題を抱え込んだことになる。

③「空のＰＳＩ」についての法的整理

条約局は、航空機による拡散懸念事態の阻止については、いくつかの点での留保条件をつけながらも、現行の法体系でも対処が可能であることも併せて記している。そもそも、一般国際法上、他国の航空機が領域国の許可なく、その上空を通過することは許されておらず、これに違反した場合、領域国は「領空主権」の観点から、当該航空機に対して必要な措置をとることができることは先に見た国交省のコメントにもあったとおりであり[145]、条約局もこれと同様の解釈を述べている[146]。また、これに対応する国内法令も整備されていることは、国交省からのコメントにも記されている[147]。国際民間航空条約（シカゴ条約）の原則は「領空主権」にある[148]。そして、この原則を受けて、締約国は「この条約の目的と両立しない目的のために使用されていると結論されるに足りる十分な根拠を有し」ている航空機に対しては、指定空港に着陸するよう要求する権利を有していることが定められている[149]。では「この条約の目的と両立しない目的」とは何かと言えば、一般的には「国際民間航空が安全かつ整然と発着することを阻害する効果をもたらすような目的」とされており、具体的にはそれは「国際法により禁止され又は規制されている物資の運送に使用される民間航空機等」がそれに当たると考えられるという[150]。先に述べた「領空主権の原則」に従えば、すべての航空機はその国籍の如何を問わず、領域及び領空においては領域国の主権に服することになるため、指定の空港に着陸させた当該航空機に対し必要な検査を行うことができるのはもちろんであるが、場合によっては当該物資を押収することも可能であるとの見解を示している[151]。もっとも、これは国際法上の整理であり、国内の法執行機関がとるべきオペレーションの前提として、拡散懸念国等を相手方とする大量破壊兵器・ミサイル関連貨物の移転行為及び移転協力行為を禁ずるために「所定の法令を整備」する等の措置が必要であるとの見解も付記されている[152]。この点は、先に見た国交省のコメントとは微妙にニュアンスが異なっている。国交省の見解では、大量破壊兵器及び関連物資等を運搬していることが合理的に疑われる航空機が、無許可で日本領空を通過している場合、航空法には臨検及び関連物資の押収のため、これを強制着陸させることができる規定がすでにあるとされており[153]、現実的に許認可権を持つ国土交通大臣の裁量のもとで必要な検査、押収等ができる可能性を示している。[154] こうした齟齬を見る限り、ＰＳＩへの参加を検討する段階において、外務省条約局と国土交通省との間に何らかの連絡、調整があった可能性は低いと考えられる。

また、条約局はここで特に一項を設けて、「軍需品又は軍用機材」にあたるものを積載している航空機を指定の空港に着陸させ、検査及び押収を行うことができる可能性についても言及している。[155] 国際民間航空条約は、「軍需品又は軍用機材」については、「締結国の許可を得た場合を除く外、国際航空に従事する航空機でその国の領域又は上空を通過してはならない」[156] と原則禁止の姿勢をとっており、これに従えば、当該物資を積載した航空機の領空通過を日本は拒否できる。また、いかなるものが「軍需品又は軍用機材」にあたるかは、シカゴ条約の付属書の規定を考慮して各国が規則によって決定しなければならないとされており、[157] この点については日本に裁量権がある。すでに国交省からのコメントの項目で確認したように、日本にはすでにこれに対応した国内法令が存在し、[158] イニシアティブの目的を実現する法執行行為としての領域通過拒否、あるいはそれに従わない航空機に対する着陸要求、検査、物資の押収は可能であると考えられた。[159] また、同条約は「軍需品又は軍用機材」ならずとも、「公の秩序及び安全のため」であれば、各国が必要と考える物品の領空通過を制限、禁止することもできると定めている。[160] したがって、大量破壊兵器及びミサイル関連貨物の一部となり得ると判断した物品については、自国の裁量でこれを制限・禁止物品に指定することが可能になるため、「空のＰＳＩ」についてはかなりの範囲で現行の国際法、国内法の体系で対応し得ると結論された。ただし、領空通過においても、「国際航空に従事する自国の航空機と他の締約国の同様の航空機との間に差別を設けてはならない」とする取り決めもあるため、[161] この点については何が差別的取り扱いにあたるのかという検討が必要になることもあわせて条約局は指摘している。[162]

④「陸のＰＳＩ」についての法的整理

さらに条約局は、港（内水を含む）や飛行場等における拡散阻止活動の可能性についても分析をしているが、これらはいずれも、日本国内（領土内）での法執行行為であり、「基本的には国際法上の問題はない」と結論している[163]。その定義上、港は内水であり、沿岸国は内水において領域主権に基づいて管轄権を行使することができることは先に見たとおりである[164]。それゆえ、条約局が想定した「大量破壊兵器・ミサイル関連貨物の移転行為又は移転協力行為を規制する法令[165]」さえ整備されたならば、一般刑法の管轄の及ぶ範囲に関する測地主義の原則に従って、自国領域である内水で行われる「移転行為又は移転協力行為」であれば、当該行為の実行者が自国民であるか外国人かを問わず、立入検査等が可能になるとの見解を示している[166]。また、飛行場に駐機中の航空機についても同様であり、根拠法となる国内法令が整備されたならば、属地主義の原則に従って、検査等が可能になると考えられた[167]。

以上、見てきたように、条約局の見解に従えば、イニシアティブが想定する拡散阻止活動を可能とするには国際法上、解決すべき課題は多い。「空のＰＳＩ」、「陸のＰＳＩ」といった「領空主権」、「領域主権」に関するものは、単に国内法令の整備の問題ではあるが、それでも、特定国の特定物資に対する「差別的取扱い」を許容する国際法上のロジックの創出が必要となることが指摘された。まして、「旗国主義」を大前提とする国連海洋法条約その他の国際法と真っ向から対立する形の「海のＰＳＩ」に関しては、米国からの呼びかけ目的そのものでもある「国際約束又は安保理の所要の決定」がない限り、今後、同様のことが発生したとしても、ソ・サン号事件の轍を踏むことになるであろうことを条約局も確認した格好となり、この点については米国からのイニシアティブの意義を追認する内容となっていることは指摘してよい。また、前提となる国際法が未整備である以上、対応する国内法の整備はそれらを受けての課題であり、当時において日本が満足のいくレベルの拡散阻止活動に従事することはほとんど不可能であったことも浮き彫りとなった。

このように、この条約局資料はその後のＰＳＩの発展過程と、日本のＰＳＩとの関わりを考える上で、重要な指針を提示するものとなった。しかし、本書の第五章で詳しく見るように、国際法の整備がそれなりに行われていったのに対し、国内法の対応は進まなかった。実際のＰＳＩの発展過程において、条約局が指摘したとおりの「国際約束又は安保理の所要の決定」が行われた。すなわち、北朝鮮による核実験と大量破壊兵器拡散を受け、これに対抗するＰＳＩ阻止活動に正当な授権をするために国連安保理決議一五四〇、一七一八が決議され、[168]また、大量破壊兵器等の輸送を違法化すべく海洋航行不法行為防止条約（ＳＵＡ条約）の改定が行われた。[169]また米国は乗船検査のために、「あらかじめ旗国の同意をとっておく」方式で一〇〇か国近い国家と二国間条約を締結し、ＰＳＩ阻止活動の法的基盤を準備している。[170]条約局の指摘は適切であった。しかしながら、外務省からも再三にわたって「包括法」等の形で国内法の整備の必要性を訴える研究が提出されたにもかかわらず、国内法の整備は進まず、現在に至っている。

（２）米国へ「基本的立場」を伝達

二〇〇三年六月六日には、スペイン政府からマドリッド総会の議題案等が届いた。[171]ところが、政府部内で各省のコメントを集約中のこの日、ワシントンに出張した天野審議官は、米国側とスペイン会議に先立つ非公式の打ち合わせを行い、米国に七つの「基本的立場」を伝達している。[172]

その内容は、①「我が国としては本イニシアティブの基本的な趣旨に賛同して」おり、「具体的な内容については参加国間で議論の上で策定されることと承知」しているとの前置きをした上で、「積極的に参加していきたい」というものであった。[173]なお、外務省から開示された資料は日本語で書かれており、「積極的に参加」する対象が、「本イニシアティブ」なのか、それとも「参加国間の議論」なのかはこの文章からは特定できず、どちらともとれる。[174]五月三一日のブッシュ大統領のクラコフ宣言に際して、米国に対しては「趣旨に賛同」すると伝えることでメンバー国の地位を確保した一方、先に見た国会での首相答弁等では、ＰＳＩ構想について「議論に参加する」と態度を曖昧にしているが、天野審議官から米国への伝達にも同様の曖昧さが見られる。

事実、「基本的立場」の②では、日本として手放しで「構想に参加」と言い切れない事情を述べている。すなわち、本イニシアティブが「意欲的な内容」であるため「sensitive な問題」も含んでおり、特に「北朝鮮の脅威認識が異なる参加国がある」ことも予想されることである。[175]「基本的立場」ではこの点について、「本イニシアティブを真剣に受け止め、積極的に貢献していこうと考える故に、国内の政治環境も踏まえつつ、十分な国内諸機関との調整が必要となる」と指摘している。[176]この懸念内容は重大である。当時において、日本政府は北朝鮮という国家を名指しした上で、それを構想の前提となった脅威認識と絡めて考えていたことがここからうかがえ、ＰＳＩの性格及び役割における北朝鮮の位置づけ、そしてそこから導き出される日本が負うべき責任と役割を、国際政治場裏の問題として捉えていたことが判明したと言えよう。また、こうした問題が国内政治上の機微に触れる点も懸念していたことも重要な点である。[177]折からのイラク戦争をめぐる米国との関係と日米同盟及び国際貢献のあり方をめぐって、国論を分裂しかねない議論の最中であったことを考えると、ＰＳＩへの参加問題が同様の政治的問題に発展しないよう十分な注意を払っていたことがわかる。

次の③では、それゆえ、国会等を巻き込む法整備の手続きに関して、非常に慎重なアプローチを提示することとなる。すなわち、「まずは既存の国際法や国内法上実施可能な措置から検討していくべきと考える」こととし、「程度にもよるが、内外の現行の枠組みを大幅に変えるものに関しては、本イニシアティブの内容と方向性に関する認識が参加国間である程度共有された」ことを確認してはじめて、「検討に着手することが迅速に本件イニシアティブを実現するためには得策であると考える」というものである。[178]そして、この観点から、④として「公海上の臨検」を取り上げ、もしこの問題が今後議論になるとすれば「法的・政治的にも、また安全保障上も sensitive な問題になる」ことが予想されるとし、「公海上における旗国以外の国による臨検等を行うことについての事前の包括的同意の付与や沿岸国・中継国による非参加国の船舶に対する取締のあり方」等といった点について、「検討を要する課題がある」と、具体的な事例を挙げた上で述べている。[179]

また、日本政府として想定する将来における拡散阻止行動における役割についても触れており、⑤「現実的なオペレーションの観点からは、特定された情報が然るべく共有されれば、実効的な対処が可能となると考えるので、種々の困難な点もあろうが、情報面による協力を重視したい」と具体的な協力分野を伝えている。[180]この「情報面による協力」の主体の一つが自衛隊であるならば、米国以外の第三国との間で、情報収集、情報共有といった任務を共同で行うと表明されたのは、これが初めての事例となろう。事実、自衛隊の警戒監視活動が日本のPSI活動の柱の一つとなったが、この点については本書の第六章で詳しく分析する。

また、かねてより核廃棄物の運搬等に苦心していた日本政府にとって、拡散対抗の動きが行き過ぎると思わぬ困難が発生する可能性も考え、⑥「このような情報に基づくオペレーションが通常の商業・貿易活動に過度の影響を与えないよう、「どのような対策を講ずるべきか検討していきたい」とも釘を刺している。[181]その上で、天野審議官は、⑦「我が国の参加については対外的に言及して差支えない」ことも伝達した。[182]

この七項目が、記録に残る形で出された、日本のPSIへの正式な参加表明である。政治的にセンシティブな問題があることを明瞭に認識しつつ、そうした論争、議論に巻き込まれることを注意深く避けた上で、最小限の努力でPSI参加国としての地位を確固としたものにしようとする日本政府の立場がここに示されていると言えよう。

（3）米国側への照会

もっとも、このように日本の「基本的な立場」を伝達したとはいえ、日本政府として米国の真意を完全に把握していたわけでもなく、米国側の構想する内容にまだ不明な点があった。「基本的な立場」を伝達した後、天野審議官は米国に対して、「基本的な立場及びどのような決意で進めていくつもりなのか」を「ハイレベルで聴取」するため[183]、以下の点を照会した。まず、一点目はイニシアティブの枠組及び今後の進め方についてである。メモには「イニシアティブの最終形」として、以下の三つのあり方が併記されている。すなわち、「法的拘束力を有する国際約束」の形か、「法的拘束力を有しない行動規範やガイドラインを有する（国際約束）」の形か、もしくは「参加国間の拡散阻止レジーム等の創設」をする形かの三つであり、米国に対して本イニシアティブがこのいずれを視野に入れたものかを問う内容である[184]。これらの三案が何を意味するか、必ずしも厳密ではないが、一番目と二番目にある「法的拘束力」とは、国際条約、あるいは国連安保理決議のようなものを想定していると考えられる。実際のＰＳＩは、日本政府が三番目に挙げた「参加国間の拡散阻止レジーム」の規範的性格を満たすことを目的とし、二番目の類型に近い「有志連合」の形をとった。

しかし、もし、ＰＳＩが一番目の類型にある法的拘束力を有する形をとって発展したのであれば、それは条約等によって結びつけられた同盟体もしくは国際機構にもなり得たわけである。日本政府において、こうした認識があったという事実は重大な意味を持つ。場合によっては、新たな同盟もしくは国際機構に発展する可能性を排除しない段階で、「趣旨に賛同」して「参加国」となったことになるからである。当時、イラク戦争とその関連法案をめぐって、苦しい国会対策を覚悟せざるを得なかった小泉政権にとって、はたして許容できるリスクであったかどうか[185]。こうしたことに、当時、野党もマスコミも気づかなかったという幸運にも助けられたが、ＰＳＩへの参加過程全体をなるべく公の目に触れないところで遂行しようとした日本政府がこうした政治的リスクの存在をよく認識していたであろうことは、これまで分析した他の資料も合わせて勘案する限り、疑いはなかろう。

天野審議官はこのほか、「今後の進め方」として、次官補レベルの会合に加えて、「法的問題」、「兵器」、「海上警備関係」の専門家によるいくつかの作業部会の設置が必要であろうと提案し、米国側にその構想があるかどうかを確認している。[186] 仮にあるとすれば、そうした作業部会の開催頻度、出席者のレベル、所掌についても聴取するように指示が出されており、日本政府として実務的な準備に入ることを想定しての照会であった模様である。また、よりハイレベルの予定として、「サミット次期議長国として、本件をサミット・プロセスにのせていく考えはあるか」ということ、及び、「今後のアウトリーチ計画如何」とも問いかけている。[187] 本イニシアティブは二〇〇二年のカナナキスサミットでの宣言に基づいているとされていることは先に見た。もし、具体的な構想の発展、拡大をサミット・プロセスにのせるというのであれば、PSIはG8の枠組から切り離され、PSIはロシアも含むG8メンバーが一致してのイニシアティブということになる。実際には、PSIはG8の枠組から切り離され、一一か国の「コア・メンバー」による有志連合の形をとりながら、地球大に拡大していったのであるが、この点、少なくとも日本政府にはそのような展望についての確証はなかったことがわかる。

天野審議官が次に照会した内容は、「阻止オペレーション（interdiction operations）のあり得るべき対象（likely target）」についてである。[188] 具体的にはまず「（イ）対象となる国等」についての質問であり、米国側からの働きかけにあった「拡散懸念国家及び非国家主体（states or non-state actors of proliferation concern）」とは、どのような国及び非国家主体を想定するのかという点、[189]「（ロ）対象となる物資、技術等」として、「臨検（inspection）・押収（seizure）」の対象となる物資・技術はリスト化がなされるのかという点、[190] 及び、「軍艦・軍用機及び公用目的を有する船舶・航空機も対象とするのか」という点の二つの観点からの問いかけであった。[191] とりわけ、二番目の点は重要であろう。拡散懸念国もしくは非国家主体が有する軍艦・軍用機をも対象とするのであれば、イニシアティブの性格はこれまで日本政府が検討してきたものとはかなり異なったものとなる可能性がある。クリアすべき法的問題はもちろんのこと、能力的な問題としても本格的な軍事的装備・能力を備えた部隊でなければ、こうしたオペレーションに従事することは不可能である。

なお、資料には「物資・技術」の項目に注があり、「米は、WMD専用品のみならず汎用品も含める意向であり、キャッチ・オール規制と同様に原則全品目（木材等を除く）を想定している趣」と記されている。[192] もし、この米国の「趣」が正しいのであり、臨検・押収の対象物品が無制限に広がり、かつ、その臨検対象にも特段の縛りがないのであれば、PSIはきわめて広範囲の対象に対して適用され得ることとなり、船主及び輸送主体の合意のない状況でそれを行うとすれば軍事的紛争を惹起しかねない危険をはらむこととなる。[193] 日本側が今一度、ハイレベルで聴取したいという意向を持ったのは当然ではあるが、逆に言えばそのような可能性を完全に排除しないうちから、構想への参加を決定したということもまた否定できない事実と言えよう。また、前記の（イ）、（ロ）の質問に加えて、「（ハ）拡散懸念国等に仕向けられた大量破壊兵器・ミサイル関連貨物を運んでいると『合理的に疑われる場合』とは如何なる場合か」という照会もあわせてなされた模様である。[194] 確かに「合理的」の定義如何によっては、際限なく拡大解釈される余地が残ることとなり、場合によってはPSI活動を口実あるいは契機として軍事的衝突を招く可能性も出てこよう。日本政府としては、厳密を期したい問いかけであった。

天野審議官が最後に照会したのは「法的論点」である。まず、総論として、イニシアティブの内容が「現行の国際法の枠組みを越える部分もある」と指摘した上で、「まずは現行の国際・国内法上で実施できる範囲の措置」から検討し始めるのが得策であると米国側に提案している。[195] ここで提示された「検討」の中身とは、「参加国の国内機関・権限の比較」、「参加国の行動計画・戦略の検討」等、きわめて具体的、実務的な内容であった。[196] その上で、天野審議官は以下の各論について米国側に照会をかけている。

一つ目は、「検討の対象範囲」であった。具体的にはまず、国連海洋法条約が挙げられた。同条約においては非参加国の船舶を参加国が臨検できる場合は、海賊行為の取り締まり等の場合に限定されているが、天野審議官が米国に問い合わせたのは「既存の国際法で認められている以上の措置についても参加国で合意を形成することを念頭に置いているか」との点であった。[197] ここで言う「合意の形成」が具体的に何を意味するのかわからないが、「合意」だけでは国際法の内容は変わらない以上、それが既存法規の改正という形であれ、まったく新しい条約等の締結という方式であれ、何らかの形で現行の国際法体系を変更するという「合意の形成」が必要になろう。日本側は、この点において米国の真意を確認したものと思われるが、この時点で米国は国連海洋法条約の締結国ではないため、同法に対する今後の米国のスタンスも焦点となったことも推察される。[198]

二つ目の点は、「旗国及び沿岸国の事前同意」の問題である。公海及び排他的経済水域においては、旗国以外の国籍の船舶を臨検する際には、旗国の同意が必要であることはこれまでも見た。しかし、緊迫した状況下における拡散阻止活動では、対象船舶の逃亡、物資投棄、自爆等を防止するためにも迅速な対応が要求されるが、同意の獲得に時間がかかることもあり得るため、できればあらかじめ旗国の同意をとりつけておくことが望ましい。しかしながら、この「同意を事前に与える」という手続きはそれまでに例がなかったものであるため、イニシアティブの参加国間で議論する必要があると考え、米国への提言として伝えられた模様である。

なお、大量破壊兵器及び関連物資等の運搬はこれまで国際法的には合法であったが、明白な違法物資である麻薬等については、二国間の条約によって事前に包括的合意を与えておくという事例が過去にもあった。[199] 今回のアイデアはこうした事例を踏まえてのものであり、実際のPSIの発展においては、米国はこの「事前に二国間の包括的合意を取り交わす」というアプローチを全参加国との間に進めることとなった。また、臨検等の措置を、他国の領海内で行う場合は、沿岸国からも同意をとる必要がある。ただし、日本側はこの点について、「沿岸国が自国の領海において他国による取締を認める包括的な同意を事前に与えることは、通常は想定しがたく、実施は困難ではないか」と懸念を述べている。[200] 公海上の自国籍船舶への臨検等の許可とは違い、自国領域において他国に自由に法執行をする許可を与えるというのでは、独立国としての最低限の要件すら疑われる。事実、後のPSIをめぐる議論でも、この件は議題に上がっていない。

法的論点の三つ目は、「領海における無害通航権」の問題であった。通常、沿岸国及び中継国の義務として、領海を通行中の第三国の船舶に対しては無害通航権を認めることとなっている。そのため、停止、臨検、押収等の措置をとることを、どう無害通航権の除外規定に入れるかは、既存の国際法体系の変更に関わる問題であるため、端的に「問題となるのではないか」と米国に疑問を投げかけている。[201] また、先に見た経産省の懸念にもあったように、[202] 日本として、沿岸国から無害通航権を阻害されることがあれば、放射性廃棄物や核物質等の運搬の際に困ったことになり得る立場にある。米国への懸念は、こうした事情も踏まえてのものであろう。また、沿岸国の義務に関して言えば、特定の拡散懸念国を指定し、それら国家の船舶について、領海内における臨検、拿捕、押収等を認めるとなれば、国連海洋法条約で規定する「差別的取扱い」にあたるおそれがあることも米国に伝えている。[203] こうした行為を正当化することになれば、国連海洋法条約をこれに従って改正する必要が出てくる。もっとも、臨検、拿捕、押収といった措置を、他国の主権が及ぶ船舶に対して行うことは、主権侵害、武力行使の一種であり、もはや戦時国際法の範疇になることは先に見た。[204] 日本としては、「臨検」という問題とどう向き合うのかという点は、PSI構想を通じて迫られた大きな難問であった。

こうして、日本側は、この資料を携えた天野審議官によって「基本的立場」を米国に伝え、イニシアティブの概要や今後の展望、そして法的論点について米国の真意を照会した。この資料がいつ、誰によって作成されたのか現時点では不明であるが、国内での議論に先行し、米国側とのハイレベルのやりとりを通じて、日本政府の主要な方針が固められた形跡がここにもうかがえる。もっとも、米国側とのやりとりは秘密指定が解除されておらず、どのような回答を得たのかは明らかになっていないが、[205] 国内各省庁との間の検討に先立って米国との間にかなり突っ込んだやりとりが行われ、後に述べる「対処方針」の基礎となったことは注目してよいであろう。

なお、このやりとりについては、天野審議官が六月九日付で報告書を作成している。[206]そこでは、六月一二日のマドリッド会議に向けて、米国側に我が方の基本的立場を伝達したこととともに、意見交換と同時に米国側の真意、今後の方針を探ったことが記されている。報告書には「本イニシアティブの基本的趣旨への支持と積極的参加を表明[207]」と記されており、「趣旨への支持」だけでなく「積極的参加」と、イニシアティブへの関与をやや強いトーンで米国側に伝達したことがわかる。ただし、「米側イニシアティブが意欲的内容であるが故に、日本を含む参加国にとって、内外の既存の枠組みとの関係で機微な問題が生じる可能性もある点[208]」も指摘したことがあわせて記されており、従来どおりの慎重な姿勢は継続している。また、米国側から聴取した内容については、そのほとんどが非開示のままであり、現時点ではその全容を知ることは困難であるが、報告書はこれらの経緯を踏まえて、次のような提言を本国に対して送っている。

提言はただ一点、「我が方としては、内外の既存の法的枠組みでは対応できない諸点を列挙するといった対応に終始すべきではなく、早い段階から、積極的に建設的アイデアを提示し、本イニシアティブに前向きな姿勢を示すことが重要[209]」というものであった。すなわち、PSIの未来図がどういったものになるかはともかくとして、その創立、発展に積極的かつ建設的に関与していく「姿勢」を示すというスタンスにより、PSIの実効性や、国内的議論、政権の国内政治的リスクといった問題に優先して、国際政治場裏における政治的プレゼンスを確保すべきという提言である。無論、外務省審議官という職責にあるとはいえ、これは天野審議官が米国側との接触を通して得た個人的な意見、提言に過ぎないが、その後のPSI参加過程において実質的な責任者を務めた人物の発言だけに、この見立ては非常に重いと言えよう。天野はさらに言葉をつなぎ、「特に、我が方の事情から新たな法整備を行うためには相当な時間を要することが予想される場合、こうした前向きな姿勢を示すことが不可欠[210]」と補足しており、国内事情の困難は百も承知の上で、「前向きな姿勢」を示すことを最優先したことは、ある意味では確信的な行動であったことが見てとれる。なお、この提言に付随する形で、天野審議官はミサイル規制について「ＩＣＯＣの既存の枠組みを活用した規制強化の方法、インテリジェンス情報の共有の促進によるキャッチオール規制の実効性向上[211]」といった実務上のアイデアを記している。これらのプランはこれまでの外務省及び各省の検討項目にはなかったものであり、米国側とのやりとりの中で、日本政府として実施可能な具体的なアイデアが芽生えたことが見てとれる。

（４）「対処方針」の策定

天野審議官が米国側と打ち合わせをした翌日の六月七日、外務省内でスペイン総会における対処方針案が完成し、決裁を仰がれた[212]。すでに見てきたように、各省からのコメントが取りまとめられたのが九日、条約局から見解が出されたのが一〇日であるが、その前に外務省内で対処方針が策定されていたことがわかる。

しかしながら、この対処方針は、各省からのコメント、条約局の見解と内容において齟齬はない。ＰＳＩ参加という政治的コミットメントを優先させつつも、国際法及び国内法上発生する議論は後日の検討課題としてすべて先送りする内容であったからである。

対処方針ではまず、日本政府として本イニシアティブに対する「基本的な考え方」が定められた。

一つ目は基本的な脅威認識である。まず、「大量破壊兵器・ミサイル関連物資・技術のテロリスト及び懸念国への拡散・移転阻止の強化は、今日の国際社会における最重要課題のひとつであり、我が国の安全保障にとっても切実な問題」と、大量破壊兵器等の拡散がもたらす脅威を、国際社会及び我が国の双方にわたる問題であると定義した上で、「この問題への対応には、国内における法執行諸機関間の連携強化、また、関係諸国間の連携強化による総合的な取り組みが必要である」と述べる[213]。注目すべきは、この問題に対処する第一義的な当事者が、国内においては「法執行機関」であることが明記されている点であり、この文言どおりに読めば、このイニシアティブは「（関係諸国間の）法執行機関同士の連携強化」が主体となると解釈され得る。しかしながら、現実問題としてこの認識には、米国を含むイニシアティブ参加予定各国のそれとは、若干のギャップが認められる。事実、この後、行われるPSI阻止演習及びPSIゲーム（図上演習）といった訓練、実務者会合の参加者は、日本を含めて軍（自衛隊）関係者が主体であり、法執行機関の者はどちらかというと補佐役といった位置づけでの参加となっている[214]。この対処方針の策定前後に、防衛庁との間に多大なやりとりがあったことは先にも見たが、外務省としてもその点はよく認識していたはずである。おそらく、この「基本的考え方」の冒頭に、このイニシアティブの主役が「法執行機関」であるように記されているのは、多分に政治的論争を避けるという意図があってのことと推察される。いずれにせよ、その後生起する各種オペレーションの実体はさておくとしても、日本の「基本的考え方」において、PSIは「法執行の取組」であるという大きな方針がここで定まったと言えよう[215]。

「対処方針」は二つ目の点として、PSIへ参加するにあたっての戦略目標を述べる。まずは、本イニシアティブの「趣旨への賛同」である。具体的な文言としては「このような取り組みに沿うものとして、我が国は本イニシアティブの基本的な趣旨に賛同し、我が国としてもそのような取組強化のための議論に積極的に参加していくこととし」とあるが、ここで注意すべきは「取り組みへの参加」ではなく、「議論に積極的に参加」としてあることである。この点は、「趣旨への賛同」をもって、PSIオリジナル参加国の地位を得たクラコフ宣言前後の意思表示と同じ態度である。そして、スペイン会議に参加する目的として、明快に以下のように記している。「本スペイン会合に臨むにあたっては、我が国として本イニシアティブに参加し、大量破壊兵器等の拡散を阻止するという政治的合意にコミットすることを表明することとしたい」（傍線部はオリジナル資料に付されていたもの[216]）。すなわち、PSI参加にあたって最優先されたのは、「政治的コミットメント」であった。これだけを見ると、どういった政治的コミットメントを意図していたものか判然としないが、決裁が仰がれる前に外務省内で作成された「対処方針」の案文では「本イニシアティブに参加し」の前に、「我が国としてもこうした米の立場を支持するとともに[217]「テロとの闘い」という一文が設けられていたことが判明している。案文のとおりに読み下せば、本イニシアティブへの参加は「テロとの闘い」をまさに遂行中の同盟国米国の「立場を支持」することそのものに意義を見出していることとなり、日本政府が意図した「政治的コミットメント」はまさにその文脈に従ってなされたと解釈されることになる。であるならば、国際社会における普遍的かつ深刻な脅威である「テロ」そして、それに使用される恐れのある「大量破壊兵器及び運搬兵器の拡散」の防止、除去を目的とする「法執行の取組」と位置づけられ、「国際貢献」の衣を纏うように準備、演出されるＰＳＩへの参加は、その実、「テロとの闘い」の最前線に立つ同盟国米国の立場を支持し、これを助けるという「同盟深化」の機能を有しており、最初からそれが戦略目標の一つであったことは疑いがなかろう。

　しかし、「対処方針」が定めたのは、「趣旨への賛同」と「政治的コミットメント」までにとどまっており、新たに発足するイニシアティブにおいて、具体的にどのようなＰＳＩオペレーションを行うかについては、一切の判断を留保している。「本イニシアティブの具体的事項については、●●●●●●●（伏字部分、非開示）にもあったとおり、まずは既存の国際法や参加国の国内法上実施可能な措置について今般然るべく検討していくとの方針で臨み、仮に既存の国内法の見直しを要する事項が議論・決定の対象となった場合は、持ち帰って検討することとする」[218]（傍線部は開示オリジナル資料に付されていた）というのがその文言であり、日本政府としてコミットできる範囲は現行の法体系の枠内に限定してあり、その矩を超える内容については、すべて「持ち帰り」としたのである。先にも見たように、ちょうどこの頃、防衛庁を含む各省庁からコメントが外務省に寄せられており、また、外務省条約局でも主に国際法上の検討が行われていた。現行の法体系のもとでは、イニシアティブが想定する活動のかなりの部分に法的基盤がないことは対処方針の起案者らは認識していたはずであり、国際会議における具体的なコミットメントは困難であった以上、こうした書きぶりになったのも当然であろう。

こうした基本認識、戦略目標、コミットメントの範囲等に従って、「対処方針」はスペイン会合での日本代表団の態度について、具体的なインストラクションを与えている。まず、最初の議題となる「本イニシアティブの目標(Opening Discussion on Global Proliferation: Goals and Objectives)」については、「参加国が具体的にどのような最終成果物を念頭に置いているのか」という点、特に「法的拘束力を有する国際約束を想定しているのか、又は法的拘束力を有しない行動規範やガイドライン、若しくは参加国間の拡散阻止レジーム等創設を視野に入れているのか」という点を適宜聴取した上で、冒頭に書かれた「基本的考え方」を踏まえて適宜発言するよう指示されている[219]。最初のPSI総会となったスペイン会合の目的の一つは、このイニシアティブの大きな枠組と方向性を決めるものであった以上、日本政府としては先に天野審議官を通じて聴取した提唱国・米国の意見を踏まえた上で、他の参加国の意見を聴取することで会合の雰囲気を探ることが目的であったことが見てとれる。

また、「基本的考え方」を踏まえて発言するのであれば、日本政府として本イニシアティブへの態度は「脅威認識の共有」、「趣旨への賛同」を表明することで、「政治的コミットメント」を確保することにあったことは先に見たとおりであり、そこに「米国の立場を支持」という同盟国としての一貫した立ち位置があったことが見てとれるが、では、日本としてどのような最終成果物を好ましいと考えていたかについては、「対処方針」では確固たるものを定めていなかったことは注目してよかろう。「趣旨への賛同」というレベルの参加態様でしかないのであれば、それは規範レベルで歩調を合わせるに過ぎず、具体性に欠ける最小限度の政治的コミットメントしかできまいが、まさにそうした規範レベルでのコンセンサスの醸成こそが、初の総会となるスペイン会合の目的の一つであったと言える。対処方針はこの点について、「なお、マルチの枠組みを通じた規範性の追求については、一般論として、多数の国の参加を求めるには、適当な多数国間機関で根拠や規範性を与えることが望ましいものの、具体的にどのように進めるかは、措置内容を検討した上で将来考えることが適当と考える等適宜発言[220]」と言葉を足している。すなわち、スペイン会合において、日本政府が期待したのは、「適当な多数国間機関」という場裏における「根拠や規範性」の確立までであり、そこから導き出される具体的な措置内容は「将来考える」として先送りの課題としたいということであった。もっとも、具体的な措置の内容について検討するために、「対処方針」は「各国の法制度を比較し、また国際法との抵触関係等を整序するためのメカニズム（情報 Clearing House 等）を本イニシアティブ内に作ることを提唱する[221]」という布石を打つことも指示している。新イニシアティブが求める行動が「法執行」であるのであれば、具体的な措置内容は徹頭徹尾、その拠って立つ国際法、国内法の整備、整序にかかっており、PSIという会議体に、これらを検討する機関を設けるというのは理にかなっている。

ただし、「対処方針」はイニシアティブの基本的な性格を左右する、「対象となる国・物資・技術等」についての輪郭は、厳密かつ具体的に聴取するよう会議に参加する代表団に求めている。まず、「阻止オペレーションの対象となる拡散懸念国家及び非国家主体（states or non-state actors on proliferation concern）」については「具体的にどのような国及び非国家主体を想定しているのか[222]」という点がある。そして、「今後、誰がどのような判断基準で対象国を特定しているのか[223]」と問うとともに、一歩踏み込んで「NPT、BWC、CWC、ICOC等の未加入・未参加・不遵守を判断して用いることは可能か否か[224]」といった提案もしている。これは、PSIを既存の法的枠組で確立された拡散防止レジームの延長として捉えるアイデアであり、一参加国である日本政府の提案としてこのようなものがあったことは興味深い。

また、具体的な拡散阻止オペレーションについても言及がなされており、「本イニシアティブで臨検（inspection）、押収（seizure）の対象となる物質・技術について、どのように特定化するか[225]」という具体的な課題も俎上に上げられている。この点についてはより詳しく、「参加国間で対象となる物資・技術のリスト化を図るのか、軍艦、軍用機及び公用目的を有する船舶・航空機も対象とするのか[226]」という確認事項もあわせて記されているが、確かに、対象物資・技術の定義如何によっては法執行の根拠となる拡散阻止のための国際法、国内法の改正が必要になる可能性があり、また、軍艦や公用船舶・航空機を対象とするのであれば国連海洋法条約や国際民間航空条約等の国際法と、それらに対応する国内法の改正は不可欠となる。そして、国内の法整備を前提とする以上、外務省及び代表団の一存で方針を決定することは不可能であり、「持ち帰って検討」をするために不可欠の情報である以上、「対処方針」がこの点を確認項目として挙げたのは当然と言えよう。

もう一点、これに関連して確認項目として挙げられたのが、「弾道ミサイル不拡散への取組強化」である。[227] 従来より、日本政府は「弾道ミサイルの拡散は国際社会全体に対する脅威[228]」と認識しており、それゆえ「弾道ミサイルの拡散に立ち向かうためのハーグ国際行動規範（ＩＣＯＣ）の策定段階から積極的に貢献[229]」してきたという経緯がある。また、豪州や韓国とともに、ＩＣＯＣへの参加をアジア諸国に働きかけるアウトリーチ活動にも熱心に取り組んできたという実績もあった。[230]「対処方針」の書きぶりは、「論点の推移を見つつ以下につき要すれば発言[231]」とあり、日本政府としての積極的な関心・懸念項目というわけではないが、従来からの外交政策との整合性をとる上でも、弾道ミサイル不拡散におけるＰＳＩの位置づけは確認しておく必要があったと思われる。

なお、「対処方針」には米国からもたらされたと推測される「Rules of the Road：進むべき道筋のルール」についての日本政府の基本的な立場も記されている。ＰＳＩへの参加過程を記した各省庁の資料の中には、「Rules of the Road：進むべき道筋のルール」は頻繁に登場しており、ほとんどの場合、「ＲＲ」という略称で記されている。しかし、現時点で「ＲＲ」は外交機密の扱いとなっており、いずれの省庁も「ＲＲ」に関する具体的な情報を開示していない。[232] しかし、「対処方針」において、「Rules of the Road 以下の内容は、とりわけ意欲的なものであり、現行の国際法の枠組みを越える部分もある[233]」と記されているように、おそらくそれは米国の意志として既存の国際法体系に、かなりの変更を加えようとする具体的な工程表であったものと推察される。

そして、「RR」に関する「対処方針」の記述を見れば、国際法体系の改正に関する米国の意図がどこにあったかおおよその推察が可能となる。まず、「検討の対象範囲」である。すでに、外務省条約局等が指摘してきたように、現行の国連海洋法条約によれば、公海上を航行する非参加国の船舶を、参加国が臨検できるのは、海賊行為の取り締まり等の場合に限られている。「対処方針」は会合に参加する国々の間に、この範囲を拡大する意志があるかどうかを聴取するよう指示が出されている[234]。したがって、本イニシアティブの構想が出来上がったと同時に、米国は国連海洋法条約を改正し、公海上の臨検等の措置について、「対象範囲」を拡大するという「意欲的」な目標を立てていたことが推察される。二つ目は、「旗国及び沿岸国の事前同意」の点である。これについては、参加国間で事前に同意を与え合うという国際約束や取り決めができていれば、現行の国際法においても拡散懸念事態に際しての臨検が可能となる。イニシアティブ発足にあたっての米国の目標の一つは、こうした「事前同意」のシステムを作り上げておくことだったことが推察される。

ただし、これは条約局等も指摘していたように、ハードルの高い「意欲的」な目標であることには違いない。船舶については旗国の主権のもとにあり、また、領海は沿岸国の管轄権のもとにあるため、取り締まりの「事前同意」を他国に与えることは、特定の状況下で法執行権限を他国に一時的に移譲することと同じ意味を持つ。「対処方針」はそうした事態について、「通常、想定しがたい」ときわめてネガティヴな書きぶりで記している[235]。また、規範意識を同じくするイニシアティブの参加国間であっても、事前同意の範囲、要件、手続きのあり方、保障問題等について意見が相違することが考えられ、その調整は容易ではなかろう。こうした「事前同意」を、イニシアティブに非協力的な国から取り付けるのはきわめて難しく、臨検の対象となるであろう「拡散懸念国」が同意を与える可能性はほとんどないことは明らかであった。ただし、「対処方針」は、「麻薬の取締については、二国間の条約によって事前の包括同意を与えている例がある[236]」と、一九八一年の米英間の交換公文の存在について触れ、こうした先例が、大量破壊兵器及び関連物資等の拡散阻止の取り組みについても参考とされる可能性を示唆している。

最後の点は、「無害通航権」及び「差別的取扱い」の問題である。これも、すでに条約局が指摘済みではあるが、沿岸国及び中継国の義務として、領海を通航中の第三国の船舶に対して停止等の措置をとることは、無害通航権との関係で問題となる可能性がある。また、沿岸国が、特定の拡散懸念国等から、あるいは特定の拡散懸念国等に対して関連物質を輸送する船舶のみを対象として、その領海における臨検等を可能とする制度を設けることは、国連海洋法条約に定める「差別的取扱い」にあたるおそれがある。「対処方針」がこの点について、会合参加各国の意図を聴取するよう代表団に求めていることで、[237]米国が「ＲＲ」において「意欲的」な目標を立てていたことがわかる。「無害通航権の制限」、また、「差別的取扱いの容認」をするためには、国連海洋法条約等の既存の国際法体系を変更、改正せざるを得ないが、イニシアティブの提唱者である米国の狙いはまさにそこにあった。

また、対処方針は専門家会議の開催についても触れている。本イニシアティブを進めていくにあたっては、さしあたって重要となるのは、主にこれまで見てきたような法的問題ではあるが、対象となる兵器の特定や海上警備の問題等、実際の具体的なオペレーションについてもほとんど未定のままであった。これらの問題は専門性が高いため、それぞれの検討項目ごとに作業部会が必要となる。本スペイン会合は「次官補レベル」の会合であったが、日本政府は「対処方針」においてこれを「上位の部会」とし、下位に位置する作業部会に指示を与えていくという構造が必要になると提案している。[238]具体的には、法務、兵器、海上警備の三つの分野での作業部会設置を検討し、参加国が既存の国際法のもとでとり得る措置を特定する作業から始めるよう会合で提言することとしていた。[239]

（5）外務省の「本音」と防衛庁の「不満」

先にも触れたが、外務省が策定した「対処方針」の決裁を仰いだ「決裁書」の「案文」がある。[240]二〇〇三年六月七日の日付が打たれたこの文書には、会議に赴く代表団が持参した「対処方針」には盛り込まれなかったポイントがいくつか残されている。どういう理由でこれらのポイントが落とされたのかは不明であるが、スペイン会合に赴くにあたり外務省の関心がどこにあったのかを知る上で興味深い。

「対処方針」では、「マルチの枠組みを通じた規範性の追求」については具体性が必要とされ、「措置内容を検討した上で、「将来考えることが適当」とされていることは先に見た。[241] 決裁書に付された案文では、この点について、以下のような補足がなされている。すなわち、「何らかの規範的枠組み、レジームの策定に焦点が当たり過ぎると、国際法上の法的整合性の議論で多大な時間を要し、対処が遅れがちになる」[242] という指摘である。外務省がスペイン会合に求めたものは、規範創造やレジーム創造の機能ではなかったのである。また、時間のかかる国際法上の議論も外務省の望むところではなかった。むしろ、「先ずはある程度具体的な国家・非国家主体を念頭に、その活動を抑制するための対策について、各国が現行法で可能なこと、法的な論点整理・手当が必要なことを区別しながら対処を進めていく方が、実効的な対処が可能となる」[243] としており、抽象的な規範概念、国際法概念よりも、現行法の範囲内で即時に実施可能な具体的オペレーションに強い関心があったことが見てとれる。

外務省としては、こうした対応をとらざるを得ない切迫した事情があった。案文は、「最近日本において、北朝鮮による懸念調達活動を阻止した取組」があったことを紹介するよう代表団に促している。[244] これによると、二〇〇三年四月、ある輸出者（株式会社明伸。本書一八五頁参照）が、ウラン濃縮に転用可能な直流安定化電源を無許可のまま、タイ経由で北朝鮮向けに迂回輸出しようとした事案があった。日本当局は、事前に貨物の出港を察知し、寄港地の香港政庁に対してデマルシュを発して、貨物の差し押さえを依頼したところ、香港政庁による強いコミットメントと、迅速なる対応を得て、無事に当該貨物を差し押さえることに成功したという。[245] 外務省が作成した案文は、本事案を「関係各国が既存の輸出管理法令を駆使し、国際的な連携により拡散阻止の共通目標を達成した成功例」[246] と高く評価している。ここには多大な労力と時間が必要になると予想される国際法の整合性等の問題はなく、日本、香港、タイという関係各国がそれぞれの既存の国内法規を適用して、大量破壊兵器関連物資の拡散を実際に阻止できたという事実がある。外務省がこの事件を、これから誕生させようとするPSIの目的を効果的に達成したものと認識していたならば、同省がイメージしていたイニシアティブの最終形は、ここにひな形があったものと解釈されよう。

また、この事件の解決を主導し、他の国々の協力をとりつけたのは、ほかならぬ日本であるという自負も見え隠れする。外務省は案文に、「日本がアジア地域に対して行ってきたように[247]」とわざわざ前置きした上で、中継貿易地点等コアとなる国や地域に対し、実効ある制度の整備とその適切な運用を「行わせる[248]」ことは、拡散阻止を行う上で重要なアプローチであると、使役形を使って代表団が発言すべき内容として明記している。ここから、日本政府、なかんずく、外務省が本イニシアティブをして、どのように戦略的な運用に資することを想定していたかがおおよそ類推できよう。一つは、アジアにおける唯一のコア・メンバーとして、東アジアにおけるイニシアティブの中心的な地歩を固め、これを利用するというものである。もう一つは、応答要領等において、繰り返し、特定の国家を指定しないと明言しているのとは裏腹に、PSI適用の具体的な客体として、北朝鮮を拡散懸念国として念頭に置いていたことである。そして、その後のPSI発展における日本の立ち位置、及び、PSI多国間共同訓練等の戦略的、効果的な運用を見る限り、この時点における外務省の狙いは、ほぼ達成されたと言ってよい。

こうして外務省主導で「対処方針」が策定された。天野審議官はワシントンで米国に「基本的立場」を伝えた後、本省から送付されたこの「対処方針」を携え、ほか三名の事務官等とともにスペインに赴いた[249]。なお、この時点で、米国から第二回会合を七月第二週に開催したいとの意向が届いていたが、会合が定例化するかどうかは未定であった模様である[250]。したがって、PSIという拡散阻止のためのレジーム、あるいは少なくとも会議体が長期にわたって制度化され、存続することを前提に最初の会合が開催されたわけではないことがわかる。

この「対処方針」は、ワシントンで天野審議官が米国に伝達した「基本的立場」と相違ない内容である。これら二つを整理・要約すると、①拡散対抗という規範に強い賛意を示すことで、②創設されるレジーム内において政治的プレゼンスを確保し、③現行法の枠内でできることを模索しながらも、④法制度の変更やセンシティヴな議論を伴う事柄についてはきわめて慎重な態度に終始することが、日本政府の基本的方針であることになる。

以上のような過程で、外務省が「対処方針」を作成するにあたり、事前協議の段階から防衛庁・自衛隊は排除された模様である。筆者はこの「対処方針」を外務省、防衛省等いくつかの省庁から入手した。防衛省から開示された文書には、防衛庁（当時）内で六月九日に回覧されたことが記されている。防衛庁側はこの対処方針について「意見なし」としながらも「経産省、警察庁との事前協議の形跡がみられることから、①事前提供を強く求めること、②防衛庁）としてのスタンスを固めること、の二点につき付言」とのメモが添付されている。[251] 防衛庁はＰＳＩ参加問題の「蚊帳の外」に置かれることに不快感を持っていた可能性があることを推測させる内容である。この後、防衛庁・自衛隊は巻き返しの動きを見せるが、それは本書第五章で検証する。

四　スペイン会合とＰＳＩの形成

スペイン会合は、ＰＳＩの創設がコア・メンバー一一か国によって正式に決定され、その後の方向性や性格づけが決められた重要な国際会合である。この会合に向けて、外務省が作成した「対処方針」は、「意欲的」な目的を掲げる米国と対立する内容であった。必要とあれば既存法規を改変し、公海上の臨検等の「武力の行使」をも可能としたい米国の思惑に対して、日本政府の立場はあくまで既存の法的枠組を遵守し、「武力の行使」の可能性を排除したいとするものであった。

そのため、スペイン会合における日本代表団は「ロー・キー」（抑制的）の対応に徹するとともに、本会合の外で他の慎重な参加国への根回しをして、米国らに対する多数派工作を仕掛けた。日本代表団はそこで、PSIが「武力の行使」を目的としたスキームになることを避け、本書で定義する「国際貢献アプローチ」に分類される政策手段となるよう力を尽くしたのである。以下、その経緯を検証する。

（1）「意欲的」な提唱国（米）と議長国（西）

二〇〇三年六月一一日、読売新聞第二面に、米国が発表した拡散阻止構想の初会合が、一二日にスペインにて開催されるという報道があった[252]。そのためもあり、外務省はスペイン会合に向けた「対外応答要領」を作成している[253]。この要領では、読売新聞等の報道内容については「承知している[254]」としつつも、会合の議題や目的については、「関係国との外交上の関係もあり、我が国として本件に関して申し述べることは差し控えたい[255]」との回答を用意している。また、この会合で大量破壊兵器の拡散防止のための何らかの国際的な合意が発表されるのかという想定問に対しても、「具体的な内容については、今後、参加国間での議論の上、策定されるものと理解している[256]」、また、「何らかの対外発表がある可能性もあるが、その点も含めて参加国間で議論されるものと承知している[257]」として、日本政府として具体的ないかなる措置等について言質を与えないよう注意を払っているように見える。

ただし、「対外応答要領」は、本イニシアティブに対する日本の基本的立場として、「基本的な趣旨は我が国のこれまでの不拡散体制強化への取組に沿うもの[258]」という認識を示すとともに、「関係省庁と連携しつつ、我が国としてどのような貢献が可能か検討しているところ[259]」という従来からの姿勢を繰り返している。ここで示された「基本的趣旨への賛同」、及び「日本として可能な貢献内容の検討」という対外的な発表内容は、外務省内、及び関係省庁間で進んでいた議論の中身からはだいぶ開きがあるが、外務省が無用な政治的論争を防ぎたいと考えていたのであれば、当然の対応であったとも言える。なお、この「対外応答要領」には、六月一二日にスペインで関係国の会合が開催されるにあたり、日本から天野軍科審議官らが参加予定であることや、会合終了後、何が行われたかを簡潔に示す議長総括が発出予定であること、また「我が国としてもできる限りロー・キーで対応する方針」であることが「参考」項目として添えられているが、この項目は「この項秘」とされた[260]。関係国との外交上の配慮もあり、具体的な内容について秘匿すべきものがあるのは当然としても、イニシアティブの内容が政治的な論争領域に及ぶ可能性があることを外務省はよく認識し、情報の管理については慎重な対応に終始していたことがうかがえる。

しかし、実際のスペイン会合では、外務省が「できる限りロー・キーで対応」したい意向を持っていたのとは裏腹に、議長国スペイン及び提唱国米国はかなり意欲的なプランを打ち出してきた。冒頭の議長挨拶では、今回扱う、大量破壊兵器及びミサイル拡散の問題を、これまで行われてきたG8カナナキス・サミットにおけるグローバル・パートナーシップ、G8エビアン・サミットにおけるG8不拡散ステートメント等[261]における、対テロリズムと並ぶ国際社会の平和と安定についての取り組みの一環として位置づけながらも、五月三一日のブッシュ大統領のクラコフ演説を「新しい発想に基づき、この分野における一層の前進を目指すもの[262]」と評価して、従来の取り組みからの質的な進化を指摘するとともに、「我々は、明確かつ一致したシグナルを拡散者に対し発[263]」することに、この会議の意義があるとし、会議全体の性格づけを行った。その上で議長は、「我々が発すべきメッセージは、我々が能動的なアプローチをとるということ[264]」、そして、「法的措置を含む強固な（solid）措置をとることも辞さない[265]」といった、「力強い政治的メッセージ[266]」を送ることの重要性を強調し、大量破壊兵器及び関連物資の取引に対して強く牽制することに重点を置いて、このイニシアティブの戦略的な意義を主張している。提唱国である米国からスペイン会合参加各国に事前に示されたと見られる「進むべき道筋のルール」（「ＲＲ」）がかなり「意欲的」であったことは先にも見たが、少なくとも議長国スペインもまた、「能動的なアプローチ」や「強固な措置」、また、「力強い政治的メッセージ」への取り組みにおいて「意欲的」であったことは、日本代表団が「できる限りロー・キー」での対応を基本に会議に臨んだことと対比して興味深い。この議長挨拶に紹介される形で、会議では提唱国である米国が「RR」について詳しい説明をしたが、議長国スペイン、提唱国米国からの説明に対して、参加各国から「強く肯定的なメッセージ」が寄せられ、問題の所在や政治的コミットメントの必要性について意見の「一致」を見たため、米国代表団より「欣快」の意が述べられたという(267)。もっとも、この会合は米国が提唱したイニシアティブの趣旨に賛同した国家のみで行われており、問題意識や規範意識において参加国の意見が一致するのは当然と言えば当然ではある。

(2)「抑制的」な日本代表団

問題となるのは具体論である。米国から説明された「RR」等の内容に対して、日本代表団はやはり「ロー・キーでの対応」をとった。無論、日本にとっても「大量破壊兵器の拡散阻止はもっとも優先順位の高い課題(268)」という認識は同じであるとの認識と賛同を示した上で、米国からの新しいイニシアティブに対して「政治的コミットメントを与えることが必要である(269)」として、米国からの呼びかけに対し、いち早く「趣旨に賛同」したオリジナル・メンバーとしての基本姿勢を確認はしている。また、会合に先立ち、天野審議官ら日本代表団は複数の会議参加者を招いて朝食会を行っているが、その席で天野らはかなり突っ込んだ脅威の認識を示している(270)。具体的には、日本が北朝鮮の近隣にあり、その脅威を強く感じていることや、北朝鮮貨物船万景峰号の入港に際して、現行法の枠内でいかに厳格に検査をしているかといったことを強調しており、日本におけるPSIの主目的が北朝鮮であることを事実上認め、会合参加者への根回しを行ったことが記録に残っている(271)。

しかし、会合では、やはり日本代表団は「ロー・キーの対応」に終始した。「対外応答要領」等で繰り返されたとおり、北朝鮮等の具体的な国名を挙げての脅威認識には言及せず、「阻止の対象となる品目・国家、法的論点の議論などが今後の主たる課題[272]」と述べるにとどまっている。この場に参加しているのは、あくまで一般論として、普遍的な規範認識を共有しているに過ぎないとの基本姿勢の堅持であり、政治的論争に踏み込む領域については「今後の課題」として先送りする姿勢を崩していない。その上で、代表団は堅実な作業段取りやオペレーションの問題に落とし込むよう議論を誘導している。「対処方針」に記されたとおり、「ＩＣＯＣの取り組みをさらに前進させることによりミサイル取引を阻止することが可能ではないか[273]」という「一案」の提示を行っているが、こうした態度はやはり、「能動的」かつ「意欲的」な取り組みによる政治的メッセージの必要性を強調した、議長国スペインや提唱国米国の態度とはかなりニュアンスを異にするものである。

日本代表団は、具体的な作業手続きやオペレーションについて、さらに詳しい提案を行っているが、そこに一貫して見られるのは、なるべく既存の法体系の範囲内で拡散阻止の取り組みを行おうとする基本姿勢である。既存の法体系に従うオペレーションである限り、それは単なる法執行の取り組みに過ぎず、内外に政治的論争を引き起こす可能性は低くなる。ましてや、対象となる国家あるいは非国家主体によっては、「武力の行使」となり得るケースも想定され、かかるオペレーションを他の構想参加国と協同して行うのであれば、それは憲法問題たる集団的自衛権の問題を引き起こしかねない。日本政府による、一貫した「ロー・キーでの対応」はそれゆえ、その論理的結論として、「既存の法体系」での「法執行」のオペレーションを志向することになるのは当然と言えよう。

具体的な提案内容の一つ目は、大量破壊兵器及び関連物資の拡散阻止を、「三段階に分けた上で」行うというものであり、そのそれぞれについて、輸出管理を厳格化させるというものであった。ここで言う「三段階」とは、「自国領域からの出国」、「航行」、「拡散国への入国」のそれぞれであり、日本代表団の提案は「その反対のコース」も念頭に置いた上でのフェーズ分けであった。そのそれぞれの段階で、どのように阻止するかを考える必要があるというのがその趣旨であるが、「三段階」での阻止活動は、それぞれ、オペレーションが依拠するところの根拠法が変わる。

この提案には、政治的紛争を引き起こしたり、多大な時間と労力を費やしたりする可能性のある問題、たとえば、規範の創設や、国際法及び国内法の変更に関する議論を避け、現行法の範囲内で取り組めるべきものから取り組みたいとする外務省の真意が見てとれると言えるのではないか。その意味では、「三段階」のうち、最も取り組みが容易なものは、最初の「自国領域からの出国」の段階であろう。自国領域での法執行であれば、自国法を適用すれば済む話であり、すでに既存の国際的な輸出管理レジームに基づいて、国内法の整備及び、その適用事例も積み上げている状況を鑑みれば、現場としてPSI活動は推進中であると言ってよい。日本代表団は、「物資が貨物として輸送手段に積まれて出国するまでの初期段階で阻止する取り組みは、輸出管理や不正輸出の取り締まりをいかに行うかの問題」と指摘した上で、「各国とも厳正な取り組みを強化することで効果の向上が期待できる」と述べている。ただし、この段階のみの対処で済むのであれば、PSIのような新たな国際的枠組の必要はない。米国がイニシアティブを立ち上げた動機となったような、既存の枠組では対応できない事例がすでに発生し、今後も多発することが予測される以上、PSIにおいて検討されるべき課題は、「三段階」のうち、「航行」及び「拡散国への入国」の段階にあろう。

しかしながら、「航行」の段階に関しては、日本代表団の提言は歯切れが悪い。報告書は、代表団が「RRは主としてこの大量破壊兵器関連物資を積んだ船舶等が航行している段階において阻止を行おうとするものであり」との認識を示した上で、その取り組みについて「重要ではあるが」との見解を示すものの、「公海上の臨検や無害通航権との抵触関係など、今後さらなる検討を要する課題が多いことを指摘したい」と、きわめて後ろ向きな見解を示すにとどまったことが記されている。米国が提唱し、スペインが招集したこの会合は、提唱国である米国による、既存の国際法体系の改正に関する「意欲的」な提言を実現するためのものであったことは、会合に赴く前から日本代表団が承知していたことはほぼ確実であり、その上で、「基本的な趣旨」に賛同して、「オリジナル・メンバー」としての「政治的コミットメント」を確保したことは、これまでの経緯で見てきたとおりである。それにしては、構想の具体的な核心部分についての抑制された（ロー・キーでの）対応との落差は不自然なほど目立つ。また、最後の段階となる「拡散国への入国（およびその反対のコース）」についても、日本代表団の提案には、現状を変更する目新しい内容は何もない。報告書には、「拡散国からの貨物の入国阻止については、輸入管理を強化することが重要である」と述べた後で、「拡散国からの拡散が行われるのは、取引相手国があるためであることを考えれば、取引相手国に輸入を断念させるための働きかけを行うことも有意義」とアウトリーチの意義と必要性については言及している。しかし、その効果についての記述はやや曖昧であり、「拡散国は外交努力には鈍感かもしれないが、その取引相手国の中には……参加国が一致して圧力をかければ比較的敏感に反応する国もあろう」と述べるにとどまっている。そもそも、今般のイニシアティブが立ち上がった目的は、「外交努力に鈍感」な拡散国や、「比較的に敏感に反応」しない貿易相手国、中継国等をどうするかにあったはずである。規範意識と利害を同じくし、外交的働きかけに対して「敏感」に反応する国々との間だけで拡散阻止活動が完結するのであれば、新しいイニシアティブを創設する意味はあまりなく、米国から「意欲的」な提言が行われる必要もなかった。ここでも、会合における日本代表団の「ロー・キーでの対応」には、イニシアティブへの参加を政治決定した際の勢いとは落差が感じられる。

ただし、日本政府はオペレーションの実施についてはそれなりの自信を示している。会議の席上、先に見た株式会社明伸の事案を持ち出して、「日本としては（中略）、最近の明伸の事案など、経験を有している」[274]として、代表団に参加した守谷経済産業省安全保障貿易管理課長から、「対処方針」のとおりに明伸事案を説明した後、さらに最近の事案として、ジパング社によるトラクタ不正輸出未遂の事案[275]、セイシン企業によるミサイル関連物資不正輸出の事案[276]等も紹介して、「省庁間協力が進んでいる」旨を説明したという。これら事案を見てもわかるように、イラン及び北朝鮮に対する当該物資の輸出は、ＰＳＩ発足以前の当時にあっても法規制の対象であった。国際的なミサイル関連技術輸出規制（ＭＴＣＲ）で輸出が規制されていた上に、日本の国内法（外為法、関税法等）によっても、輸出にあたっては通産大臣（経済産業大臣）の許可を必要としたり、輸出内容に関する厳しい申告項目が定められていたりと、ほぼ完全に拡散を阻止できる国内法の整備は完了していたのである。スペイン会合に出席した日本代表団の主張のポイントは、「自国領域からの出国」の阻止にあたって、日本は明伸事件、ジパング事件、セイシン事件等で十分な経験とノウハウを有していることの強調にあったが、その意味では北朝鮮を対象とした輸出管理システムそのものを、そのままスライドさせる形でＰＳＩにも適用可能であると考えていたことがうかがえる。現行の国内法の適用により、実施可能なオペレーションから着手したいという会合の席での日本政府の提言が、このような事情に裏づけられていたことは注目に値しよう。

（３）議長サマリーの発出

こうして出された日本を含む参加国からの意見を踏まえ、米国も「意欲的」とされた「ＲＲ」の内容の見直しを迫られることになった。具体的には、「ＲＲ」に関係する各国の国内機関、法的仕組みについて各国から米国宛てにサマリーが送られ、あわせて「ＲＲ」の内容に関して各国が質問、提案を寄せることとなった[277]。そして、それらをもとに、七月一〇日とされる次回会合までに、米国が改訂版の「ＲＲ」を作成することを約束した。また、総会（Plenary）の下に、オペレーション専門家会合及びインテリジェンス専門家会合を設置することが決まったため[278]、この会議体は今後も継続して存続し、意見交換や事務手続き業務を遂行する事務的機能も備えることとなった。こうして、新たな拡散阻止の国際的取り組みであるＰＳＩは、正式に発足することとなった。

なお、会議の成果は、議長サマリーの形でまとめられたが[279]、そこではＰＳＩの具体的な活動内容については合意が得られていないため、当然ながらほとんど触れられていない。そのため、全参加国が積極的に本イニシアティブを推進していくことを確認したという規範レベルの確認に重きを置く表現となっているが、議長国スペインが作成した案文をもとにした参加国間の作業・調整の結果、三つの点が明記されたことも報告されている。一つ目は、大量破壊兵器の拡散に加えてテロリズムの脅威にも言及がなされたことである。[280] 二つ目は、非国家主体による拡散の脅威についても触れるべきことである。[281] そして、最後は、「妨害しなければならない（must be impeded）」との表現が、「止めなければならない（must be stopped）」という、より強い表現をもって「語気を強めるべし」とされたことである。[282] この議長サマリーの発出によって、第一回スペイン会合は「明確かつ一致したシグナルを拡散者に対して発」するという、「力強い政治的メッセージ」を送るという当初の最大の目標を達成したと言えよう。また、日本としては新たに創造された拡散対抗のための国際的取り組みにおける、相応のプレゼンスを確保するという外交的成果を得たと言うことができる。

（4）外務省による「今後の進め方」

会議が終わってすぐ、日本代表団をつとめた天野審議官らは「マドリード会合の概要と今後の作業」と題する資料を作成している。[283] この資料には、すべての参加国が支持を表明したことや、次回会合[284]までに各国は国内法制・機関の概要を作成し、米国は「ＲＲ」の改訂版を準備すること等、これまで見てきた内容が記された上で、「今後の進め方」についての検討がなされている。そこには、米国の提案する「ＲＲ」が「意欲的」であることだけでなく、そのスピード感にも戸惑いを覚えていることが記されている。日本代表団は、米国の意図として、改訂された「ＲＲ」に対する各国からの支持を取り付けた上で、次回会合以降に正式なアウトリーチを開始し、一年以内に拡散阻止イニシアティブの実施を開始することを目指しているという情報を得ていた。この「意欲的なスケジュール」に対して、日本代表団は警戒を隠していない。

「今後の進め方」には、日本として「ＲＲ」が持つ国際法・国内法上の論点をさらに精査し、米側にコメントの形で提出する必要があることを確認した上で、「この場合、米が極めて早いペースで作業を進めようとしていることに鑑み、「ＲＲ」について質問を投げかけるだけではなく、我が国の主張が「改訂版ＲＲ」に反映されることを目指し、具体的文言を提案していくことが重要[285]」とし、米国のプランを日本側の希望に沿う形に和らげることが主張されている。とりわけ、日本代表団は法的論点について神経質であった。スペイン会合の「対処方針」や会合記録でも見たように、基本的に日本は既存の国際法・国内法の変更に乗り気ではなく、政治的論争を回避するためにも、ＰＳＩ活動の内容をなるべく既存の法体系の範囲内に限定したいという意向がある。代表団は「法的論点に関する作業部会が設置されないことにも鑑み[286]」として、「可能であれば我が方がワシントンに出張の上、米側法律関係者と協議するのも一考[287]」と提案をしている。ただし、次回会合で採択される見通しの「改訂版ＲＲ」が、日本等消極的な国家からの働きかけにもかかわらず、なお「意欲的」なものとなる可能性についても認識はしていたようである。資料には、「対象となる国内制度・権限は、当面のところは現在提案されているＲＲをベースに考える以外ないが、次回会合で提出される改訂版ＲＲを見たうえで再度作業する必要が生ずる可能性が高い[288]」と述べている。提唱国米国の意欲に引きずられることを恐れながらも、何らかのリスクの伴う措置が必要となることは、日本代表団も認識していた模様である。その上で、代表団は米国の性急なやり方に対抗する別のアプローチを提案している。代表団は、そもそも「拡散阻止」の概念が明確ではない上に、「新しい枠組みを作ることも視野に入れる米国と他の多くの参加者の間には、思惑の違いがある[289]」ことをはっきり指摘しているが、この文言を見ても、日本政府は「新しい枠組みを作らない」形での、拡散阻止の取り組み強化を念頭に置いていたことがわかる。それゆえ、「わが国としては、洋上における臨検のみに焦点をあてるのではなく、輸出、輸送、輸入の三段階のそれぞれにおいて実施可能かつ効果的な措置をとることにより、拡散を全体として阻止するとの包括的アプローチを提唱するのが適当と考える[290]」と、「今後の進め方」の結論を述べている（傍線部は開示オリジナル資料に施されていたもの）。

この資料の意味するところは重大である。ブッシュ大統領の拡散阻止に対する新しい枠組作りの呼びかけに対して、日本政府は「趣旨への賛同」を表明することでそのオリジナル・メンバーとなった。しかし、実際には日本は新しい枠組を作ることに消極的であり、具体的な拡散阻止活動については、米国がこだわる「臨検」の実施に抵抗する構えをとっている。国際法上、「臨検」は「武力の行使」にあたり、また、米国等が念頭に置くオペレーションは日本においては自衛隊の軍事力を使用するしかない以上、外務省を中心とした日本代表団の懸念は当然とも言える。しかし、ならばなぜ、自ら進んで「ＰＳＩ参加国」となったのか。スペイン会合に参加した日本代表団の「今後の進め方」は、本質的な部分での矛盾をはらんでいた。

五　小括――日本政府の認識と狙い

ＰＳＩの形成過程を主導したアクターは誰だったのか。そして、日本政府はＰＳＩをどのようなものとして捉え、その制度設計に関わったのかについて、本章の内容を小括したい。

（1）外務省主導による「国際貢献アプローチ」

ＰＳＩの具体的な制度設計や活動内容が議論された多国間交渉において、これを主導したのは外務省であった。第一章で触れたように、戦後、特に冷戦後の日本の安全保障政策の多くが外務省主導で策定されたとされるが、ＰＳＩに関しても小泉首相を含む「官邸」がその政治的指導力を発揮したのは参加「決定」までであり、参加決定後のＰＳＩ形成をめぐる多国間交渉は終始、外務省が主導する形で行われた。

ＰＳＩ形成過程において外務省では、徹底的な法的観点からの検討が行われており、特に条約局が決定的な役割を果たした。関係する全省庁を外務省が取りまとめる形で行われたこの検討過程においては、国際法、憲法、及び既存法規との整合性、継続性が重視されたが、その一方で、これを契機に日米同盟をどう深化させるか、あるいはPSI活動は同盟とはリンクさせないで行うかといった高度な政治性を伴った政策判断はほとんど考慮された形跡がない。

また、かかる法的整合性、継続性の検討にあたっては、PSI活動において「武力の行使」がなされる可能性が注意深く排除され、日本の参加態様は非軍事分野に絞られるよう努力がなされた。事実として、外務省と海上保安庁や警察等法執行機関との間では、書面に残っていないものを含めて周到な連絡・相談があったことがうかがわれ、PSI会合という多国間交渉にはそれら機関から要員が参加している一方で、防衛庁・自衛隊はこのプロセスから排除されており、そのことについて不満ともとれる要望を述べている。本書の設定した解釈軸に従うならば、外務省が構想したPSI活動は「武力の行使」の可能性を排除するという意味において、徹頭徹尾、「国際貢献アプローチ」に属する政策類型になる。もっとも、自衛隊の参加可能性を極小化しようとしたという意味においては、外務省の念頭にあったPSIは、国際的取り決めに基づく安全保障政策の一つというより、国際的な捜査機関及び法執行機関同士の効率的連携を重視した行政連合的枠組に近いイメージであった。

（2）PSIの行政連合的性格

それゆえ、小泉＝ブッシュ間の強固な結びつきとは裏腹に、外務省はPSI形成をめぐる多国間交渉において、米国政府とは真っ向から対立するスタンスをとった。外務省はPSIにおいて臨検等「武力の行使」にあたる活動が採用されることを妨げるべく、国際法、国内法体系の変更に強く抵抗した。その上で、PSI活動を既存の国際・国内法規の法執行に限定すべく他の会合参加国に根回しをし、「意欲的」なアイデアを披瀝する提唱国の米国や議長国のスペインに対して多数派工作まで仕掛けている。「三段階の包括的アプローチ」を提唱し、PSI活動全体を既存法体系のうちにとどめようとした外務省の試みは一定の成果を挙げた。少なくとも、ＰＳＩの制度設計がなされたマドリッドからパリまでの三つの会合においては、国際法の抜本的な改正は約束されず、ＰＳＩレジームに「武力の行使」を含むことを構想していた米国の意図は挫かれた。

無論、「ＲＲ」をはじめ、これらをめぐる外交過程を詳細に再現するだけの史資料はまだ情報開示がなされておらず、日本政府が多国間交渉において果たした役割を断定するには慎重であるべきである。しかし、少なくとも「包括的アプローチ」の提唱は外務省によるものであり、天野団長らによって他の参加国に強く働きかけがなされたことは確認できる。第一章で指摘したＰＳＩの双面神的性格のうち、「普遍的な国際的取組」、「国際的な法執行の取組」といった行政連合的な性格の形成には、外務省の強い働きかけと関与が見られたことは注目してよいであろう。

もっとも、外務省（代表団）は、ＰＳＩを法執行の取り組みとすることに成功したとはいえ、国内法上はこれを遂行する法的根拠に乏しいことを、スペイン会合に赴く以前に詳細に把握していたことも事実である。しかし、ＰＳＩへの参加から一〇年以上も経過し、自らを主要な参加国の一つとして胸を張る現在に至るも、その「法執行」を可能にするだけの根拠法の整備は進んでいない。この事実は、その後に浮上したＰＳＩのもう一つの性格とも関わっているとも思われる。このことについては、次章で触れる。

註

（1）　第一五六回国会　衆議院本会議、二〇〇三年六月五日、伊藤議員質疑。

（2）　外務省、二〇〇三年六月九日、軍科審組織資料、「各省・省内コメントとりまとめ」二〇〇三年六月四日、同、「各省・省内コメントとりまとめ（改訂版）」（外務省開示文書）。

（3）同右。
（4）外務省条約局、二〇〇三年六月一〇日、「大量破壊兵器等拡散防止に関する米提案についての考え方」（外務省開示文書）。
（5）二〇一五年九月現在も、米国は国連海洋法条約の加盟国ではない。
（6）前掲註（2）、外務省「各省・省内コメントとりまとめ」。
（7）国連海洋法条約第一九条一、「通航は、沿岸国の平和、秩序又は安全を害しない限り、無害とされる。無害通航は、この条約及び国際法の他の規則に従って行わなければならない」。海洋室がここで「許容されるかもしれない」と書いたのは、大量破壊兵器及び関連物質の運搬が沿岸国の平和、秩序又は安全を害するものと解釈することによってであると推察される。その根拠は次に述べる二（f）（g）に求められる。
（8）国連海洋法条約第一九条二「外国船舶の通航は、当該外国船舶が領海において次の活動のいずれかに従事する場合には、沿岸国の平和、秩序又は安全を害するものとされる。」「（f）軍事機器の発着又は積込み」。
（9）同右「（g）沿岸国の通関上、財政上、出入国管理上又は衛生上の法令に違反する物品、通貨又は人の積込み又は積卸し」。ただし、この時点で、すべての加盟国が大量破壊兵器及びその関連物資を違法物資としていたわけでないことに留意。第一九条一で「平和、秩序又は安全」の定義の読み替えが必要になるのと同様の措置が必要となる。
（10）前掲註（2）、外務省「各省・省内コメントとりまとめ」。
（11）国連海洋法条約第五六条一「沿岸国は、排他的経済水域において、次のものを有する。」この条項は、沿岸国が保有する管轄事項を「（a）天然資源等に関する主権的権利」、「（b）条約の関連する物事に関する管轄権」、「（c）その他の権利・義務」に限定しており、この時点で大量破壊兵器及び関連物資がその中に入るかどうかは不明であった。そのため、イニシアティブが想定する物資等が沿岸国の管轄事項であるとの確認ができない限りは、第一義的に旗国の意向が留意されるべきという結論になる。
（12）前掲註（2）、外務省「各省・省内コメントとりまとめ」。
（13）同右。
（14）外務省条約局法規課、二〇〇三年六月四日、「大量破壊兵器等拡散防止に関する米提案」（外務省開示文書）。
（15）同右。
（16）外務省等から開示された資料には、こういった取り締まり行為が海保の検討項目とされたことが記されているが、具体的な法整備がなされる動きは現時点ではまだない。

(17)　実際に議員立法の動きが具体化したのは翌年である。「特定船舶の入港の禁止に関する特別措置法（特定船舶入港禁止法）」（二〇〇四年六月一八日施行）。なお、同法の成立過程等については、稲木宙智布「特定船舶入港禁止法の成立経緯と入港禁止措置の実施」『調査と立法』第二七二号、二〇〇七年九月、国立国会図書館等。

(18)　前掲註（14）、外務省「法規課資料」。

(19)　国交省、二〇〇三年六月四日、「米審イニシアティブへのコメント（メモ）」（防衛省開示文書）。

(20)　同右。

(21)　航空法第八六条（爆発物等の輸送禁止）「爆発性又は易燃性を有する物件その他人に危害を与え、又は他の物件を損傷するおそれのある物件で国土交通省令で定めるものは、航空機で輸送してはならない」。

(22)　航空法第一二八条（軍需品輸送の禁止）「外国の国籍を有する航空機は、国土交通大臣の許可を受けなければ、第百二十六条第一項各号に掲げる航行により国土交通省令で定める軍需品を輸送してはならない」。

なお、国交省はこのコメントにおいて、航空法第一二八条の運用にあたって、国土交通大臣が通過許可について、以下の各基準を勘案すると述べている。すなわち、「我が国の領域内において我が国の安全を脅かす等我が国の領空主権の侵害の恐れがないこと」、「安全輸送の観点から問題がないと認められること」、「我が国と申請者の属する国等関係国との二国間関係等に鑑み適当と認められること」、「他の輸送方法を考慮した上で、当該外国航空機による輸送がやむを得ないと認められること」の諸点である。国交省はこれらの各基準をもとに、個々のケースに即して慎重に考慮すると述べており、字義どおり解釈するのであれば、「空のＰＳＩ」は可能という判断になる。前掲註（19）、「国交省コメント」。

(23)　航空法第一二六条第四項。なお、国交省は、外国国籍航空機を強制着陸させるにあたり、本条項の適用に際しても「相手国との二国間航空協定の内容を含めた相手国との関係、貨物の内容や安全確保のために講じられている措置等を踏まえ、個々の事例に即した慎重な検討が必要」と述べる。先に見た航空法第一二八条の運用基準に抵触するのであれば、強制着陸のための措置をとることは可能と判断される。前掲註（19）、「国交省コメント」。

(24)　外国船籍に無害通航権が認められる領海とは異なり、領空においては無許可での外国領空の飛行は国際法違反（領空侵犯）となる。原則として航空機は、登録を受けた単一国の国籍を有し、登録国の排他的管轄権に服しているが、外国領空を通過中は領域国の主権の適用を受けるとされている。したがって、「空の自由」の概念は「海洋の自由」とはまったく異なっており、一般国際法で認められた「権利」ではなく、あくまで領空主権の排他性を確認し、二国間航空協定を結んだ上で、個別的あるいは包括的に、相互に付与しあう条約上の「特権」という位置づけにある。それゆえ、一九八〇年代以降、強力に「オープン・スカイ」を主唱してきた米国も、積極的に二国間協定を積み重ねる方式によって、自国航空機の「空の自由」の適用範囲の拡大を図ってきた。領域国の許可なく領空に侵入した外国航空機は、領域国からの着陸・退去・航路変更等の命令に従うことを要し、その侵入行為が故意または機長の責任に帰し得る事情によるものである場合は、着陸後に領域国の国内法上の処分を受けることとなる。それゆえ、日本の航空法が大量破壊兵器及び関連物資を積載した航空機の無許可離発着及び飛行を禁じている限り、PSIで想定される拡散懸念事態に関わる外国航空機が我が国領空を通過することが合理的に疑われるときは、日本は自国の法執行措置の一環としてこれを阻止することができる。ただし、やむを得ず最後の手段として進路妨害などの実力行使に出るときも、常に武器の使用は差し控えなければならないとされる（「シカゴ条約」第二附属書附則A）が、武器を使用せず、命令、警告に従わない外国航空機に実効性のある実力措置をとれるかどうかについては論争がある。領空主権については、栗林忠男『現代国際法』慶應義塾大学出版会、一九九九年、三三七–三六二頁。山本草二『国際法』有斐閣、二〇〇三年、四六一–三六二頁。阪本昭雄、三好晉『新国際航空法』有信堂高文社、一九九九年、一八–四二頁。藤田勝利編『新航空法講義』信山社、二〇〇七年、六九–一〇三頁等を参照。

(25)　前掲註（19）、「国交省コメント」。

(26)　「港湾法」（一九五〇年　法律第二一八号）。

(27)　前掲註（19）、「国交省コメント」。

(28)　海上保安庁、二〇〇三年六月四日、「米による『拡散阻止イニシアティブ』に対する質問について」（防衛省開示文書）。

(29)　同右。

(30)　海上保安庁設置法第二条第一項「海上保安庁は、法令の海上における励行、海難救助、海洋汚染等の防止、海上における船舶の航行の秩序の維持、海上における犯罪の予防及び鎮圧、海上における犯人の捜査及び逮捕、海上における船舶交通に関する規制、水路、航路標識に関する事務その他海上の安全の確保に関する事務並びにこれらに附帯する事項に関する事務を行うことにより、海上の安全及び治安の確保を図ることを任務とする。」

(31)　前掲註（28）、「海上保安庁コメント」。根拠となるのは海上保安庁設置法第一七条「海上保安官は、その職務を行うため必要があるときは（中略）、船舶の進行を停止させて立入検査をし、又は乗組員及び旅客並びに船舶の所有者若しくは賃借人又は用船者その他海上の安全及び治安の確保を図るため重要と認める事項について知つていると認められる者に対しその職務を行うために必要な質問をすることができる。」一八条「海上保安官は、海上における犯罪が正に行われようとするのを認めた場合又は天災事変、海難、工作物の損壊、危険物の爆発等危険な事態がある場合であつて、人の生命若しくは身体に危険が及び、又は財産に重大な損害が及ぶおそれがあり、かつ、急を要するときは、他の法令に定めのあるもののほか、次に掲げる措置を講ずることができる。一　船舶の進行を開始させ、停止させ、又はその出発を差し止めること。二　航路を変更させ、又は船舶を指定する場所に移動させること。（以下略）」

(32)　前掲註（28）、「海上保安庁コメント」。

(33)　同右。

(34)　これまで見てきたように、ＰＳＩ阻止活動にあたって、海上保安庁は同庁の設置法を根拠に活動することになると考えられる。しかしながら、同法はＰＳＩ阻止活動のような事態を想定しておらず、その解釈にはかなりの無理、困難が伴い得る。坂元教授は次のように指摘している。たとえば、海賊行為等については、後の海賊対処法の成立を待たずとも、同法第一八条一項柱書きにある、「海上における犯罪が正に行われようとするのを認めた場合」に法執行措置をとることが可能であると考えられたが、大量破壊兵器及び関連物資を輸送していることのみをとって、同条二項に言う「船舶の外観、航海の態様、乗組員、旅客その他船内にある者の異常な挙動その他周囲の事情から合理的に判断して、海上における犯罪が行われることが明らかであると認められる場合その他海上における公共の秩序が著しく乱されるおそれがあると認められる場合」に認定し得るかどうかは疑問が残るところであり、これをもとに強制処分まで行うことができるかどうか同法の適用可能性については困難が予想される（参照：坂元茂樹「船舶に対する臨検及び捜索――拡散保全イニシアティブ（ＰＳＩ）との関連で」『各国における海上保安法制の比較研究（海上保安体制調査研究会中間報告書）』財団法人海上保安協会、二〇〇四年、四〇頁）。また、後に述べるように、国連海洋法条約等で定められた「無害なざる通航」の定義を海上保安庁の判断でなすことはできない以上、同庁独自での法令整備は不可能であり、法解釈の柔軟性を欠いた状況で「グレーゾーン」にかかる法の適用は海上保安庁にとって荷が重い仕事である。

(35)　前掲註（14）、「条約局法規課資料」。

(36)　筆者による海上保安庁への文書による照会（二〇一四年八月三一日）及び、海上保安庁より筆者への口頭での回答（二〇一四年九月二日）。

(37)　外務省設置法第四条（所掌事務）五「条約その他の国際約束及び確立された国際法規の解釈及び実施に関すること。」に定めのあるとおり、外務省は国際条約に関する有権解釈権を保有している。無論、憲法第七六条に定められたとおり、司法権は最高裁判所及び法律に定めるところにより設置する下級裁判所に属しており、外務省の条約解釈は司法権を制限する性格のものではない。しかしながら、省庁間の慣例として、「国際約束及び確立された国際法規の解釈及び実施」については、他省庁が外務省に遠慮していることはよく知られた事実である。たとえば、「条約の解釈の問題につきましては、実は外務省の所管に属する問題でございますので、法務省といたしましては、難民条約を誠実に履行するという立場から、難民の人権に十分配慮した行政運営を行ってまいりたいということを申すほかございません。（第一五五回国会　衆議院法務委員会、二〇〇二年一一月二〇日、森山法務大臣答弁）」、「それから、国連海洋法条約のお話がございました。国連海洋法条約の解釈につきましては、当たり前のことでございますが、この有権解釈は外務省が持っております。（第一七一回国会　参議院決算委員会、二〇〇九年五月一一日、石破農林水産大臣答弁）」といった発言に端的に示されている。また、東郷和彦氏は「日本政府の中で、国際法や国際条約についての最終的な解釈権は外務省の条約局長が持っている。そして、この権限は、憲法をはじめとする国内法についても内閣法制局長官が持っている権限と同等の、極めて強いものである」と書いている（東郷和彦『北方領土交渉秘録』新潮社、二〇〇七年、一五–一六頁）。この解釈に従えば、新イニシアティブに伴う「国際約束」等に対応する国内法令の整備について、外務省、わけても条約局が大きな力を持っており、その見解が非常に重要となる。このことについては後述する。

(38)　経産省、二〇〇三年六月四日、経産省安全管理課、「米国による『拡散阻止イニシアティブ』について」（防衛省開示文書）。

(39)　同右。

(40)　同右。

(41)　これら条約に対応する国内法の位置づけとして、経済産業省が所管する安全保障貿易管理関連法規は「外国為替及び外国貿易法（いわゆる外為法）」を柱とし、管理対象となる品目を規定した政令である「輸出貿易管理令（輸出令）」、「外国為替令（外為令）」、また品目の仕様を規定した省令である「輸出貿易管理令別表第一及び外国為替令別表の規定に基づき貨物又は技術を定める省令（貨物等省令）」、「貿易関係貿易外取引に関する省令（貿易外省令）」等によって構成されている。参照：経済産業省貿易管理部安全保障貿易管理課、二〇一四年八月、「安全保障貿易管理関連法規の改正について」、http://www.meti.go.jp/policy/anpo/law_document/news_release/140827setumeikai-shiryo1.pdf（二〇一七年六月一日閲覧）。

(42)　ＮＰＴ条約等に対応し、核燃料物資等の輸送全般に関する安全規制体系には、陸上輸送について取り決めた原子炉等規制法（国交省、文科省、経済産業省等）、海上輸送について定めた船舶安全法（国交省、海上保安庁）、航空輸送について規制する航空法（国交省）がある。参照：文部科学省科学技術・学術政策局原子力安全課原子力規制室、（日付不詳）、原子力規制委員会、「核燃料物質等の輸送全般に関する安全規制体系」、https://www.nsr.go.jp/archive/mext/a_menu/anzenkakuho/genshiro_anzenkisei/1261061.htm（二〇一七年六月一日閲覧)。
(43) 前掲註（38)、「経産省コメント」。
(44) 同右。
(45) 同右。
(46) 同右。
(47) 法務省刑事局、二〇〇三年六月四日、「米国による『拡散阻止イニシアティブ』についてのコメント」(防衛省開示文書)。
(48) 同右。
(49) 現行の外国為替及び外国貿易法四八条には「一．国際的な平和及び安全の維持を妨げることとなると認められるものとして政令で定める特定の地域を仕向地とする特定の種類の貨物の輸出をしようとする者は、政令で定めるところにより、経済産業大臣の許可を受けなければならない。二．経済産業大臣は、前項の規定の確実な実施を図るため必要があると認めるときは、同項の特定の種類の貨物を同項の特定の地域以外の地域を仕向地として輸出しようとする者に対し、政令で定めるところにより、許可を受ける義務を課することができる。三．経済産業大臣は、前二項に定める場合のほか、特定の種類の若しくは特定の地域を仕向地とする貨物を輸出しようとする者又は特定の取引により貨物を輸出しようとする者に対し、国際収支の均衡の維持のため、外国貿易及び国民経済の健全な発展のため、我が国が締結した条約その他の国際約束を誠実に履行するため、国際平和のための国際的な努力に我が国として寄与するため、又は第十条第一項の閣議決定を実施するために必要な範囲内で、政令で定めるところにより、承認を受ける義務を課することができる。」との規定があり、特定の貨物及び仕向地についての輸出を制限する権限が経済産業大臣に付与されている。また、同法六九条の六では、四八条の一に違反した者について、七年以下の懲役もしくは七〇〇万円以下の罰金が科される旨が明記されているほか、「特定技術であつて、核兵器、軍用の化学製剤若しくは細菌製剤若しくはこれらの散布のための装置若しくはこれらを運搬することができるロケット若しくは無人航空機のうち政令で定めるもの（中略）の設計、製造若しくは使用に係る技術又は核兵器等の開発、製造、使用若しくは貯蔵（中略）のために用いられるおそれが特に大きいと認められる貨物の設計、製造若しくは使用に係る技術として政令で定める技術」また、「第四十八条第一項の特定の種類の貨物であつて、核兵器等又はその開発等のために用いられるおそれが特に大きいと認められる貨物として政令で定める貨物」の無許可輸出については、一〇年以下の懲役もしくは一〇〇〇万円以下の罰金とさらに重い罪が科されることとなっている。
(50) 前掲註（47)、「法務省コメント」。

(51) 同右。
(52) 同右。
(53) たとえば、奥脇直也「海上テロリズムと海賊」『国際問題』第五八三号、二〇〇九年七・八月等を参照。
(54) 水産庁、二〇〇三年六月四日、「米国による『拡散阻止イニシアティブ』に関するとりあえずの水産庁コメント」(防衛省開示文書)。
(55) 同右。
(56) 水産庁遠洋課かつお・まぐろ漁業班、二〇〇三年六月四日、「米による『拡散阻止イニシアティブ』に関する疑問点等」(防衛省開示文書)。
(57) 前掲注(2)、「各省・省内コメントとりまとめ」。
(58) 同右。
(59) 警察庁、「米による『拡散阻止イニシアティブ』(作業依頼)について(回答)」、二〇〇三年六月四日(防衛省開示文書)。
(60) 防衛庁防衛局国際企画課、二〇〇三年六月三日、「米による拡散阻止イニシアティブ('Proliferation Security Initiative')に関する対応について(照会)」(防衛省開示文書)。
(61) 防衛庁防衛局国際企画課、二〇〇三年六月九日、「米による拡散阻止イニシアティブ('Proliferation Security Initiative')に関する対応について(回答)」(防衛省開示文書)。
(62) 同右。
(63) 同右。
(64) 本書第三章註(28)、外務省「電信第一三三〇八号(対外応答要領)」。
(65) 防衛庁防衛局国際企画課、二〇〇三年六月八日、「米による大量破壊兵器等の拡散阻止のための提案「拡大阻止イニシアティブ('Proliferation Security Initiative')」への対応について(案)」(防衛省開示文書)。
(66) 同右。
(67) 同右。
(68) 同右。
(69) 同右。

(70) 同右。
(71) 同右。
(72) 同右。
(73) 前掲註(61)、防衛庁「回答」。
(74) 同右。なお、これに対する外務省からの公式回答は確認されていないが、後に述べる「対処方針」がこれへの答えとなったと考えられる。
(75) 同右。
(76) 同右。
(77) 前掲註(65)、防衛庁「対応について(案)」。
(78) 同右。
(79) 同右。
(80) 同右。
(81) 前掲註(61)、防衛庁「回答」。
(82) 同右。
(83) 本書第一章註(64)、西田「拡散に対する安全保障構想(ＰＳＩ)」。
(84) 前掲註(61)、防衛庁「回答」。
(85) 防衛庁設置法第五条一八。現在では防衛省設置法第四条一八「所掌事務の遂行に必要な調査及び研究を行うこと。」
(86) 前掲註(61)、防衛庁「回答」。
(87) 自衛隊法第八二条(海上における警備行動)「防衛大臣は、海上における人命若しくは財産の保護又は治安の維持のため特別の必要がある場合には、内閣総理大臣の承認を得て、自衛隊の部隊に海上において必要な行動をとることを命ずることができる。」
(88) 同右。
(89) 前掲註(61)、防衛庁「回答」。
(90) 同右。
(91) 自衛隊法第八四条(領空侵犯に対する措置)「防衛大臣は、外国の航空機が国際法規又は航空法(昭和二十七年法律第二百三十一号）その他の法令の規定に違反してわが国の領域の上空に侵入したときは、自衛隊の部隊に対し、これを着陸させ、又はわが国の領域の上空から退去させるため必要な措置を講じさせることができる。」

(92) 前掲註（61）、防衛庁「回答」。

(93) 「周辺事態に際して実施する船舶検査活動に関する法律」（二〇〇〇年、法律第一四五号）。

(94) 同右、第二条（定義）「この法律において「船舶検査活動」とは、周辺事態に際し、貿易その他の経済活動に係る規制措置であって我が国が参加するものの厳格な実施を確保する目的で、当該厳格な実施を確保するために必要な措置を執ることを要請する国際連合安全保障理事会の決議に基づいて、又は旗国（海洋法に関する国際連合条約第九十一条に規定するその旗を掲げる権利を有する国をいう。）の同意を得て、船舶（軍艦及び各国政府が所有し又は運航する船舶であって非商業的目的のみに使用されるもの（以下「軍艦等」という。）を除く。）の積荷及び目的地を検査し、確認する活動並びに必要に応じ当該船舶の航路又は目的港若しくは目的地の変更を要請する活動であって、我が国領海又は我が国周辺の公海（海洋法に関する国際連合条約に規定する排他的経済水域を含む。）において我が国が実施するものをいう。」

(95) 前掲註（61）、防衛庁「回答」。

(96) 同右。

(97) イラク戦争後の復興支援任務に自衛隊が派遣された経緯等については、柳澤協二『検証　官邸のイラク戦争——元防衛官僚による批判と自省』岩波書店、二〇一三年。森本敏『イラク戦争と自衛隊派遣』東洋経済新報社、二〇〇四年等。

(98) 前掲註（14）、「条約局法規課資料」。

(99) 外務省条約局（長）の持つ、国際約束等に関する有権解釈権については、前掲註（37）のほか、本書第一章等も参照されたい。

(100) 外務省、二〇〇三年六月一〇日、条約局資料「大量破壊兵器等拡散防止に関する米提案についての考え方」（外務省開示文書）。本資料は米国から提案があったとされる「進むべき道筋のルール（Rules of the Road: RR）」について検討する形式になっている。ＲＲに秘密指定がかかったままであるためか、本資料についても全二五一行のうち五一行の秘密指定が解除されていない。

(101) 同右。

(102) 同右。

(103) 同右。

(104) 日本政府において公海上等における、旗国の同意のない臨検は「武力の行使」と認識されている。もっとも、武力紛争法（戦時国際法、戦争法）の一つである海戦法規には、敵国や中立国の商船に対する行動をはじめ、交戦国によって守られるべき規定の定めがあり、臨検、拿捕といった行為はこの中に含まれるが、外務省はこれら「戦時臨検」は国連憲章において一般的に「武力の行使」が禁止されたことをもって違法化されたと認識している。ただし、自衛権の行使としての「武力の行使」は国連憲章五一条も認めていることから、「そういった武力の行使の一環としてその昔、戦時臨検と言われていたようなものと現象的に同じと申しますか、似た行為が認められるという余地はあろうかと思っております。しかし、これはあくまでも武力行使の一環でございますので、そこがいわゆる戦時臨検とは違うということかと存じます」との認識を示している（第一六五回国会　参議院国土交通委員会、二〇〇六年一二月一四日、小松外務省国際法局長答弁）。現行法上（二〇一五年九月一日現在）、自衛隊が臨検を行い得る行動類型は「周辺事態に際して実施する船舶検査法」によるものと、「武力攻撃事態における外国軍用品等の海上輸送規制法」によるものとの二つがあるが、前者は法執行、取り締まり行為、すなわち、警察行為としての「武器の使用」となるが、これを行うには旗国の同意等がその条件となる。一方、後者は自衛権行使の一環として、旗国の同意を得ずに行う「武力の行使」となる。小松国際法局長が「戦時臨検と言われていたようなものと現象的に同じ」と述べた臨検はこれを指すと解釈される。

（105）古くから「人類共通の敵」（hostis humani generis）とされる海賊行為については、国連海洋法条約第一〇〇条に「すべての国は、最大限に可能な範囲で、公海その他いずれの国の管轄権にも服さない場所における海賊行為の抑止に協力する。」とあり、すべての国家に海賊行為の抑止のための協力の義務があることが明記されている（第一〇一条には海賊行為の詳細な定義がなされている）。そのため海賊行為については、旗国主義の例外条件として臨検等の措置が認められている。国連海洋法条約第一一〇条（臨検の権利）「条約上の権限に基づいて行われる干渉行為によるものを除くほか、公海において第九五条及び第九六条の規定に基づいて完全な免除を与えられている船舶以外の外国船舶に遭遇した軍艦が当該外国船舶を臨検することは、次のいずれかのことを疑うに足りる十分な根拠がない限り、正当と認められない。（a）当該外国船舶が海賊行為を行っていること（略）」。なお、後述するが、ＰＳＩの発展過程においては、大量破壊壁及び関連物資の拡散行為を、海賊行為や奴隷売買とならぶ普遍的な犯罪とする措置がなされた。また、同条約第一〇五条には「いずれの国も、公海その他いずれの国の管轄権にも服さない場所において、海賊船舶、海賊航空機又は海賊行為によって奪取され、かつ、海賊の支配下にある船舶又は航空機を拿捕し及び当該船舶又は航空機内の人を逮捕し又は財産を押収することができる。拿捕を行った国の裁判所は、科すべき刑罰を決定することができるものとし、また、善意の第三者の権利を尊重することを条件として、当該船舶、航空機又は財産についてとるべき措置を決定することができる。」とあり、また、同条約第一〇七条では、「海賊行為を理由とする拿捕は、軍艦、軍用航空機その他政府の公務に使用されていることが明らかに表示されておりかつ識別されることのできる船舶又は航空機でそのための権限を与えられているものによってのみ行うことができる。」との定めがあり、国際法上は、日本の海上保安庁及び海上自衛隊に当該船舶の拿捕等の権限がある。自衛隊は従来、海上警備行動を発令することによって、日本関係船舶を防護することが可能とされてきたが、二〇〇九年に海賊行為の処罰及び海賊行為への対処を定める法律（海賊対処法）を制定することにより、日本と無関係の船舶が海賊に襲撃された場合にも、海賊対処行動を発令して必要な措置をとることが可能となった。また、海賊対処に関する諸手続きを定めることによって円滑な対応を可能にしたり、海上保安官や自衛官による武器使用基準を定めることによって現場での混乱を防止したりといった措置も可能となっている。

(106) 国連海洋法条約第一七条（無害通航権）「すべての国の船舶は、沿岸国であるか内陸国であるかを問わず、この条約に従うことを条件として、領海において無害通航権を有する。」

(107) 前掲註（100）、「条約局資料」。

(108) 同右。

(109) 同右。

(110) 同右。

(111) 同右。

(112) 同右。

(113) 同右。

(114) 同右。

(115) 同右。

(116) ただし、条約局は「ガット二一条（b）（ii）で例外として正当化しうると考えられる」とも述べている。GATT（関税と貿易に関する一般協定）第二一条には「安全保障のための例外」として「この協定のいかなる規定も、次のいずれかのことを定めるものと解してはならない」と定められており、「（b）締約国が自国の安全保障上の重大な利益の保護のために必要であると認める次のいずれかの措置をとることを妨げること」「（ii）武器、弾薬及び軍需品の取引並びに軍事施設に供給するため直接又は間接に行われるその他の貨物及び原料の取引に関する措置」と具体的に示されている。ただし、条約局ではここでも慎重な姿勢を崩しておらず、「具体的には、グローバルな大量破壊兵器防止という本件の目的が各参加国の『自国の安全保障上の重大な利益』に該当するか、『核分裂物質及びその生産原料である物質』並びに『武器、弾薬及び軍需品』のいずれにも該当しない貨物があり得るか等の点について検討を要する」と課題を指摘した。前掲註（100）、「条約局資料」。
(117) 前掲註（100）、「条約局資料」。
(118) 同右。
(119) 同右。
(120) 同右。
(121) 同右。
(122) 内水については国連海洋法条約に定めがある。同第二条（領海、領海の上空並びに領海の海底及びその下の法的地位）一項「沿岸国の主権は、その領土若しくは内水又は群島国の場合にはその群島水域に接続する水域で領海といわれるものに及ぶ」、及び、同第八条（内水）一項「第四部に定める場合を除くほか、領海の基線の陸地側の水域は、沿岸国の内水の一部を構成する」。ここで言う基線とは同条約第五条（通常の基線）、第七条（直線基線）等に定めがあり、陸側から見て基線の内側が内水と定義される。内水及びその海底、地下、上空は沿岸国の領域の一部と見なされており、沿岸国は領土におけると同程度に排他的権利を有するとされる。領海においては、沿岸国は他国の無害通航権を認めなければならないが、内水においてはこれを受忍する必要はない。したがって、適用し得る国内法さえあれば、これを根拠法として域内法執行措置を行うことが可能になる。筒井若水『国際法辞典』有斐閣、二〇〇二年、二六〇頁。山本草二『国際法【新版】』有斐閣、二〇〇三年、三五六頁等を参照。
(123) 前掲註（100）、「条約局資料」。
(124) 同右。
(125) 同右。無害通航の原則については、国連海洋法条約第一九条（無害通航の意味）に「1　通航は、沿岸国の平和、秩序又は安全を害しない限り、無害とされる。無害通航は、この条約及び国際法の他の規則に従って行わなければならない」と定められている。また、沿岸国は領海内における無害通航に関する国内法令を定めることができるとされる。同条約第二五条「1　沿岸国は、この条約及び国際法の他の規則に従い、次の事項の全部又は一部について領海における無害通航に係る法令を制定することができる」。ここでは（a）「航行の安全及び海上交通の規制」をはじめとして、七つの項目が列挙されており、沿岸国がこれらのいずれかに該当する国内法を整備すれば、特定の外国船舶の通航を「無害でない通航」と認定できることになる。ただし、大量破壊兵器及び関連物資の運搬が七項目のうちどれに抵触し得るのかは不明である。また、他国を攻撃対象とした大量破壊兵器及び関連物資等を、沿岸国が自国の「平和、秩序又は安全を害」するものとして認定し得るかどうかは疑問の残るところである。坂元は、「領海における無害通航権の『無害性』の基準と、ＰＳＩの活動の根拠とされる『国際社会の平和と安全の維持』という基準は、別個のものである」と指摘している。坂元茂樹「ＰＳＩ（拡散防止構想）と国際法」『ジュリスト』第一二七九号、二〇〇五年、五五頁。

(126) 国連海洋法条約第一九条（無害通航の意味）「2　外国船舶の通航は、当該外国船舶が領海において次の活動のいずれかに従事する場合には、沿岸国の平和、秩序又は安全を害するものとされる。」ここでは、（a）から（i）まで一二項目の活動内容が列挙されており、後述するように、条約局資料はそのうち、拡散阻止活動に適用され得るものとして（f）「軍事機器の発着又は積込み」及び「（g）沿岸国の通関上、財政上、出入国管理上又は衛生上の法令に違反する物品、通貨又は人の積込み又は積卸し」の二つを挙げているが、実際にこれらが適用可能となるためには、拡散行為の定義如何によって、また、国内法の整備状況如何に依ることになる。そのどちらの前提をも満たしていない以上、この時点で条約局の資料は「適用可能」と断定する書きぶりにはなっていない。

(127) 国連海洋法条約第一九条二（f）。ただし、条約局がこの検討を行った時点においては、新イニシアティブが想定する物資等に、従来の定義で「軍事機器の発着又は積込み」にあたるかどうか不明なものも含まれるため、条約局は「『軍事機器（military Device）』に大量破壊兵器やミサイル関連貨物が含まれるか否かについては、学説等では明確に示されていない」との解説をつけた上で、本文の書きぶりをやや抑えたものにしている。

(128) 国連海洋法条約第一九条二（g）。

(129) 前掲註（100）、「条約局資料」。

(130) 国連海洋法条約第二一条一（h）「沿岸国の通関上、出入国管理上又は衛生上の法令の違反の防止」及び、同条約二五条（沿岸国の保護権）「1　沿岸国は、無害でない通航を防止するため、自国の領海内において必要な措置をとることができる。」いずれにせよ、無害でない通航を明確な形で定義する国内法上の措置は必要となろう。

(131) 前掲註（100）、「条約局資料」。

(132) 国連海洋法条約第二四条（沿岸国の義務）「（b）特定の国の船舶に対し又は特定の国へ、特定の国から若しくは特定の国のために貨物を運搬する船舶に対して法律上又は事実上の差別を行うこと。」この条項を字義どおり解釈するならば、いかに沿岸国がその国内法を整備しようとも、領海内における拡散阻止活動はできないことになる。したがって、国連海洋法条約を踏まえた上で、「拡散懸念物資」等を運搬する「拡散懸念国の」、もしくは「拡散懸念国に向かう」船舶を何らかの方法で指定もしくは特定し、特別な取り扱いのもとに法執行を行うために、国連海洋法条約に必要な変更を加えるか、あるいは、別の国際法もしくは条約を適用するための、新たな国際的取り決め、もしくは国際約束のようなものが必要になる。

(133) 前掲註（100）、「条約局資料」。
(134) 同右。
(135) 国連海洋法条約第三〇条（軍艦による沿岸国の法令の違反）「軍艦が領海の通航に係る沿岸国の法令を遵守せず、かつ、その軍艦に対して行われた当該法令の遵守の要請を無視した場合には、当該沿岸国は、その軍艦に対し当該領海から直ちに退去することを要求することができる。」ここに定めのあるように、沿岸国が軍艦に対して退去を要請することができるのは、当該軍艦が沿岸国の法令を遵守しなかった場合のみである。その場合は、同条約第二五条に基づいて必要な措置をとることができるとされる（二五条）。しかし、領土、領空とは違い、外国軍艦及び非商用政府船舶には沿岸国にとって無害でない通航をする限り、領海内に進入したからといってただちに「領海侵犯」となるわけではない。軍艦が大量破壊兵器もしくは拡散懸念物資を積載していることは自然である以上、それが日本の国内法上の何に違反しているのかを明確に示すことは困難であると思われるというのが、条約局がここで短く懸念を表明した背景趣旨であろうと推察される。
(136) 接続水域とは領海（基線から一二海里）の外縁部にあり、沿岸国が基線から二四海里の範囲で設定する海域である。国連海洋法条約第三三条（接続水域）「2　接続水域は、領海の幅を測定するための基線から二十四海里を超えて拡張することができない。」の定めがある。接続水域及びそこで沿岸国が取り得る権限、措置等については、前掲註（122）、筒井『国際法辞典』、二一三頁。山本『国際法【新版】』、四三〇–四三二頁等を参照。
(137) 国際法上は、こうした防止措置及び処罰を行うためには、沿岸国が根拠法となる国内法上の措置をしていることが前提となる。国連海洋法条約第三三条（接続水域）「1　沿岸国は、自国の領海に接続する水域で接続水域といわれるものにおいて、次のことに必要な規制を行うことができる。（a）自国の領土又は領海内における通関上、財政上、出入国管理上又は衛生上の法令の違反を防止すること。（b）自国の領土又は領海内で行われた（a）の法令の違反を処罰すること。」そのため、「条約局資料」（前掲註（100））にも、「我が国国内法上は、外国船舶に対しても領海においてこうした通航を禁ずるための法令の整備が必要となり、所要の法令に基づき海上保安庁が立入検査等の措置をとることとなるものと考えられる」との見解が繰り返されている。
(138) 前掲註（100）、「条約局資料」。
(139) 同右。
(140) 国連海洋法条約第二五条（沿岸国の保護権）「2　沿岸国は、また、船舶が内水に向かって航行している場合又は内水の外にある港湾施設に立ち寄る場合には、その船舶が内水に入るため又は内水の外にある港湾施設に立ち寄るために従うべき条件に違反することを防止するため、必要な措置をとる権利を有する。」
(141) 前掲註(100)、「条約局資料」。
(142) 同右。
(143) 同右。
(144) 同右。
(145) 前掲註(19)、「国交省コメント」。
(146) 前掲註(100)、「条約局資料」。
(147) 前掲註(19)、「国交省コメント」。
(148) 国際民間航空条約第一条(主権)「締約国は、各国がその領域上の空間において完全且つ排他的な主権を有することを承認する。」「領空主権」についての解説は、前掲註(24)を参照。
(149) 国際民間航空条約第一〇条(税関空港への着陸)「航空機がこの条約の条項又は特別の許可の条件に基づいて締約国の領域の無着陸横断を許されている場合を除く外、締約国の領域に入るすべての航空機は、その国の規制が要求するときは、税関検査その他の検査を受けるため、その国が指定する空港に着陸しなければならない。」とあり、特定物資の運搬が違法にあたる場合は、締約国たる我が国の国内法(この場合は航空法)の規制に従って着陸を命ずることができるため、「空のPSI阻止活動」についてもこれが適用される。また、同条約第三条(民間航空機及び国の航空機)では、「(a)この条約は、民間航空機のみに適用するものとし、国の航空機には適用しない」とされ、「(b)軍、税関及び警察の業務に用いる航空機は、国の航空機とみなす」としているが、「(c)締約国の国の航空機は、特別協定その他の方法による許可を受け、且つ、その条件に従うのでなければ、他の国の領域の上空を飛行し、又はその領域に着陸してはならない」と定められており、「国の航空機」であっても領域国の管轄権に服することが明記されている。
(150) 条約局はこの例を「国際民間航空条約改正議定書締結時擬問擬答」から引いている。ただし、条約局は、現実の問題として我が国領空で民間航空機が自衛隊や米軍の輸送業務に従事していることとの矛盾についても指摘しており、「我が国は、シカゴ条約第三五条等を根拠として、民間航空機が軍需品又は軍用機材、軍人を輸送すること自体はシカゴ条約上禁止されておらず、民間航空機がこれらを輸送すること自体が『この条約と目的と両立しない目的』となるわけではないと解しており、現に自衛隊、米軍の兵器、軍人の民間航空機による輸送が行われていることに留意する必要がある」と注釈を付けている(前出註(100)、「条約局資料」欄外注

4）。この矛盾を解消するためには、当該物資等の輸送が「条約の目的と両立」する目的なのか、しない目的なのか、包括的又は個別に定める必要があろう。法理論上の問題というより、多分に政治的スタンスの問題ではあるが、特定の民間航空機については問題ないとしつつ、別の航空機については問題とする差別的取り扱いを正当化するために必要とされる法的措置の扱いについては、この条約局資料には何も触れられていない。

(151) 前掲註（100）、「条約局資料」。

(152) 同右。

(153) 前掲註（23）、航空法第一二六条第四項。

(154) 前掲註（19）、「国交省コメント」。

(155) 二〇一二年には千歳空港でPSI合同阻止訓練が行われた。『読売新聞』二〇一二年七月五日。

(156) 国際民間航空条約第三五条（a）「軍需品又は軍用器材は、締約国の許可を受けた場合を除く外、国際航空に従事する航空機でその国の領域内又は領域の上空を運送してはならない。各国は、統一を期するため、国際民間航空機関が随時行う勧告に対して妥当な考慮を払った上、本条にいう軍需品又は軍用器材とは何かを規則によって決定しなければならない。」これを見てもわかるように、同条約には「軍需品又は軍用器材」についての明確な定義はない。先に述べたように、イニシアティブが想定する大量破壊兵器及び関連物資のすべてが、現行の法体系で言う「軍需品又は軍用器材」の定義でカバーされ得るかどうかは「国際約束」及び国内法令の双方の問題であろう。

(157) 前掲註（100）、「条約局資料」。

(158) 前掲註（22）で触れた航空法第一二八条のほか、条約局はここで航空法施行規則第二三一条三を挙げている。同規則第二三一条は外国航空機の領空通過等についての許可申請手続きについて定めており、三では軍需品の輸送について「その輸送の予定期日の三日前までに、次に掲げる事項を記載した申請書を国土交通大臣に提出しなければならない。」とあり、「（1）氏名及び住所並びに国籍」「（2）航空機の国籍、型式、登録番号及び航空機の無線局の呼出符号」「（3）輸送しようとする軍需品の品名及び数量の明細」「（4）当該輸送を必要とする理由」「（5）当該軍需品を輸送しようとする区間及び航行の日時」等の届け出事項が明記されている。許可権者である国土交通大臣は、個別又は包括的にこれらの申請の受理又は不受理を決定することができ、イニシアティブが想定する拡散阻止活動を機動的に行い得ると解される。

(159) 同右、及び、前掲註（19）、「国交省コメント」。

(160) 国際民間航空条約第三五条（貨物の制限）（b）「各締約国は、公の秩序及び安全のため、（a）に掲げる物品以外の物品をその領域内又は領域の上空を運送することを制限し、又は禁止する権利を留保する。但し、この点については、国際航空に従事する自国の航空機と他の締約国の航空機との間に差別を設けてはならず、また、航空機の運航若しくは航行又は乗組員若しくは旅客の安全のため必要な装置の携行及び航空機上におけるその使用を妨げる制限を課してはならない。」

(161) 同右。

(162) 前掲註（100）、「条約局資料」。同資料欄外注4に、現時点で日本領空を通過する民間航空機が、自衛隊や米軍の物品の輸送業務に従事していることの指摘があったことはすでに見た。もっとも、条約局の議論は、日本が単独で特定物品を制限・禁止対象とし、特定国の航空機に対して「差別的取扱い」をすることを述べているのではなく、あくまで「本件に関するスキームの下での措置」であるという「国際約束」の存在を前提としていることに留意する必要がある。

(163) 前掲註（100）、「条約局資料」。

(164) 前掲注（140）、内水について。

(165) 前掲註（100）、「条約局資料」。

(166) 同右。

(167) 同右。

(168) 佐藤丙午「ＵＮＳＣＲ一五四〇から一九七七へ――国連安保理決議一五四〇の歩み」『海外事情』二〇一一年九月号。寺林祐介「北朝鮮の核実験と国連安保理決議一七一八」『立法と調査』第二六二号、二〇〇六年、国立国会図書館。浅田正彦「安保理決議１５４０と国際立法――大量破壊兵器テロの新しい脅威をめぐって」『国際問題』第五四七号、二〇〇五年等。

(169) 鶴田順「改正ＳＵＡ条約とその日本における実施――船舶検査手続と大量破壊兵器輸送に着目して」栗林忠男・杉原高嶺編『日本における海洋法の主要課題』有信堂、二〇一〇年等。

(170) このことについては第六章で触れる。米国と他国間の乗船取り決めについては以下を参照。US Department of State, 2013, "Ship Boarding Agreements," http://www.state.gov/t/isn/c27733.htm（二〇一六年一月一日閲覧）。

(171) スペイン政府、二〇〇三年六月六日、"Verbal Note"（防衛省開示文書）。

(172) 外務省、二〇〇三年六月五日、電信第二四五五号「米による拡散阻止イニシアティブ（天野軍科審の米国出張：米への伝達・照会事項）」（防衛省開示文書）。

(173) 同右。
(174) 同右。
(175) 同右。
(176) 同右。
(177) イラク戦争との関連については本書第三章を参照。
(178) 前掲註(172)、「電信第二四五五号」。
(179) 同右。
(180) 同右。
(181) 同右。
(182) 同右。
(183) 同右。
(184) 同右。
(185) ちょうどこの頃、二〇〇三年六月六日に成立した有事法制関連三法については複数年の議論を経て与野党が合意していたが、議論の余地の残るその他の有事関連七法の審議は次回国会以降に先送りされた。また、自衛隊のイラク派遣をめぐって与野党の対決が予想されるイラク特措法の準備が始まっており、安全保障政策においてこれ以上の対決案件を抱えたくないという官邸の事情は理解できよう。
(186) 前掲註(172)、「電信第二四五五号」。
(187) 同右。
(188) 同右。
(189) 同右。
(190) 同右。
(191) 同右。
(192) 同右。
(193) 旗国の同意を得ない臨検が、臨検対象の如何を問わず「武力の行使」にあたることは前掲註(104)等を参照。

(194) 前掲註(172)、「電信第二四五五号」。
(195) 同右。
(196) 同右。
(197) 同右。
(198) 米国による国連海洋法条約の未批准に関しては、池島大策「国連海洋法条約への参加をめぐる米国の対応——米国単独行動主義の光と影」『米国内政と外交における新展開』日本国際問題研究所、二〇一三年等。
(199) 一九八一年の米英間の交換公文については、山本草二『海洋法』三省堂、一九九二年、二四八-二四九頁。稲本守「二〇〇一年不審船事件についての一考察」『東京海洋大学研究報告』第八号、二〇一二年。William C. Gilmore, "Narcotics Interdiction at Sea : UK-US Cooperation," *Marine Policy*, 10/1989 等を参照。
(200) 前掲註(172)、「電信第二四五五号」。
(201) 同右。
(202) 前掲註(38)、「経産省コメント」。
(203) 前掲註(172)、「電信第二四五五号」。
(204) 前掲註(104)を参照のこと。
(205) 天野審議官らの問いかけに対して、米国側から回答を得た内容は三本の電報にまとめられて本国に送られた記録が残っている。しかしながら、本稿執筆時点では秘密指定が解除されておらず、その具体的な内容は不明である。防衛省開示文書 電信第五八二三号、五八二八号、五八二九号 二〇〇三年六月七日。外交上の問題であると推察されるが、基本的に外務省は、「進むべき道筋のルール(Rules of the Road: RR)」をはじめ、構想当初、参加国に内容の打診があった段階で、米国がどのような内容のイニシアティブを考えていたか、具体的な内容については現時点で情報開示を拒否している。
(206) 外務省、二〇〇三年六月九日、(発信者及び作成者不詳)「拡散阻止イニシアティブ(マドリッドでの立ち上げ会合に向けた米側との非公式打ち合わせ)」(防衛省開示文書)。
(207) 同右。
(208) 同右。
(209) 同右。

(210)　同右。
(211)　同右。なお、ＩＣＯＣ（International Code of Conduct against Ballistic Missile Proliferation：弾道ミサイルの拡散に立ち向かうための国際行動規範）とは、二〇〇二年一一月二五日、オランダのハーグにおいて九〇か国以上の参加を得て採択された多国間の国際約束である。それまで、ミサイル不拡散の分野における国際的取り組みとして存在したミサイル技術管理レジーム（ＭＴＣＲ）を通じた一部諸国による輸出管理協調の枠組に加え、ＩＣＯＣ発足によって大量破壊兵器を運搬可能な弾道ミサイルの拡散を防ぐための国際的なルールが設定された。大量破壊兵器（ＷＭＤ）を運搬可能な弾道ミサイルの拡散を防ぐ上で尊重すべき原則と、そのために必要な措置を示した新たな国際的なルールであり、すべての国に開かれているとされるが、外務省は「ＩＣＯＣは法的拘束力をともなう国際約束ではなく、あくまで政治的な文書」であることを強調する。天野審議官がＩＣＯＣに言及したのはこうした性格を、ＰＳＩにも援用する意図があったものと思われる。参照：外務省、二〇〇二年一一月二六日、「弾道ミサイルの拡散に立ち向かうための国際行動規範」（ＩＣＯＣ）について、http://www.mofa.go.jp/mofaj/press/danwa/14/dga_1126.html（二〇一七年六月一日閲覧）。
(212)　外務省、二〇〇三年六月（日付の記載なし）、「拡散阻止イニシアティブ　スペイン会合対処方針」（防衛省開示文書）。
(213)　同右。
(214)　ＰＳＩ海上阻止訓練（現在は合同阻止訓練と呼称）等については後に詳しく検討するが、日本として最初に参加した多国間共同演習（二〇〇四年）等に法執行機関たる海上保安庁巡視船を送る日本側の態度は、他のＰＳＩ参加国の演習参加形態とは大きく隔っており、それがための主催国や米国に大きく気を遣わせ、非公式の場では不満を漏らされるといったこともあった（本書第五章参照）。また、各国軍の指揮官レベルによる図上演習であるＰＳＩゲームでは、日本からの参加の主体は当然ながら防衛省（庁）・自衛隊である。たとえば、あるＰＳＩゲームでは、参加者一八名のうち一一名が防衛省・自衛隊であり、うち制服組が一〇名にものぼる一方、法執行機関からの参加者は海上保安庁からの二名、警察庁からの三名を数えるのみである（防衛省運用支援課及び防衛政策課、二〇〇七年六月七日、「米国主催ＰＳＩゲームへの対応について」（防衛省開示文書））。対処方針において外務省が示した「各国の法執行機関の連携」という認識は、その後のＰＳＩの実体とは異なる。
(215)　ただし、防衛省・自衛隊は後に、ＰＳＩを国際社会の安定のみならず、国家の安全保障上の課題と定義し、公式にその取り組みへの積極的参加・貢献の実績をアピールするようになる。この点、ＰＳＩを「法執行の取り組み」とする外務省と、「安全保障上の課題」とする防衛省・自衛隊の間には、矛盾はしないが微妙にギャップのある認識の隔たりが存在する。この件については本書第五章で扱う。

(216) 前掲註(212)、「対処方針」。
(217) 外務省総合外交政策局兵器関連物資等不拡散室、二〇〇三年六月七日、「決裁書(拡散阻止イニシアティブ、スペイン会合　対処方針)」(案文)(外務省開示文書)。
(218) 前掲註(212)、「対処方針」。
(219) 同右。
(220) 同右。
(221) 同右。
(222) 同右。
(223) 同右。
(224) 同右。
(225) 同右。
(226) 同右。
(227) 日本によるICOCの取り組みについては、外務省、二〇一四年三月一七日、「弾道ミサイルの拡散に立ち向かうためのハーグ行動規範(Hague Code of Conduct against Ballistic Missile Proliferation: HCOC)(概要)」、http://www.mofa.go.jp/mofaj/gaiko/mtcr/hcoc_gai.html(二〇一六年一月一日閲覧)。なお、ICOCは第二回総会以降、HCOCと称されている。HCOCへの参加記録等は以下を参照。外務省、二〇一五年六月二七日「弾道ミサイルの不拡散」、http://www.mofa.go.jp/mofaj/gaiko/mtcr/(二〇一七年六月一日閲覧)。
(228) 前掲註(212)、「対処方針」。
(229) 同右。
(230) 同右。
(231) 同右。
(232) 筆者に開示されたすべての資料でも、「RR」の内容について触れたと思われる部分は、すべて黒塗りのままとなっている。本書刊行に先立ち、筆者は「RR」という文書の実在と正式名称について改めて外務省に照会をしたところ、書面をもって以下のような回答を得た。「①「RR」は、ご指摘のとおり「Rules of the Road の略称です。②「Rules of the Road」はPSIにおける議論の途中段階で一部の国から非公式に提示されたものですので開示できません」(外務省官房総務課宛、筆者からの照会(二〇一六年五月二日）に対する、外務省軍縮不拡散・科学部　不拡散・科学原子力課首席事務官松井宏樹氏からの回答（二〇一六年五月一三日）。なお、筆者は二〇一四年九月に発表した論文「ＰＳＩスキームと日本外交・安全保障政策」（『アジア太平洋研究科論集』第二八号）の中で「ＲＲ」の正式名称を「Rules of the Roles」と記している箇所があるが、これを訂正する。

(233) 前掲註(212)、「対処方針」。

(234) 同右。

(235) 同右。

(236) 同右。

(237) 同右。

(238) 同右。

(239) ＰＳＩの「作業部会」としての位置づけであるオペレーション専門家会合については次章以降で扱う。

(240) 外務省総合外交政策局兵器関連物資等不拡散室、二〇〇三年六月七日、「決裁書（拡散阻止イニシアティブ、スペイン会合　対処方針）」（外務省開示文書）。

(241) 前掲註(212)、「対処方針」。

(242) 前掲註(217)、「決裁書」（案文）。

(243) 同右。

(244) 同右。

(245) この事件は日本側の輸出者である株式会社明伸（東京都大田区）から、北朝鮮側の調達懸念企業に対し、直流安定化電源装置（三台：一九五万円相当）の輸出が図られた事案である。当該装置は核兵器の開発に転用可能であり、その輸出については、二〇〇二年一一月一九日に経済産業省から経済産業大臣の許可が必要である旨の通知が行われたため、同社は許可を得ることは困難と考え、いったん、日本から北朝鮮への直接の輸出を断念した。しかし、その後、同社はタイの通信関連企業を経由して北朝鮮に当該装置を輸出することを画策し、二〇〇三年四月四日、架空書類を作成した上で、船積みした荷物とともに出港に成功し、当該装置はタイに向かった。ところが、経済産業省はこの動きを察知しており、先回りをする形で、経由地である香港政庁に貨物の差し押さえの申し入れ（デマルシュ）をしたため、これを受けた同政庁によって、当該装置は四月八日、無事に差し押さえられ、大量破壊兵器関連物資の拡散は阻止された。当該装置はその後、経済産業省の行政指導に基づいて、同社によって日本に積み戻されている。この事件は、二〇〇二年に導入されたキャッチオール規制導入後、初めてのキャッチオール違反となった事案である。なお、その後、東京地裁は、二〇〇四年二月二三日、明伸社の外国為替及び外国貿易法等の違反を認め、求刑どおりに罰金二〇〇万円、代表取締役には懲役一年（執行猶予三年）の判決を出し、同年三月八日に刑が確定している。また、刑の確定を受けて、経済産業省からも、輸出禁止三か月（同年四月五日から七月四日まで）の行政制裁が科されており、その旨、三月二九日に通知がなされている。ＰＳＩの発足以前の時点で、日本、香港、タイらの多国間協力により、当時における各国法規を援用する形でこうした拡散阻止の成功事例があったことは特筆に値すると言えよう。参考：『朝日新聞』二〇〇三年二月二三日。経済産業省、二〇〇四年三月二九日、「【北朝鮮向け外為法違反事件】株式会社明伸に対する行政政策（輸出禁止）について」。経済産業省貿易管理部、二〇〇七年六月、「違反事例等からみる輸出管理上の注意事項」。

(246) 前掲註（217）、「決裁書」（案文）。

(247) 同右。

(248) 同右。

(249) 外務省、二〇〇三年六月一三日、電信第七〇三号（防衛省開示文書）。

(250) 前掲註（212）、「対処方針」。

(251) 外務省、二〇〇三年六月八日、「拡散阻止イニシアティブ　スペイン会合対処方針」（防衛省開示文書）。

(252) 『読売新聞』二〇〇三年六月一一日。

(253) 外務省総合外交政策局兵器関連物資等不拡散室作成、二〇〇三年六月一一日、「【対外応答要領】米による大量破壊兵器拡散阻止のための新イニシアティブ」、軍不拡応答〇三第〇八号（外務省開示文書）。

(254) 同右。

(255) 同右。

(256) 同右。

(257) 同右。

(258) 同右。

(259) 同右。

(260) 同右。

(261)　Ｇ８エビアン・サミットは、本スペイン会合の直前、二〇〇三年六月一〜三日の日程で、スイスのエビアンで開催された。大量破壊兵器等の不拡散問題についても、前年に出されたカナナキス宣言の内容を引き継ぎつつ、この一年間の「前進」を受けて、新たな行動計画が出された。エビアン宣言における、「大量破壊兵器・物質の拡散に対するグローバル・パートナーシップ：Ｇ８行動計画」は、日本を含むＧ８諸国がロシア国内の大量破壊兵器及び関連物資の拡散阻止のために所定の協力と貢献を行い、また、ロシアもカナナキスでの「指針」に基づいて、集中的な取り組みを行ったことが評価されている。具体的には、最近のロシアにおける多国間核環境プログラム（ＭＮＥＰＲ）協定の締結が、グローバル・パートナーシップ・イニシアティブを具体的行動に移す上での実質的な前進となったことが確認され、また、すべてのパートナー諸国が、実施すべき協力事業の決定に積極的に関与し、カナナキスで確認した優先順位に従い、いくつかの有意義な事業が既に開始されたか、または拡張されたことが、この一年の具体的な成果として明記されている。また、非Ｇ８諸国の参加と貢献を奨励し推進するためのアウトリーチ活動が行われ、その結果、フィンランド、ノルウェー、ポーランド、スウェーデン及びスイスが資金供与国としてグローバル・パートナーシップに参加することに関心を表明したこともこの一年間の大きな成果とされた。その上で、行動計画は不拡散への取り組みが次のステージに入りつつあることを宣言している。特筆すべきは、「不拡散の「原則」の全世界による採択を追求する」という合意がエビアン宣言に盛り込まれたことである。そして、この「不拡散原則」を実効あるものとするために、具体的な「実施枠組み」を設定し、これに基づいた「事業活動計画」を策定し、すでに実施中の事業を引き続き着実に前進させるという準備作業の上に、事業活動を実質的に拡大することが目標として掲げられた。Ｇ８参加諸国は、「向こう一年間、その優先順位に従って、優先順位を精査し、事業の空白や重複を避け、事業の国際的な安全保障上の目的との一貫性を評価するために、事業の開始と実施の進捗を引き続き精査し事業の調整を引き続き監督する」とかなり具体的な工程表について確認しており、また、カナナキス文書を採択する意思のある、関心を有する非Ｇ８資金供与国に、グローバル・パートナーシップへの参加を拡大するとして、アウトリーチ活動の推進についても意欲を示している。スペイン会合において、議長国たるスペイン政府が、新イニシアティブの規範的意義、また、具体的な行動計画を述べるにあたって、カナナキス宣言、エビアン宣言に言及したということは、ＰＳＩ構想の発足にあたって、米国の単独行動主義に基づく、有志連合的な性格を否定し、その国際協調的な性格を強調する狙いがあったものと思われる。エビアン宣言については、首相官邸ＨＰ、「エビアン・サミット特集」、二〇〇三年六月、http://www.kantei.go.jp/jp/koizumispeech/2003/06/02global.html（二〇一七年六月一日閲覧）を参照。

(262)　外務省総合外交政策局兵器関連物資等不拡散室、二〇〇三年六月一三日、「拡散阻止イニシアティブ・スペイン会合（記録）」（二〇一一）（外務省開示文書）。

(263) 同右。
(264) 同右。
(265) 同右。
(266) 同右。
(267) 同右。
(268) 同右。
(269) 同右。
(270) 外務省、二〇〇三年六月一三日、外務大臣宛、駐スペイン田中克之大使電信（電信番号不詳）、「拡散防止イニシアティブ・スペイン会合（主要国代表団との意見交換朝食会）」（外務省開示文書）。
(271) 田中大使からの電信には、朝食会の冒頭、代表団の天野審議官より、「我が国として議長国スペインをサポートすべく、意見交換を行うのは有意義と考え、主催させていただくこととした」と挨拶があったことが記されており、日本代表団として主体的に本会合に寄与するための朝食会であったことが記されている。また、話の内容については、「特段アジェンダは設けないが、本イニシアティブに関し、それぞれどのような立場で臨まれるのか等についてお話いただければ幸甚である」としており、各国から忌憚のない意見を聴取するために、本文で記したように我が国として北朝鮮に対して抱いている脅威認識を素直に表明したものであろう。また、後に述べる「三段階」の拡散阻止オペレーションのアイデアは、この朝食会の席上で天野氏から、ミサイル防衛のたとえをもって披露されている。天野氏は、ミサイル飛行のアナロジーをもって拡散阻止オペレーションを「発射（輸出／出国）」、「航行（輸送）」、「再突入（輸入／入国）」の各段階に分けて説明しているが、どのアプローチを重視するかについては、提唱国米国と日本代表団の認識は異なっていることをはっきりと述べている。すなわち、「本イニシアティブは、航行の段階をとらえようとするアプローチであるが、自分（軍科審天野氏）は、輸出入／入出国の段階でできることはもっとあるのではないかと考える」という発言であるが、会合に先立って他の参加国に対して、日本代表団の見解が米国のそれとは食い違っていることをはっきりと述べ、いわゆる根回しをしていたことは興味深い。現行の国際法体系を改正して、公海上等で拡散阻止オペレーションを行いたいとする「意欲的」な提言をする米国に対して、既存の国際法・国内法の範囲内で可能な法執行を粛々と進めることを提案する「ロー・キーな対応」に終始する日本代表団という対比は、後に述べるようにスペイン会合で明確に示され、米国は次回会合までにRRの改訂版の作成を約束されることになったが、多少なりとも、日本代表団の根回しが、米国の「意欲的」なプランの勢いを削ぐ一つの要因になったとも考えられる。

前掲註（270）、「田中大使電信」。
（272）前掲註（262）、「スペイン会合記録（二の一）」。
（273）同右。
（274）外務省総合外交政策局兵器関連物資等不拡散室、二〇〇三年六月一三日、「拡散阻止イニシアティブ・スペイン会合（記録）」（二の二）（外務省開示文書）。
（275）二〇〇二年一〇月、福岡県の中古車輸出会社「ジパング」が、ミサイルの移動式発射台に転用可能な大型トレーラーを北朝鮮へ不正輸出した事件である。当該トレーラーの価格は船積み料等も含めて約三七五万円だったにもかかわらず、「船長託送品」にする目的で約二五万円と偽って申告したことが発覚したため、同年一〇月一三日に福岡県警外事課と門司税関から家宅捜索を受けた。同事件は、三〇万円以下の物品については通関チェックが簡素化されていることを悪用し、大量破壊兵器関連物資の監視を逃れることを目論んだ事案である。『共同通信』二〇〇二年一〇月一三日。
（276）紛体工学機器製造会社「セイシン企業」（東京都渋谷区）が一九九九年五月と二〇〇〇年一一月の二回にわたって、イラン及び北朝鮮に対して粉砕機「ジェットミル」及び多数の関連機器（混合機、ふるい分け機、粒度分布測定器、乾燥機等の関連機器計三十数台）をセットにして不正輸出した事案。このスペイン会合のまさにその最中に表面化して報道された。セイシンが輸出した機器を組み合わせて使えば、固体燃料で飛ばすミサイルの推進薬を完成させられるため、イラン及び北朝鮮が固体燃料のミサイルを開発するために入手したと見られる。具体的には、ジェットミルで原料の過塩素酸アンモニウム（ＡＰ）や金属を細かく砕く。次にふるい分け機でＡＰの粉末を大きさごとに三種類に分ける。測定器は大きさを測るのに使う。乾燥機で乾かした粉末を混合機でゴムと混ぜ、硬化剤等の薬品を入れると推進薬ができる。北朝鮮への輸出について言えば、固体燃料ミサイルを保有していないとされた同国は当時、ミサイルの固体燃料開発に取り組んでいた。しかし、北朝鮮の技術では、粉末の大きさを調整できず、ふるい分け機などを探していたため、朝鮮総連の傘下団体である「在日本朝鮮人科学技術協会」（科協）幹部が九三年末、都内の機器販売会社にジェットミル等を買ってくれるよう頼み、販売会社から持ちかけられたセイシンが受注した。機器類は九四年三月、北朝鮮の貨客船万景峰九二号で新潟港から送られたが、この取引についてセイシンは「日本の会社から注文された国内取引で、輸出ではない」と主張。しかし、公安部は、セイシン社員が科協幹部と直接会ったり、同社側が幹部に機器の仕様書を渡したりしたことを示す文書を押収しており、同社が北朝鮮への輸出を知っていたと見ている。この件について、最高裁は二〇〇六年一〇月一〇日、セイシン側の上告を棄却し、無許可輸出による外為法違反と虚偽申請による関税法違反の罪が確定した。セイシン会長には、懲役二年六月、執行猶予五年が言い

渡されている。『読売新聞』二〇〇三年六月一二日。『朝日新聞』二〇〇三年六月一四日。『時事通信』二〇〇六年一〇月一二日等。
(277) 前掲註(274)、「スペイン会合(記録)(二の二)」。
(278) 同右。
(279) June 12, 2003, "Proliferation Security Initiative: Meeting Chairman's Statement, Madrid,"(外務省開示文書)。
(280) 前掲註(274)、「スペイン会合(記録)(二の二)」。
(281) 同右。
(282) 同右。
(283) 外務省軍科審組織、二〇〇三年六月一二日、「拡散阻止イニシアティブ(マドリード会合の概要と今後の作業)」(外務省開示文書)。
(284) 同右。軍科審組織資料では、次回会合の日程については七月一〇日と正確に記載しているが、その場所については「ローマまたはパリ」と、誤った情報を断定的に記している。この資料は、スペイン会合前後の根回しの中で、関係各国からの聞き取り等をもとに構成されていると推察され、日本代表団の素直な見解や見通しが見てとれて興味深い。
(285) 同右。
(286) 同右。
(287) 同右。
(288) 同右。
(289) 同右。
(290) 同右。

第五章　ＰＳＩの発展過程
――「法執行」への「軍事力」の使用

本章では、ＰＳＩ構想の発展過程として、スペイン会合に続いて「第二回総会」の位置づけとなるブリスベン会合（二〇〇三年七月九〜一〇日）及び同会合と同時に開かれたオペレーション作業部会（同）、また、その後、英国のロンドン郊外にあるヘンロー空軍基地で開かれたオペレーション作業部会（同七月三〇日）、そして、「第三回総会」にあたるパリ会合（同九月三〜四日）までの経緯を扱う。

本章では、主に二つの事柄に焦点を当てて分析する。一つ目は、ブリスベン会合及びその作業部会で浮上したＰＳＩ合同阻止訓練への参加問題である。同訓練はＰＳＩ構想を実現させるための多国間共同訓練であり、現在に至るまで日本の自衛隊も何度も参加、また主催もしているが、実質的な軍事オペレーションを伴う軍事演習の色彩を帯びており、自衛隊としてそのような多国間訓練に参加したのは創設以来、初めてのことであった。前章までに確認したとおり、新しいイニシアティブが構想された当初において、防衛庁・自衛隊はその形成過程から排除され、また、日本政府部内においては当の防衛庁・自衛隊を含むどの組織も、自衛隊の保有する「軍事力（防衛力）」がＰＳＩに使用されることを想定していなかった。にもかかわらず、なぜ、現在において自衛隊は日本におけるＰＳＩ活動の主役の一つとしての地位を確立するに至ったのであろうか。また、そこでの「軍事力（防衛力）」の使用はいかなる法的基盤の上になされることになるのであろうか。

二つ目の点は、多国間協議を経て最終的に確立された、創設時におけるＰＳＩの姿を確認することである。パリ会合によって採択された「政治文書」である「SIP: Statements of Interdiction Principles（阻止原則宣言）」は、法的拘束力こそ持たないが、実質的にＰＳＩの憲章（charter）としての位置づけにある。現在、ＰＳＩが「法執行の枠組」とされていることは第一章で見たとおりであるが、スペイン会合からパリ会合に至る三つの「総会」で骨格が固まったＰＳＩは、はたしてどのような「法執行」を行う機関であるのか、また、執行すべき「法」を創造、改正する取り組みを含んでいるのかを検証することで、ＰＳＩへの参加が日本の安全保障政策にとってどのような意味を持ったのかを判断する材料としたい。

一　ブリスベン会合とオペレーション作業部会

スペイン会合において、米国等の「意欲的」な意図を封じることに専念した外務省を中心とする日本代表団は、これ以降の会合も、ＰＳＩを「既存の法体系」に基づく「法執行の枠組」とすることに努力を傾けた。前章で検証したように、ＰＳＩ活動に従事するのはあくまで法執行機関であり、自衛隊は「蚊帳の外」に置かれていた。

しかし、「法執行の枠組」とはいえ、海上及び航空での捜索、追尾、また何らかの形での「臨検」作戦を行うのは、各国とも軍が中心になると想定されていた。事実、日本以外の参加国は、実務上の事柄を議論するにあたり軍事組織から代表団を送ってきた。そして、各国海軍が参加する多国間の軍事演習の構想が浮上した。これを受け、日本もＰＳＩにおける自衛隊の位置づけが変わる。日本代表団に正式に防衛庁・自衛隊が加わるとともに、演習（訓練）参加についてきわめて積極的な意向を示すこととなった。

（1）会合内容の説明と防衛庁・自衛隊の反応

スペイン会合の後、代表団の報告は外務省を通じて国内の各省庁に回付された。日本代表団は外務省の天野審議官のほか、毛利事務官、松本事務官の三名に加え、経済産業省から参加した守屋安全保障貿易管理課長で構成されており(1)、他の省庁は会合の詳しい内容を後から知ることになった。スペイン会合において、天野審議官らが主張した拡散阻止活動の主眼は、第一段階である「出国」に関するものでしかなく、手続き的にも内容的にも、国内の法執行機関による輸出管理強化の域を出ていない。しかも、日本代表団の言葉ぶりは、日本はすでにこの分野で十分な経験とノウハウを有しているというものであり、かかる法執行活動を参加国それぞれが強化し、また、拡散懸念国との貿易相手となり得る国家群にも拡大していくようアウトリーチ活動をしていくことが、新たに発足したPSI活動の主眼となるべきであるというものであった。また、他の会合参加国に対して、そうした趣旨の「根回し」まで行ったことは前章で見た。したがって、日本代表団がイメージしていたごとく、「第一段階」を中心にしたPSI構想になるのであれば、各国海軍や自衛隊等の実力装置が保有する「軍事力」は拡散阻止活動の主役にはなり得ない。スペイン会合の「対処方針」を作成する段階で防衛庁・自衛隊が一切の相談に与《あずか》らなかったことに不満を抱いていたことも先に見たが、米国からの呼びかけに際して外務省に集結された各省コメントにおいて「自衛隊にできることは非常に限られている」と突き放した防衛庁・自衛隊が日本代表団に加わらなかったことも理解できなくもない。

しかし、「RR」において米国が念頭に置いていたと見られるのは、天野審議官の言う「第二段階」である「航行」中の拡散懸念船舶等を、PSI参加国の国内法の執行管轄権が及ばない公海等、自国領域外において阻止することに主眼があった。実際問題として、日本代表団が主張したように「第一段階」の「出国」時における輸出管理、貿易管理で事足りるのであれば、参加国がそれぞれに申し合わせ、自国内での法執行を強化すればよいだけの話であり、このように大がかりな新イニシアティブを用意する必要はあまりない。提唱国米国が準備した「ＲＲ」が「意欲的」であった理由は、ＰＳＩ構想の直接のきっかけとなったソ・サン号事件において、大量破壊兵器及び関連物資の押収が、いかなる国際法、国内法に照らしても不可能であり、事態の処理にあたったスペイン海軍と米国海軍が、輸送阻止のためにいかなる措置もとれなかったことにある。ならばこそ、イニシアティブの目的は、かかる国際法、国内法の不備もしくは未整備を是正することになろう。また、拡散阻止活動を遂行するためには、警察や税関等の法執行機関では能力が不足することが予想されるが、拡散懸念国もしくは非国家主体に対抗し得る「軍事力」を使用することが求められると考えるのが自然である。スペイン会合において、防衛庁・自衛隊が蚊帳の外に置かれたという事実は、日米両国が拡散事態についての脅威認識こそ共有していたものの、実際のオペレーションに際して必要とされる実力組織の必要性の認識には大きな相違があったことを端的に表している。そうでなければ、外務省を中心とした代表団はこのことを重々承知しつつも、あえて、ＰＳＩ阻止活動に日本が自衛隊の保有する「軍事力（防衛力）」を使用する可能性を最小限にとどめようとした意志のあらわれであろう。

記録に残る形で防衛庁・自衛隊にスペイン会合の内容が伝わったのは、会議が終わって一週間近くたった二〇〇三年六月一八日である。(2) このとき防衛庁が知らされた内容は、非常に簡潔なものであった。「会合結果概要」と題されたペーパーには、日本を含む一〇か国が米国からイニシアティブに関する説明を受けた後、各国がそれぞれの考え方を説明したことが記録され、(3)「参加国合意事項」として、以下の四つの項目が記されている。すなわち、①大量破壊兵器等の拡散を防止するための国際的な連携の維持・強化に向けて努力すること、②当面は、各国が自国の現行法の範囲内で対応すること、③米国提案のＲＲの改訂に向けた協議を推進すること、そして、④インテリジェンス及びオペレーション担当各作業部会を設置することである。(4) そのほかに、次回会合が七月一〇日に、フランス、イタリアまたは豪州のいずれかにおいて開催されることも記されている。ただし、このペーパーには、「米イニシアティブの目標（米国側の説明）」と、これに対する「各国の意見」、そして、その意見をふまえての「米総括」が約二頁にわたって添付されているが、現時点ではそのすべてについて外交機密の扱いとなっており、筆者が開示を受けた資料は黒塗りのままとなっている。先にも見たように、「ＲＲ」の内容については、外務省内の検討資料の分析から、ほぼ、その概要を推察することは可能であると思われるが、おそらくは米国が「ＲＲ」において現行の国際法体系の変更を意図したため、実際のオペレーションにおいては防衛庁・自衛隊が前面に立つことになる可能性を、この時点で防衛庁側が認識していたものと考えられる。

　そのためもあってか、防衛庁はこの「会合結果概要」に、「防衛庁としての基本的な対応方針（案）」を添付し、この後に同庁及び自衛隊に降りかかってくるミッションへの準備を開始している[5]。この防衛庁の「対応方針（案）」は、スペイン会合以前に作成されたコメントと同じく「大量破壊兵器等の拡散は、我が国を含む国際社会の安定にとり大きな問題である[6]」との脅威認識を再確認し、かつ、「より安定した安全保障環境の構築を図ることにより我が国の安全を確保する[7]」との観点から、防衛庁として本イニシアティブの趣旨を支持することが適切と考えるという基本認識を示している。注目すべきは、防衛庁の認識において本イニシアティブは、国際法・国内法の「法執行」の問題ではなく、「安全保障環境の構築」の問題へと切り替わっていることである。この日以降、防衛庁（省）はＰＳＩを一貫して「安全保障の問題」として捉えており、「法執行の取り組み」であるとの性格に重きを置く外務省の視点とは、本質的な意味において食い違いを見せたまま、今日に至っている。

　米国が「ＲＲ」において提唱した意図が、天野審議官ら外務省が定義するところの「第二段階」にあることを的確に認識した防衛庁は、実際のオペレーションを自らが担当する可能性が高いことを理解し、これに対する準備を開始したものと考えられる。「対応方針（案）」は、本イニシアティブにおいて、今後、詳しく検討されることになる可能性のあるオペレーションとして、具体的に「船舶への立ち入り、臨検、物資の押収」等を挙げているが、それらについて、「現行法上、自衛隊が担い得る役割は限定されている」と先のコメントで示した見解を繰り返した上で、「対応方針」の結論として次のように述べている。すなわち、「我が国として、現行法上、本イニシアティブに関して実施可能な措置と不可能な措置を整理し、また、米を始めとする関係各国の意見を踏まえつつ、今後我が国として新規条約の策定や新規立法を行う可能性を含め、外務省と十分調整の上慎重に検討していくことが適切」(8)である。上記のカッコ書きで引用した部分における傍線は、防衛省開示オリジナル資料に付されていたものであり、当時の防衛庁として強調したかった部分であると思われるが、筆者が注目したいのは、むしろ傍線が付されていない箇所、すなわち「新規条約の策定や新規立法を行う可能性」に防衛庁が言及したことである。防衛庁側が外務省から入手した「会合結果概要」では、「当面は、各国が自国の現行法の範囲内で対応」すべきことが参加国間で合意されたことのみが明記されている。また、「意欲的」に現行法体系を変更し、公海上での軍事力を使用するオペレーションに言及したと推測される「RR」については、米国側がいったん引っ込め、次回会合までに改訂版を作成することが記されている。しかし、防衛庁が「外務省と十分調整の上慎重に検討」する対象に含めたのは、まさに、米国が「RR」において打ち出した「意欲的」な内容のことである。それは新条約や新規立法等の現行法体系の改変作業にほかならず、また、その結果として予想される自衛隊による公海等での新しいオペレーションの実施を意味する。事実、この「対応方針(案)」には注が付されており、そこには「本イニシアティブの発端は、ソ・サン号をイエメン沖の公海でスペイン海軍が臨検(昨年一二月)するに際し、積載されたミサイルの押収を認める国際法規が存在しなかったことに起因するとの説明あり」(9)と特記されている。もし、類似の事例が日本近海で発生した場合、これに対応する国際法規が存在しないことはもちろん、「自衛隊の担い得る役割」として明記された限定された法的根拠(警戒監視活動、海上警備行動、領空侵犯に対する措置、船舶検査活動法に基づく船舶検査活動において付与され得る自衛隊の権限)(10)では対処不能である以上、国際法、国内法の双方にわたる現行の法体系の改変が必須となることは言うまでもない。

この点において、スペイン会合において米国と相違する方法論を唱えた外務省を中心とした日本代表団とは異なり、防衛庁の認識は「ＲＲ」を打ち出した米国のそれに近かったと言える。また、スペイン会合の対処方針において、防衛庁は事前の相談に与らず、外務省から事後報告された形となった轍を踏まないよう、「次回会合に向けての具体的対応方針については、今次会合を踏まえて外務省と早急に調整することとする」[11]との意欲を表明している。ＰＳＩという新しい構想を自国領域内の国内法執行の枠組に押しこめ、軍事力の使用に伴う政治的論争から遠ざけたい外務省の意向とは、ある意味では真っ向から対立する形で、防衛庁・自衛隊は自らの「軍事力（防衛力）」の使用を念頭に置いた法整備、オペレーションの準備に入ったと言ってよい。

(2) オペレーション作業部会と防衛庁・自衛隊

防衛庁が「会合結果概要」を入手した翌々日の二〇〇三年六月二〇日、外務省一三階会議室において、「拡散阻止イニシアティブ関係省庁連絡会議」が開かれた。会議の参加者は、外務省から不拡散室、条約局のほか、経済産業省、国土交通省、海上保安庁、公安調査庁、そして防衛庁である。[12]外務省の主導のもと、ようやく各省庁の本格的な連携がスタートした。

連絡会議では、外務省から先のスペイン会合の内容についての説明がなされた。先に見たスペイン会合日本代表団からの電報、[13]そして、外務省不拡散室が作成した「米の拡散阻止イニシアティブ」という資料が配布されている。[14]これらの資料を読む限り、連絡会議における外務省側の説明は、マドリッドにおいて天野審議官らが開陳した持論である、「既存の国内法規の範囲内」で、「出国（第一）段階」における拡散阻止に重点を置いた説明になっていたと推察される。[15]連絡会議の結論部分において、外務省側はスペイン会合の総括を「今後については、まず、各国ができる範囲でできることを最大限効果的に行っていこうというもの」[16]と断定した上で、「それを超えるものについてどうするかについては現時点で不明である」[17]とし、米国及びスペインが掲げた「意欲的」な国際法、国内法改正の意図と、公海上等でのオペレーション実施の構想については触れていない。

ただし、米国が準備している「RR」の改訂版については、相応の対応を考えてはいた。外務省は次回会合までに、「RR」についてのコメントの作成・送付と、現行の関連法制度を整理する作業に着手しており[18]、このうち、関連国内法制度については必要な作業を関連省庁に依頼済みであることを確認し、「短時間ではあるが」との詫びを入れながら相手方への作業進捗を促している[19]。

外務省としても「RR」に対するコメント作成のため独自の作業は開始しており、外務省条約局において国際法上の整理についての作業が進行中であることを述べ、「来週半ば」にも関係省庁に渡すことを約束しているが[20]、おそらくこれはスペイン会合前に作成された条約局の「見解」をベースにした作業であったと推察される。ただし、米国が再度提示してくる「RR」の内容によっては、その「意欲的」な構想にある程度の対応をしなければならなくなる可能性も外務省は認識していた。たとえば、連絡会議の席上で配布された資料「米の拡散阻止イニシアティブ」には、「拡散阻止イニシアティブの想定するモデルケース」と題されたポンチ絵が添付されているが[21]、拡散が懸念される船舶や航空機に対して「阻止活動」が行われ得る四つのケースを図示するイラストのうち、一つは「公海」上となっている[22]。ソ・サン号事件の問題点を考えてもわかるように、公海上における拡散懸念国からの、あるいは拡散懸念国に向かう、拡散懸念国もしくは第三国の拡散懸念船舶を阻止する法的根拠は当時においては薄弱であったが、ポンチ絵に公海が阻止活動の実施領域の一つとして描かれていたことは、外務省の認識を垣間見させるものであり、配布された関連省庁にとってもそれは会議記録に明記されずとも当然に共有されていた事柄だったものと思われる[23]。

そもそも、スペイン会合において天野審議官ら代表団が提示した「自国領域内」における「既存の国内法制度の範囲内」での法執行活動だけでは大量破壊兵器等の拡散事態を阻止できないところに、PSI構想を発足させた意義があった。それゆえ、連絡会議の最後の段で、外務省側も「現行制度を超えた対応についてどうするかということも念頭に置いて作業を進めていく必要がある[24]」と素直に述べてはいる。もっともそれは、「日本が参加一一カ国のうちの一つに過ぎないからできることだけやっていればいいとはならない可能性もあり[25]」といった前置きからわかるように、きわめて受け身な姿勢から発せられたものであり、対米協力における必要性からとらざるを得ない措置であるとのニュアンスを滲ませていた。

この時点においてもまだ、防衛庁・自衛隊はPSI構想における国内関係省庁における脇役の地位にあり、むしろ、意図的に前面に出ることを遠慮していたようにも見える。この連絡会議の席上、次回会合は七月一〇日に、パリかブリスベンのいずれかで行われる見通しであること、そしてその直前にインテリジェンス部会及びオペレーション作業部会が行われる予定であることもあわせて報告がなされたが[26]、外務省は「両部会の議題等については未だ情報を得ていない[27]」としており、どういった種類の作業が行われ、どのような専門家が派遣されることになるのかの見通しを一切示していない。そして、防衛庁の資料のどこを見ても、防衛庁としてこの作業部会についての検討、準備に着手した形跡はない。また、連絡会議の最後に行われた質疑応答の中ではインテリジェンス作業部会について、外務省側は「明確には未だ分からず幅広いものが想定される[28]」としつつも、「同部会では各国が持つ情報をどのように連絡、ネットワーク化するかが課題となるであろう[29]」との見通しを述べ、関係する省庁への準備を促してはいるものの、前後のニュアンスから判断するに、「出国」段階での拡散阻止の役割を担う海上保安庁や公安調査庁等の法執行機関へ向けた言葉であったように見受けられる[30]。

また、外務省は次回会合への参加省庁についての質問に対して、「未定だが」と前置きをしつつも、海保、国土交通省、経済産業省の名前を挙げてはいるが[31]、防衛庁・自衛隊はそこから除外されている。また、イニシアティブが想定する「臨検」の具体的中身についての質問に対しても、「未だ不明[32]」とし、「マドリッドの会議でも議論されていない」[33]と答えるにとどまっている。すなわち、スペイン会合の事後報告における外務省の姿勢の中には、スペイン会合に臨む前、あるいは会合の席上におけるそれと同じく、ＰＳＩ阻止活動において防衛庁・自衛隊の保有する「軍事力（防衛力）」が主役となることを想定していた形跡はまったくないのである。また、連絡会議における防衛庁側のコメントもまた、スペイン会合の前に、同庁が外務省に提出した内容を踏襲し、「防衛庁・自衛隊としてできることは非常に限定されている」[34]と改めて釘を刺すにとどまっている。いずれにせよ、この時点で外務省のイメージしたＰＳＩの構想とは、各国間、国内各省庁間での法執行機関の連携を念頭に置いたものが主であり、各国軍や自衛隊等が軍事力を使用して行うものは中心的な概念にはなかったと判断するほかはないが、防衛庁としてもその意見に対して特に異を唱えた形跡はない。

（3）オペレーション作業部会と「臨検」演習

連絡会議から一週間後の六月二七日、在東京豪州大使より、ＰＳＩ第二回会合を、七月一〇日に豪州のブリスベンで開催するという案内状[35]が届いたが、その内容が、外務省、防衛庁の両省庁に少なからぬ混乱をもたらした。案内状には、一〇日の本会合に先立って、七月九日に軍事組織の専門家が集まってのオペレーション作業部会、及び、インテリジェンス専門家会合が開催されると記されていたからである。これ以後、今日に至るまで「オペレーション専門家会合」と称される作業部会であるが、豪州政府からの案内状には、「meeting of operational（military）experts」[36]と明記してあるように、まぎれもなく参加各国の軍当局による会合である。案内状は作業部会の目的を、「The operational experts meeting will enable discussion of practical issue such as logistics, communications and operations」[37]と記しており、文意に沿って正確に日本語訳するならば、ＰＳＩ阻止活動の実際的な内容とは、軍事的な意味における「補給」、「情報・通信」、及び「作戦」によって構成されることになる。[38]先に見たように、スペイン会合後の外務省による伝達内容にも、六月二〇日に開かれた連絡会議の席でも、軍事専門家が主役になっての作業部会が開かれる可能性についてはまったく触れられておらず、これについて所轄管庁である防衛庁・自衛隊に検討や準備の要請がなされた形跡もない。無論、防衛庁・自衛隊は、ソ・サン号事件の分析から、オペレーションが公海上で行われ、しかもそれが軍事組織によって担われる可能性があることを察知していたようであるが、そうした事態に際して「できることは非常に限定されている」と逃げを打っていたところに、豪州からこうした呼びかけを受けたのである。ブリスベン会合まで時間がないにもかかわらず、不意を打たれた形になった外務省は、ことここに至って防衛庁に協力を要請し、オペレーション作業部会に際しての「対処方針」の作成にかかった。

この専門家会合の内容が、日本政府部内、特に、防衛庁・自衛隊に大きな波紋を投げかける。七月一日、豪州の首都キャンベラにおいて、参加国の在豪外交団に対して、会合の詳しい内容を提示するブリーフィングが行われた[39]。豪州政府の提案内容は主に三つに分かれており、一つ目は「目的」の確認、二つ目が「短期的計画」、そして三つ目が「主要実施事項」であったが、すなわちそれは、陸海空における阻止作戦を行うための能力を強化するために、非常に近い将来において、参加各国軍による陸海空の阻止演習を行うことを示すものでもあった[40]。その中でも、「武力行使」にあたり、現行の国際法上、許容されない場合も多いとされる海上（公海上）での「臨検」訓練への対応が、防衛庁・自衛隊を困惑させることとなったのである。

もっとも、在豪大使館が豪州政府から受け取ったオペレーション作業部会の「アジェンダ」の中には、陸海空、それぞれの阻止活動ごとに、「国内法制度の範疇にある阻止活動」、「国内法制度の範疇にない阻止活動」の二つに分けて論じることとされており、「国際法を無視した」あるいは「国際法を改正した」上での阻止活動を行うといったニュアンスは見受けられない[41]。国際法の改正については、総会（Plenary）の「ＲＲ」の項目で話し合われることになっていたため[42]、作業部会としては国際法の問題はさておいて、各国が「武力行使」にあたる「臨検」を行い得るという前提で、合同阻止演習を開催することを検討していた模様である。

いずれにせよ、国際法上、「武力の行使」にあたる恐れがあり、かつ、国内法上もそれを行う根拠法を持たない防衛庁・自衛隊にとって、「臨検」を念頭に置いた海上阻止演習への参加は非常にハードルの高い問題であった。防衛庁では七月四日、ブリスベンで開催されるオペレーション作業部会において、「海上等における臨検のための共同演習の開催」について、米国から議案が出されることを省内の各部署に説明し、法制度の問題や準備の件等でのコメントを募る文書を配布している。[43] また、七月七日には、外務省が作成した「対処方針案」が同様に各部署に配布され、同様に、法制度の問題や準備の件等でのコメントが集められた。

外務省が作成した「対処方針案」は、「関係国間の連携強化・能力向上」や「拡散懸念国等に対する抑止維持」の観点から、共同訓練の開催の意義自体は「理解できる」として、米国らの提案を肯定的に評価はしている。[44] ただし、自衛隊が参加できるかどうかの問題はその評価とは分けて論じている。自衛隊の共同訓練参加にとって、障害となるのは国内法の問題であった。無論、自衛隊が外国との間において訓練を行うことは、「所掌事務」の遂行に必要な範囲内のものであればという前提のもと、防衛庁設置法第五条九項において可能とされている。[45] 事実、自衛隊はリムパック演習等で、米軍との間で共同訓練を行ってきた実績があり、外務省もこの点は否定していない。[46] しかし、その「所掌事務」の定義は、解釈の分かれるところである。外務省の作成した「対処方針案」によれば、それは、明確な根拠法に基づく自衛隊の任務が存在する場合に、その任務を遂行するための訓練である必要があるという。[47] そして、今般、米国等から提案のあった「臨検」のための共同訓練については、「今回検討されている阻止活動を実施することを可能とする法律が基本的に存在しない」ため、訓練への参加については「慎重に考慮する必要がある」というのである。[48]

スペイン会合への参加に先立って防衛庁から外務省に提出されたコメントにあるとおり、現行法（当時）において

「臨検」が可能となるのは、「我が国に対する武力攻撃が発生している事態」、「周辺事態」の場合だけであり、それぞれ、自衛隊法第七六条、同第八六条、また、周辺事態安全確保法または船舶検査活動法が適用され得るが、拡散阻止のための「臨検」活動はこれらの事態にはあたらず、現行法では対処できない[49]。したがって、「臨検」という形の拡散阻止活動そのものが「不可能」ということになり、それゆえ、本来的に不可能な作戦行動のための訓練に参加することは、「慎重な判断を要する」というのが外務省の作成した「対処方針案」の骨子であった[50]。

一方、この論理に従うならば、拡散阻止活動を実施し得る根拠法を持つ組織であれば、共同訓練への参加は特段の問題がないことになる。したがって、「対処方針案」は、「海上保安庁、警察等が日本の法令の遵守確保のための活動との位置付けにおいて訓練に参加する可能性については、引き続き検討して参りたい[51]」と述べており、自衛隊の訓練参加に否定的な見解を示すのと裏腹に、法執行機関の参加については前向きな態度を示している。

また、同日、防衛庁国際企画課は、外務省から受け取った「対処方針案」を整理し、不足部分を補った上で、防衛庁・自衛隊向けの「対処方針」に仕立てた「米提案について（案）[52]」という文書もあわせて各部署に配布している。内容的には、ほとんど外務省作成の対処方針案と同じであるが、たとえば、自衛隊が実際の阻止行動をとり得る場合として、外務省が指摘した「武力攻撃事態」、「周辺事態」に加え、「海上警備行動発令時」を加えている[53]。ただし、「かかる分野における訓練への参加は可能であると考えられる[54]」とはしているが、「これ以外の場合においては、当該訓練への参加は困難である[55]」とした結論部分は外務省作成資料と同じである。また、「臨検」を前提とした海上阻止訓練への参加については、これが「所掌事務の遂行に必要な範囲内の訓練に当たるかどうかにつき、慎重な判断を要する[56]」という点において外務省作成の対処方針案と同じであり、ここに、「なお、本阻止活動は、第一義的に海上保安庁、警察等の任務と考えられることから、自衛隊の参加に当たっては、これらの機関の参加が前提となる[57]」との見解が添えられている。

これら、外務省、防衛庁双方の「対処方針案」に対して、防衛庁内からは概ね賛成のコメントが寄せられている。たとえば、防衛庁訓練課は、「演習の具体的な内容が明らかではないが[58]」と前置きしながらも、「船舶への立ち入り、臨検、物資の押収等の活動を対象とする場合[59]」と限定して、「これらに関し現行法上自衛隊が担い得る役割は限定され[60]」ていること、「自衛隊は現行法上付与された所掌事務・権限に係る訓練以外は実施できない[61]」こと等を指摘した上で「慎重に検討する必要がある[62]」と結論し、自衛隊よりも法執行機関の参加が優先されることについては理解を示している。

しかし、自衛隊側は強い反発を見せた。外務省が作成した「対処方針案」に対して、海上幕僚監部（海幕）が寄せたコメントの中では、冒頭で本イニシアティブの性格について核心を衝いた分析をしている。海幕は一応、「要確認」と注意書きをしながらも、本イニシアティブが提案された背景には、イラクの自由作戦を終えた米国が、引き続きいわゆる「ならず者国家」と大量破壊兵器等の拡散といった脅威に対応するための措置が必要という認識があったと推測している[63]。そして、そのために「同盟・友好国に協力を要請しているものと解釈することができる[64]」というのが海幕の状況分析である。そして、そうであるならば、訓練に参加すべきと海幕は主張するのである。確かに、「武力攻撃事態」、「周辺事態」、及び「海上警備行動発令下」以外の状況下で、自衛隊は臨検を行うことはできない。ならば、共同訓練の実施要領を日本の法的制約に合致させてでも、それをできるようにすればよいというのが海幕の反論であった。海幕としては、「我が国が実施可能な方法で実施できるよう働きかけ[65]」ることに自信を持っており、「本訓練に参加する意義[66]」がある以上、「海上自衛隊としても十分に対応する必要がある[67]」と主張している。多年にわたり、日米同盟に基づく米国海軍との共同訓練を実施してきた自衛隊ならではの、強い自信と必要性意識であった。

こうした認識に基づき、海幕は外務省、防衛庁の作成した対処方針案とは、まるで逆の行動をとることを宣言している。まず、「したがって、海上自衛隊としては、本イニシアティブに積極的に取り組む[69]」と断言し、「海上及び航空における阻止活動訓練に積極的に参加する方向で調整を行うこととする[70]」と、断定形で防衛庁及び防衛省に打ち返した。制服組が背広組に対して、ここまで真っ向から意見を異にし、相反する行動をとることはあまりないのではないか。

自衛隊側の訓練参加への意志は断固としたものがあった。確かに、部隊運用上、現実的に部隊派遣が困難なこともあり得るため、「部隊の派遣については、国内での訓練等の状況を勘案し、実施場所及び時期を入手した段階で改めて検討する[71]」としながらも、「やむを得ず部隊を派遣できない場合は、オブザーバーを派遣することとする[72]」と断言しており、この問題に関する意志の強さを示している。ただ、共同訓練への参加については、外務省、防衛庁とは異なる形で、自衛隊なりに法的制約についての配慮があった。海幕は以下のように主張する。すなわち、「仮に本訓練に参加することになった場合でも、我が国が本イニシアティブに何ら制限無く参加できるというものではないということを参加各国に認識させることは担保しておく必要がある[73]」というものである。海幕の主張をまとめると、同盟上の要請であるため、まず、日本の法的制約に合致する形の訓練シナリオにさせるよう働きかけてでも共同訓練に参加する意義があることになり、その一方、そうした形で参加してさえいれば、日本が作戦行動上の法的制約が存在することを他の参加各国に認識してもらえることができるということになる。湾岸戦争におけるトラウマ、また、九・一一事件の後の「テロとの闘い」において、“Boots on the ground”の政治的意義がクローズアップされてきたが[74]、海幕の主張は、まず、同盟国及び同盟国軍との関係において旗幟を鮮明にし、実際に海自艦艇等の姿を示した上で、しかる後に、自衛隊が貢献できる内容には国内法上の制約があることを関係国に説明するというアプローチであったと言えよう。これは、この後、二〇〇三年一二月から二〇〇九年二月まで行われた陸上自衛隊のイラク派遣でのアプローチと同じである[75]。実のところ、これらの文書が作成された頃、国会では陸上自衛隊のイラク派遣をめぐって激しい議論が行われている真っ最中であった[76]。日本政府がＰＳＩへの参加にあたって政治的コミットメントを重視したことと同様に、自衛隊もPSI共同訓練への参加にあたって同盟国への協力要請に応えることをまず、重点的な戦略目標の一つにしたことに留意したい。

また、海幕は防衛庁が作成した「米提案について（案）」に対しては、直接的な言葉で厳しく批判している。同文書は、「自衛隊参加に当たっては、これらの機関の参加が前提となる」という表現で、法執行機関が参加しない訓練には、自衛隊が参加することはできないとする見解を示しているが、海幕はそうした指摘は論理的に成り立たないと反論している。海幕は、阻止活動の内容によっては、第一義的に海上保安庁、警察等に任務が付与され、活動することになるということは「理解できる」としているが、もし、第一義的な任務を付与された機関が参加することが、自衛隊の訓練参加に際しての条件として課されるのであれば、海上警備行動の発令を想定した海上自衛隊演習や、米国との共同演習においても同様に、海上保安庁や警察の参加が必要条件となる場合も発生し得よう。「しかし、そのようなことはあり得ない」と海幕は断言しているのである。そして、防衛庁の作成した文書から、該当する部分を削除するよう強く要請している。

こうして、オペレーション作業部会への対処方針が策定され、以後、正式に防衛庁・自衛隊がPSI活動への参加を目指すこととなった。また、創設以来一度も行われてこなかった多国間共同訓練に、自衛隊を参加させることについて、様々な留保条件がつけられながらもその可能性が否定されることはなく、むしろ、海上自衛隊の上層部（制服組）は訓練参加の実現に向かって、米国海軍等に対して水面下での働きかけを開始することとなった。なお、米国の提案する「訓練」の原文は“exercise”であり、法執行機関が行う限りその日本語訳は「訓練」であるが、軍事組織がこれを行えば「演習」である。この時点で、「武力の行使」にあたる可能性が高い公海上等での臨検については、明確にやるということも、やらないということも決まっていなかったとはいえ、提唱国米国の目的はそこにあったことはほぼ間違いなかろう。無論、自衛隊（海幕）は、もし、訓練に参加するのであれば、多国間共同訓練のシナリオそのものを変えさせ、「武力の行使」を前提にしたものから、法執行に伴う「武器の使用」のみを含有する訓練シナリオに変えさせることを念頭に置いていたとはいえ、自衛隊創設以来、初めて多国間で行われる軍事演習に参加する方向に舵を切ったことは非常に重い意味を持つと言ってよいのではないか。[83]

しかし、完成したオペレーション作業部会の「対処方針」には、こうした自衛隊側の意向は盛り込まれなかった。[84]無論、オペレーション作業部会で扱うことになる阻止オペレーションの中に、各国の共同オペレーションが含まれることは確実であるにせよ、米国が作成しなおす「改訂版ＲＲ」がどういった任務を想定するのかはこの時点では不明な点が多い。したがって、もし、既存の国際法体系を変更した上で、公海上等での臨検を行うこととなったとしても、やはり、国内法にその根拠法がない以上、日本が実際に阻止活動を行うにあたっては制約があるということを明確に伝えるということが、ブリスベン会合のオペレーション作業部会に際しての「対処方針」となった。[85]米国の提唱するイニシアティブの「趣旨」にいちはやく賛同を表明し、ＰＳＩのオリジナル・メンバーとしての政治的地位を確保した日本であるが、実際にとるべき阻止活動オペレーションの検討にあたっては、米国が最も重視する活動内容については「できない」と伝達することとなったのである。

焦点となったのは、自衛隊を阻止活動に参加させるかどうかであったことは言うまでもない。自衛隊法、船舶検査活動法に、「武力の行使」にあたる恐れのある公海上の臨検を許す根拠がない以上、自衛隊が実際の阻止活動に従事することは不可能である。ならば、自衛隊側が切望したように、せめて訓練だけの参加ならどうかという点についても、外務省がまとめた「対処方針」は否定的な見解を述べている。すなわち、「現行の我が国の法的枠組を踏まえ、当該訓練が防衛庁設置法（第五条九号）に規定する所掌事務の遂行に必要な範囲内の訓練に当たるかどうかにつき、慎重な判断を要する」[86]という表現で、明確な否定こそ避けたものの、自衛隊の訓練参加については決して乗り気でないことをオペレーション作業部会で他の参加国に伝えることとなった。もっとも、自衛隊ならざる法執行機関の場合は別である。「対処方針」は、かなり直接的な表現でこの点について言及している。たとえば、実際の阻止活動の共同オペレーションへの参加については、「この阻止活動が、“military operation”ではなく、“law enforcement operation”として位置づけられる場合には、海上における警察機関である海保の訓練の参加について前向きに検討する[87]」と述べている。また、法執行機関の訓練参加についても、「海上保安庁、警察等が日本の法令の遵守確保のための活動との位置づけにおいて本訓練に参加する可能性については引き続き検討して参りたい」と自衛隊の場合とはうってかわって前向きなトーンでその方針を述べている。

ここで、外務省の拡散阻止オペレーションに関する大きな方針が定まったと言える。すなわち、自衛隊の持つ「軍事力（防衛力）」を使用しての「武力の行使」を避ける立場には変わりはないが、法執行機関による域外法執行であれば、海保や警察等が「武器の使用」をする可能性については肯定的と言えないまでも少なくとも否定的ではないというものである。冷静に考えれば、この判断はいくつかの矛盾を含んでおり、やや奇異に感じざるを得ない。たとえば、海上保安庁の巡視船や、警察の持つ装備には「武器」が含まれている。そして、警職法の定める範囲内とはいえ、オペレーションの遂行過程において「武器の使用」が想定され得ることは、阻止対象にかなりの程度の武力を備えた国家やテロリスト集団が含まれ得ることを考えれば当然であろう。外務省が法執行に伴う「武器の使用」の可能性を考慮しなかったはずはない。しかし、そのことが法執行機関の阻止活動参加にあたっての懸念材料になったことは、少なくともこれまでの検討過程の中では一度もない。また、自衛隊が行うにせよ、海上保安庁が行うにせよ、旗国の同意を得ず、拡散懸念船舶を公海上で臨検することは、「武力の行使」にあたる恐れがある点では変わりはないが、海上保安庁にも、警察にも、そうしたことを行い得る根拠法がないことは、自衛隊の場合となんら変わらないはずである。にもかかわらず、海保や警察は阻止活動及び訓練への参加が容認され、自衛隊は、たとえ訓練（演習）シナリオを変更してでも訓練参加すら不可というのは大いに矛盾した態度ではある。この時点において、自衛隊側が多国間共同訓練への参加を可能とすべく、米国海軍等への働きかけを開始することを宣言していたことと対比すれば、「対処方針」で示された外務省の態度は必要以上に頑なという印象があり、根拠法がないから不可というより、自衛隊だから不可としているように読み取れる。それは法理上というよりは、政治判断、政策判断に類する問題であったと言えよう。

（4）ブリスベン会合への「対処方針」の策定

オペレーション作業部会のそれとは別に、ブリスベン会合そのものの「対処方針」も策定された。「対処方針」は、七月三日に外務省から案文が各省庁に送付され、同四日にコメント集約が行われた後、同八日付で完成版が各省庁に回付されている。オペレーション作業部会への準備作業と同じく、急ピッチでの作業であった。[88]

ブリスベン会合の「対処方針」は、その冒頭で三つの「基本的な考え方」を掲げている。一つ目は脅威の存在と、この取り組みが必要とされる理由の認識である。この点については、前回のスペイン会合の「対処方針」から、少し踏み込んだものになっている。大量破壊兵器・ミサイル関連物資・技術のテロリスト及び懸念国への拡散・移転阻止の強化は、国際社会における最重要課題の一つという認識は変わっていないが、ブリスベン会合の対処方針では、それが「我が国の安全保障にとっても切実な問題」であると明記している。大量破壊兵器の持つ悲劇的な破壊力を考えれば、その拡散阻止活動を単なる犯罪取り締まりとは同列に論じることはできないのは言うまでもないが、これを「安全保障問題」とするのであれば、対処のアプローチはまた違ったものになろう。そこには、軍事組織、日本においては自衛隊によって対処されるべき余地、あるいは可能性が少なからず浮上しよう。もっとも、「対処方針」は「国内における法執行諸機関の連携強化、また、関係諸国間の連携強化による総合的な取組が必要」として、この問題へ対処する主体を法執行機関に限定して記しており、ＰＳＩは安全保障上の枠組ではなく、法執行の取り組みであるという見解を堅持している。

「基本的考え方」の二つ目は、今回の会合の目的についてである。「対処方針」は、スペイン会合が本イニシアティブを推進するとの各国の強い政治的コミットメントを表明することに力点が置かれたことを振り返った上で、本会合の議論が具体的な事項へとシフトしていくべきことを述べている。具体的には「RRを含む本イニシアティブの具体的実施態様」、「アウトリーチ方針」、「懸念国・非国家主体の特定」といったものであり、それらの事項の検討を進めるためにも、本会合は並行して行われるインテリジェンス及びオペレーション作業部会と連携すべきであることをあわせて指摘している。

三つ目は、日本政府としての会議における具体的な方針である。ここでは三つのアプローチが掲げられている。最初は、「①現実的アプローチ(89)」であった。スペイン会合の際にも確認したように、日本としても、テロ及び大量破壊兵器等の拡散の問題は差し迫った脅威である。しかし、あまりにも「意欲的」でハードルの高い目標を設定すれば、いたずらに議論ばかりに時間を費やして、すぐに着手すべき、そして着手できる措置をなおざりにしかねない。したがって、PSI参加各国の協調のもと、「できることから速やかに着手していく(90)」という現実的な考え方が必要という主張であった。二つ目のアプローチが、「②包括的アプローチ(91)」である。これは、スペイン会合で天野審議官らが提唱した、三段階に分かれる「拡散の全ての過程（輸出、輸送、輸入）」のそれぞれにおいて、拡散阻止の取り組みを強化するという提案である(92)。もっとも、スペイン会合をめぐる経緯を確認する限り、日本代表団がここで「包括的アプローチ」を提唱する意図は、性急かつ強引に公海上での臨検活動の実施を目指す米国を牽制する狙いがあったことは先に確認したとおりであり、米国が「輸送」段階にこだわるのに対して、米国及び他の参加国の関心を、「輸出、輸入」段階に向かわせたいという意志の表明にほかならない。最後は「③既存の国際法や国内法の見直し(93)」というアプローチである。ブリスベン会合の「対処方針」では、スペイン会合における慎重姿勢から一歩進み、既存の法体系を変更する努力についてはやや前向きな姿勢を示している。もっとも、それは「既存の国内権限を強化し、また国際法や国際的枠組みを強化する努力も行う[94]」という「努力方針」にしか過ぎず、「仮に具体的に既存の国際法や国内法の見直し及び国内法の運用・執行の大幅な変更を要する事項が議論・決定の対象となった場合は、持ち帰って検討することとする[95]」として、代表団に無制限の権限を与えているわけではない。イニシアティブへの参加をめぐって集められた各省庁コメントでも確認されたように、国内法の変更をめぐる課題は多く、そのうちいくつかは政治的な紛争を巻き起こすことも予想される。折しも、イラク特措法をめぐって国論が分裂しつつあった当時、外務省としてはＰＳＩとの関わりにおいて、政治的紛争を引き起こす危険を冒したくなかったのも理解できる。

折から紛糾中のイラク特措法をめぐっての国会審議だけではなく、外務省にはこのとき、ブリスベン会合に際して警戒を強めざるを得ない理由があった。この直前、六月二九日付の朝日新聞朝刊が、一面で米政府高官の発言を引用して、ＰＳＩについて報じている[96]が、その高官（ボルトン国務次官と見られる[97]）が、スペイン会合における各国合意の範疇を大きく超える「意欲的」な内容の発言をしたのである。すなわち、「『有志連合』各国の領海内で大量破壊兵器などの輸送情報をつかんだ場合、公海上に出る前に摘発する協力体制をまず整え、ついで国連決議によって拿捕など、より強制力のある措置をとれるよう権限の強化を目指している[98]」と述べ、また、「現行法による各国の連携体制をまず整えた後に、（次の段階として）兵器輸出などに対する制裁決議をテコにした、臨検体制の一層の強化策を検討する[99]」と語っている。この言葉どおりに受け取るならば、米国が目指すものは、国連決議に基づいて拡散懸念船舶の臨検や拿捕等を行い得るよう、既存の国際法体系を変更することにほかならない。これはまさに「ＲＲ」で米国が目指した内容であり、スペイン会合において参加各国が合意したわけではない内容が報道されたことには、米国の政治的意図を感じざるを得ないが、折からイラク特措法の審議に苦心していた日本政府にとっては警戒を要する、迷惑な話でもあったことは想像に難くない。もっとも、幸いなことに、国会審議等でこの問題が取り上げられることはなく、政府、外務省はPSI参加の真意をめぐる政治的な紛争に巻き込まれることはなかった。

そのためもあってか、外務省は、会合での発言内容については、先走りする米国を可能な限り抑えるよう、詳細なロジックを代表団に提供している。[100]大前提となるのは、今般「RR」をまとめるにあたってまず焦点を当てるべきは、「拡散阻止のためのコミットメントを可能な限り広範に得ること」[101]にあるという主張である。そのためにも、「基本的な考え方」で示されたように、各国が着手しやすいところから着手できるようにするという、「①現実的アプローチ」の重要性が強調されることになる。米国が固執する「公海上での臨検」等のオペレーションに比重が置かれるのであれば、多くの国家にとってこれに参加するのは困難となることが予想され、広範なコミットメントを得ることが難しくなる。それよりは、他の国々の参加を容易にし、イニシアティブの「広がり」を重視したほうが実効性のある取り組みになるというのがその考え方である。

外務省がある程度の自信を持ってこうした主張をした背景には、先に見た明伸による直流安定化電源装置の不正輸出を阻止したという成功体験があった。[102]この拡散阻止事例において、外務省は「既存の国内の権限及び国際法及び国際的枠組み」[103]の中で、すべてのオペレーションを完結することに成功している。したがって、より多くの国家から強い政治的コミットメントを得ることができ、かつ、既存の枠組のもとで各国がインテリジェンス等を含む利用可能(available)なツールを「最大限かつ柔軟」[104]に活用すれば、国際社会はより強力に拡散に対抗する力を持ち、拡散国や非国家主体に大きな打撃を与えることができるというのが日本政府の主張の根幹を形成していた。そして、そのためにも、「②包括的アプローチ」が必要になる。拡散を全体として阻止するためには、輸出、輸送、輸入のいわゆる「三段階」のそれぞれにおいて「実施可能かつ、効果的な措置をとることが重要」[105]というのがスペイン会合以来、一貫した外務省の主張であったが、この点は、これらのうちの「第二段階」、すなわち、輸送中における拡散阻止活動である「公海上での臨検」にこだわる米国を牽制する意図があることは先にも確認したとおりである。外務省は、国によっては、新たな国内法の作成や改定は相当の時間を要し、また、政治的にもかなりの困難が予想されるが、そのような重荷を背負いこむことを好まない参加国があることを、米国に対して認識させたかったという意図が見てとれる。確かに、米国が目指す「意欲的」なオペレーションを実施するには、既存の国際法体系を変更した上で、さらに政治的論争を越えて自国の国内法も整備する必要があるが、外務省が言うには「多くの国が指摘していたとおり、完璧の追求が成功を妨げてはならない（pursuit of "perfect" should not be the enemy of "good"）」[106]のであって、取り組みはあくまで実践的（practical）でなければならない[107]という。

こうして米国の「意欲的」な主張に対するロジックを立てた上で、外務省は先に報道された米国高官の発言に以下のように反論する。先の報道の中身を引用して「この点については、国連安保理において包括的な決議を採択するとの考え方もあろうが[108]」としつつ、「例えば各国による長年の交渉を経て採択、発効した国連海洋法条約の規定（その中には国際慣習法化しているものもある）[109]」のような既存の国際法体系を、安保理決議によってその都度、変更し得ることとなれば、安定的な国際法秩序、また、その構築のあり方との関係で「慎重な検討が必要[110]」であるとして、「ＲＲ」における米国の主張に対して再び疑問を投げかけた。ブッシュ大統領からの呼びかけと同時に、イニシアティブの「趣旨への賛同」を表明し、同盟国の一員として「有志連合」に参加した日本ではあったが、実際のＰＳＩの設計過程において交渉に参加した外務省の持つイニシアティブのイメージやアプローチは、米国のそれとは真っ向から食い違っていた。もっとも、この外務省の主張は、米国がイニシアティブを提唱するに至った経緯を振り返る限り、根本的なところで的外れな部分があったことは否めない。もちろん、外務省が言う「現実的アプローチ」は非常にもっともなことであり、それ自体は米国の主張とも矛盾するところはなかろう。着手できるところから着手し、時間をかける部分は時間をかけて綿密に整備していくのは、いかなる事業の立ち上げにおいても当然の話だからである。また、「包括的アプローチ」によって、「三段階」のすべてにおいて取り組みを強化するという外務省の主張も、米国のそれとは矛盾しない。しかしながら、外務省が自身の成功体験である明伸事件を例に出して、「輸出」及び「輸入」段階の取り組みを強化すれば既存の国際法及び国内法の枠組内でも十分な拡散阻止効果があると主張するのに対して、米国がイニシアティブの提唱に至った直接の動機はソ・サン号事件という失敗体験にある。それはすなわち既存の国際法・国内法体系をもってしては、「輸送」段階における拡散を阻止し得ないという切迫した要請を意味する。この、イニシアティブの出発点となった認識において、米国と外務省の間には決定的な食い違いがあったことがわかる。米国の意図は当初から明瞭であった。外務省からPSI関連の資料を回付された防衛庁・自衛隊が、イニシアティブを提唱した米国の念頭にはソ・サン号事件があり、それゆえにPSIの活動内容が国際法の改定や、公海上での臨検等のオペレーションを含み得ることを喝破していたことを考えると、外務省はそのことを知らなかったはずはない。外務省がそれに気づいていながら、あえて、やや的外れな明伸事件を持ち出して、独自に「現実的」及び「包括的」アプローチを繰り出して米国を牽制するかのような動きをしたのは、やはり、米国が意図した「公海上の臨検」という形の「武力の行使」に関与することを避けたかったものと推察される。

また、ブリスベン会合「対処方針」は、対象となる国家、非国家主体、また、物資、技術についても可能な限り客観的な基準を設けることで、PSIの取り組みを、政治的な論争から遠ざけることを提案している。その理由は、より多くの国に対してアウトリーチを行い、本イニシアティブで想定されるオペレーションに協力させるためであるという。[111] もっとも、どのような国を拡散懸念国として特定するかについては、具体的な基準等の部分が今般の情報開示では秘密指定が解除されていないため、北朝鮮等の具体的な国名が挙げられたかどうか定かではないが、いずれにせよ、そのリスト化については「客観的な基準」が必要となるという主張は資料に記載がある。[112] 一方、拡散事態の特定方法については、かなり具体的な方法を提示している。拡散懸念企業については最終需要者及び最終需要目的に着目して対象を特定することとし、現行のキャッチ・オール規制と同様の方法[113]をもってリスト化して輸出、輸送、輸入を阻止することを提案している[114]。また、テロ組織については、対タリバーン制裁決議である安保理決議一二六七に基づいて設定された国連制裁委員会（UN Sanctions Committee）が、タリバーン及びアル・カイーダ関係者の資産凍結・武器移転禁止の対象として設定したリスト[115]を土台にして特定することも提案している。さらに物資・技術の特定についても、参加各国間で一致できる共通リストの導入を提案しているが、各国の国内法制の分析との摺り合わせ作業が必要となるため、まずは現時点で各国バラバラのまま、その輸送が自国において阻止オペレーションの対象となる物資を特定し、参加国間でその情報を共有しておき、しかる後に「対象となる物資・技術の特定のための専門家作業部会」を設置することを提案した[116]。

（5）ブリスベン会合を受けて

こうして策定された「対処方針」を携えて、外務省の天野審議官を団長とする日本代表団はブリスベンに赴いた。なお、本会合、作業部会ともに、防衛庁・自衛隊はこの代表団に人員を派遣していない[117]。

ブリスベン会合の議事内容はその多くについて秘密指定が解除されておらず、議論の経過については不明な点が多い。しかし、日本代表団は概ね「対処方針」に書かれた内容を発言し、日本側の立場を伝えた模様である[118]。開示された資料の中では、米国の「改訂版ＲＲ」についても、依然として「意欲的（ambitious）」という表現をしており[119]、また、後述するように各国共同で臨検をする拡散阻止訓練の開催が決定されたことからもわかるように、やはり公海上の臨検等、米国がこだわったオペレーションが盛り込まれた可能性はきわめて高いと思われる。ただし、これについて日本代表団は「努力する価値はある[120]」と、一定の理解を示す方向にシフトしている。もっとも、ＰＳＩにおける臨検参加が政治問題化することを恐れたためか、「現時点でメディア等が本イニシアティブについて想像を逞しくしており、いずれかの時点でＰＳＩの趣旨について説明する作業は必要である[121]」と米国側に釘を刺すことは忘れなかった。今般、部分的に開示された議事内容を見る限り、全体として日本代表団は、ＰＳＩへの参加が政治的論争を引き起こすことにきわめて神経質になっており、たとえば、対外的に発表された議長サマリーの案文においては、「特定の懸念国・主体について検討した（considered particular states of concern）」とあったところ、日本代表団の主張により、「懸念国・主体の問題について検討した（considered the question of...）」という形に修正がなされたこと等も報告されている[122]。これを見る限り、ブリスベン会合において拡散懸念主体として具体的な国名が取り沙汰されたことはほぼ確実であるが、日本代表団としてその事実が北朝鮮等を刺激し、かつ、国内外において政治的論争に発展することを恐れたものと推測される。

オーストラリア政府から公式に発出された議長サマリー[123]には、日本代表団が恐れた政治的紛争を注意深く避ける配慮がうかがえる。もちろん、ブリスベン会合の当初からの目的として、スペイン会合で規範レベルの合意を得た一か国が、具体的な拡散阻止のための措置に移行するために集まったことははっきりと述べられている[124]。そのために、陸、海、空のそれぞれにおいて、参加国が単独及び共同して、どんな行動（actions）をとり得るかに会合の焦点が当たったことが述べられているが、注目すべきはここで「既存の国内、あるいは国際的枠組の範囲内で（would be consistent with existing domestic international frameworks）[125]」という表現が使われたことである。米国がイニシアティブの発足にあたって、当初において「ＲＲ」が目指した「意欲的」な試みは、日本を含む慎重派の参加国の反対あるいは牽制にあって、一歩後退したようにも見える。

議長サマリーはもう一つの重要な合意点に言及している。ＰＳＩ阻止訓練の開催である。ブリスベン会合参加各国は、陸、海、空におけるＰＳＩ阻止活動の遂行能力を向上、あるいは強化するため、可能な限り早期に共同訓練を開催することで合意した[126]。日本代表団等、慎重派がこだわった「軍事演習」か「法執行訓練」かの点については、議長サマリーは"interdiction training exercise, utilizing both military and civilian assets as appropriate"[127]という表現を採択し、参加各国それぞれの制約に応じてどちらにもとれるよう配慮がなされた。これにより、各国は国内外に説明する際に、訓練（演習）の内容について、幅と含みを持たせることができるが、後述するように、実際、日本代表団の天野団長は日本側の解釈に引き寄せてこの訓練（演習）を定義している。

議長サマリーに盛り込まれた内容としては、ほかに次のようなものがある。一つは、情報分野の協力である。拡散事態を未然に阻止するためにも、情報共有は最重要と考えられるため、各国が協調し、それぞれの情報収集能力を強化・発展させる枠組を構築することが確認された[128]。これは、イニシアティブの発足にあたって、米国側に日本政府が伝えた内容でもあり、明伸事件の件で自信を深めていたものでもある。ただし、第六章で詳しく検証するように、法執行機関の間での情報共有、情報協力を念頭に置いてきた日本政府、なかんずく、外務省の思惑とは裏腹に、やがてＰＳＩ合同阻止訓練には自衛隊が中心的なアクターとして参加するようになり、また、自衛隊法第五条に基づく「警戒監視」任務において得られた情報を、ＰＳＩ参加各国軍との間で共有する協力枠組が形成されるに至る。軍事情報の交換、共有は、「武力行使一体化論」と絡んで、憲法問題に抵触しかねない可能性も指摘されよう。しかし、ブリスベン会合で日本政府も合意した情報分野の協力枠組が、そうした軍事分野にまで及ぶものかどうかはわからない。

もう一つのポイントはアウトリーチである。ＰＳＩ活動の効果的実施のためには、直接的な法執行管轄権を持つ、旗国、沿岸国、中継国等を可能な限りこの枠組に取り込むことが死活的に重要となる。それゆえ、アウトリーチの対象を世界中に広げて「この脅威に対処しようとする意志と能力のあるすべての国」に向けて働きかけが行われることとなった[129]。

また、議長サマリーが強調した点のうち、ＰＳＩは既存の不拡散レジーム、輸出管理レジームを補完する存在であるという認識も重要である[130]。ＰＳＩはそれら既存のレジームと対立するものではなく、むしろ歓迎されるべき存在であるという。拡散懸念国や非国家主体の輸送・移転技術は日々、洗練されており、彼らは不拡散についての規範や約束に反し、裏をかく形で大量破壊兵器や運搬装置を輸出して利益を得ようとする。そうした事態に、既存のレジームが追いついていないところをPSIが補い、サポートするという位置づけである。[131] この点は、既存の枠組をベースとして、それらを最大限に利用することを提案した日本代表団らの意見が反映されたものと見られる。

ただし、政治的論争を避けたいとする慎重派の国々の意見ばかりが反映されたわけではない。具体的な拡散懸念国として、北朝鮮及びイランの名前が盛り込まれたのである。[132] もっとも、建前としては、会合参加国一一か国がこれらの国家を名指ししたのではなく、PSIスペイン会合と連動する形でその直前（六月一～三日）に開催されたG8エビアン宣言[133]や、PSIブリスベン会合の直前（六月二五日）に採択された米EU共同宣言[134]の内容を引用する形で、想定される特定の拡散懸念主体として北朝鮮及びイランの名前が挙げられた。厳密にこの書きぶりを読む限り、PSIブリスベン会合でこれら両国の名前が挙がったことにはならないが、PSIの対象たり得る拡散懸念国として北朝鮮が例示された事実は重視すべきであろう。当然ながらこれは、PSIが特定の国家を対象としたものではないとする外務省の公式見解とは食い違う内容である。

なお、これは本会合ではなく、オペレーション作業部会の議場外でのことではあるが、米国、豪州の代表団より、日本政府、日本代表団に真剣な検討を迫る話があった。この九月に西太平洋の珊瑚海沿岸の豪州の領海内において、同国主催の演習「クロコダイル・エクササイズ」を三週間にわたって実施することを検討しており、そのうち一日をPSI訓練にあてるというのである。米国はこれに参加することになっており、ここに日本も参加するよう打診があった。[135] 開示された文書を読む限り、参加の打診があったのは自衛隊であったか、別の法執行機関であったかは定かではないが、ブリスベン会合に先立ってなされたPSI合同阻止訓練についての米国の提案が、こうして具体的な形となって日本政府のもとにもたらされたことは事実のようである。

議長国である豪州から公式に議長サマリーが発出され、PSI共同訓練をなるべく早期に実施すること、また、拡散懸念国として具体的に北朝鮮、及びイランの名前が挙がったことで、メディア等を中心にいろいろな思惑が生じることが予想された。そのため、外務省は即日のうちに議長サマリーを要約したプレス・リリースを作成し、関係各所に「対外応答要領[136]」を配布した。このプレス・リリースは、概ね豪州政府が作成した議長サマリーのとおりの内容であるが、ＰＳＩの対象となる具体的な拡散懸念国、非国家主体について言及した部分は削られており、北朝鮮やイランの名前はない。

ブリスベン会合の内容、特に共同訓練の情報がメディアに出たことで[137]、外務省はメディア対応を迫られた。外務省はブリスベン会合の翌日、「対外応答要領[138]」を作成し、無用な憶測記事が書かれないよう注意を払った。焦点となるのは、共同訓練への日本の参加である。「対外応答要領」は、関係国間の連携強化・能力向上等の観点から、行動訓練の意義は「理解している[139]」として、肯定的な受け止めを示した。しかし、日本の参加となると一転して、慎重な姿勢を見せている。その理由として、まず、共同訓練の具体的内容が現時点で固まっていないことを挙げている。また、ブリスベン会合で採択された議長サマリー等でも、訓練へどのような形で参加するかは各国の裁量に任されていることを挙げた上で、「我が国の対応振りについては、今後、同訓練の具体的な内容を見つつ、検討していきたい[140]」と、肯定も否定もしていない。ブリスベン会合の「対処方針」等では、共同訓練が法執行機関によって行われるのであれば、日本としてもこれに前向きに参加することが明記されていたことは先に見た。問題となり得るのは、自衛隊の参加であり、想定問答の中には、「我が国からは自衛隊が参加することになるのか[141]」というものも用意されていたが、「本件阻止訓練の具体的内容がまだ固まっていないこともあり、我が国の具体的な参加の方針については現時点では何も決まっていない[142]」と、こちらのほうも肯定も否定もせずに態度を曖昧にしている。ブリスベン会合の前から、また会合の最中にも、米国から共同訓練の提案と参加の打診があり、また、これを受けた自衛隊側も国内法的に共同訓練参加が可能になる可能性を示した上で、訓練参加への働きかけを開始していたことを考えると、この時点で外務省は、将来における自衛隊の訓練参加の可能性を排除できないと判断したものと考えられる[143]。

ほかにも、「対外応答要領」は政治的に微妙な点についても予防線を張っている。北朝鮮についてである。想定問答には、「北朝鮮やイランが本件共同訓練の主たる対象国なのか[144]」という問いが用意されていたが、これに対して準備された答えは「今次会合で合意された共同訓練は、一般的な関係国間の連携強化や能力向上を念頭においたものであり、特定の拡散懸念国を対象として実施するものではないと理解している[145]」という、苦しい内容になっている。先に見たように、議長サマリーには北朝鮮やイランが拡散懸念国として名指しで明記されており、共同訓練のみがそれらの国々を対象から外しているというのは論理的とは言えない。実際、後に日本がPSI合同阻止訓練に参加するにあたって、北朝鮮は激しく反発することになる。

ただし、現地の日本代表団は、「対外応答要領」が作成される前（七月一〇日現地時間一八時三〇分）に記者ブリーフィングを行っている。これに先立ち、オーストラリア・ダウナー外相と米国ボルトン国務次官が「きわめて踏み込んだ」記者会見を行ったため、天野団長が記者らの求めに応じて開いたものである[146]。とりわけ、この秋にも米軍とオーストラリア軍による共同阻止訓練を行うことが発表されたことが、代表団を慌てさせた模様である。記者会見で天野団長は、「第一回会合では、PSI拡散阻止イニシアティブについて政治的支持があったことを受け、今回はこれをもう少し具体化することが目的であった[147]」と述べた上で、インテリジェンス作業部会やオペレーション作業部会が開かれたこと等例に挙げて、「少しづつ前進しているという感じである[148]」と肯定的な評価をしている。そして、「印象を述べれば」として、「第一回、第二回と会合を通じ、各国が現行の国内法及び国際法の範囲内でやっていこうとする考え方が定着した感がある[149]」と述べており、「足りないことは将来考えていくということであり、具体的なことは決まっていない[150]」としている。しかし、この言葉のとおりであれば、「対処方針」等に示された日本政府の方針と、実際の会合の内容が一致していたことになり、各国軍による共同演習の計画が進行している事実を無視していたことになる。

記者たちの質問は、具体的な部分に集中した。折からイラク特措法による自衛隊の海外派遣問題で紛糾した当時の状況を反映してか、その関心の高さがうかがえる。たとえば、オペレーション作業部会には軍関係者が集まったのかという質問が出た[151]。これに対して、天野団長は「国により異なり、軍、沿岸警備隊、税関等の関係者が出席した[152]」と答えているが、日本代表団には自衛隊関係者が参加していなかったことは先にも見たとおりである。また、共同訓練に自衛隊は参加するのかという質問もなされたが[153]、天野団長は「訓練にどこが参加するかは決まっていない[154]」と答え、「訓練のための話し合いへの参加も参加の一つ[155]」と述べて作業部会等への自衛隊参加には含みを持たせたものの、「全く個人的な印象ではあるが、自衛隊の参加はあまり想定されないと思う[156]」と、はっきりと否定的な見通しを述べている。

記者団の関心は、そもそも共同訓練が軍事演習なのか、それとも法執行機関による訓練なのかという点に尽きる[157]。Exerciseという言葉は、軍事組織が行うならば「演習」であり、法執行機関が行うならば「訓練」である。この点について天野団長は「軍関係者以外の参加もあるという意味で、訓練という方が実体に即している[158]」と答えているが、海上警備行動等に基づく軍事的訓練に法執行機関からの参加もあり得ることを考えると、「軍関係者以外の参加」を区別の基準とするのは、やや詭弁めいた印象を免れない。

記者の質問は「臨検」についても及んだ。将来、特定の対象国に対して公海において臨検を行う可能性があるか、また、そうした意思があるかどうかは、ＰＳＩ阻止活動の性格を決める重要な点であるが、天野団長は「そのような議論はされていない[159]」と一蹴している。その上で、「臨検というとアクション映画のようなものが想像され誤解されやすいが、実際は参加国間で現行の国内法・国際法の範囲内で拡散防止措置をとっていこうというものである[160]」と述べているが、ＰＳＩの発端となったソ・サン号事件が、国内法・国際法の範囲内では対処不能であったことを考えると、この答は論点をはぐらかしたものと言えよう。では公海で何ができるのか、また、将来、国際法の解釈を変える、拡大するといったことは議論されているのか、といった質問も相次いで飛んだが、天野団長は「そこまでは議論していない[161]」と繰り返すことに終始した。

記者会見の内容は、具体的な国名にも及んだ。アウトリーチについて、中国やロシアの参加について話し合われたか、という問いに対しては、「今後、どの国にどのように働きかけてゆくかはこれから話し合っていく[162]」と答え、また、対象国についての議論はあったのか、という問いに対しては、「EUの宣言やG8で北朝鮮やイランが挙げられているという話はあったが、今回の議論ではどこを対象にするかは合意されていない[163]」と、具体的な回答は避けた。特に、北朝鮮については共同訓練との関係もあり、これを刺激する懸念があることも質問されたが、「訓練は北朝鮮の近くでやるわけではなく、また内容も大がかりなものではない[164]」と述べ、注意深く政治的問題に発展することを避けている。

また、天野団長は同日、法人記者向けのブリーフィングのほかに、地元プレス（TV：チャンネル一九、ラジオ：ABCラジオ）のインタビューを受けているが、そこでは会議の内容について、もう少し踏み込んだ質問がなされている[165]。地元メディアは、何らかの形で公表されていない会議の内容に関する情報を得ていた模様である。インタビューでは、「米国がとった強硬路線についての感想如何[166]」と、かなり直接的な質問が投げかけられている。地元プレスは、公海上の臨検を伴う共同演習の開催等、日本側が難色を示したことが決議に盛り込まれたこと等を「強硬路線」と捉えていた模様である。天野団長はこれに対して「米国は強硬でも柔和でもない[167]」と答えた上で、日本の立場について「本件イニシアティブは参加各国とも支持しており、共同の作業と考えている。我が国は現実的にできることから始めるのが重要[168]」と返している。また、「このような阻止行動への参加がかえって諸国を刺激し、日本の安全保障を脅かさないか[169]」という質問も投げられたが、「大量破壊兵器等の拡散を阻止することは我が国の安全保障に資する[170]」と、原則論をもって返している。天野団長は、既存の法的枠組を通して、「これまでも、日本は輸出管理を通じて拡散を阻止してき[171]」たことや、「アジアを対象とした輸出管理セミナーの開催等のキャパビルを行ってき[172]」たこと等を強調し、以前から「ＰＳＩ活動」を実施してきた日本にとって、今回、新たな取り組みに参加したことで脅威が増すといったことはないことを力説している。だが、こうした質問が出ること自体、米国が「ＲＲ」等に盛り込み、ＰＳＩ構想を通じて実現しようとしてきた活動内容が、記者団にとっても「意欲的」あるいは「攻撃的」と見えたと言ってよかろう。米国の意図について記者団らの持った印象は、日本外務省の抱いていたものに近いというのは興味深いことであり、外務省が政治的問題の惹起を警戒していたことは概ね正しい認識だったと言えよう。

二　ＰＳＩ合同阻止訓練への参加をめぐって

こうして、ＰＳＩ合同阻止訓練が開催されることとなったが、日本政府の認識では、この共同訓練はあくまで「法執行の共同訓練」であり、「多国間軍事演習」ではない。

そして、その認識の共有を他国に働きかけ、訓練シナリオまで変えさせた上で、まずは法執行機関である海上保安庁が参加し、しかる後に自衛隊が訓練に参加するというステップを踏んだ。

現在では、自衛隊が参加するＰＳＩ合同阻止訓練には、「武力の行使」にあたる可能性のある内容も含まれているが、多国間の軍隊との間の「能力の向上、連携の強化」を目的として、これが正当化されている。

本節では、ここに至った経緯を検証する。

（1）PSI合同阻止訓練への参加

ブッシュ大統領の構想発表から、わずか二か月あまりという急ピッチでその骨格を固めてきたPSIは、ブリスベン会合を経て、急速に活動内容が具体化してきた。米国及び豪州から打診のあったPSI合同阻止訓練の具体的な日程が固まり、日本としてもこれにどう対応するかの決断が迫られることになった。

ブリスベン会合が終了した翌日、七月一一日には、東京の関係省庁に会議の概要を記した資料が配付された。[173] また、七月末にPSI合同阻止訓練等について話し合われるオペレーション専門家会合がロンドン（近郊）で開催されることとなったため、七月一七日、外務省庁舎にて関係省庁を集めての検討会議が開催されている。[174] この会議の招集は、警察庁、経産省、海上保安庁のほか、防衛庁に対しても行われており、[175] 外務省は共同訓練に自衛隊が参加する可能性も考慮した上で具体的な検討に入った。

ブリスベン会合に基づいて、各省に回された連絡・検討事項はきわめて具体的、かつ切迫したものであった。たとえば、本会合で決定された情報の迅速な共有については、次回のインテリジェンス専門家会合の早期開催が決まったのとあわせて、各参加国に少なくとも一つのコンタクトポイントを設けることが求められたため、[176] それらの具体的な準備作業が必要となった。[177] また、PSIの効果維持のために、情報の秘密保持に重要な考慮を払うことも求められたため、所要の法整備等の検討も必要となる可能性が出てきた。そして、最も扱いに注意を要する内容が、オペレーション専門家会合で合意されたPSI合同阻止訓練の開催である。一応、この会合で合意された阻止訓練は、参加各国それぞれの国内事情を勘案して、国内管轄権の及ぶ範囲内にて、既存の法的枠組の中で訓練を実施することとされている。[178] また、阻止訓練の対象は「軍・民両機関」を含むことが確認されており、この場合の民（civilian）とは、日本の場合、警察、税関、海上保安庁等が対応することを、会合における日本代表団は確認している。[179] したがって、一足飛びに、自衛隊が法的根拠も曖昧なまま、PSI合同阻止訓練への参加を強いられる懸念はなくなったとはいえ、米国の提案するタイムフレームは性急であった[180]。そして、参加レベルについては「検討の上」としながらも基本的に全参加国にいずれかの方法で訓練に参加するよう要請がなされている[181]。また、オペレーション専門家会合は、適切な部隊行動基準（ROE: Rules of Engagement）の策定作業を念頭に置いており[182]、将来における法執行機関及び自衛隊の参加が否定し切れないのであれば、コア・メンバーである日本としても適切な形でこの作業に参加する必要がある。さらに言えば、ＰＳＩ活動のために、政府、場合によっては議会の承認を得る必要も指摘された[183]。折から紛糾中の自衛隊のイラク派遣をめぐる国会審議を考えれば、さらに多大なる政治的論争を引き起こすことも予想され、政府としては慎重を要する課題であった。このような理由で、間近に迫ったロンドン（近郊）でのオペレーション作業部会、そして自衛隊のＰＳＩ合同阻止訓練への参加問題は、政府内、とりわけ外務省、防衛庁にとって頭の痛い問題であったものと思われる。なお、米国側から提案があった合同阻止訓練は、当初、全三回が予定されていた模様であり、ブリスベン会合で示された米国及び豪州共催の訓練は、その三回のうち一回としてカウントされることになることが示されている[184]。単発で終わる訓練ではない以上、日本としても継続的、かつ長期的な視野での対応が必要であったことは言うまでもない。

しかし、七月一一日に外務省内で行われた省庁横断的な性格の検討会議では、その冒頭でいきなり結論が出された。七月一六日、オーストラリアから帰国した日本代表団団長の天野審議官が、古川官房副長官に会合の経緯について報告をした際、「当該訓練への海上自衛隊の参加は困難だろうが、海上保安庁はぜひ参加すべき」との見解を申し渡されたことが報告されたのである[185]。ＰＳＩへの参加問題と同様、またしても、各省庁が検討作業を開始する前、あるいは最中に、官邸側から結論が出されたわけである。したがって、七月一七日の検討会議では、「自衛隊は参加しないが、海上保安庁は参加する」との方針に沿って、オペレーションへのロジスティックスが組まれていくことになった。

(2)「オペレーション作業部会への対処方針」の策定

古川官房副長官という、官邸からのいわば「鶴の一声」によって、海上保安庁を合同阻止訓練へ参加させる方向で、日本政府はその準備に入った。検討会議の席上、海保側は合同阻止訓練への参加にきわめて前向きな姿勢を見せる。「海保としては、実動訓練、机上訓練、オブザーバーのいずれの形でも参加し、技術の向上を図りたい[186]」という発言に、本件に対する海保の意欲的な姿勢が集約されていよう。

とはいえ、海保としても、PSIがシナリオ次第では「武力の行使」にあたる恐れがあること、また、特に北朝鮮を刺激しかねないこと等の政治的リスクは承知していた模様であり、これらの危険を防止するために、訓練のシナリオについて外務省に細かい注文をつけた。すなわち、本訓練への参加の前提として、「本訓練が軍事訓練から完全に分離された法執行に関するものであること[187]」が確認されることを要求したのである。また、その場合の法執行措置とは「現行の法的枠組みの範囲で行われること[188]」であることも、あわせて確認がなされている。また、それらのことが担保され、本訓練が「軍事訓練から切り離された形であることを対外的に説明することを容易にするため[189]」の措置として、「米及び豪に沿岸警備隊を参加させる方向で先方と調整して欲しい[190]」と、かなりハードルの高い要求を外務省に突きつけている。しかし、それらの要求が満たされたならば、海保としては「ヘリコプターを搭載した巡視船や特殊部隊の参加も可能[191]」としており、相当な火力及び機動力を合同阻止訓練に投入する意志があることを示した。

海保のこの強気な態度はやや奇異にも感じられるが、後述するように訓練主催国である米国及び豪州は日本側の要求をすべて飲み、両国の沿岸警備隊を回航させてまで海保の巡視船等を本訓練に迎えている。おそらくはブリスベン会合時に先方から接触があった際、海保が参加しやすいシナリオ設定をすることについて、何らかの約束もしくは了解があったものと推察される。日本は拡散懸念国として名指しされた北朝鮮の海上アクセスを扼する領土領海を有する、唯一のPSIコア・メンバーである。しかし、ブリスベン会合においては、当面はこれ以上、コア・メンバーを拡大しないことが確認されているが、[192]ならばこそ、アジア太平洋地域において日本が参加しない形のＰＳＩ合同阻止訓練を開催しても、それは画竜点睛を欠くものになろう。[193]こうしたことを考えると、海保側から外務省への調整要求は、それなりの自信があってのものだったと考えることが自然であろう。こうして、海保が合同阻止訓練に参加することを軸に、本件を協議するために七月三〇日にロンドン近郊で行われるオペレーション専門家会合への対処方針を策定することを確認して、[194]検討会議は終了した。この会議では、訓練参加に意欲を示していたもう一方の「当事者」候補であった自衛隊の参加についての言及はなかった。ただし、最後に「我が国としての対処方針を作成したいので、二二、二三日頃までに各省庁において本訓練への参加についての検討をお願いしたい[195]」との要請があり、防衛庁・自衛隊としての意見表明の機会は残された。

そのため、防衛庁・自衛隊側は将来、ＰＳＩ合同阻止訓練へ自衛隊参加の可能性を残すために独自の対応を開始した。防衛庁は独自の「対処方針[196]」を作成し、外務省側に防衛庁・自衛隊の意志を強くアピールすることにしたのである。防衛庁・自衛隊としては、予想されるＰＳＩ活動の中身と、それに必要とされる能力を考えれば、将来における自衛隊参加の可能性は排除されるべきではないと訴えることが最大のポイントであった。また、単に訓練だけであれば、現行の法制度の範囲内で自衛隊の参加は十分に可能であるという点も重要である。それゆえ、たとえ、オペレーション作業部会、また、豪州沖でのＰＳＩ合同阻止訓練への正式参加が叶わなかったとしても、少なくともオブザーバー参加の地位だけは確保しておき、将来において防衛庁・自衛隊が参加する可能性につなげる必要がある。防衛庁が独自に作成した対処方針は、そうした長期的戦略に基づいたものであったと言えよう。無論、防衛庁としても、ＰＳＩが法執行の取り組みであるという前提のもとにある限り、本訓練の内容は国内管轄権の及ぶ範囲の「法執行」が中心となると認識しており、ならばこれは第一義的に海上保安庁の所管事務と考えられることを確認し、今回の訓練に海上自衛隊部隊が参加する必要性が低いことについては理解を示している。[197]しかしながら、海上警備行動が下令された場合は、自衛隊が阻止行動の一部を実施する可能性があることもまた、防衛庁は確認を求めている[198]。したがって、当該行動における情報を収集し、今後の自衛隊の円滑な運用に資するために、本訓練において海上自衛隊等がオブザーバーとして参加すべきであるというのが、防衛庁側の言い分であった[199]。

ただし、自衛隊の狙いは情報収集のためのオブザーバー参加にあるのではなく、その火力、機動力、情報収集能力等を使用しての、本格的な訓練参加にあったものと思われる。防衛庁から外務省へ送付された「(防衛庁)対処方針」の送付状には、「なお、かりに本訓練の対象が海上保安庁の所掌事務ではない軍事オペレーションを中心とするものである場合は、状況次第では海自部隊の参加を検討することが必ずしも排除されるわけではない[200]」と明確に書かれている。ブリスベン会合に際しての検討内容を踏まえれば、これが防衛庁・自衛隊側の本心であったと推察される。すなわち、PSI阻止活動は「海上保安庁の所掌事務ではない軍事オペレーション」を包含する可能性が否定されておらず、かつ、そのために提唱国である米国らに対する水面下の働きかけを開始していた自衛隊としては、今般、外務省及び海上保安庁が想定したシナリオとはかなり違う姿のものを念頭に置いていたのであろう。それが、外務省及び海上保安庁らが考える「法執行」に伴う「武器の使用」の範疇を越え、米国側がこだわった「武力の行使」に抵触しかねないものにあたるかどうかについては、当時の防衛庁・自衛隊の認識を確認することはできないが、少なくともPSI阻止活動に伴う本格的な軍事オペレーションに自衛隊が投入される可能性を考えていたことは、日本の外交・安全保障政策史上、特筆されてよい出来事であろう。いずれにせよ、防衛庁・自衛隊のPSI合同阻止訓練参加にかける意欲は強かったことは間違いなかろう。

しかしそれゆえにこそ、PSI合同阻止訓練への参加に前のめりになる防衛庁・自衛隊を、官邸が制したという構図も一面では存在したと言える。当時、内閣総理大臣秘書官(安全保障担当)であった小野次郎は、自衛隊ではなく、海上保安庁を出すという決定が官邸内でなされた経緯について以下のように証言する[201]。PSI合同阻止訓練への日本からの派遣をめぐって、小野元秘書官らは、「防衛庁が妙にはしゃいでいるな」という印象があったという。もちろん、官邸内にはこのイニシアティブが、日米同盟から出てきたものであるという認識はあり、外交上の要請で日米安全保障当局が動いていることは承知していた。また、米国側は米海軍が担当することも把握していたため、軍事当局のカウンター・パートとして自衛隊が呼ばれることには一定の必然性があり、これにより、米海軍と海上自衛隊の間で、現場同士の協力関係が進むことも理解していた。しかし、官邸としては、あくまで法的整理として説明のつく原則論にこだわった。当時の小野の認識では、ＰＳＩが対象にするのは、犯罪か、戦争かと言えば犯罪と言うしかなく、ならばこの合同阻止訓練は、取り締まりに関わる警察行動にほかならない。明伸事件のことも念頭にあり、官邸では「あれ（明伸事件）は警察がやった」という認識があった以上、ＰＳＩ阻止活動もまた、あくまで法執行（law enforcement）の問題と考えるほかはない。それゆえ、小野元秘書官は、「自衛隊が出ていくのはおかしいと、僕が古川さんに言いました」と証言するのである。ならば、第一義的に海上保安庁が出ていくべきということが先にあり、しかる後に、海上保安庁が訓練する横で、海上自衛隊が見るのは理解できるとして、海上保安庁を正式参加させ、必要があれば海上自衛隊をオブザーバー参加させることで落ち着いたというのが真相という。

ただし、官邸内でも、各国の海軍同士が訓練をする中で、日本だけは法執行機関を出すということに違和感があったようであり、小野は「我が国においては、第一義的に海上保安庁や警察がやるべきことなので、先方もカウンター・パートとして沿岸警備隊を出せないか、といったことを話し合った記憶がある」との証言もしている。これは先に見た海保側の要求とも符合する。このように、ＰＳＩ合同阻止訓練への派遣をめぐって、外務省と防衛庁の間で様々な鞘当てや駆け引きがあった模様であるが、最終的には古川官房副長官がこれを引き取り、決定を下した模様である。日本は日米同盟上の要請と首脳同士の信頼関係からＰＳＩへの参加を決定したものの、ひとまず、その参加形態として「法執行の枠組み」という認識を堅持することになった。それはあくまで表向きの内容ではあるが、日本と

ＰＳＩとの関わりの基本的な原則と態度は、この時点で定まったと言ってよいであろう。

こうして、豪州沖でのＰＳＩ合同阻止訓練に海上保安庁が正式派遣されることになり、防衛庁・自衛隊はオブザーバー扱いとなることが決まった。一方で、ロンドン近郊で行われるオペレーション作業部会にも、防衛庁から在英大使館勤務者が参加することとなった[202]。作業部会は七月三〇日、合同阻止訓練のこと等を中心に話し合われることと決まったため、外務省は早速、代表団のとりまとめと調整作業にかかった[203]。開催場所が英国空軍のヘンロー基地に決まったという第一報は、英国側がそれを決定した翌日、在英大使館に勤務する防衛庁職員を通じてもたらされた模様である[204]。先に、首相官邸にいた当時の安全保障担当秘書官である小野が、ＰＳＩは軍同士の現場での協力でやっていることであり、先方が軍主導で行っているのであれば、日本におけるカウンター・パートは自衛隊になると認識していたという証言を紹介したが、外務省が正規の外交ルートを通じて作業部会に向けた準備・調整作業を開始する傍らで、自衛隊も「軍・軍関係」に立脚した独自のルートを持って連絡、調整の機能をスタートさせていた事実は、小野ら当時の官邸の認識を裏付けるものである。

防衛庁・自衛隊の会合参加を前提として、外務省及び防衛庁はそれぞれに、ヘンロー空軍基地でのオペレーション作業部会に向けての「対処方針」の策定作業にかかった。外務省は、防衛庁に対して、ＰＳＩ阻止オペレーションの本質的な中身に関わる質問をした。たとえば、「海上警備行動発令時において、海自は、海上保安庁法を準用し、刑事手続きを行うことができるのか[205]」という質問で、海自に司法警察権があるかどうかを再確認している。もし、かかる司法警察権が「ある」のであれば、ＰＳＩ合同阻止訓練や、実際のＰＳＩ阻止活動にも、海上自衛隊が「法執行機関」の一員として参加することは可能であると解釈されるが、防衛庁側の回答は当然ながら「ない」というものであった[206]。また、外務省は「周辺事態において海自が船舶検査を行い、船舶を差し押さえた場合、海自は海上保安庁に引き渡すことになるのか[207]」といったことも確認している。これは、外務省が同じ問いを海保側にもしたところ、海自から海保に差し押さえ船舶を引き渡す手続きは定められておらず、海自が行ったオペレーションは「海自の中だけで完結する」と海保側が認識していたため、外務省から改めて防衛庁側に確認をとった模様である。[208]

もっとも、この海保の認識はやや言葉が足らない印象がある。海自から海保への差し押さえ船舶の引き渡し手続きがないことは事実ではあるが、実際のところ、海上自衛隊は周辺事態における船舶検査までを行う権限はあるものの、その船舶を差し押さえることは認められていない[209]（当時）。したがって、PSI阻止活動が海自の任務内で「完結」することは現行法上あり得ない。無論、これは海保側の誤りというよりも、かかる事態を想定していない法制度上の不備によるものではある。この一点からもわかるように、これらの質問において示された外務省の関心は、「海上保安庁の管轄の及ばない分野で、自衛隊はどの程度の活動が可能なのかを把握しておく[210]」ことにあった旨が記録に残っているが、このやりとりを通じて、自衛隊には「法執行としてのPSI」を行うための法的基盤はほとんどないことも改めて浮き彫りとなったと言える。

こうしたやりとりを経て、外務省は七月二八日までに「対処方針」を固めた[211]。「対処方針」では、海上保安庁の派遣について日本側から米豪側に条件を課すことが決められた。これは、海上保安庁を「海上における臨検・捜索・差押さえ等の法令執行権限及びそのノウハウを有する機関[212]」と改めて定義した上で、「本訓練が、平常時における法執行のための訓練との性格付けが明確になされ、さらに政府全体として参加の判断がなされることを前提[213]」として、海保から訓練海域へ巡視船、部隊等を派遣し、他の参加国と共同訓練を行う用意があるというものであり、この前提条件がすべて明確に満たされなければ派遣しないことも明記された[214]。また、別の資料には、ヘンロー空軍基地でのオペレーション作業部会で海保の合同阻止訓練参加の条件を米豪側に提示する内容として、さらに詳しく、以下の五つが挙げられている。すなわち、

①訓練のシナリオに関する参加国間での十分な調整
②米豪等参加国が沿岸警備隊、警察機関、税関当局等の法執行機関を極力参加させる
③軍事演習との明確な切り離し
④軍事演習と混同されないような広報上の留意
⑤実施の約一か月前に訓練の概略が固まっているという日程上の条件

の五つの項目であった[215]。これに加えて、先に条件として挙げられた、

⑥海上保安庁は法執行機関として認識されること

を加えた「六条件」が、海保の共同訓練参加の条件となった。この「六条件」のうち、広報上の点（④）について「対処方針」では、海保側が訓練参加の条件としている諸点がすべて満たされる場合のメリットとして、「当初米豪が予定していた本軍事演習とは明確に区別され[216]」ることになるため、「独立した法執行のための共同訓練であることが実態上も、対外広報上も確保されることになる[217]」点を挙げている。外務省は直截的に「本訓練への海保庁巡視船、部隊等の参加は、あくまでも我が国の国内法上の違法行為の取締り強化の一環であると説明し得るものとなる[218]」と述べており、広報上の問題を非常に気にしていたことがうかがえる。一方、防衛庁・自衛隊に関しては、「海上警備行動発令時等の際には、自衛隊としても阻止行動の一部について実施する可能性がある[219]」ことを理由に挙げ、当該行動に関する情報収集や、今後の自衛隊の円滑な運用に資するため、海上自衛隊等からオブザーバーを参加させることが盛り込まれた[220]。

また、防衛庁も、オペレーション作業部会に向けての準備を急ぎ[221]、同庁としての「対処方針」を七月二四日までに固めている。しかしながらこの「対処方針」は、「官邸（古川官房副長官）としても、本訓練への海上保安庁への参加については強く求めるものの、海上自衛隊の参加は困難であろうとの認識が示されているところ[222]」という前提を受けて、非常に抑制的な内容のものとなった。防衛庁の「対処方針」は、「米豪主催のPSI訓練は[223]」という部分にわざわざ下線を引いてこの点を強調しつつ、今回の共同訓練に自衛隊が正式参加しない理由として、「対象は、国内管轄権の及ぶ範囲内における法執行が中心となる[224]」ため、「その場合の所掌は、第一義的に海上保安庁の所管事務と考えられる[225]」からとの認識を記載している。ただし、国内管轄権の及ぶ範囲内における法執行の場合であっても、「海上警備行動発令時等の際には、海上自衛隊としても阻止行動の一部について実施する可能性がある[226]」ため、当該行動に関する情報の収集や、今後の自衛隊の円滑な運用に資するために、海上自衛隊からオブザーバーを派遣する意義を説明している。しかし、「対処方針」における防衛庁・自衛隊の目的は別のところにあったものと推察される。すなわち、将来のPSI阻止活動及び、PSI合同阻止訓練において、自衛隊が正式参加する余地を残しておくというものである。こうした防衛庁の狙いは、「かりに本訓練の対象が海上保安庁の所掌事務ではない軍事オペレーションを中心とするものである場合は、状況次第では海自部隊の参加を検討することが必ずしも排除されるわけではないと思われる[227]」と、防衛庁自身が下線をほどこした言葉にあらわれていると言えよう。

防衛庁が示したこの認識は、官邸及び外務省が立てている方針とは大きく食い違う内容を含んでいることは明白であろう。先に見たように、ブリスベン会合までの国際約束及び、日本が合意した参加態様は、PSIはあくまで既存の国際法、国内法の範囲内で法執行を実施するという建前を前提とするものである。ここから論理的に導き出される結論は、少なくとも日本における担当機関が海保や警察、税関等の法執行機関になるところまでは、防衛庁の認識は正しい。しかし、この「対処方針」に明記されたように、「海上保安庁の所掌事務ではない軍事オペレーションを中心とするもの」が対象となった場合、そういった内容のＰＳＩ活動について日本が参加をコミットした事実はこれまでの経緯を振り返る限り一度もなく、むしろ、官邸、外務省としてもそうした事態に巻き込まれることを防ぐために八方手を尽くしてきたことを本書はこれまで検証してきた。防衛庁がここで言う「軍事オペレーション」が、「武力の行使」を念頭に置いたものであるか、あるいは、法執行に伴う「武器の使用」を指したものであるかは判然としないが、これまで日本政府内で検討されてきた阻止活動の中身を見る限り、もしそれが「法執行」の枠組におさまるのであれば「軍事オペレーション」が必要になる局面は見当たらない。ならば、そうした阻止活動に自衛隊が参加するということは、国内管轄権の及ぶ領域を離れた上で、法執行の範囲を逸脱する形で、米国のみならず他のＰＳＩ参加国との間の多国間軍事行動に参加することにもつながりかねない。官邸、外務省と、防衛庁・自衛隊のＰＳＩに対する認識及び態度は、ここで決定的な食い違いを見せた。

防衛庁はこの「対処方針」において、ＰＳＩ合同阻止訓練のみならず、将来的にあらゆる多国間共同訓練への参加を可能とするための布石を打っている。すなわち、「訓練のシナリオ次第で参加は可能」というロジック構築である。政府内において、自衛隊はその所掌事務に必要な範囲内のものであれば、外国との間で訓練を行うことは可能という解釈が共有されていることは先にも触れたが、防衛庁の「対処方針」は防衛庁設置法第五条第九号について触れて、このことを再確認している。[228] その上で、「我が国に対する武力攻撃が発生している事態（自衛隊法第七六条）」、「海上警備行動発令時（同八二条）」、そして「周辺事態（船舶検査活動法）」においては、自衛隊が実際の阻止活動をとることが可能であることを指摘し、「かかる分野における訓練への参加は可能と考えられる」と釘を刺したのである。[229] 結論として、訓練シナリオをそのように定めれば、自衛隊の参加も可能というものであり、すでに米国海軍らとの間でシナリオの変更を含む根回しを開始していた自衛隊側の強い意志がここに込められていると見られる。

もちろん、ここにも議論が引き起こされる余地がないわけではない。前記の三つのケースにあてはまる場合にとられるＰＳＩ阻止活動は、防衛庁の言う「軍事オペレーション」を含む可能性が濃厚である。ならば、どこまでの地理的範囲が自衛隊によるＰＳＩ阻止活動の対象となり、また、どういった要件が満たされれば米国以外の国との共同阻止活動が可能となるのかについて、防衛庁・自衛隊は示していないし、官邸、外務省を含む他省庁との間で議論や摺り合わせがなされた形跡もない。この問題は、周辺事態法制定時に繰り広げられた大きな政治的論争[230]を想起させる内容であるが、仮に地球の裏側で拡散懸念事態が起こり、その主体が北朝鮮やイランといった主権国家であった場合、他のＰＳＩ参加国とともに自衛隊が「軍事オペレーション」をとることも可能となりかねないわけである。かかる事態はすなわち第三国に対する集団での「武力の行使」ともなりかねないことも考えられよう。こうした任務が、防衛庁の示した「所掌事務の遂行に必要な範囲内」ということになれば、ＰＳＩへの参加そのものが憲法に抵触することになりかねず、それこそは官邸及び外務省が最も注意深く避けてきた事柄であったはずではないだろうか。ヘンロー空軍基地での作業部会において防衛庁が作成した「対処方針」は、ＰＳＩへの参加に際して、日本が無視、あるいは、あえて知らなかったことにした憲法問題の存在可能性を、浮き彫りにしたものと言ってもよいだろう[231]。

(3)「六条件」と海上保安庁の派遣

ヘンロー空軍基地での作業部会に参加した日本代表団は、会議の席上で外務省が作成した対処方針に示されたとおりに主張し、共同訓練参加にあたっての日本としての要請事項を伝えた[232]。すなわち、ＰＳＩ合同阻止訓練は参加各国が法執行機関を極力参加させるものであり、本訓練が米豪軍事演習から切り離されて実施され、各国の広報上も両者が切り離されていることが、海上保安庁を参加させる際の絶対条件であるというものである。海上自衛隊については、オブザーバーとして派遣されるつもりがあることも、あわせて伝達された[233]。また、正式な会合の席上以外（マージン）において、海上保安庁側から直接、演習を主催する米豪代表団に対して、「全くのノン・ペーパー」として、「海保庁が想定せる訓練のシナリオ」が手交され、海保部隊によるＰＳＩ合同阻止訓練への参加を可能にするためのシナリオ変更、また、カウンター・パートである米豪両国の沿岸警備隊の参加等についての要請がなされた[234]。これに対して、先方は、「貴官が示されたシナリオは意欲的な内容であり、日本の努力に感謝する。日本の積極的な貢献はＰＳＩを推進する上で極めて意義深いことと考えている」と非常に好意的な感触が示された[235]。そして、実際に、シナリオは海上保安庁が望むとおりに変更され、当初の予定を大幅に変更する形で米豪両国の沿岸警備隊が「クロコダイル・エクササイズ」に派遣されることとなった。

①海上保安庁巡視船の派遣をめぐる「六条件」

ヘンロー空軍基地での作業部会において、米豪主催のＰＳＩ合同阻止訓練が開催されることとなり、これに日本から海上保安庁の巡視船の参加が決定したことを、新聞各紙は一斉に報じた[236]。各紙とも、海上自衛隊からオブザーバーが参加することは報じているが、米豪当局が用意する訓練シナリオも、また参加各国による広報の上でも、軍事演習である「クロコダイル・エクササイズ」と、法執行を目的とするＰＳＩ合同阻止訓練（後に「Pacific protector」と命名された）が完全に切り離されることを確認したためか、「武力の行使」や集団的自衛権等の憲法問題に関連した記事や批評は一つもなかった。

メディアの関心は、技術的な内容や、国際法上の課題、また、ＰＳＩのフレームワークの問題に拡散していった。たとえば、「合同演習の具体的な内容は、大量破壊兵器を搬送中の不審船が現れたケースを想定。各国の軍、沿岸警備当局の艦艇やヘリコプターが共同で臨検にあたる形式をとり、銃砲などによる攻撃を受けた際の反撃や船内捜索、乗組員の逮捕など〝実戦方式〟で行う予定だ[237]」といった産経新聞の記事などは、おそらく外務省もしくは海保への取材に基づいて書かれたものと推測されるが、そのシナリオに自衛隊が念頭に置いた「軍事オペレーション」を伴う要素は皆無であり、ヘンロー空軍基地での作業部会において日本代表団が米豪両代表団に申し入れたとおりの、純粋なる法執行の実施に特化した訓練シナリオを前提にした記事となっていることは興味深い。ただ、国際法、国内法の執行のための取り組みとはいえ、これが東アジアの安全保障環境にも密接に関連する事柄であることは、各紙とも指摘している。たとえば、訓練の性格を「北朝鮮などによる大量破壊兵器の拡散阻止をめざし、日米豪など一一か国が参加予定の初の合同臨検演習」(238)と表現した読売新聞の記事や、「ただし、北朝鮮はこうした『臨検』について、(北朝鮮を)孤立させるための全面的な経済制裁であり、戦争を意味すると批判しており、外務省内には『多国間協議を控え、訓練実施でいたずらに北朝鮮を刺激するのは得策ではない』(幹部)との慎重論もある」(239)といった懸念を掲載する産経新聞の記述も見られ、本訓練が単なる法執行の問題にとどまらない国際政治的な意味を持つことを、関係者が認識していることもあわせて報道されている。

こうした記事を受けてか、外務省は八月四日、本件に関する「対外応答要領」を作成し(240)、「広報」活動を強化した。対外応答要領は、先のブリスベン会合で「現行の法的枠組み内で、全参加国が合同訓練に何らかの形で参加するとの原則につき一致した(241)」という事実は認めながらも、「合同訓練にどのような形で参加するかについては各国の裁量に任されており、我が国の対応ぶりについては、今後の議論の結果を見極めつつ、検討していきたい(242)」と、海上保安庁の巡視船派遣についで答えをはぐらかしている(243)。また、想定問に「合同訓練は北朝鮮への圧力となることを念頭においたものか」という項目を置いているが、用意した回答は「特定国・地域を対象にしたものではない(244)」、「特定の拡散懸念国を対象として実施するものではない(245)」と、従前の見解を繰り返すものであり、多国間協議を前にして北朝鮮との間の緊張を高めることのないよう腐心する外務省の姿がうかがえる。

事実として、この時点で、日本代表団の提示した条件が受け入れられるかどうかはまだ判然としていなかった。その意味では、先に紹介した新聞記事は先走りしすぎていたと言え、態度を硬化させつつある北朝鮮の反応等が紹介されたことは、共同訓練参加に微妙な不安要素となって影を落とした。外務省は八月一三日に、合同阻止訓練参加に関する議論の現状等をまとめたペーパーを作成している[246]。そこでは、作業部会において、日本代表団が米豪両代表団に対して、先に見た「六条件」を提示したことが確認された上、「上記①～⑥の条件が整わない場合は海保庁もオブザーバーとして参加することの可否について検討する」[247]と、正式参加を見合わせる可能性もあることが明記されている。このペーパー作成時点において、豪州側は日本代表団が提示した条件・訓練シナリオについて検討中であったが、ペーパーには「外交ルートで我が方の条件について調整した上で、右に沿った形で実際の訓練が実施されることを確実にすべく、日豪の運用当局間で詳細を詰める」[248]ことが記されており、外務省のみならず、海保もそのカウンター・パートとの間での調整作業を進めていたことがわかる[249]。したがって、海上保安庁の巡視船が訓練に参加するかどうかはいまだ正式決定ではなく、あくまでこの調整がうまくいった場合に限られることになる。

北朝鮮の反発もこの問題に影響を与えつつあった。ペーパーは「北朝鮮問題に係る多者協議の動向等その時の国際情勢を踏まえ、訓練に参加することについて見合わせることもあり得る」[250]と、この件について重大な関心を示しており、この時点ではまだ、海上保安庁の正式参加は流動的であったことがわかる。なお、九月一〇日の合同阻止訓練に間に合わせるためには、八月第五週までには巡視船を出航させねばならず、また、もう一つのカウンター・パートである米国の沿岸警備隊も同様の航海が必要であることを考えれば、この調整作業は時間の限られるものであることも、このペーパーには記されている[251]。

なお、ヘンロー空軍基地でオペレーション作業部会が開催された翌日の八月一日、米国よりボルトン次官が来日し、天野審議官との間で日米軍備管理・軍縮・不拡散・検証委員会が開かれた[252]。この中ではPSIについても話し合われ、「RR」の改定作業において、「第二案」の中で米国が日本側のコメントを大きく取り入れたことが天野によって評価されるとともに、その「第二案」についてさらなるコメントが会議の席上で手渡されている[253]。また、豪州におけるP

SI合同阻止訓練についても議題にのぼり、天野審議官は率直に「九月に予定されている豪州沖での合同阻止演習／訓練（あえて、演習／訓練と称させていただくが）は、我が国においては微妙な問題であり、高い政治レベル及びメディアにおいて強い関心がもたれている」[254]と、これが政治問題化することへの懸念を伝えている。その上で、日本の立場として「六条件」が満たされることが海上保安庁を派遣する前提となることを繰り返し述べ、これに対してボルトン次官はうなずいた（「先方、首肯」）[255]という。

なお、ヘンロー空軍基地での作業部会でオーストラリア側が提案した訓練シナリオは、乗船・立入検査の対象となる拡散懸念船舶の船籍が第三国となっていた模様であり[256]、そうであるならば海上保安庁が旗国の同意のないまま臨検等の措置を行うことはほとんど不可能となる。これについて天野審議官は、「これまでの議論を踏まえPSI参加国の船舶というシナリオにすべきではないか」[257]と、「六条件」に整合させる形での訓練シナリオの変更も強く要求した。このように、「テロとの闘い」に勝ち抜くことを最大の戦略目標として掲げる米国との間に、PSIを含む大量破壊兵器及び関連物資の拡散阻止に関し、多チャンネルで同時に協議が進んでいた。

②「六条件」の受諾と派遣の正式決定

主にシナリオ変更を中心とした「六条件」をめぐる調整を経て、八月二六日、日本は正式に海上保安庁の派遣を決定した[258]。派遣部隊は海上保安庁の巡視船「しきしま」を中心に編制され、これに防衛庁職員一名、自衛隊隊員二名がオブザーバーとして同行することもあわせて決定された[259]。ただし、訓練の詳細については未だ調整中だったようであり、一部のメディアは「詳細が決まらないままの出港となる」[261]と報じてはいる。しかし、漫然と「見切り発車」をしたわけでなく、「六条件」が受け入れられることが確定したことが、正式決定の決め手となった模様である。米国は八月一八日、日本側の提示した「六条件」を基本的に受け入れ、バウチャー国務省報道官が記者会見において、本訓練を「合同阻止訓練」（interdiction training exercise）と呼称し、「文民の法執行機関及び軍事部門の両方が関与する」旨を発言した[262]。従来の軍事演習を中心にしたスタンスから、法執行の取り組みへと比重を移したものであるが、これは、日本が提示した「六条件」を受け入れての措置であろう。また、八月二一日には豪州も日本側との協議の中で「六条件」を基本的に受け入れ、訓練シナリオ等に関して柔軟姿勢をとることを示した[263]。日本以外の参加国（豪、米、仏）はいずれも海軍が派遣するフリゲート艦を主力として参加部隊を編制し、これに沿岸警備隊、税関、警察等が加わる形での参加[264]であるが、日本のみが法執行機関たる海上保安庁による部隊編制となるため、これに従った訓練シナリオの変更が必要となる。豪州当局は、同時期に行われる軍事演習「クロコダイル」と明確に峻別するために、ＰＳＩ合同阻止訓練に「Western Protector」という名称を与える方向で検討に入った[265]（後に、「Pacific Protector」で正式決定）。

「六条件」が受け入れられたことを受け、外務省はその旨を完全なものとして確保するため、米豪両国との間で広報ラインの調整作業にとりかかった。外務省側が両国に提示した広報ラインは、本訓練全体を「法執行活動を含む海上阻止訓練」と位置づけることであった[266]。その上で、「日本が本訓練に法執行の立場で参加することは参加国間で合意がとれている」ことを、日本側のプレス説明に明記することを相手国側に伝え[267]、米豪ら他の参加国の広報ラインと齟齬をきたさないようにすることに神経を使った模様である。事実、八月二九日に外務省が発表した資料（想定問答[268]）には、「本訓練は同時期に行われる米豪合同軍事演習の一部なのではないか[269]」という想定問に対して、外務省は「本合同訓練は、米豪軍事演習『クロコダイル03』とは全く別箇のものである。本合同訓練は『Pacific Protector』との別の名称を持ち、米豪軍事演習とは別の司令官が任命され、同演習とは明確に区別されている[270]」という回答を用意した。そして、「海上保安庁が他国の軍隊と共に本訓練に参加するのは法的に問題があるのではないか[271]」という想定問を用意した上で、「海上保安庁法第二五条は、海上保安庁又はその職員が軍隊として組織され、訓練され、又は軍隊の機能を営むことを禁じているが、他方、同条は海上保安庁又はその職員が法執行活動を行う際に、軍隊と共に行動することまでを禁じているものではない[272]」ことを明記し、「本訓練は、法執行活動を含む海上阻止訓練であり、海上保安庁は、法執行機関として、法執行に係る活動を行うこととしていることから、同条との関係では何ら問題はないと考えている[273]」という見解を打ち出し、他の参加国の軍と共同行動をとりつつも、日本は「法執行の立場で参加」するという原則を堅持することが強調された。

ただし、海上保安庁が何の法律を執行することが想定されるのか、外務省の説明は歯切れが悪い。報道された訓練シナリオのとおりであるならば、公海上での臨検のために海上保安庁は派遣されることになる。しかし、そもそもの問題として、ミサイルに関する国際的な取引を規制する国際法が当時においてなかったことを外務省は認めており[274]、また、仮に当該物資等の取引が何らかの理由で違法化されたとしても、旗国主権の原則に基づき、乗船、立入検査には当該船舶の旗国の同意が必要となるはずであるが、旗国の同意が得られない場合に海上保安庁に何ができるのか外務省は答えていない[275]。また、外務省は、領海内で大量破壊兵器及び関連物資の積載疑惑のある船舶が発見された場合、「国際法上、領域主権が及ぶ」として当該物資の所持・輸出等を規制する国内法に基づいて、沿岸国がその領海内にある当該船舶に対して停船・立入検査をすることは可能であるとの見解を示しているが[276]、その一方でかかる行為が無害通航権に抵触することも想定され、この問題に関しては国際的にも国内的にもまだ整理がついていないことには触れていない[277]。さらに言えば、領海を通過する第三国の船舶が、当該物資を所持、積載、運搬することを、明確に犯罪行為とするに足る国内法上の根拠はないが、ならば海上保安庁はいかなる「法執行」を念頭に置いてＰＳＩ合同阻止訓練に赴くのか、この時点で外務省は説明していない[278]。

それでもなお、海上保安庁が「法執行の立場で参加」するという建前を堅持するために、外務省は主催国らとの間で、想定シナリオの変更について相当に無理な調整を迫られることになった。もっとも、外務省は米豪両国との間に、本訓練があくまで「法執行活動を含む海上阻止訓練[279]」であるという性格づけをすることで摺り合わせをしており、大前提として本来の米国提案では訓練シナリオの中心となるはずであった「法執行活動以外の海上阻止訓練」が行われることもあわせて認めている[280]。では、各国海軍がその火力と機動力をもって実施する海上阻止活動が、いかなる意味で軍事活動ではないと言えるのかという問いも想定されるが、外務省の説明によれば、「本訓練では、法執行以外の活動として、公海における参加国艦船による不審船の追尾など、参加国の軍事機関が従事し得る拡散阻止活動が想定されている[281]」という事実はあるものの、「かかる活動をどのように性格づけるかは各参加国に任されて[282]」いるとして、それら「法執行以外の活動」の定義について、日本は他国の認識に拘束されないことを強調している。その上で、日本独自の解釈として、「右は平時における活動を想定したものであり、軍事活動ではないと理解している[283]」と明記することで、海上保安庁と各国海軍の軍事活動が「解釈において」切り離されているという論理を展開している。

外務省がここで立てた論理は、後に自衛隊によるPSI合同阻止訓練への参加に道を開くことにつながる。各国海軍による不審船の捜索や追尾行動等を、各国それぞれに「軍事活動である」あるいは「軍事活動ではない」と解釈してよいということになれば、日本が自衛隊を当該訓練に派遣し、同様の海上阻止訓練に従事させたとしても「軍事活動ではない」と主張することが可能になり、自衛隊の訓練参加のハードルは大きく下がる。今般の訓練が「海上における法執行」であることを理由に、第一義的にこれを所掌する海上保安庁が派遣されるという原則論を繰り返してはいるものの[284]、想定問は「海上自衛隊は自衛官を派遣すべきではないか[285]」という問いを用意した上で、将来における自衛隊派遣の可能性を否定していない。外務省はここで、PSIを「我が国を含む国際的な平和と安全を確保するとの観点[286]」と、安全保障上の問題へと定義し直した上で、「防衛庁・自衛隊としても積極的に貢献していく必要があると考えている[287]」と従来から一歩踏み込んだ見解にシフトしており、この時点において将来における自衛隊の訓練参加を事実上、容認する方向に転じたことがわかる。

法執行機関ではない自衛隊が、法執行の取り組みであるはずのPSIにおいて、法執行以外の合同阻止訓練に参加することについては、「それは軍事活動ではない」という日本政府独自の定義と認識において容認されるという、やや奇妙な論理構成によって可能となったのである。なお、外務省はこれに先立つ七月中旬、首相官邸における自衛隊の海外派遣のための恒久法に関する検討会議の席上で、「臨検に関する国際協調行動に自衛隊が参加する法整備も検討すべき」との主張をしたとされているが[288]、時期的に考えて、自衛隊のＰＳＩ阻止活動への参加も考慮のうちに入っていたと推測される。外務省としては自衛隊のＰＳＩ参加について、当初の抑制的立場から、ブリスベン会合の後、徐々に推進へと変化していった様子がうかがえる。

なお、ＰＳＩ合同阻止訓練への正式な参加が決定された背景には、参加を見合わせるほどの、北朝鮮の強い反発がその後なかったこともあった。想定問答は、「本訓練の実施について、北朝鮮はこれを非難する声明を発出した経緯があるものと承知している[289]」ことに触れつつも、今回の訓練が北朝鮮やイランといった特定国・地域を対象にしたものではないことや[290]、訓練の目的は一般的な参加国間の連携強化や能力向上を念頭に置いたものであり、北朝鮮に対する「圧力」を意図したものでないことが[291]ふたたび強調され、北朝鮮からの反発、あるいは国内外からの懸念の声を払拭することに努めている。

③ "Pacific Protector"の訓練シナリオ

こうした経緯を経て、海上保安庁巡視船「しきしま」は八月三〇日、横浜港を出港し、訓練海域を目指した[292]。出港時点で海上保安庁は、「訓練の詳細については、訓練主催国であるオーストラリア等との調整が整い次第、追って公表予定」として、ある意味で見切り発車であったことを認めている[293]。事実、詳細な訓練シナリオが決まったのは、「しきしま」の出港後であった。九月四日に海上保安庁が正式発表した「Pacific Protector」の訓練シナリオは、日本側が要請した「六条件」が反映されたものとなった。「訓練シナリオの概略」は、以下のとおりである。

オーストラリア沖の公海上を航行中の日本国籍の商船が大量破壊兵器関連物資を輸送しているとの情報に基づき、海上保安庁の巡視船のほか、オーストラリア、米国及びフランスの法執行機関・海軍の勢力が共同で同船を捜索・発見・追跡。同船は、再三にわたる停船要請に従わず逃走を続けたため、同船に係る管轄権を有する海上保安庁の巡視船が、既存の国際法・国内法の枠内で強制的に停船させ、米国沿岸警備隊の補助を受けつつ、船内の捜索、容疑物資の差し押さえ等を行う(294)。

海上保安庁にとっては、これ以上ないシナリオと言えよう。外務省を含む各省庁が何度も検証してきたように、公海上で旗国の同意なく臨検等を行うことは、既存の国際法では不可能である。その点、日本の法執行機関が国内管轄権を行使し得る日本船籍であれば、公海上であれ、領海内であれ、海上保安庁がこれを臨検することは、国際法上も差し支えない。また、容疑船の積載する積み荷が、日本の国内法規に何らかの形で抵触する可能性があれば、当然ながら日本の法執行機関が当該船舶に対して法執行としての乗船、立入検査を実施することは可能である。かかる行動を日本が「法執行」と呼ぶことはなんら不自然ではなく、その実施段階のいずれかの局面、具体的には捜索・発見・追尾の各段階で、外国軍事組織に何らかの形で協力を仰いだとしても、その活動は軍事行動とみなされる余地はなく、また、日本の政府機関が日本船舶に対して行う行為である以上、いかなる意味においても「武力の行使」等の問題には発展しない。日本政府がＰＳＩ合同阻止訓練への参加にあたって提示していた「六条件」は、海上保安庁巡視船「しきしま」が訓練海域である豪州・グラッドストーン沖への海路を急ぐその最中に米豪両国に完全に受け入れられたのである。

また、かかるシナリオに従って、外国の軍事機関が海上保安庁と協同して捜索・発見・追尾活動を行うことができるのであれば、それは、自衛隊であっても同じことである。海上保安庁が最終的な訓練シナリオを発表したその日、産経新聞は何らかの情報源を通じて、より詳細な訓練内容をスクープしている。それによると、海上保安庁の臨検対象となる船舶は「化学物質を積載している可能性のある日本船舶」とされ、この船舶を「しきしま」が追跡するものの停船を拒否されたため、最終的には米豪海軍がヘリコプターを使用した特別チームによる強制的な移乗によって当該船舶を停船させることに成功し、米豪日らによる立入検査の末に生物化学兵器関連物資を発見するというシナリオになるとのことであった[295]。記事は、「こうしたシナリオなら海上自衛隊艦艇の参加も問題はない[296]」と指摘した上で、「海自の護衛艦が参加できれば、監視・追跡能力や参加各国との情報交換能力が向上するというメリット[297]」があるとし、「参加国の間でも自衛隊参加に期待が高まっている[298]」こと、また、「防衛庁は次回以降の演習への海自艦艇の参加を前向きに検討している[299]」ことを報じている。防衛庁・自衛隊周辺への取材で書かれたと思われるこの記事は、後に自衛隊がPSI合同阻止訓練に参加するための布石ともなったと思われる。当該記事はさらに、自衛隊艦艇は公海上やEEZ内ならば対象が日本船籍である限り、また、領海内であれば外国船籍でも、自衛隊法上の海上警備行動に基づいて追跡、立入検査を行い、証拠物資や被疑者を海上保安庁に引き渡すことができるとしている[300]。また、防衛庁設置法に定めのある「調査・研究」の目的であるならば、強制力こそないものの、外国の領海以外なら船籍に関係なく追跡を行い、他国へ情報提供ができると断定している[301]。

実際のところはこの記事の内容はやや行き過ぎたきらいがあり、これまで検証してきたとおり、防衛庁・自衛隊として、こうした結論となるように法解釈した事実はない。領海内であれば外国船籍であっても追跡、立入検査を行うことができるというのは、無害通航権との間で問題になる余地があるし、後述するように「調査・研究」目的で取得した情報を他国の軍事組織に提供した結果、当該情報が「武力の行使」に使用された場合に、いわゆる「武力行使一体化論」をクリアできるのかどうかの結論は出ていない。にもかかわらず、産経新聞が「次回から自衛隊参加も」という小見出しをつけるに至る情報をリークした筋が存在した可能性があることは、訓練参加をめぐって一貫して前のめりであった自衛隊側の意欲と水面下の努力の存在を垣間見させるものであると考えられよう。

ともあれ、産経新聞の報道で、防衛庁・自衛隊がＰＳＩ合同阻止訓練への参加に前向きとされたことで、防衛庁は記者会見用の応答要領を作成し、正式なコメントをまとめた[302]。防衛庁は記事にあった「化学物質を積載している可能性のある日本船籍の不審な船舶」という訓練シナリオについては、「現在主催国である豪州がとりまとめているところであり、関係国との関係もあり、現時点ではお答えを差し控えたい[303]」との回答を用意している。しかし、今後、自衛隊がＰＳＩ阻止活動を実施することを念頭に、合同阻止訓練に参加する可能性については、「ＰＳＩにどのような法的根拠に基づき、どのような形で参加することがあり得るのか、それに関連して、ＰＳＩ合同訓練に参加することが適当か否かといった点も含め、今後、関連する情報を収集しながら、検討していく考えである[304]」と述べた上で、合同阻止訓練のみならず、実際のＰＳＩ活動への参加についても否定せず、具体的な検討段階にあることを認めている。

防衛庁はこの三日前に、自衛隊から「Pacific Protector」にオブザーバーが派遣される旨を報じた八月三〇日の毎日新聞の記事[305]に際して、外務省が作成した「対外応答要領」をそのまま引用する形で、「我が国を含む国際的な平和と安全を確保するとの観点から、今後とも当該イニシアティブに対し、防衛庁・自衛隊としても積極的に貢献していく必要があると考えている」という資料[306]を庁内で配布していたが、産経新聞の報道を受けてさらに突っ込んだ内容を打ち出したことになる。この後、自衛隊のＰＳＩ阻止活動や合同阻止訓練への参加を問題視するような記事や論評は出ず、また、国会等でもこれについての審議等は一切行われなかったことから、政府、とりわけ防衛庁がそろりと打ち出した、自衛隊のＰＳＩ参加の方針は、そのまま既定路線となり、やがて具体化、現実化していくことになる。

④「日本が主役」の訓練に

海上自衛隊の正式参加こそ見送られたとはいえ、海上保安庁の巡視船の派遣が実現したことは、日本の外交・安全保障政策の歴史の中で大きな一歩であったことは間違いないと言えるのではないか。海上保安庁にとって、韓国やフィリピン等アジアの沿岸警備機関との共同訓練の経験はあるものの、米豪仏軍との「演習」は初めてのことである[307]。また、訓練後の新聞報道によれば、当初、米国が提案してきたシナリオは、拡散懸念国として北朝鮮を想定した臨検訓練を行う意向であったというが[308]、北朝鮮を不必要に刺激したくない外務省がこのシナリオに難色を示し、海上保安庁も公海上で旗国の同意のない臨検を行う法的根拠がないとして訓練参加に二の足を踏んだという[309]。そこで、主催国である豪州が助け船を出し、不審船の国籍想定を「日本船籍」と変更するとともに、海上保安庁に配慮して自国税関の監視艇を参加させ、さらに米国からも法執行機関である沿岸警備隊を呼び寄せることになったと報道されている[310]。こうした経緯によって、「慎重派の日本は、結果的に『主役』として訓練に参加することとなった[311]」と結論されている。

ここに至って、外務省及び海上保安庁の狙いは、ほぼ完全に満たされたと言えよう。ＰＳＩ合同阻止訓練の開催にあたって、提唱国である米国、主催国であるオーストラリアに対して、訓練シナリオを「日本仕様」のものに変更させてまで、「六条件」を受諾させることに成功したのである。こうした経緯を通じて訓練参加を政治問題化することを回避した上で、相手国に対して日本独自の国内事情を認識させたことの意義は大きいと言えよう。また、それでも日本を合同阻止訓練のメンバーに加えたいとする米国ら、他のＰＳＩ参加国の意向と努力を勝ち取ったことで、日本が国際政治上で確立したプレゼンスも大きいものがあるのではないか。一方、外務省の公式見解ではＰＳＩ合同阻止訓練は「法執行を含む」訓練であり、その部分に特化して日本は法執行機関である海上保安庁を派遣したとしているものの、逆の言い方をすれば訓練の中には「軍事演習」があることもまた否定はしていない。防衛庁も、将来において、法執行以外の軍事オペレーションが必要となる局面があれば、これに参加する可能性があることに留意しつつ、自衛隊の合同阻止訓練参加への道を閉ざさないよう、今回の訓練にオブザーバーとして自衛官を派遣することに成功している。いずれにせよ、こうした周到な準備と根回しによって、ＰＳＩ合同阻止訓練への参加が国内において政治問題化することが回避された一方で、北朝鮮の反発のコメントでわかるように、同国に対する「圧力」の一つとして確実に機能したこともまた事実であろう。第一回のＰＳＩ合同阻止訓練への参加は、日本政府にとっては満点であったと言えるのではないか。

（4）ＰＳＩ合同阻止訓練への自衛隊参加

自衛隊のＰＳＩ合同阻止訓練への正式参加はその翌年に実現した。もっとも、自衛隊のＰＳＩ合同阻止訓練への参加は、すべて防衛庁長官（防衛大臣）の一般命令として行われており、その発出にあたっての検討過程を記す資料は情報開示請求への開示対象となっていない。したがって、自衛隊参加をめぐる政策過程については、先に見た自衛隊（制服組）の強い意向と米海軍等カウンター・パートとの「軍・軍関係」をテコにした働きかけによって、外務省らの態度が容認に転じたところまでの分析にとどめざるを得ないことはあらかじめ断っておきたい。

いずれにせよ、防衛庁・自衛隊の強い意向を受けて、外務省をはじめとする政府部内でも自衛隊の参加容認のコンセンサスが醸成されたものが実った形になる。本書の第六章で触れるが、その後、自衛隊はすべてのＰＳＩ合同阻止訓練に何らかの形で参加しているほか、合同阻止訓練を三回、オペレーション専門家会合を一回、日本主催で行っている(312)。

①日本主催のＰＳＩ合同阻止訓練

二〇〇四年一〇月二六、二七日には、初めての日本主催のＰＳＩ合同阻止訓練「チーム・サムライ04」が東京湾沖で行われた[313]。ここで初めて海上自衛隊が正式に参加することとなった。しかし、当時進行中であった北朝鮮との国交回復交渉への悪影響を恐れ、日本側は「特異なシナリオ[314]」を組む。まず、一日目の本訓練に、海上自衛隊はP－3C哨戒機による情報提供のみを行い、乗船訓練は従前どおり海上保安庁が担当し、今回も臨検対象の船舶の国籍想定は「日本船」とされた。そして、その翌日、わざわざ「PSI訓練の一環」という位置づけで、海上警備行動が下令されたとの想定のもとで、海上自衛隊と米仏豪海軍の合同乗船訓練を行った[315]。

こうして慎重なシナリオを組む日本に対し、ある米政府高官は「日本の単独訓練のようだ。PSIの国際協力の理念に欠ける[316]」と不快感を示したというが、日本側が懸念したとおり、周辺国にはこの訓練によって緊張が高まることへの警戒感が強く、日本の要請にもかかわらず、アジアからはカンボジア、タイ、シンガポールがオブザーバー参加したに過ぎない。中国と韓国は北朝鮮の反発を考慮して参加せず[317]、北朝鮮は訓練実施に対して非難声明を出している[318]。いずれにせよ、自衛隊のPSI活動への参加は、国際政治上、若干の軋轢を引き起こしながらも、あくまで法執行機関である海上保安庁の補佐役として、きわめて慎重になされた。

②シンガポール主催PSI合同阻止訓練への参加

自衛隊が本格的にPSI合同阻止訓練に参加することになったのはその翌年のことである。

二〇〇五年六月二九日、参議院本会議で与党（公明党）の一員である澤雄二参議院議員はPSI合同阻止訓練への参加について、大野防衛庁長官（当時）に対して以下のように述べた[319]。

「防衛庁長官は今年八月にシンガポールで行われる多国間の合同軍事訓練に自衛隊を参加させる意向を明らかにされました。これは、本格的で実質的なオペレーションを伴う訓練であります。日米安保条約の関連以外で海外でのこのような多国籍訓練に自衛隊が参加するのは初めてです。」その上で、澤議員は同訓練に自衛隊を参加させる法的根拠を問うている。また、現行法では武力攻撃事態や海上警備行動が発令されたとき等、きわめて限定的な条件下でしか行われない公海上での臨検を自衛隊が行うため、将来において自衛隊が多国籍のＰＳＩパトロールに参加する可能性があるかどうかも併せて確認した。これに対して、大野長官はＰＳＩが「本格的で実質的なオペレーション」を伴うことについては否定しなかった上で、「自衛隊が外国と訓練を行うことにつきましては、防衛庁設置法第五条第九号の規定に基づき、その所掌事務の範囲内のものであれば可能とされております(320)」と答弁している。ただし、ＰＳＩ阻止活動については公海上での臨検等の可能性には触れず、防衛庁設置法第五条第一八号の規定に基づいて、艦艇や航空機が実施する警戒監視活動によって得られた関連情報を関係機関や関係国に提供することのみを挙げるにとどまった。

そして、澤議員が指摘したように、二〇〇五年八月一五日から一九日の日程で、シンガポール主催のＰＳＩ合同阻止訓練が行われた。同年五月一日、大野防衛庁長官はこれに自衛隊を派遣することを発表したが、この訓練の背景には、当時、暗礁に乗り上げていた六者協議を前進させるため、ＰＳＩを使って北朝鮮への圧力を強めたい米国の意向があったとされる(321)。先に見たように、ＰＳＩ合同阻止訓練は「本格的で実質的なオペレーションを伴う訓練」としては、「日米安保以外で海外でのこのような多国籍間訓練に自衛隊が参加するのは初めてのこと(322)」であり、自衛隊はＰＳＩ阻止活動の主役として訓練に参加するようになる。これまでにさらに二回、日本はＰＳＩ合同阻止訓練を実施しているが、そのいずれもオブザーバー的な扱いにはせず、自衛隊を訓練の主役として投入している(323)。また、他国主催のＰＳＩ合同阻止訓練にも、自衛隊は堂々と参加するようになった(324)。

三　パリ会合と「ＳＩＰ（阻止原則宣言）」

ブリスベン会合に続くパリ会合で、ＰＳＩの骨格が定められた。参加国の合意により、参加国それぞれが既存の法体系を執行するための枠組という性格づけがなされることとなった。

もっとも、ＰＳＩ発足の経緯となったソ・サン号事件が、既存の法体系の不備、未整備から発したこともあり、米国らの強い働きかけで、必要とあれば国際法・国内法の体系を改正する余地があることもあわせて認められたが、それはＰＳＩの枠組内における合意ではない。

したがって、日本を含む参加国は一切の義務を負わない形で、「法執行の枠組」であるＰＳＩを利用することができることとなった。そしてそれは、新たな安全保障協力について政策オプションの幅を広げることとなったのである。

本節では、パリ会合での合意内容とそこに至る経緯を分析する。

（1）パリ会合と防衛庁の参加

海上保安庁巡視船「しきしま」が豪州沖の訓練海域へと航海を続ける二〇〇三年九月三、四日、パリにおいて第三回のＰＳＩ会合が行われた。この会合では「SIP: Statement of Interdiction Principles（阻止原則宣言）」[325]（以下、ＳＩＰと記載する）が採択された。これは、今後のＰＳＩ活動の憲章（Charter）にあたるものであり、かねてより米国が提起し、各国からのコメントを取り入れて修正を重ねてきた「ＲＲ」や、これまで二度にわたるＰＳＩ会合の内容を踏まえた集大成である。二日間の日程で行われた会合では、初日に①オペレーション専門家会合、②インテリジェンス専門家会合、そして③阻止原則ドラフティング会合がそれぞれ開催された後、四日に局長級が参加する本会合が開かれた[326]。

そして、パリ会合から、防衛庁は正式に日本代表団のメンバーとなっている[327]。

（2）米国「SIP（阻止原則宣言）」案へのコメント

外務省は八月二一日までに、米国からSIPのドラフト[328]を受け取り、パリ会合に先立ってこれにコメントをつけて返送する作業に入った[329]。今般、外務省側が米国の宣言案に注文をつけた点は三つであり、いずれも、米国がやや「意欲的」な表現を使用しようとするところ、これを抑制する方向での修正申し入れとなっている。

一点目は、米国案にあった“consistent with their obligations under international law and frameworks[330]”という表現についてであり、ここで外務省が問題視したのは、“obligations”という用語であった。当時において、大量破壊兵器及び関連物資の輸出の規制は、国際法上の「義務」とはなっていなかった。また、本件イニシアティブにおいては、「義務」に基づいた行動しかとらないということではなく、むしろ、義務化されていない内容であっても、関連する既存の国際法及び国際的な枠組を使って、参加国ができる限りの措置をとろうというのが外務省の認識するところのPSIの構想であり、また、そうした線で過去二回のPSI会合で参加国の合意がなされたはずである。さらに言えば、もし、PSI参加後に重要な国際法の変更が行われ、PSI関連の阻止行動が何らかの形で義務化された場合、自動的に日本はその「義務」に拘束されかねない。したがって、この点について外務省は、“in accordance with relevant international laws and frameworks”と修正するように米国側に申し入れることにした[331]。PSIに関しては、一切の「義務」を負う可能性を排除するというのが、当初から一貫した外務省の方針であった。

二点目は、拡散懸念船舶の管轄権を有する旗国が、他のPSI参加国に対して乗船、立入検査等についての同意を与えることについて、米国案が“strongly consider[332]”と表現していたところ、単に“consider”とするように申し入れた点である。外務省によれば、PSIに参加した時点で、PSIが目的とする行動を積極的にとるべく政治的にコミットをしていることは明らかであり、あえて“strongly”という言葉を使って強調することはないというのが外務省の主張であった[333]。このような強い表現によって、PSI参加国の行動の自由が少しでも制限されることを嫌ったのは、外務省に一貫して見られる態度であるが、ここでは日本のみならず、他のアジア諸国にアウトリーチする上で、それらの国に少しでも参加をためらわせることのないようにとの配慮でもあったと思われる。折から、ＰＳＩへの中国及び韓国の参加の呼びかけに対し、両国が躊躇するということが見られたのも、この修正申し入れに影響を与えていることが推測される。

三点目は、拡散国及び非国家主体に対して、国際社会が“new and stronger actions”[335]をとることを期待されているという表現について、ここから“new”という言葉を省くことを申し入れた。外務省が懸念したのは「新しい措置」という言葉が入ることによって、ＰＳＩが既存の法的枠組の外にある措置をとることを志向していることになりかねないという点であった[336]。ここでも、ややもすると他の参加国の意向や国内事情を無視して、既存の国際法の変更を前提にＰＳＩ阻止活動を展開しようとする米国に対する、外務省の警戒が滲む。

なお、実際にパリ会合において採択された「ＳＩＰ（阻止原則宣言）」において、外務省が修正を求めた一点目“obligations”と三点目“new”の用語は残されたが、二点目“strongly”は“seriously”に変更された[337]。この結果について、外務省側がどのように評価したのかは、資料に残っていない。

(3) パリ会合「対処方針」の策定

米国の作成した「ＳＩＰ（阻止原則宣言）」案へのコメントを送付しつつ、外務省はパリ会合に向けての「対処方針」の策定作業に入った[338]。

「対処方針」で示された「基本的な考え方」は、以前の二回の会合のそれと大きな変化はない。大量破壊兵器及び関連物資の拡散阻止は、国際社会における最重要課題の一つであり、また、日本の安全保障にとっても切実な問題であるという現状認識から、国内の法執行諸機関間の連携強化、また、関係国間の連携強化による総合的な取り組みが必要であるという認識は以前のものと同じである。[339] 今次会合においては、こうした現状認識あるいは危機感から全参加国が発した政治的コミットメントを基礎にして、阻止訓練の実施・参加態様の検討、阻止原則の案文等の作成作業・発表、アウトリーチ方針及び懸念国・非国家主体等の特定、その目指すべき方向性について議論が行われることになった。[340] しかし、外務省の策定した「対処方針」の骨子は、これら新たな具体的事案に接しても従来から変わることはなく、まず、①各国が協力してできることから速やかに着手していくという「現実的アプローチ」、②大量破壊兵器等の「輸送」段階のみならず、「輸出」、「輸送」、「輸入」という拡散のすべての過程において拡散阻止の取り組みを強化すべきという「包括的アプローチ」を継続して提唱することとした。[341] また、③既存の国内権限を強化し、また国際法や国際的枠組を強化するという方針もそのままではあるが、あくまでそれらは「既存の国際法、国内法の範囲内」に限られるという認識も変わらない。[342] もし、既存の法体系の見直しや、国内法の運用・執行の大幅な変更が必要となる事項が議論され、決定の対象となった場合は、「持ち帰って検討する[343]」という抑制的な対処方針となったことも従来と変わらない。

また、本会合に際しての「対処方針」に加えて、オペレーション専門家会合や、PSI阻止原則宣言ドラフティング作業部会の「対処方針」も策定された。オペレーション専門家会合においては、日本代表団は海上阻止合同訓練について“a maritime interdiction training exercise, including law enforcement”と、ロンドン会合で合意されたラインに“training”を加えた形で位置づけることを主張し、従来の「六条件」の趣旨が実質上も広報上も確保されるよう働きかけることとした。[344] また、阻止原則宣言のドラフティング作業部会にあたっては、事前に米国側に送付したコメントの趣旨を再確認するとともに、米国及び他の参加国が、関連する国際法及び国際的枠組を強化するつもりでいるのかを聴取することも指示している。ドラフティング作業部会の「対処方針」は、「本件において拙速な議論や決定がなされることは適切ではなく、米側の考え方や各国の見解の把握に努め、基本的には持ち帰って検討する[345]」と、その「対処ぶり」

をまとめており、一貫してロー・キー（抑制的）な対応で終始することを定めている。こうした基本方針のもと、日本代表団はパリ会合に臨むことになった[346]。

なお、パリ会合への出席に先立ち、英国との間で詳細な打ち合わせをした記録が残されている[347]。日本側はマドリッド会合で多くの国が主張した「完璧の追求が成功を妨げてはならず、実践的に取り組む必要がある」というロジックで英国との共同歩調をとるよう求めている。すなわち、「国内法の作成・改定には時間を要する[348]」ことや、「安保理において包括的な決議を採択する場合は、国連海洋法条約との関連で慎重な検討が必要など、種々考慮が必要[349]」等、内外の法体系の変更を嫌う立場を繰り返し説明した上で、既存の法的枠組の範囲内で着手しやすいところから着手するという「現実的アプローチ」に英国側を巻き込むことがその狙いだった模様である。これに対する英国の回答や、基本的立場についての部分は、すべて情報が開示されていないので不明であるが、パリ会合に先立ち、意欲的な目標に向かって先走る米国を制するために、日本政府がこうした多数派工作を行っていたことは興味深い。

（4）「SIP（阻止原則宣言）」の採択

こうした日本代表団らの努力もあってか、パリ会合で採択されたSIPは、イニシアティブ発足当初に提唱国米国が目指していた「意欲的」な中身をかなり抑えた内容になった[350]。

SIPはまず前文において、これまで国際社会において醸成されてきた大量破壊兵器等の拡散阻止という「規範（existing nonproliferation norms）」の存在を確認し[351]、国際社会に求められる「新たなかつより強力な行動（new and stronger actions）」について言及をして、PSI参加国の取り組みに「期待（look forward to working）[352]」した。その上で、参加各国がコミットすることが望まれる具体的内容を列挙している。それは、①単独または他国と共同して効果的な措置をとること[353]、②阻止活動のための情報協力、能力構築、オペレーション分野で協調・調整の努力をすること[354]、③必要な国内法、国際法を見直し、その強化に努力すること[355]、④各国の既存の国際法、国内法の許す限りにおいて六類型の具体的行動（後述）をとることの四つである[356]。以上が、ＳＩＰの基本的構成である。

本書が注目すべき最も重要な点は、ＳＩＰの第四項において、すべてのＰＳＩ活動が「既存の国際法、国内法」の範囲内でとられることが確認された点であり、かつ、参加国はそれらの活動に参加する義務を一切負っていないという点であろう。この時点で、ＰＳＩの性格は参加国が政治的コミットメントを示す場にとどまったことになり、それぞれの自発的な活動の努力目標を明示し、かつ、その実行を円滑にするための諸手続きの摺り合わせや、技量・能力向上を相互に行うといった、非常に緩やかな協力枠組を提示したものに過ぎないこととなった。一応、ＳＩＰでは、「必要に応じて、関連する国内法を見直すとともにその強化に努力する[357]」こと、また、「これらのコミットメントを支持するため、必要な場合には、適切な方法によって関連する国際法及び国際的枠組みを強化するために努力する[358]」ことも採択内容に加えており、既存の法体系に不備、もしくは不足があることを事実上、認めた形にはなっている。その意味では、爾後における法的枠組の変更努力は継続され得る立てつけとなっており、次章で詳しく見るように、実際にその後、米国は国連安保理決議の発出や、ＳＵＡ条約の改定作業に取り掛かることになるが、ＰＳＩの枠組を新しい国際約束として参加国の行動を拘束することはできなくなった。

ＳＩＰが参加国に求めたものは、あくまで、「各国の国内法権限が許容する限りにおいて[359]」の行動であり、それらは「国際法及び国際的な枠組みの下での義務に合致して[360]」の範囲内でしかなく、また、とるべき行動も「大量破壊兵器等の貨物に関する阻止努力を支援（in support of interdiction efforts）するため[361]」と明記された。言葉を変えて言うならば、ＰＳＩは自発的な努力目標を相互に確認した取り組みに過ぎなくなる。この点において、日本政府、日本代表団が最も警戒していた問題は回避されたと言ってよい。

また、ＰＳＩが阻止対象とする「拡散懸念国等」についても一応の定義はなされた。一般的に（generally）それは、

「(a) 化学、生物、及び核兵器並びにそれらの運搬手段の開発又は獲得への努力、又は（b）大量破壊兵器等の移転(売却、受領及び促進）を通じ、拡散に従事している[362]」主体とされ、字義どおり読めば、核兵器及び中長距離ミサイル等を開発中の北朝鮮が含まれることは明らかである。しかし、ＳＩＰでは特定の国家を名指しすることが避けられ、これについても日本等、慎重派の参加国の要求どおりとなったと言ってよい。

外務省はＳＩＰを「政治的文書」と定義し[363]、条約や国際法、または国際機構における国際約束とは切り離して捉えている。事実、ＳＩＰは参加国に対して、いかなる行動も義務化、強制をしておらず、日本政府も「具体的な行動」については いかなる約束もしていない。一応、ＳＩＰは「各国の国内法権限が許容する限りにおいて[364]」という条件のもと、以下のような六つの具体的な行動類型を列挙している。それは、「(a) 拡散懸念国から、また、拡散懸念国への貨物の輸送もしくは輸送協力を行わない。自国の管轄権に服する人物に当該行為を許可しない[365]」という、あくまで「自国の法執行」として、「自国は輸送しない」ことに政治的な同意を表明することを核にしている。そのために、「(b) 自国籍船舶に輸送の疑いがあれば臨検、押収する[366]」、「(c) 他国が自国籍船舶を臨検、押収せざるを得ない状況の際は、これに同意を与えるよう真剣に考慮する[367]」という二つの措置によって、あくまで「自国の管轄権の下にある者による輸送をさせない」ことをコミットメントしたに過ぎない。したがって、「他国（非ＰＳＩ参加国）に輸送させない」ためには、当該船舶が自国の「(d) 内水、領海、接続水域（宣言されている場合）[368]」にあるか、「(f) 港湾、空港、その他の施設が中継地点として使用される場合[369]」において、その輸送を阻止する適切な国内法的根拠を用意した上でその法執行を実施するしかない。もしくは、「(e) 領空を通過する[370]」場合において、航空法等の既存法規に基づいてその通過を拒否または船舶を押収すれば足りる。したがって、ＳＩＰに具体的に列挙された行動類型を忠実に実施したところで、それらの措置は自国における「域内法執行」として行われるに過ぎず、たとえ自衛隊の「軍事力(防衛力)」が使用されたとしても法理上、それは警察権に分類される行動類型となる。米国が狙った公海上での「武

言ってよい。力の行使」（臨検等）はコミットメントの内容に含まれておらず、この点において日本代表団の狙いは果たされたと

（5）議長発出のプレスステートメント

ＰＳＩにおいて実質的な意味で新しい行動がないにもかかわらず、なぜ、参加国は複雑かつ難解な協議と解釈を積み重ね、あえて新たな枠組を創設するに至ったのであろうか。ＰＳＩの活動内容が、すべて既存の国際的な法的、組織的枠組の範囲内にとどまっているのであれば、そもそも継続した会議体の存在（plenary）や、実務的な処理機関（ＯＥＭ等）を設ける必要はなく、国連総会や安保理、Ｇ８やＥＵ等において「拡散阻止」の必要性を再確認すれば足りたはずであろう。

この点については、ＳＩＰにあわせて発出された「議長発出プレスステートメント[371]」が補った。議長ステートメントはＰＳＩの性質を、大量破壊兵器及び関連物資の拡散阻止のための、「政治的コミットメント及び実際上の協力を深化させるためのイニシアティブ[372]」と定義している。議長ステートメントはこのイニシアティブについて、「これはダイナミックなプロセスである。（It is a dynamic process.）[373]」と言葉を足すことで、ＰＳＩの持つ動的側面を強調した。

議長ステートメントはきわめて曖昧かつ微妙な言い回しで、ＰＳＩが機動的に運用され得る可能性について言及している。すなわち、「参加国は、本イニシアティブが、国内法的権限及び国際法に従ったものであることを指摘した[374]（pointed）」としつつ、「議長は、国際の平和と安全の維持のために、国連憲章の下で安保理が第一義的な責任を果たすことを想起した[375]（recalled）」という表現である。この言葉のとおりであれば、参加国の認識においてＰＳＩが既存の法体系の範囲内で実施されるということは変わりがないが、「第一義的な責任」を果たす安保理の決議次第では、とり得るＰＳＩ阻止行動の範囲が広がる可能性があることになる。その意味で、議長ステートメントがＰＳＩを集団

的安全保障（collective security）の一部をなすものと位置づけたことの意義は大きい。外務省が作成した「仮訳」は、「ＰＳＩは、集団的な安全と戦略的な安定の柱である不拡散のための全体的な努力の一部をなす[376]」としているが、原文の表現は“It is part of overall effort in support of non proliferation which is a pillar of collective security and strategic stability.”[377]であり、先の「安保理の第一義的な責任」とあわせて「想起」すれば、ＰＳＩが国連の発動する集団的安全保障措置の一翼を担うことになる可能性も排除されない。無論、そのような事態は、外務省によって作成された累次にわたるＰＳＩへの「対処方針」の中で一度も想定されなかった事柄であり、日本政府としては憲法上、及び政治的な制約から避けるべき事態であろう。これは、後に米国が実際にとったアプローチであるが、もし、国連安保理が特定の国、もしくは国に準ずる機関の拡散懸念行為を「違法化」する決議が「ダイナミック」に発出されることになった場合、こうして「上書き」された新たな法体系のもとでＰＳＩの枠組が適用されることとなれば、日本もまた「不拡散に関する合意の完全な実施と遵守[378]」を迫られる可能性も排除されていないのである。この点において、ＰＳＩを多国間協調による「武力の行使」の手段にする可能性を模索した米国の意図が完全に封じ込められたわけではない。

無論、既存の国際法体系を大きく変更したり、「ダイナミック」な国連安保理決議が出されたりして、参加国による「武力の行使」あるいは集団的安全保障措置がとられるような決定は、その後のＰＳＩの諸会合においても一度も行われていないが、パリ会合における議長ステートメントがその含みを残していることには留意したい[379]。

(6)「法執行の取り組み」としてのＰＳＩ

ＰＳＩ活動はあくまで既存の法体系の範囲内で行われ、各国がそれぞれにできる「努力を個別または共同で行うことにつき約束した[380]」ものに過ぎないという日本政府の認識と説明は、少なくともこれまでのところ正しいと言える。

外務省はパリ会合の後、各省庁に配布するペーパーを作成しているが、そこにはパリ会合で約束した具体的な行動内容についていては「情報共有」と「合同阻止訓練の実施」の二つしか記されていない[381]。もっとも、このペーパーではPSI合同阻止訓練に参加する目的を「能力向上とPSI実施の条件を試行すること」としており、今後における自衛隊の参加については肯定も否定もしておらず[382]、法執行を含むとはいえ軍事オペレーションにあたる多国間訓練に、将来において自衛隊が従事する可能性については含みを持たせる表現となっていた。そして、実際に自衛隊がその能力向上等を目的としてPSI合同阻止訓練に参加したことは先に見たとおりである。なお、自衛隊がPSIにおいてその「軍事力（防衛力）」をどのように使用しているのかは、次章で詳しく触れる。

また、外務省はパリ会合の後にSIPに関する想定問答を作成しているが、ここでも具体的な行動内容に関しては、「国内法が許容する限りにおいて、国際法及び国際的な法的枠組みの下での義務に合致[383]」したものをとると述べており、すべてのPSI活動を国内法の範疇内にとどめるという意味において、一連の対処方針に示されたラインを死守している。ただし、想定問答では「拡散懸念国等」が具体的に北朝鮮やイラン等の特定の国家を念頭に置いていることを重ねて否定しているが、それらの国々が条件に該当する可能性については、「どの国家や非国家対象であっても、国際社会全体の平和と安定に対する脅威となるような大量破壊兵器等の開発や獲得に努力したり、大量破壊兵器等の移転に従事していることが明らかとなった場合にはPSIの対象となりうるということである[384]」と明記し、北朝鮮に対してPSI阻止行動がとられる可能性を初めて認めている。

このように、日本政府はPSIへの参加にあたって、新たな立法措置をとることを回避した上で、既存の法体系の範囲内で実施できる措置以上の約束は何もしないことに成功したとも言える。さらに言えば、それら「法執行」の内容でさえ、すべて「我が国としても可能な措置について検討していく方針である[385]」として、具体的に言及することを避けている。つまりは、従来どおりのことを行うと宣言しているに過ぎない。しかし一方、本書第三章で見たPSIへの参加を表明することで、米国の同盟国としてのプレゼンスを示し、イラク戦争をめぐってある種の孤立感を深めていた米国を一定程度助けた形になったことも否定できない。また、特定国の名指しを避けつつも、北朝鮮の現実的脅威を封じ込める手段を手にすることに成功した事実も指摘してよかろう。さらに言えば、「法執行の取り組み」という建前を前面に立てることで、それまでタブーとされてきた領域外における多国間の軍事オペレーションを前提にした合同訓練に自衛隊部隊を派遣する道筋をつけることに成功したことも留意すべき点である。これが、軍事分野での「二国間・多国間安全保障協力」の嚆矢となったことは次章で詳しく分析する。

四　小括――「法執行」という安全保障政策

本章のまとめを述べる。自衛隊のＰＳＩ参加はいかなる意図と法的根拠に基づいてなされたのか。また、自衛隊の「軍事力（防衛力）」が使用されることとなったＰＳＩとは、そもそもどういった性質のものとして発足し、日本の安全保障政策の系譜の中でどう位置づけられるのであろうか。

（1）ＰＳＩ活動での自衛隊の「軍事力（防衛力）」使用

本章では、ブリスベン会合の前後に浮上したＰＳＩ合同阻止訓練への参加をめぐって、最終的には防衛庁設置法第五条九項「教育・訓練」が援用されることで、自衛隊の「軍事力（防衛力）」がＰＳＩに使用され得る道が開かれた経緯を検証した。自衛隊が実際のＰＳＩ活動を行い得る法的基盤はいまだ薄弱であるが、設置法にある「教育・訓練」の名目で根拠法のない活動の訓練にまで自衛隊の「軍事力（防衛力）」を使用し得る先例が作られた。この方式によって、日本の多国間枠組における安全保障協力の政策オプションが拡大したわけであり、冷戦後の安全保障政策史の中で記憶に留め置かれるべき事柄ではないだろうか。ただし、近年では「教育・訓練」のみを根拠とした共同訓練への参加について疑問も投げかけられるようになっており、そのことについては次章で詳しく述べる。

一連の過程によって、自衛隊のＰＳＩ参加が政治的争点とならなかったことにも注目する必要があろう。とりわけ、豪州沖演習への自衛隊派遣案が浮上した時期は、イラク特措法をめぐって自衛隊の領域外への派遣問題が与野党の鋭い政治的対立をもたらしていた頃と重なる。政治的、政策的判断から、当初においては、官邸、外務省とも、自衛隊の派遣には抑制的であったことも肯ける。それゆえ、当初において海上保安庁等の法執行機関を先に立てた上で、自衛隊はまずオブザーバーとして、次に補佐役的な役割としてと、徐々にその関与の度合いを深め、広げていく方式をとったことは、ＰＳＩ活動を目的とした領域外への自衛隊派遣が政治問題化することを避ける効果を上げるのに役立ったと言える。かように迂遠なアプローチをとりつつも、最終的に自衛隊は海外での多国間軍事協力に道を開くことに成功した。また、海上自衛隊は「多国間海軍協力[386]」の流れを加速することもできたと言える。ＰＳＩを契機として自衛隊が領域外に派遣され、米国以外の国を含む多国間枠組において、軍事分野の安全保障協力の実績を積み上げる道を開いたことは、冷戦後の安全保障政策史の一頁としてやはり記録されておかねばならない事実の一つであるとも言えよう。

また、冷戦後の安全保障政策史への貢献を目指す実証研究として本書が着目したいのは、自衛隊のＰＳＩ合同阻止訓練参加が実現した過程において、まず自衛隊側からの、しかも制服組（海幕）の強い希望があり、また、同盟のカウンター・パートである米海軍等への働きかけという「軍・軍関係」がテコになったという事実である。当初、自衛隊の参加については否定的もしくは消極的であった官邸及び外務省は、自衛隊・制服組の働きかけに押される形で、なかば事後承認的にその共同訓練参加を認めるに至った。これが、自衛隊が領域外において米国以外を含む多国間での本格的な軍事オペレーションを含む共同訓練（演習）に参加した戦後初めての事例の背景である。また、当初においてはＰＳＩを形成するための多国間交渉から防衛庁・自衛隊を排除していた外務省は、ＰＳＩに関する討議内容が軍事的な専門性を帯びるや、会議に参加する各国軍のカウンター・パートとして自衛隊の要員を会議に帯同せざるを得なくなった。事実としてすべてのＰＳＩオペレーション作業部会及びパリ会合以降のＰＳＩ会合（総会）に防衛庁・自衛隊は参加しているが、それはカウンター・パートである他国軍との関係性、つまり「軍・軍関係」に立脚する形でなされたことは冷戦後の安全保障政策の政策過程を考察する上で無視できない事例と言えよう。第一章で触れた武蔵の研究には、制服組が政治家や背広組（かつての内局官僚等）の意向に逆らう形で安全保障政策を策定する「逆転型現象」(387)はまだ確認されていないとあったが、他国軍との関係性によってもたらされる「軍・軍関係」の要請上から部分的に発生しつつある、あるいは将来において発生する可能性も否定できないことを指摘しておきたい。

（２）「国際貢献アプローチ」としてのＰＳＩ参加

パリ会合で採択された政治文書「ＳＩＰ（阻止原則宣言）」に記されたＰＳＩの全容は、日本代表団が強く求めたとおり、既存法規を「法執行」するための枠組となり、参加国はそこでの活動に一切の義務を負わないという緩やかな連帯の場となった。第一章で見たとおり、ＰＳＩは条約でもなく、同盟でもなく、国際機構でもなく、「行動」であるとされているが、その「行動」とはつまり参加各国の自主判断に基づき、任意になされるそれである。ＰＳＩにおいて参加国は基本的な規範意識を共有するという点で大きな政治的な意義を見出してはいるが、実務的な観点からは全般的な情報交換や事案ごとの共同対処を効率化させる以上の機能を備えることは初めから目的としてはいない。したがって、ＰＳＩは法執行を目的とした行政連合的な性格を備えてはいるとはいえ、その実態は、クラブ（club）あるいはフォーラム（forum）に近いと言ってよいのではないか。

また、ＳＩＰの策定過程において日本政府が厳重に確認したのは、ＰＳＩの活動全般が既存法規の「法執行」にとどまるという点であった。確かに、パリ会合では将来における法体系の改変について含みは持たされており、次章で述べるようにその後において安保理決議一五四〇の発出やＳＵＡ条約の一部改正といった一連の法創造も米国の主導によって試みられてはいるが、しかし現時点においてそれらは議長ステートメントが述べたほど「ダイナミック」な性質のものではない。参加国に対して何らかの行動義務を課す内容ではない。あえて言えば、明示的な法規範ではなく、ソフト・ロー的な意味と効果はあろうが、ＰＳＩ活動に「武力の行使」が導入されたり、集団的安全保障措置に類する行動を強いられたりする取り決めはこれまでも作られていない。その意味で、ＰＳＩにおいて自衛隊の「軍事力（防衛力）」が使用されるとしても、それは「法執行」に伴う「武器の使用」としてなされるに過ぎず、本書が導入する解釈軸を適用するならばやはり、日本のＰＳＩ参加、そして、自衛隊の「軍事力（防衛力）」の使用は「国際貢献アプローチ」に属する政策類型としてなされたと結論されよう。

もっとも、自衛隊のＰＳＩ活動についてはまだ不明瞭な部分も多く、将来的には「武力の行使」を含む「同盟深化アプローチ」の活動に転換あるいは接続する可能性はまだ否定されたわけではない。このことについては次章で分析する。

註

（1）外務省総合外交政策局兵器関連物資等不拡散室、二〇〇三年六月一三日、「拡散阻止イニシアティブ・スペイン会合（記録）」（二の一）（外務省開示文書）。

（2）防衛庁国際企画課、二〇〇三年六月一八日、「米の大量破壊兵器の拡散防止のための『拡散阻止イニシアティブ（Proliferation Security Initiative）』第一回会合結果概要」（防衛省開示文書）。

（3）同右。

（4）同右。

（5）同右。
（6）同右。
（7）同右。
（8）同右。
（9）同右。
（10）同右。
（11）同右。
（12）防衛庁国際企画課、二〇〇三年六月二〇日、「拡散阻止イニシアティブ関係省庁連絡会議概要」（防衛省開示文書）。なお、この「概要」は六月二三日付で防衛庁内各部署に回付されている。
（13）前掲註（1）、「スペイン会合（記録）」（二の一）。
（14）外務省総合外交政策局兵器関連物資等不拡散室、二〇〇三年六月二〇日、「米の拡散阻止イニシアティブ」（防衛省開示文書）。
（15）外務省が配布した資料「米の拡散阻止イニシアティブ」（前掲註（14））では、「我が国の基本的立場」として、以下の三つの点を記している。一つ目は、「大量破壊兵器等の拡散を阻止するとの基本的な趣旨への賛同」という点である。イニシアティブに対する「趣旨への賛同」とは、クラコフ宣言を受けた参加表明の時点から何度も繰り返されたフレーズではある。二つ目は、「まずは既存の国際法や参加国の国内法上実施可能な措置から検討していく」という点である。すなわち、新たに法整備が必要となる事項については、外務省としてはあまり積極的ではないことが、関係各省庁に対しても伝達されたことになる。ただし、三つ目の点には、スペイン会合ではあまり具体的に語られていない目標を盛り込んでいる。「実際の拡散阻止オペレーションでは各国の連携・協力が極めて重要」とした上で、外務省は「情報交換の緊密化やより強固な協力関係の構築等の措置を進めていくべき」としており、具体的なオペレーションの内容に踏み込んでいる。もっとも、情報交換の緊密化等は、スペイン会合に出発する前に、米国を訪問した天野審議官らが「伝達」した内容にもあり、スペイン会合「対処方針」策定の時点で、外務省と警察や公安等の法執行機関側との間に事前摺り合わせができていたことに防衛庁が不満を感じており、同庁はまったく蚊帳の外にいたことを考えあわせると、やはりこれは法執行措置に関連する意味での情報交換の緊密化のことであると考えるのが自然である。スペイン会合で日本代表団が挙げた「成功事例」である明伸事件が、関係各国の捜査当局間の情報共有、捜査協力によって成し遂げられたことも、この推論を補強するものであろう。

(16) 前掲註(12)、「連絡会議概要」。
(17) 同右。
(18) RR改訂版に関するコメント作成依頼等についての文書は、そのすべての秘密指定が解除になっていないと思われ、今般、開示を受けることはできなかった。
(19) 前掲註(12)、「連絡会議概要」。
(20) 同右。
(21) 前掲註(14)、添付資料「拡散阻止イニシアティブの想定するモデルケース」(ポンチ絵)。
(22) 同右。ただし、ポンチ絵の説明書には「下図のようにWMD等の関連物資で領海・領空を含め自国(A国)から懸念国に出ていくもの及び懸念国から入ってくるもの(中継・経由を含む)の双方を阻止することを目標としている。」と記されており、この文言を読む限りでは、公海上でのオペレーションが実際のPSI阻止活動の対象となり得るかどうかはわからない。スペイン会合での天野審議官ら代表団の言葉を借りれば、「第一段階」及び「第三段階」の対応強化で足りることとなり、米国らが「意欲的」に目指し、国際法、国内法の法体系の変更が必要となる「第二段階」の対処には重点が置かれない書きぶりとなっている点で、ここまでの外務省の対応は一貫している。
(23) 当然ながら、この連絡会議に参加した各省庁は、コメント作成のためにもRRを事前に開示されており、米国の「意欲的」な意図については十分に承知していた上での議論であろう。
(24) 前掲註(12)、「連絡会議概要」。
(25) 同右。
(26) 同右。
(27) 同右。
(28) 同右。
(29) 同右。
(30) 前掲註(14)、「米の拡散阻止イニシアティブ」。
(31) 前掲註(12)、「連絡会議概要」。
(32) 同右。

(33) 同右。

(34) 同右。

(35) 日本国政府宛オーストラリア大使館、二〇〇三年六月二七日、「No.12803」（防衛省開示文書）。

(36) 同右。

(37) 同右。

(38) 外務省及び防衛庁（省）が、ＰＳＩにおける「operation」をカタカナで「オペレーション」と表記していたことは第四章で触れた。「軍事作戦」のニュアンスをできる限り払拭することに努めていると思われる。しかし、豪州から届いた案内状を防衛庁に回付する際、外務省はＦａｘの送付状にその要旨を記載するにあたって、作業部会の名称を「オペレーション（軍事）専門家会合」としていることから、この会合は「軍事」当局間によるものであり、軍事分野に関する内容が協議されると認識していた可能性がある。ただし、作業部会が扱う議題については「ロジスティックス、コミュニケーション、及びオペレーション」とカタカナ表記のままで記載しており、以後、確認できる限りすべての関連文書の表記はこれに合わせてある。外務省、二〇〇三年六月二七日、「防衛庁宛、外務省軍縮課Ｆａｘ（無題）」（防衛省開示文書）。

(39) 前掲註（35）、「豪州政府からの案内状」。

(40) 航空幕僚監部防衛班担当、二〇〇三年七月四日、「第二回拡散阻止イニシアティブのオペレーション作業部会における米国提案の概要」（防衛省開示文書）。

(41) オーストラリア政府、二〇〇三年七月一日、「Proliferation Security Initiative Operational Sub-group Interagency Meeting, Wednesday 9 June: Agenda」（防衛省開示文書）。

(42) オーストラリア政府、二〇〇三年七月一日、「Proliferation Security Initiative Plenary Agenda, Thursday 10 July」（防衛省開示文書）。

(43) 防衛庁国際企画課、二〇〇三年七月四日、「第二回拡散阻止イニシアティブ（ＰＳＩ）オペレーション作業部会における米提案について（案）」（防衛省開示文書）。この文書の送付状には、「外務省が現在、本件に関する我が国としての対処方針を作成しており、今般、当庁を含む関係省庁に対して照会がなされる予定です」とあるが、実際の各部署からのコメントは、この外務省作成の対処方針案に対してなされる形で行われた。なお、防衛庁から開示されたこの文書においては、提案国である「米」の文字が伏せ字になっているが、後に引用する外務省作成の対処方針案は「米提案」と明記したままのものが開示された。文意からいって、本資料の表題も「米提案」である可能性は高いと思われる。

(44) 防衛庁国際企画課、二〇〇三年七月七日、「第二回拡散阻止イニシアティブ（ＰＳＩ）のオペレーション作業部会における米提案に対する我が国としての対処案（依頼）」。同、外務省、二〇〇三年七月四日、「第二回拡散阻止イニシアティブ（ＰＳＩ）のオペレーション作業部会における米提案に対する我が国としての対処案」（防衛省開示文書）。
(45) 防衛庁設置法第五条九項、現在は防衛省設置法第四条九項。なお、この法律に基づく外国との共同訓練参加については、本書第六章で詳しく検討する。
(46) 前掲註（44）、「外務省対処案」。
(47) 同右。
(48) 同右。
(49) 本書第四章註（61）、防衛庁「回答」等。
(50) 前掲註（44）、「外務省対処案」。
(51) 同右。
(52) 防衛庁国際企画課、二〇〇三年七月七日、「拡散阻止イニシアティブ（ＰＳＩ）第二回会合のオペレーション作業部会について（案）」（防衛省開示文書）。
(53) 同右。
(54) 同右。
(55) 同右。
(56) 同右。
(57) 同右。
(58) 防衛庁運用局訓練課、二〇〇三年七月七日、「コメント」（防衛省開示文書）。
(59) 同右。
(60) 同右。
(61) 同右。
(62) 同右。
(63) 海上幕僚監部防衛課、二〇〇三年七月七日、「第二回拡散阻止イニシアティブ（ＰＳＩ）のオペレーション作業部会における米提案に対する対処方針について（回答）」（防衛省開示文書）。

（64）同右。

（65）同右。

（66）同右。「働きかけ」の相手については具体的な記載はないが、文意から見て米国を指すと思われる。

（67）同右。

（68）同右。

（69）同右。

（70）同右。なお、ここで言う「阻止活動」の具体的内容については記載がない。

（71）同右。

（72）同右。

（73）同右。

（74）湾岸戦争のトラウマを思い起こさせる言葉である“Show the flag”に加えて、イラク戦争への自衛隊派遣を端的に象徴する言葉が“Boots on the ground”であると言える。米国からは二〇〇三年四月頃からこの言葉をもって治安維持のための要員派遣要請があったといい、六月一一日にはアーミテージ氏が「湾岸戦争では日本は観客席だったが、今度はプレーすべきだ」と表現したとされる（柳澤協二『検証　官邸のイラク戦争』岩波書店、二〇一三年、付属年表八頁）。実際の自衛隊イラク派遣は治安維持ではなく、復興目的で行われることになったが、これらの言葉を強く意識しての立法措置であったとされる。

（75）「イラクにおける人道復興支援活動及び安全確保支援活動の実施に関する特別措置法」（イラク特措法）に基づく措置。

（76）イラク特措法は「戦闘地域とそれ以外」の区別等をめぐり、大きな紛糾を経た上で、二〇〇三年七月二六日未明に成立した。防衛庁国際企画課が「米提案について（案）」を作成した七月四日、また海幕がその「回答」を作成した七月七日は、ちょうど、衆議院においてイラク特措法を審議する特別委員会が開かれている渦中であった。

（77）前掲註（43）、防衛庁、「米提案について（案）」。

（78）防衛省開示文書、海上幕僚監部防衛課、二〇〇三年七月七日、「拡散阻止イニシアティブ（ＰＳＩ）第二回会合のオペレーション作業部会における米提案について（案）に対する意見（回答）」。

（79）同右。

(80) 同右。原文では「削除すべきである」と強い表現を使って、自衛隊の訓練参加にあたってこうした前提が課せられることに反発を示している。
(81) 詳しくは本書第六章で分析する。それまで、自衛隊はリムパック演習等、海外での軍事演習に参加したことがあるが、すべて日米同盟を根拠とした、日米二国間のスキームであることを確認しての海外派遣であった。また、人道災害支援の枠組で、多国間の軍事組織との訓練に参加した実績はあるが、これらはもとより軍事演習ではない。
(82) ブリスベン会合後の邦人記者ブリーフィングにおいて、天野審議官はこの"exercise"は「演習」ではなく、「訓練」にあたるという見解を示している。その理由について、「軍関係者以外の参加もあるという意味で、訓練というほうが実体に即している」としているが、そうであるならば、軍関係者以外の参加する軍事演習はすべて「訓練」ということになる。作戦シナリオによっては、沿岸警備隊や警察、消防組織、民間航空会社等が参加する軍事演習もあり得ることを考えれば、天野審議官の説明には説得力がない(ブリスベン会合日本代表団、二〇〇三年七月一一日、「拡散安全保障イニシアティブ第二回会合(邦人記者ブリーフ:記録)」(防衛省開示文書))。なお、ブリスベン会合について書かれた記事では、「訓練」か「演習」かの用語選択は記者によって分かれた。たとえば、朝日新聞は「不審船阻止へ海上訓練　一一か国が原則合意」(『朝日新聞』二〇〇三年七月一一日)と見出しをつけた一方、読売新聞は「海上輸送阻止で合同演習　日米など一一か国合意」(『読売新聞』二〇〇三年七月一一日)と記載をしている。
(83) 無論、国連海洋法条約が改正され、国際法上も合法の形で大量破壊兵器等の輸送阻止を目的とした臨検が行われるようになれば、それは警察行為となり、「武力の行使」にはあたらないとする解釈がなされるようになろう。しかし、ソ・サン号事件で判明したように、当時において公海上で拡散懸念船舶を旗国の同意なく臨検する行為は「武力の行使」にほかならず、自衛隊もそれを認識した上で、かつ、国際法の改正見通しが立たない段階で、共同訓練に参加する方向で働きかけを開始した事実に留意したい。
(84) 外務省総合外交政策局兵器関連物資等不拡散室、二〇〇三年七月八日、「ブリスベン会合　オペレーション作業部会　対処方針」(防衛省開示文書)。
(85) 同右。
(86) 同右。
(87) 同右。
(88) 防衛庁国際企画課、二〇〇三年七月三日、「拡散阻止イニシアティブ対処方針(外務省案)について」(防衛省開示文書)。
(89) 外務省総合外交政策局兵器関連物資等不拡散室、二〇〇三年七月八日、「拡散阻止イニシアティブ(Proliferation Security Initiative:

PSI）ブリスベン会合・対処方針」（防衛省開示文書）。
(90) 同右。
(91) 同右。
(92) 本書第四章を参照されたい。
(93) 前掲註（89）、ブリスベン会合「対処方針」。
(94) 同右。
(95) 同右。
(96)『朝日新聞』二〇〇三年六月二九日。
(97) 後述するブリスベン会合のブリーフィングや報告資料では、外務省は米国ボルトン国務次官の前のめりな発言に対する警戒を隠していない。かかる発言をした人物、また、発言する立場にあった米政府高官がボルトン氏しかいない以上、記者に対してこうした情報を与えた人物はボルトン氏であったことが推察される。
(98) 前掲註（96）、『朝日新聞』。
(99) 同右。また、この報道についてはブリスベン会合の対処方針にも引用されており、外務省として特に注意を払っていたことが推察される。
(100) 前掲註（89）、ブリスベン会合「対処方針」。
(101) 同右。
(102) 明伸事件については本書第四章を参照されたい。
(103) 前掲註（89）、ブリスベン会合「対処方針」。
(104) 同右。
(105) 同右。
(106) 同右。
(107) 同右。
(108) 同右。
(109) 同右。

(110) 同右。
(111) 同右。
(112) 同右。
(113) キャッチ・オール規制については以下を参照。浅田正彦編『輸出管理――制度と実践』有信堂、二〇一二年、一八〇―二〇五頁。森本正崇「輸出管理入門（3）――キャッチオール規制」『貿易実務ダイジェスト』二〇〇九年一〇月。田上博道『輸出管理論――国際安全保障に対応するリスク管理・コンプライアンス』信山社、二〇〇八年、六六―一二五頁等。
(114) 前掲註（89）、ブリスベン会合「対処方針」。
(115) 安保理決議一二六七はアル・カーイダ及びタリバンに対する制裁を規定している（第六条）。また、これに関連する決議である一三三三はタリバン支配領域への武器及び関連物資の供給を禁止し（第五条）、オサマ・ビン・ラーディンの関係者・団体のリスト化を求めている（第八条c）。また、同じく関連決議である一三九〇でも、国連制裁委員会が策定するリストに準拠する形で金融制裁や武器禁輸を定め（第二条）、リストの更新を求めている（第五条a）。これに基づいて、日本においては財務省が最新の制裁リストを定期更新し発表している（たとえば、財務省、二〇一五年八月二八日、「経済制裁措置及び対象者リスト：現在実施中の外為法に基づく資産凍結等の措置（平成二七年八月二八日現在）」、https://www.mof.go.jp/international_policy/gaitame_kawase/gaitame/economic_sanctions/list.html（二〇一七年六月一日閲覧））。その他、これら一連の安保理決議による制裁については、宮坂直史「国連のテロ対策」広瀬佳一・宮坂直史編著『対テロ国際協力の構図――多国間連携の成果と課題』ミネルヴァ書房、二〇一〇年等を参照。
(116) 前掲註（89）、ブリスベン会合「対処方針」。
(117) 本会合は次官補級で行われ、豪州のオサリバン外貿省次官を議長とし、米国からはボルトン国務次官、英国からはオークデン外務省国際安全保障局長、オーストラリアからはラック第一次官補等が参加した。日本代表団としては、外務省の天野軍縮科学技術審議官を団長として、外務省から柳在豪大使館書記官、高橋情析一首席事務官、松本軍不拡散事務官、安田条規事務官、警察庁から滝澤国際テロ対策室長、筒井外事課警部、また経産省からは守谷安全保障貿易課長、北村事務官、海上保安庁から田口刑事課課長補佐、秋本不審船舶対策官、山下警備救難部専門官、中西情報調査室長の一三人が派遣されたことが資料に記されている。この陣容を見る限り、日本代表団はPSIを徹頭徹尾、法執行の取り組みとして認識しており、自衛隊の軍事力を使用することはもとより想定していないという基本方針で一貫している。また、オペレーション作業部会には、本会合への代表団のうち、外務省から柳書記官、松本事務官、安田事務官、経産省から守谷課長、海上保安庁から田口課長補佐、秋本対策官が出席しているが、当然ながらこの中に軍事専門家はいない。米国からの提案内容とは、明らかにそぐわない人選でこの作業部会に臨んだことは、日本代表団の強いメッセージが込められていると言えよう。外務省不拡散室、二〇〇三年七月一〇日、「ブリスベン会合　報告」（防衛省開示文書）。

(118) 同右。

(119) 同右。

(120) 同右。

(121) 同右。

(122) 同右。

(123) Australia, Department of Foreign Affairs and Trade, 10 June 2003, "Proliferation Security Initiative Brisbane Meeting, 9–10 July 2003 Chairman's Statement."（防衛省開示文書）。

(124) 同右。

(125) 同右。

(126) 同右。

(127) 同右。

(128) 同右。

(129) 同右。

(130) 同右。

(131) 同右。

(132) 同右。

(133) エビアン宣言については、2003 G8 Summit, http://globalsummitryproject.com.s197331.gridserver.com/archive/g8-2003_evian2/www.g8.fr/evian/english/（二〇一七年六月一日閲覧）。また、本書第四章註（261）も参照。

(134) "Joint Statement by European Council President Costas Simitis, European Commission President Romano Prodi and U.S. President George W. Bush on the Proliferation of Weapons of Mass Destruction," Washington, 25 June 2003. http://www.sussex.ac.uk/Units/spru/hsp/documents/2003-0625%20EU-US%20decl.pdf（二〇一七年六月一日閲覧）。

(135) 前掲註（117）、外務省「ブリスベン会合　報告」。

(136) 外務省、二〇〇三年七月一〇日、「拡散安全保障イニシアティブ　ブリスベン（豪州）会合、二〇〇三年七月九日〜一〇日　議長総括（プレス・リリース）要旨」（防衛省開示文書）。
(137) 『読売新聞』二〇〇三年七月一〇日。『朝日新聞』二〇〇三年七月一〇日等。
(138) 外務省不拡散室、二〇〇三年七月一一日、「軍不拡応答〇三第一〇号　対外応答要領」（防衛省開示文書）。
(139) 同右。
(140) 同右。
(141) 同右。
(142) 同右。
(143) 米国側がどういった内容の訓練を考えていたのかを、ブリスベン会合の翌日、米国大使館から米政府関係者に照会した記録が残っているが、現時点ではこの内容について秘密指定が解除されていない。いずれにせよ、日本政府としても、情報の収集に努めていたことは間違いない。外務省、二〇〇三年七月一一日、加藤良三大使発　外務大臣宛「ＰＳＩ（合同訓練）」（外務省開示文書）。
(144) 前掲註(138)、外務省「対外応答要領」。
(145) 同右。
(146) 外務省、二〇〇三年七月一一日、「(ブリスベン発、本省着) 拡散安全保障イニシアティブ第二回会合（邦人記者ブリーフ：記録）」（防衛省開示文書）。
(147) 同右。
(148) 同右。
(149) 同右。
(150) 同右。
(151) 同右。
(152) 同右。
(153) 同右。
(154) 同右。
(155) 同右。

(156)　同右。
(157)　同右。記者会見では、「これまで二国間やＡＳＥＡＮ諸国でかかる訓練を行ったことはあるのか」という質問も出たが、天野団長は「訓練は行っていない。ＡＳＥＡＮ諸国に対してＷＭＤ拡散防止制度についてのセミナーは行っている。そのような協力を通じ、明伸の事案のような協力も行われている」と述べているが、これは微妙に相手の質問意図をはぐらかした答弁である。第六章で見るとおり、二〇〇一年に初めて人道・災害支援のための共同訓練に日本は自衛隊を参加させているが、それは自衛隊の火力、軍事力を使用する訓練ではなく、機動力、輸送力を利用した人命救助のための取り組みであった。ひるがえって、今般話題となる、公海上の臨検等の措置を含む訓練は、「武力の行使」にあたりかねないから問題となっているわけであり、記者の質問の意図もそこにあったものと推測される。しかし、天野団長は「訓練は行っていない」と事実こそ述べたものの、直後にこれを法執行機関の連携、協力の問題として話をすり替えている。明伸事件はすなわち、天野団長自らが定義した拡散阻止プロセスの「第一段階」における、領域内での法執行管轄権を行使したものに過ぎず、米国から呼びかけがあった「意欲的」な公海上での臨検等を目的とし、軍事力を使用して行われる「第二段階」の演習（訓練）とはそもそも次元の違う問題であったはずである。
(158)　同右。
(159)　同右。
(160)　同右。
(161)　同右。
(162)　同右。
(163)　同右。
(164)　同右。
(165)　外務省、二〇〇三年七月一一日、「（ブリスベン発、本省着）拡散安全保障イニシアティブ第二回会合（豪プレス・インタビュー：記録）」（防衛省開示文書）。
(166)　同右。
(167)　同右。
(168)　同右。
(169)　同右。

(170) 同右。
(171) 同右。
(172) 同右。
(173) 外務省、二〇〇三年七月一一日、「拡散安全保障イニシアティブ（ＰＳＩ）第二回会合結果概要」（防衛省開示文書）。
(174) 外務省兵器関連物資等不拡散室、二〇〇三年七月一五日、「拡散安全保障イニシアティブ（ＰＳＩ）検討会議のご案内」（防衛省開示文書）。
(175) 同右。
(176) 防衛庁防衛局国際企画課、二〇〇三年七月一一日、「拡散安全保障イニシアティブ（ＰＳＩ）第二回会合結果概要」（防衛省開示文書）。
(177) 同右。
(178) 同右。
(179) 同右。
(180) 同右。
(181) 同右。
(182) 同右。
(183) 同右。
(184) 外務省総合外交政策局兵器関連物資等不拡散室、二〇〇三年七月一五日、「拡散安全保障イニシアティブ（ＰＳＩ）関連の共同訓練（米豪共同訓練）に関わる関係省庁会合について（メモ）」（防衛省開示文書）。
(185) 同右。
(186) 防衛省防衛局国際企画課、二〇〇三年七月一七日、「拡散安全保障イニシアティブ（ＰＳＩ）のための共同訓練（米豪共同訓練への我が国からの参加）に関する関係省庁会合結果（概要）」（防衛省開示文書）。
(187) 同右。
(188) 同右。
(189) 同右。

(190)　同右。
(191)　同右。
(192)　同右。
(193)　もう一つ、北朝鮮からの拡散防止にとって日本が不可欠であった理由として、ブッシュ大統領のクラコフ宣言の直前である二〇〇三年五月二〇日、米国上院政府活動委員会小委員会の公聴会において、日本国内から朝鮮総連が万景峰号を利用して北朝鮮に送る資材が、北朝鮮が開発中のミサイル部品の九〇%を占めるという証言がなされたことも指摘されよう。事実上、PSIの対象国はイランと北朝鮮であるが、その一方に対する最大の大量破壊兵器等流出国である日本がPSI活動に参加しないのでは、確かに画竜点睛を欠くことになる。United States Senate, 20 May 2003, A Hearing on Drugs, Counterfeiting, and Weapons Proliferation: The North Korean Connection, Government Committee. http://www.gpo.gov/fdsys/pkg/CHRG-108shrg88250/html/CHRG-108shrg88250.htm（二〇一六年一月一日閲覧）.
(194)　同右。外務省開示文書の記載は「会合」と「作業部会」が混在しているが、混乱を避けるため、本書では「作業部会」で統一する。
(195)　同右。
(196)　防衛庁防衛局国際企画課、二〇〇三年七月一八日、「拡散安全保障イニシアティブ（PSI）オペレーション専門家会合　対処方針（案）」（防衛省開示文書）。なお、防衛庁が作成した最終的な「対象方針」は開示されておらず、成案を得たものかどうかについても不明である。ただ、本「対処方針（案）」は防衛庁国際企画課から、外務省不拡散室に「次官までの了承済み」として送付されており、「大臣については未了」、「至急決済を仰ぐ予定です」との注釈はあることから、最終形に近いものと推察される。
(197)　同右。
(198)　同右。
(199)　同右。
(200)　同右。
(201)　小野次郎氏へのインタビュー。現参議院議員である小野次郎氏は、二〇〇三年当時、小泉内閣において安全保障を担当する首相秘書官の任にあった。二〇一四年一〇月二九日、於：参議院議員会館。
(202)　外務省兵器関連物資等不拡散室長、二〇〇三年七月二三日、「拡散安全保障イニシアティブ（PSI）第二回オペレーション専門家会合へのご出席依頼」(防衛省開示文書)。なお、この会議への代表団は、外務省を中心に、海上保安庁、警察庁、経産省、そして防衛庁の陣容をもって組まれた。

(203) 同右。

(204) 在英大使館防衛庁職員よりのEメール、二〇〇三年七月二六日、「PSI専門家会合について」(防衛省開示文書)。この職員は「実施場所は昨日決定したようで、細部日程も未だ調整中のようです」と連絡をしている。

(205) 防衛庁メモ(作成者、日付不詳)、「外務省総合外交政策局不拡散室　西田さんからの問い合わせ(PSI関連)」(防衛省開示文書)。このメモが作成された日付は不明であるが、欄外に「運企(運用企画課の略)に問い合わせ中　7/23」との書き込みがあることから、ロンドン会合の準備が始まった七月二三日前後に一連のやりとりがあったことが推測される。

(206) 同右。

(207) 同右。

(208) 同右。

(209) 「周辺事態に際して実施する船舶検査活動に関する法律」。

(210) 前掲註(205)、「防衛庁メモ」。

(211) 外務省兵器関連物資等不拡散室、二〇〇三年七月二八日、「拡散安全保障イニシアティブ　オペレーション作業部会(七月三〇日、於：ロンドン)対処方針」(防衛省開示文書)。

(212) 同右。

(213) 同右。

(214) 同右。

(215) 外務省、二〇〇三年七月二八日、「拡散安全保障イニシアティブ(Proliferation Security Initiative: PSI)阻止訓練参加に関する対処ぶり」(防衛省開示文書)。

(216) 前出註(211)、外務省「対処方針」。

(217) 同右。

(218) 同右。

(219) 同右。

(220)　同右。

(221)　防衛庁防衛局国際企画課、二〇〇三年七月二三日、「拡散安全保障イニシアティブ（PSI）に関する説明会について」（防衛省開示文書）。

(222)　防衛庁防衛局国際企画課、二〇〇三年七月二四日、「拡散安全保障イニシアティブ（PSI）オペレーション専門家会合　対処方針」（防衛省開示文書）。

(223)　同右。

(224)　同右。

(225)　同右。

(226)　同右。

(227)　同右。

(228)　同右。

(229)　同右。

(230)　周辺事態法におけるいわゆる「地理的概念」については制定当時（一九九九年）、大きな論争になった。条文には「我が国周辺の地域（第一条）」とあるが、政府の解釈は「事態の性質に着目した概念であって、地理的概念ではない（第一八九回国会　衆議院本会議、二〇一四年五月二六日、安倍総理大臣答弁）で確定している。ただし、周法の関連法案である「周辺事態に際して実施する船舶検査活動に関する法律」の第二条には、その適用範囲を「我が国領海又は我が国周辺の公海（海洋法に関する国際連合条約に規定する排他的経済水域を含む）」と明記し、さらに乗船にあたっては旗国等の同意をその与件とする（同）等、より厳しい制約を課しており、「地球の裏側での武力の行使」といった事態にならない歯止めをかけている。

(231)　なお、防衛庁「対処方針」には、先のブリスベン会合における米国の提案が、西太平洋、地中海、インド洋の三か所における共同訓練の実施であったことが記されている。自衛隊らの参加が打診された「クロコダイル・エクササイズ」は、そのうち西太平洋におけるものであった。防衛庁の対処方針には、指揮所演習と実動演習で構成される同演習は、米豪両国によって毎年行われている共同演習であり、二〇〇三年九月には豪州沖の珊瑚海及びショルウォーターベイ演習場周辺で行われることもあわせて記されているが、エクササイズの日本語訳をすべて「演習」と記していることからも、防衛庁・自衛隊ともに当該「演習」は明確に軍事オペレーションを対象にしたものであることを認識していたことは疑いない。

(232) 外務省、二〇〇三年七月三一日、「折田在英国大使発、外務大臣宛（電信）拡散安全保障イニシアティブ（ＰＳＩ）オペレーション専門家会合（ロンドン）記録」（二の一）（外務省開示文書）。
(233) 同右。
(234) 外務省、二〇〇三年七月三一日、「折田在英国大使発、外務大臣宛（電信）、「ＰＳＩオペレーション専門家会合（米豪関係者内話）」（外務省開示文書）。
(235) 同右。
(236) たとえば『読売新聞』二〇〇三年八月二日の記事には、「政府筋が一日、明らかにした。」とあるが、政府側からメディアに情報をリークしたことが推察される。記事の書きぶりからして、外務省か海上保安庁（おそらく前者）の「広報」活動によるものであろう。
(237) 『産経新聞』二〇〇三年八月一日。
(238) 前掲註（236）、『読売新聞』。
(239) 前掲註（237）、『産経新聞』。
(240) 外務省、二〇〇三年八月四日、「軍不拡応答〇三第一三号　【対外応答要領】拡散安全保障イニシアティブ（ＰＳＩ）」（外務省開示文書）。
(241) 同右。
(242) 同右。
(243) ヘンロー空軍基地での作業部会では議長サマリーが発出されているが、その内容は未公開であり、現時点でもまだ機密指定が解除されていない。しかし、部会の後に防衛庁が作成した資料には、議長サマリーの中にあった「本演習は、全てのＰＳＩ参加国からの貢献に開かれており、そのような参加の性格と規模については柔軟である」という部分の記載があり、作業部会の時点では参加国の参加態様について幅を持たせていたことがうかがえ、実際の訓練（演習）参加にあたっては、主催国と参加国との交渉・調整に任されていたことがわかる。参照：防衛庁防衛局国際企画課、二〇〇三年八月四日、「拡散安全保障イニシアティブ（ＰＳＩ）オペレーション専門家会合結果概要」（防衛省開示文書）。
(244) 前掲註（240）、外務省「対外応答要領」。
(245) 同右。

(246) 外務省、二〇〇三年八月一三日、「拡散安全保障イニシアティブ（Proliferation Security Initiative: PSI）議論の現状と阻止訓練参加に関する我が国の対処ぶり」（防衛省開示文書）。
(247) 同右。
(248) 同右。
(249) 本件に関して、関係国間でいくつもの電信が飛び交っていることを確認している（不拡散合第一八一八七号、英来第二六四五号等。いずれも外務省開示文書）が、かかる調整作業の中身についてはすべて機密指定が解除されていない。ただし、これらについて付されたメモから断片的に読み取れる情報を総合すると、調整の焦点が訓練シナリオにあった模様であり、日本側は「訓練対象船舶が日本国籍船舶」とすることをオーストラリア当局に強く申し入れていたことがうかがえる。これは、「我が国の海上保安庁が対象船舶に対して公海上で立入検査を行う」ことができる唯一のケースではあるが、一一か国が集結しての初の共同訓練を行うに際して、日本固有の国内事情を強く反映させるよう主催国に要求することは、やや身勝手な要望のように見受けられる。もっとも、オーストラリアは最終的に我が国の要求をすべて飲み、海上保安庁の巡視船派遣を受け入れたことは後に触れる。
(250) 前掲註（246）、外務省「我が国の対処ぶり」。
(251) 同右。
(252) 外務省、二〇〇七年一一月七日、「日米軍備管理・軍縮・不拡散・検証委員会の開催について」http://www.mofa.go.jp/mofaj/press/release/h19/11/1176195_816.html（二〇一七年六月一日閲覧）。この委員会は二〇〇〇年三月から東京とワシントンＤＣの間で交互に行われており、二〇〇三年八月一日に開催されたものは、第六回会合であった。
(253) 外務省、二〇〇三年八月一日、「ボルトン米国務次官・天野軍科審との協議（ＰＳＩ関連）」（防衛省開示文書）。
(254) 同右。
(255) 同右。
(256) 同右。
(257) 同右。
(258) 外務省、二〇〇三年八月二六日、「拡散安全保障イニシアティブ（Proliferation Security Initiative : PSI）豪州沖合同阻止訓練への我が国の参加」（外務省開示文書）。
(259) 同右。「しきしま」はヘリコプター二機を搭載する総トン数約六五〇〇トンの巡視船である。

(260) 同右。右記の外務省資料には、「八月二九日にシドニーにて参加各国（米、仏、日）の参加を得て詳細な訓練シナリオ等に関する打ち合わせを行う」とある。また、外務省内には、「実務者会議」の報告書が存在することも確認できた（外務省、二〇〇三年八月二九日、シドニー発、本省着、「PSI合同訓練（シドニー実務者会議）」（外務省開示文書）。ただしタイトルと日付等のみの部分開示）。会議のやりとりについては、そのすべてについて機密指定が解除されていないが、プリントアウトすれば三二頁にものぼる大部の分割電報であり、前後の状況から判断するに、訓練シナリオ等についての最終調整作業が行われていたものと推測される。また、外務省らは、多チャンネルで合同訓練についての情報収集を目的として、主催国オーストラリア等の要人に接触していた形跡がうかがえる（たとえば、外務省、二〇〇三年八月二九日、豪州発、本省着、「豪国防（防衛情報）」（外務省開示文書）。内容については非開示）。

(261) 『毎日新聞』二〇〇三年八月三〇日。

(262) 前掲註（258）、外務省「我が国の参加」。

(263) 同右。

(264) 同右。

(265) 同右。

(266) 同右。

(267) 同右。

(268) 外務省兵器関連物資不拡散室、二〇〇三年八月二九日、「【想定問答】PSI（拡散安全保障イニシアティブ）「しきしま」出航」（外務省開示文書）。

(269) 同右。

(270) 同右。

(271) 同右。

(272) 同右。

(273) 同右。

(274) 同右。

(275) 同右。

(276) 同右。
(277) 同右。
(278) 第四章で確認したように、これらの議論はスペイン会合への準備段階でなされていたものと同じである。また、同様の問題は海保だけでなく、海上自衛隊でも生じ得るが、このことについては現時点でも整理がついていない。第六章で詳しく分析する。
(279) 前掲註（268）、外務省「想定問答」。
(280) 同右。
(281) 同右。
(282) 同右。
(283) 同右。
(284) 同右。
(285) 同右。
(286) 同右。
(287) 同右。
(288) 『読売新聞』二〇〇三年八月一三日。
(289) 前掲註（268）、外務省「想定問答」。
(290) 同右。
(291) 同右。
(292) 海上保安庁、二〇〇三年八月二九日、「拡散安全保障イニシアティブ（ＰＳＩ）豪州沖　海上合同阻止訓練への参加について」（防衛省開示文書）。
(293) 同右。
(294) 海上保安庁、二〇〇三年九月四日、「拡散安全保障イニシアティブ（ＰＳＩ）豪州沖　海上合同阻止訓練への参加について」（防衛省開示文書）。
(295) 『産経新聞』二〇〇三年九月四日。
(296) 同右。

(297) 同右。
(298) 同右。
(299) 同右。
(300) 同右。
(301) 同右。
(302) 防衛庁、二〇〇三年九月四日、「副長官・次官会見用応答要領」(防衛省開示文書)。
(303) 同右。
(304) 同右。
(305) 『毎日新聞』二〇〇三年八月三〇日。
(306) 防衛庁防衛局防衛政策課、二〇〇三年九月一日、「八月三〇日付毎日新聞報道関連想定(ＰＳＩ関連)」(防衛省開示文書)。
(307) 同右。
(308) 『朝日新聞』二〇〇三年九月一四日。当該記事は、関係者からの聞き取りで書かれたものと推察される。繰り返しになるが、外務省、防衛省とも、ブリスベン会合前後における、当初の米国提案の詳しい中身は未だ公開しておらず、シナリオの対象が北朝鮮等の特定国家であったかどうかは確認できていない。
(309) 同右。
(310) 同右。
(311) 同右。
(312) 第一八七回国会　参議院外交防衛委員会、二〇一四年一一月一三日、岸田外相答弁。
(313) 外務省、二〇〇四年一〇月二八日、『わが国主催の「拡散に対する安全保障構想」(ＰＳＩ)海上阻止訓練「チーム・サムライ04」(概要と評価)』http://www.mofa.go.jp/mofaj/gaiko/fukaku_j/PSI/samurai04_gh.html(二〇一五年九月一日閲覧)。
(314) 『朝日新聞』二〇〇四年一〇月一一日。
(315) 『朝日新聞』二〇〇四年七月二六日。『読売新聞』二〇〇四年一〇月二九日。
(316) 『朝日新聞』二〇〇四年一〇月二八日。なお、筆者が防衛省から開示された資料によると、海上自衛隊からの参加は護衛艦「いかづち」、「しらゆき」に加えてＰ−３Ｃ、ＳＨ−60Ｊ、Ｅ−７６７がそれぞれ一機。これらが「艦艇や航空機に因る捜索・監視等の警戒監視活動」の訓練をしたというのだが、そのシナリオは以下のとおりであったという。「①日本でのテロの可能性がある状況で、日本国籍の容疑船舶が米国籍の容疑船舶からサリン関連物質と疑われる貨物を譲り受けようとしているとの情報を入手。海上保安庁は日本国籍の容疑船舶の捜索差押許可状を取得。②自衛隊哨戒機が、航行中の米国籍の容疑船舶を公海上で発見、関係機関に通報、自衛隊及び海上保安庁が監視を継続。③容疑物資の積み替えを阻止するため、海上保安庁巡視船が接近したところ、両船舶は積み替えを中断して逃走。④日本国籍の容疑船舶は、公海上で海上保安庁巡視船が停船させ、乗船、捜索し、容疑物資を発見、差し押さえ。⑤米国籍の容疑船舶は、海上保安庁及び海上自衛隊からの情報に基づき、公海上で米艦船が停船させ、米国からの要請を受けた豪・仏艦船とともに合同捜索。米国が容疑物資を分析及び海上保安庁からの情報と照合し、これを特定・押収」。これでは日本の国内法を執行することを目的とした海保・海自の合同訓練に、米、豪、仏海軍をつきあわせたに過ぎないとされても仕方なく、新聞記事中の米国高官が不満を述べた理由もわかる（防衛省提供資料、二〇一四年九月一九日（回答）、「二〇〇四年（Team Samurai）について」）。

(317)『朝日新聞』二〇〇四年一〇月一一日。
(318)『朝日新聞』二〇〇三年八月八日。
(319)第一六二回国会、参議院本会議、二〇〇五年六月二九日、澤参議院議員質問。
(320)第一六二回国会、参議院本会議、二〇〇五年六月二九日、大野防衛庁長官答弁。
(321)『朝日新聞』二〇〇五年五月二日。
(322)では、どのような訓練（演習）であったのだろうか。筆者が防衛省から提示された資料によると、海上自衛隊からの参加は護衛艦「しらね」とP‐3Cが二機と、参加部隊の規模は前年のTeam Samuraiより小さい。また、演練内容が「艦艇や航空機に因る捜索・監視等の警戒監視活動」であることは前年と同じであるが、シナリオからは「日本船籍の容疑船舶」が排除されている。具体的な訓練シナリオは以下のとおりである。「①ある船舶が汎用性のある化学物質を不法に輸送しているとの情報を受け、我が国を含むPSI参加国が容疑船舶の捜索、追尾を実施。②容疑船舶一隻（シンガポール船籍）は、南シナ海の公海上でシンガポール海軍艦船により停船され、乗船・立入検査を実施。③容疑船舶一隻は港湾にエスコートされ、船内捜索の結果、容疑物資の入ったコンテナを発見、当該容疑物質を差し押さえ」。一応、シナリオの中盤になって容疑船舶が「シンガポール船籍」と判明することから、結果として海上自衛隊は「他国の法執行を手伝った」ということになる。しかし、シナリオ当初の「捜索」段階において不明であった容疑船舶（拡散懸念船舶）の旗国が、臨検等に同意するかどうかわからないまま、海上自衛隊は「警戒監視」による捜索・追尾作戦を実施し得ることがこのシナリオからわかる。この行動は日本の国内法に根拠があるものではなく、「武力の行使」に接続し得るか、少なくとも隣接する可能性も否定できない。国会で質疑のあった「本格的で実質的なオペレーション」の実態はこれであった（防衛省提供資料、二〇一四年九月一九日（回答）、「二〇〇五年（Deep Sabre）について」）。

(323) 二〇〇七年一〇月一三～一五日、「Pacific Shield 07」（伊豆大島東方海域）。（参考：外務省、二〇一二年一〇月一八日、『我が国主催ＰＳＩ海上阻止訓練「Pacific Shield 07」（概要と評価）』http://www.mofa.go.jp/mofaj/gaiko/fukaku_j/PSI/ps07_gh.html（二〇一五年九月一日閲覧））。二〇一二年七月三～五日、「Pacific Shield 12」（新千歳空港）（初の空のＰＳＩ訓練であった）。参考：外務省、二〇一二年七月一七日、『我が国主催ＰＳＩ航空阻止訓練「Pacific Shield 12」（結果概要）』http://www.mofa.go.jp/mofaj/gaiko/fukaku_j/PSI/pacific_shield_12.html（二〇一六年一月一日閲覧）。

(324) たとえば、外務省、二〇一二年九月一八日、『韓国主催ＰＳＩ（拡散に対する安全保障構想）海上阻止訓練「Eastern Endeavor 12」への我が国の参加』http://www.mofa.go.jp/mofaj/press/release/24/9/0918_01.html（二〇一五年九月一日閲覧）。

(325) U.S. Department of States, 4 September 2003, “States of Interdiction Principle: SIP,” http://www.state.gov/t/isn/c27726.htm（二〇一七年六月一日閲覧）.

(326) 外務省、二〇〇三年八月一九日、外務省軍科審組織兵器関連物資等不拡散室、「ＰＳＩ第三回会合（於・パリ、九月三日・四日）への参加について」（防衛省開示文書）。

(327) 同右。

(328)（作成者、日付不詳）“Draft Statement of Interdiction Principles”（防衛省開示文書）。なお、この資料は、註（329）に述べる八月二二日付資料に添付されていたものであり、米国からの提案であることはわかっているが、正確な作成者や作成日時については記載がない。

(329) 外務省兵器関連物資等不拡散室、二〇〇三年八月二二日、「阻止原則宣言案への我が国コメント（合議）」（防衛省開示文書）。

(330) 前掲註（328）、「Draft」。

(331) 前掲註（329）、「我が国コメント」。

(332) 前掲註（328）、「Draft」。

(333) 前掲註（329）、「我が国コメント」

(334) 韓国へのアウトリーチについては、二〇〇三年八月一五日付でジョージタウン大学のヴィクター・チャ教授が“Why South Korea

Should Join the PSI"という文書を発表したことが前掲註（329）の資料等に添えられている。この中でチャ教授は、当時の盧武鉉大統領の過剰なる北朝鮮への配慮が障害となり、最初から米国は韓国をコア・メンバーに招待しなかったと書いている。韓国がこのような配慮を続ける限り、日本政府がいくらアウトリーチの努力をしてもきわめて難しかったことは想像に難くなく、外務省としてはできるだけＰＳＩの性格から義務的、攻撃的な色彩を抜き去りたかったという事情もよくわかる。

（335）前掲註（328）、「Draft」。

（336）前掲註（329）、「我が国コメント」。ただし、後に見るように日本代表団のこの要求は退けられ、ＳＩＰのこの部分に"new"という言葉は残った。

（337）前掲註（325）、"SIP"。

（338）外務省総合外交政策局兵器関連物資等不拡散室、二〇〇三年八月二八日、「ＰＳＩ第三回総会（パリ）・対処方針（案）」（外務省開示文書）。

（339）同右。

（340）同右。

（341）同右。

（342）同右。

（343）同右。

（344）外務省総合外交政策局兵器関連物資等不拡散室、二〇〇三年九月二日、「ＰＳＩ・オペレーション専門家会合・対処方針」（防衛省開示文書）。

（345）同右。

（346）ほかにインテリジェンス作業部会に関しての対処方針等も作成されたものと推測され、防衛省にはその関連と思われる資料が存在する（たとえば、情報本部分析部、「資料〇三-六二九」、二〇〇三年八月一九日付）が、「ＰＳＩ関連」に分類されていることがわかるのみで、タイトルを含めそのすべてについて情報開示の対象になっていない。

（347）外務省、二〇〇三年八月二六日、「英国発、本省着：拡散阻止イニシアティブ（ＰＳＩ）英との協議」（外務省開示文書）。

（348）同右。

（349）同右。

(350) 外務省はパリ会合の翌日には「仮抄訳」を作成し関係各省庁に配布し（筆者は防衛省開示文書として、九月五日付のＦＡＸ文書を確認した）、その後、同省ＨＰにも掲載しているが、「仮抄訳」のまま、現在も変更されていない。なお、本書におけるＳＩＰからの日本語引用は、この外務省の「仮抄訳」から採っている（http://www.mofa.go.jp/mofaj/gaiko/fukaku_j/PSI/sengen.html（二〇一五年九月一日閲覧））。

(351) 前掲註(325)、「ＳＩＰ（阻止原則宣言）」前文。なお、ＳＩＰが規範の根拠として挙げたのは、①一九九二年一月の国連安全保障理事会議長声明、②最近のＧ８及びＥＵのステートメントの二つである。また、「拡散対抗」という用語はＳＩＰには盛り込まれていない。

(352) 同右、「ＳＩＰ（阻止原則宣言）」。ＳＩＰは参加国に義務を課すのではなく、「コミットする」ことを「期待」するという論理構成になっている。たとえば、「努力を共同で行うことにつきコミットする（前文第一パラグラフ）」、「阻止原則にコミットするよう呼びかける（具体論部分前書き）」という表現によって、法的拘束力を持つ「国際約束」あるいは「国際取極」とは異なることを示している。

(353) 同右、「ＳＩＰ（阻止原則宣言）」第一項。

(354) 同右、「ＳＩＰ（阻止原則宣言）」第二項。

(355) 同右、「ＳＩＰ（阻止原則宣言）」第三項。

(356) 同右。

(357) 同右。

(358) 同右。

(359) 同右、「ＳＩＰ（阻止原則宣言）」第四項。

(360) 同右。

(361) 同右。

(362) 同右、「ＳＩＰ（阻止原則宣言）」第一項。

(363) たとえば、外務省不拡散・科学原子力課、二〇一三年六月二〇日、「拡散に対する安全保障構想」(Proliferation Security Initiative: PSI)、http://www.mofa.go.jp/mofaj/gaiko/fukaku_j/PSI/pdfs/PSI.pdf（二〇一七年六月一日閲覧）。

(364) 前掲註(359)、「ＳＩＰ（阻止原則宣言）」第四項。

(365) 同右、「ＳＩＰ（阻止原則宣言）」第四項ａ。
(366) 同右、「ＳＩＰ（阻止原則宣言）」第四項ｂ。
(367) 同右、「ＳＩＰ（阻止原則宣言）」第四項ｃ。
(368) 同右、「ＳＩＰ（阻止原則宣言）」第四項ｄ。
(369) 同右、「ＳＩＰ（阻止原則宣言）」第四項ｆ。
(370) 同右、「ＳＩＰ（阻止原則宣言）」第四項ｅ。
(371) "Press Statement Released under Responsibility of the Chair," 4 September 2003（外務省開示文書）．この文書には、外務省が「議長発出プレスステートメント」と題した「仮訳」をつけている。英語（原文）、日本語訳の引用をそれぞれから採った。
(372) 同右。
(373) 同右。
(374) 同右。
(375) 同右。
(376) 同右。
(377) 同右。
(378) 同右。
(379) 過去のＰＳＩ総会等の内容については、http://www.keio-up.co.jp/np/isbn/9784766424676/ に掲載の資料参照。
(380) 外務省不拡散室、二〇〇三年九月五日、「貼り出し　拡散安全保障イニシアティブ（ＰＳＩ）第三回会合」（防衛省開示文書）。
(381) 同右。
(382) 同右。
(383) 外務省不拡散室、二〇〇三年九月五日、「ＰＳＩ拡散阻止原則宣言に関する想定問答」（防衛省開示文書）。
(384) 同右。
(385) 同右。
(386) 吉田靖之（海上自衛隊二等海佐）はＰＳＩについて、「ＰＳＩはポスト冷戦期の一九九〇年代において盛んに議論された「多国間海軍協力」という nominal な概念が、二一世紀初頭の今日において実態を伴う行動として具現化した事例である」（吉田靖之「公海上における大量破壊兵器の拡散対抗のための海上阻止活動（二・完）――安全保障理事会決議１５４０・ＰＳＩ二国間乗船合意・二〇〇五年ＳＵＡ条約議定書」『国際政策研究』二〇一四年三月、三八頁）と、海上自衛官らしい角度からその性格を分析する。ＰＳＩがnominalな制度的枠組にとどまるかどうかはともかくとして、ＰＳＩ合同阻止訓練への参加を熱望した海上自衛隊が「軍・軍関係」の深化をその主要な目的としていたことは否定できないであろう。

(387) シビリアン・コントロールにおける「逆転型現象」については、第一章で触れた武蔵勝宏『冷戦後日本のシビリアン・コントロールの研究』成文堂、二〇〇九年、三〇九頁等を参照。

第六章　ＰＳＩがもたらしたもの

前章までの検証で、ＰＳＩへの参加は「武力の行使」を前提としない「国際貢献アプローチ」に連なる政策類型として認識した日本政府が、それを政策として実行したことを確認した。それゆえに日本政府は、制度としてのＰＳＩが「国際貢献アプローチ」を遂行する枠組となるよう、三回にわたる多国間交渉において非常な外交努力をし、一定の成果をおさめた。また、あくまで法執行機関を主役としつつも、ＰＳＩ活動へ自衛隊を派遣することも方向づけられた。

こうして、領域外における自衛隊の活動内容の一つにＰＳＩに関するものが加わったものの、今日まで奇妙な状況が続いている。まず、自衛隊の行動類型の中にＰＳＩ阻止活動は明記されていない。また、第四章で検証したように、ＰＳＩ活動への自衛隊派遣が決定される以前に、外務省、防衛庁ともに領域外において自衛隊が拡散阻止を目的とする法執行を行う法的根拠がないことを認識していたにもかかわらず、自衛隊をして拡散阻止活動を可能にする立法措置は、現在に至るまで明確な形では手当されていない。

無論、そうした「奇妙な状況」は必要な包括法あるいは既存法規の改正がなされるならば、将来的には解消される問題である。また、かかる「法整備の遅れ」という事象を分析することは本書の目的とするところではない。本書が注目するのは、「国際貢献アプローチ」を主眼として決定された自衛隊のＰＳＩ参加が、ＰＳＩという多国間枠組を通じて「同盟深化アプローチ」に転換する、あるいは接続する可能性であり、すでにそれは進行しているという事実である。

ＰＳＩ参加によって自衛隊の活動は事実として拡大したことは間違いない。現時点で、ＰＳＩにおける自衛隊の具体的な活動内容として日本政府が言及しているものは、①ＰＳＩ阻止活動、②情報相互提供、③ＰＳＩ合同阻止訓練（多国間共同訓練もしくは演習）の三つである。これらは、領域外において、多国間枠組を通じて自衛隊の「軍事力（防衛力）」が使用され得る可能性を示すものであり、ＰＳＩ参加以前には法理上、あるいは政策上の判断によってできないとされていた活動のはずである。しかも、先述のとおり、これらの活動が「武力の行使」を目的としたものに転換、あるいは接続する可能性も否定できないとすれば日本の安全保障政策史上、大きな意味を持とう。しかしながら、管見の限りではそれらの事実を指摘したり、実態を検証した先行研究は見当たらない。したがって、本章ではそれら三つの活動に焦点を当て、政府答弁等から判明しているいくつかの事実について分析する。

なお、自衛隊がＰＳＩに派遣されるに至った過程は前章までに検証してきたとおりであるが、これら活動の具体的内容が定まった経緯については情報開示がなされていない。また、二〇一四年から施行された特定秘密保護法によって、テロ・大量破壊兵器に関する自衛隊等の活動内容全般についての情報開示は制限される傾向にあることを指摘しておきたい。

一　自衛隊によるＰＳＩ海上阻止活動

ＰＳＩ参加によって自衛隊の任務に加わったものの一つは、ＰＳＩ阻止活動である。ＰＳＩにおいて「拡散懸念事態」とは、いわば「有事」にあたる。そして、これを阻止するためのオペレーションとして発動されるのがＰＳＩ阻止活動である。阻止活動には日本の領域内外の海上で行われるＰＳＩ海上阻止活動と、日本領空を通過あるいは経由する拡散懸念主体に対するＰＳＩ航空阻止活動の二つがあり、それぞれ海上自衛隊、航空自衛隊がこれを担当するが、日本政府は実際にＰＳＩ阻止行動が発動された事例はないとしている[1]。このうち、ＰＳＩ航空阻止活動については、参加決定前に外務省主導で行われた検討によって、既存法規でも対応可能であることは第三章で見たが、ＰＳＩ海上阻止活動については根拠法が定かではなく、実施できるかどうかがわからないという「奇妙な状況」が今も続いている。日本政府はＰＳＩを「国際法及び国内法の範囲内で参加国が共同してとり得る措置を検討する取組[2]」と公式に定義し、日本の立場を「その趣旨に賛成し、今後の議論に積極的に参加[3]」するものと説明しているにとどまっているが、本節では既存の国際法、国内法が、自衛隊による領域外におけるＰＳＩ海上阻止活動に適用可能か否かを再度確認する。

自衛隊によるＰＳＩ海上阻止活動が未だに「検討」や「議論」の段階にあるということは、法解釈上の観点から「国際貢献アプローチ」の限界を端的に示すものではないか。おそらく、ＰＳＩ海上阻止活動をめぐる法整備が進まない理由は、それが、領域外における「武力の行使」に転換あるいは接続する可能性への懸念であろう。本節では、その可能性についても検討する。いずれにせよ、かかる「奇妙な状況」の存在にもかかわらず、ＰＳＩ参加の後、一〇年以上が経過したことは、ＰＳＩをめぐる政策過程を分析する上で、無視することのできない事実であろう。

（１）国際法上の根拠

本書第四章の検証によって、既存の国際法では十分なＰＳＩ阻止活動を行い得ない事実が、ＰＳＩ参加の前に外務省条約局等によって指摘されていたことが判明した。それゆえ、ＰＳＩが発足した後、米国を中心に必要な国際立法及び二国間条約等を締結する動きが起こった。具体的には、国連安保理決議一五四〇及び二〇〇五年ＳＵＡ条約議定書であり、また、米国が他のＰＳＩ参加国との間で締結してきたＰＳＩ二国間乗船合意である[4]。

安保理決議一五四〇（二〇〇四年四月二八日）は、拡散阻止、拡散対抗という新しい規範に対応する国際立法であり[5]、包括的な意味でＰＳＩ阻止活動の根拠となると理解される。ただし、同決議は国連加盟国に対して、拡散懸念主体による大量破壊兵器の開発・使用についての支援を慎み、そのための国内立法措置を講ずるよう求めるものでしかなく[6]、国際法上、ＰＳＩ海上阻止活動を担保すべく大量破壊兵器等の海上輸送を禁じたり、公海上での阻止行動を合法化したりする性格のものではない[7]。一方、もう一つの国際立法である二〇〇五年ＳＵＡ条約（海洋航行不法行為防止条約）議定書は、米国同時多発テロを受け、また米国からの強い働きかけもあって国際海事機関（ＩＭＯ）が主導して改正が行われたものであり、船舶を用いたテロ行為や大量破壊兵器等の運搬行為そのものを犯罪と定義したことに特徴がある[8]。

しかしながら、同条約改正に熱意を燃やした米国の当初の目論見とは異なり、これら新たに定義された犯罪行為を行っていると疑われるに足る合理的理由のある拡散懸念船舶への臨検、あるいは乗船、捜索、押収といった行為には旗国の同意が必要であることは変わらず、拡散懸念国が輸送当事者である場合にはやはりＰＳＩ海上阻止活動を行う根拠にはならない。これらは包括的かつ無期限に大量破壊兵器等の輸送等の行為を禁じたという意味で、青木節子の指摘するとおり従来とは一線を画する「国際立法[9]」であり、シュルマンが「国際法上の地殻変動[10]」を示唆する大量破壊兵器の拡散対抗を一定程度担保する国際法上の根拠とはなった。しかし、吉田靖之はこれらが「各種の方策が対症療法的に講じられてきた[11]」に過ぎず、ＰＳＩはあくまで旗国主義の枠内にとどまっていることを指摘している。したがって将来において必要な国内法が整備されたとしても、やはり自衛隊が旗国主義を超えてＰＳＩ海上阻止活動を実施することは少なくとも国際法上は困難である。

なお、米国はあらかじめ可能な限り多くの国とＰＳＩ二国間乗船合意を締結しておくという方式をとり、旗国主義の枠を乗り越える努力をしている。これは、拡散懸念船舶を発見した場合に、一応、その旗国に乗船等の許可を求めるものの、締約国から一定時間内に回答がない場合は、回答がないという事実をもって許可が得られたとする「旗国の許可の擬制」をもって必要なＰＳＩ阻止活動を可能にするという「みなし規定」をその骨子とするものである。[12] 二〇一三年時点で一一か国が米国との間で二国間合意を結んでいたとされるが、[13] その多くがいわゆる便宜置籍船国であることから、この方式によって地球上の大半の船舶が「旗国の許可の擬制」のもとに入ることにはなる。[14] ただし、二国間合意の締結に応じる国の多くはＰＳＩ参加国でもあり、これらの国家に籍を置く船舶へのＰＳＩ阻止活動が旗国主義によって阻まれることは考えづらい。むしろ、手当すべきはＰＳＩに参加しない拡散懸念国の船舶であるはずだが、それらに対してこの二国間合意方式を広げることはまず無理であろう。したがって、二国間合意によるＰＳＩ阻止活動にも限界はある。まして、日本はいかなる国とも「旗国の許可の擬制」等を締結していないことを考えれば、これもまた、自衛隊のＰＳＩ阻止活動を担保する法的根拠とはなっていない。

(2) 国内法上の根拠

国際法上、いまだに限界があることもさることながら、国内法上についてはさらに未整備であり、領域の内外を問わず自衛隊がどのようなＰＳＩ活動を実施できるのか不明であるという「奇妙な状況」が、少なくとも二〇一五年九月一九日の安保関連法制成立後の今も続いている。

ＰＳＩ阻止活動の実施が迫られた際、自衛隊に何ができるのかについては、外務省、防衛庁においてに検討がなされ、既存法規ではできることが大きく制約されることは、本書第四章で確認したとおりである。このことは、ＰＳＩ合同阻止訓練への自衛隊派遣が実現した頃から、複数の研究によっても指摘されてきた。[15] たとえば、自衛隊が臨検等を実施できる可能性があるのは、「我が国に対する武力攻撃事態が発生した時」、「周辺事態が発生した時」、及び、「海上警備行動が発令された時」に限られていた。[16] そのうち、「武力攻撃事態」は「戦時」であり、ＰＳＩが想定する事態でない。また、周辺事態の下令によって船舶活動法に基づく船舶検査活動を行い得るという可能性も指摘されてはいるが、坂元茂樹は「ＰＳＩが想定しているのは、あくまで周辺事態認定以前の段階であろう」[17] として、周辺事態のもとでＰＳＩ阻止活動が実施される可能性を否定している。そもそも、周辺事態の際の船舶検査活動は、国連安保理決議に基づくか、旗国の同意がある場合に限られ、しかも、とり得る措置は当該船舶の航路または目的港等の変更を要請できるにとどまっており、検査活動を強制したり、大量破壊兵器等の輸送を阻止・押収したりすることはできない。[18] したがって、唯一、可能性があるのは海上警備行動が下令された場合である。その際、自衛隊は警察権で対処することになる。[19] また、任務遂行にあたって、一定の条件下で武器の使用も可能となる。[20] これはあくまで「法執行」であるが、しかしながら、それは何の法を執行するのか判然としない。第四章で確認したように、大量破壊兵器及びその運搬手段の所持または輸送が、国内法上の何の罪にあたるのかまったく不明瞭なのである。現時点で核兵器の単純所持を禁止する法律はなく、その運搬に関する規定もまったく未整備である。[21] また、化学兵器及び生物兵器の輸送を制限する法律はあるものの、その運用については何の規定もない。[22] また、オペレーション上も課題が残り、自衛隊には船舶検査活動を行うにあたっての強制措置が認められておらず、他国との共同作戦にも制約がある。それゆえ、元統合幕僚会議議長の佐久間一は、ＰＳＩ阻止活動を実施するためには、国内法上の根拠がきわめて弱いことを認め、[23] 不拡散室にいた西田充は「ＰＳＩを実効的に実施する統一的な傘となる国内法」が必要と訴えていた。[24]

その状況は、ＰＳＩ参加と自衛隊派遣から一〇年が経過しても変わらなかった。二〇一四年の国会審議において政府は、自衛隊のＰＳＩ阻止活動がなされるのは、「いわゆる海上における警備行動といったものを発令した上で、それに従いまして行動するということになろうと思います」[25] と答弁している。そして、その場合の根拠法については、

「特定の国内法が対象となっているというものではございませんで、具体的な措置につきましては様々な個別の国内法に基づいて実施されることになります[26]」とした上で、「あえて申し上げますと、例えば、必要な許可がなく我が国から貨物が輸出をされていたといったような場合には外為法ですとか、貨物検査特措法に基づく貨物の提出命令に従わなかったといった場合には考えられます[27]」と例を挙げている。しかし、そもそも、海上での法執行は自衛隊の任務、権限なのかについては疑問の残るところである。一応、政府はこの点について、防衛省設置法第四条第一号「防衛及び警備に関すること」が防衛省の所掌事務にあることを挙げた上で、「ここで言っております警備というものの中には、仮に警察機関におけるという役割が含まれてございませんで、そういった意味での法執行といったものは我々の任務[28]」と説明しているが、それは講学上の警察権の行使として自衛隊が分担しているものではあるが、刑事訴訟法に基づく差押や捜索といった警察権限が自衛隊に付与されているかという質問[29]についてはは答弁がない。また、拡散懸念主体が国または国に準ずる機関であった場合、これを対象として自衛隊が警察権を行使することはできないのではないかという指摘に対しては、「基本的には当該船舶の旗国の同意を得た上で行うとの対応が一般的[30]」と答弁しているが、「旗国主義と言っていますけれども、その船というか、その国自身がまさに大量破壊兵器の拡散に手を染めているという場合に合同で阻止しようという活動がどうしてその旗国主義で抑止できるんですか[31]」という質問についてはやはり答弁がない。これら一連の質疑の内容は、安全保障政策における「国際貢献アプローチ」の一つの限界を示していると言えよう。

ただし、二〇一五年九月一九日に成立した安保関連法制によって、この状況が変化しつつある可能性はある。おそらく、自衛隊がＰＳＩ阻止活動を行い得る法的基盤として、少なくとも二つが加わった可能性は指摘できよう。一つ目は、安保関連法制の一つとして成立した国際平和支援法に基づく国際平和共同対処事態が下令された場合、自衛隊は船舶検査法に基づく船舶検査活動を行うことができる可能性はあろう[32]。従来の船舶検査法で船舶検査活動が可能であったのは、周辺事態（改正後は重要影響事態）のみであったが、これに国際平和共同対処事態が加わったわけであり、これに基づくPSI阻止活動の実施も可能という解釈は成り立ち得る。[33] ただし、船舶検査活動法に基づく船舶検査活動は、一般的な臨検に比して非常に抑制的なものであり、乗船検査に際しては旗国の同意に加えて船長の承諾も必要とされているほか、任務遂行のための「武器の使用」も認められていない。[34] 国際平和共同対処事態がPSIを念頭に置いている可能性は高いと思われるものの、拡散懸念国あるいは拡散懸念主体を対象とする実際のオペレーションにおいて機能するかどうかは疑わしい。

二つ目は存立危機事態における海上輸送規制法に基づく船舶検査等の活動である。[35] 同法に基づく船舶検査活動は、従来、武力攻撃事態における日本有事のみで実施可能であったとされていたものであるが、存立危機事態が下令されたならば、日本と密接な関係にある他の国への危機であっても、それを阻止するために自衛隊が臨検にあたる活動、あるいは作戦を実施することが可能となると考えられる。したがって、日本にとって密接な関係のある国を脅かす拡散懸念事態が発生し、多国間でのPSI阻止活動が実施される場合は、集団的自衛権の限定行使として自衛隊が当該活動あるいは作戦に参加することは、条文上、可能になる余地はあるのではないか。[36] しかし、この場合のPSI阻止活動は、「同盟深化アプローチ」の政策手段として行われる「武力の行使」であり、集団的自衛権の行使としての、純然たる「戦争」における作戦行動の一つと解釈されるべきであろう。それは、日本政府がPSIに参加した当時にイメージしていたものとはまったく様相が異なるものではないか。また、仮に、そのような形で「武力の行使」としてPSI阻止活動が行われるのであれば、本来的に「国際貢献アプローチ」として用意されてきた政策類型が、意図していたかどうかはともかく「同盟深化アプローチ」に転換あるいは接続することを意味し、日本の安全保障政策史において特筆されるべき事柄となろう。

もっとも、二〇一五年に成立した安保関連法制がどのような形でPSI阻止活動に適用され得るのか、政府は明快な解釈を示しておらず、また、その可否を断じるには条文の内容が曖昧である。また、もし、日本が参加する「戦争」の作戦の一つとして阻止行動が行われるのであれば、それはもはや多国間の法執行枠組としてのＰＳＩの範疇を超える行為であろう。したがって、二〇〇三年にイニシアティブに参加して以降、日本、特に自衛隊がＰＳＩ活動に参加してきた国内法上の根拠法は、今に至るも不明と判断するほかはない。

（３）ＰＳＩ阻止活動における「交戦」の可能性

存立危機事態にあたり「集団的自衛権の行使」として行われる以外の場合であっても、実際のＰＳＩ阻止活動では、自衛隊による「武器の使用」が「武力の行使」に転換あるいは接続する可能性はある。

たとえば、火力を用いた何らかの「交戦」事態が発生した場合を考えてみる。ＰＳＩ阻止活動が法執行として行われている限りにおいて、そこでの火力等の使用は第一義的に「武器の使用」と解釈されよう。海上警察行動に伴う「武器の使用」について、国際法はその使用基準や限度を定式化している。[37]古くは一九三三年、一九三五年のアイム・アローン号事件、一九六二年のレッド・クルセーダー号事件、また、一九九九年のサイガ号事件等は「武力の行使（use of force）」ではなく、法執行活動における適切・合理的な限度での「武器の使用（use of arms, use of weapons）」であったことが確認されている。[38]

また、日本においても、一九九九年三月二三日に能登半島沖で、二〇〇一年一二月二二日には九州西海域で、いわゆる「不審船事件」が発生している。能登半島沖では、海上保安庁巡視船と海上自衛隊が出動したが、海上自衛隊では自衛隊法第八二条に基づいて、初めてとなる海上警備行動が発令され、不審船に対して速射砲三五発による警告射撃、一五〇キロ爆弾一二発による警告爆撃が実施されたほか、護衛艦「みょうこう」要員による臨検が準備された。[39]また、九州西海域の事件では、不審船は海上保安庁巡視船と銃撃戦の上、自爆と見られる爆発を起こし沈没している。[40]

いずれの場合も、警察権による対応に伴う「武器の使用」であり、「武力の行使」ではない[41]。想定されるＰＳＩ阻止活動において、自衛隊と「国又は国に準ずる組織」と明示されない拡散懸念主体がやむなく交戦する場合も、これら不審船事案と同様に海上警察行動の一環であり、法執行に伴う「武器の使用」として整理される可能性が高い。これらの場合はやはり、「国際貢献アプローチ」に属する自衛隊の「軍事力（防衛力）」の使用形態となる。

しかし、領域外で発生する拡散懸念事態が、何らかの事情で明白に日本の存立を脅かすと判断された場合は、自衛隊のＰＳＩ阻止活動がそのまま「個別的自衛権の行使」に移行する可能性はある。第二章で見たように従来の政府見解では、個別的自衛権の行使がなされ得る範囲及び領域は政策的判断により厳格に制限されてきた。しかし、近年、こうした見解に修正が加えられてきていることが指摘されている[42]。二〇〇三年に示された政府解釈では、個別的自衛権の適用が認められるかどうかについて、「理論的には、我が国に対する組織的、計画的な武力の行使と認定されるかどうかという問題[43]」とし、「我が国領域外における特定の事例が我が国に対する武力攻撃に該当するかどうかにつきましては、個別の状況に応じて十分慎重に検討すべき[44]」と、領域概念の適用が否定されている。したがって、ＰＳＩ阻止活動に従事する海上自衛隊艦艇が日本の領域外に存在する場合であっても、当該拡散懸念事態が日本に対する明白な脅威にあたると判断されるならば、これを排除するために個別的自衛権が発動される可能性はある。第二章で確認したように、たとえば「敵基地攻撃」については「法理上、可能」とされつつも、そのための能力を自衛隊は備えてこなかったわけであるが、拡散阻止活動については法理上だけでなく、能力的にも自衛隊はそれを実施することが可能である。これは、第二章で整理した自衛隊による「武力の行使」の諸類型のうち、個別的自衛権の範囲及び領域を拡大するアプローチであり、もし、これが実施される事態となれば、それは本書が採用する解釈軸としては「武力の行使」を前提とする「同盟深化アプローチ」に属する「軍事力（防衛力）」の使用形態になる。

また、二〇〇四年の政府解釈では、同盟国軍等への攻撃を「自衛権発動の三要件を満たす限りにおいて」、また

「個別具体の事実関係において」[45]日本への攻撃と捉える可能性を指摘し、かかる場合は自国を防衛する行為の一環として個別的自衛権を発動し、当該攻撃を排除することも可能であるとの見解も示されている。さらに二〇〇六年には同盟国艦船等が攻撃された事態を日本への攻撃と捉え、これに「個別自衛権の延長線上」[46]としての反撃行為等がとられる可能性や、「同盟関係というのは信頼関係」[47]であるとの前提に基づいて、「個別的自衛権と集団的自衛権の間にあるもの」[48]について個別的に判断していく必要性についても言及がなされている。[49]そして、これらの考えが帰結したのが二〇一四年の「集団的自衛権行使の限定容認」の閣議決定であり、[50]二〇一五年に成立した安保関連法制である。日本と密接な関係にある国に脅威が迫り、同時にそれが日本の存立に直結する脅威である場合は、集団的自衛権の行使が容認されることとなった。したがって、ＰＳＩ阻止活動が「新三要件」を満たすものであるならば、新たに導入された「集団的自衛権の限定行使」の一形態として、存立危機事態等への対処のために「武力の行使」が行われることになるのは先に述べたとおりである。

なお、国際法は、協同して活動中の多国籍艦船が、同時多発的に個別的自衛権を行使するケースも想定している。通常、公海上で合同軍事演習等は、国連海洋法条約第八二条二項に基づいて航海自由の原則に関する他国の権利に妥当な考慮を払い、関係国に訓練水域や時間帯等の情報を周知して行うが、その水域及び時間帯に攻撃が行われた場合は、複数の参加国による個別的自衛権の「協同・同時行使」という形で対応が可能であると考えられている。[51]あまり考えられないケースであるが、ＰＳＩ合同阻止訓練中の参加国海軍等に対して第三国からの攻撃が仕掛けられた場合は、海上自衛隊は国際法上、「個別的自衛権の協同・同時行使」と解釈される反撃行動をとることも可能になろう。ただし、こうした事態が日本国憲法に照らしてどう整理されるのかは不明である。[52]

二　他国軍への情報提供活動

ＰＳＩにおける日本の活動の一つが、自衛隊が警戒監視活動等によって取得した情報を他のＰＳＩ参加国の軍へ提供することであり、また、他国軍からも情報提供を受けることである。ＰＳＩはその性質上、大量破壊兵器及び関連物資等の拡散に関する「情報の共有スキーム」の側面を持っている。無論、ＰＳＩが純粋に法執行の取り組みであるならば、ＰＳＩ阻止活動を目的として収集した情報を、行政協力の一環として他国の法執行機関と共有するのは何らの問題もない。しかし、法執行の取り組みとはいえ、ＰＳＩ阻止活動の対象が国または国に準ずる機関であり、公海上の臨検が行われるとなれば、自衛隊が取得し、他国軍に提供した情報はそのまま軍事情報と定義され得る可能性がある。そして、これらの軍事情報を自衛隊が他国軍隊に提供した後、当該国軍がそれを「武力の行使」にあたる軍事オペレーションに使用する可能性はやはり排除されていない。これが、「武力行使との一体化」にあたるかどうかは解釈の分かれるところであろうが、「国際貢献アプローチ」に連なる政策であるＰＳＩ阻止活動によって、同盟国等の「武力の行使」を支援、協力する可能性があることは、ＰＳＩが日本の安全保障政策にもたらしたものの一つであることを指摘しておきたい。

(1)　自衛隊の警戒監視活動による情報収集、情報提供

近年、自衛隊が領域外において幅広く警戒監視活動による情報収集を行っていることも知られるようになり、これを目的として領域外に赴くこと自体が「武力の行使」に隣接または接続する行為にあたる可能性を指摘する議論もなされるようになった。自衛隊の警戒監視活動による情報収集任務について、政府はその答弁において「防衛省設置法の第四条一八号、所掌事務の遂行に必要な調査研究を行うことが可能[53]」としつつ、「あくまで所掌事務の遂行に必要

な範囲に限られるということから、防衛省の所掌事務に該当しない事項に関する調査研究を行うことはできません[54]」としているが、これに対して「つまり、調査研究名目で自衛隊を派遣するということになれば内閣総理大臣の承認もなく、どこでも行けるんじゃないか[55]」という危惧、懸念も指摘されている。政府はこれに対して「今後とも、国際法及び憲法を含む我が国の国内法令等に従い、節度ある情報収集、警戒監視等を行ってまいるということでございます[56]」と述べるにとどまっている。

（2）ＰＳＩにおける他国軍への情報提供

ＰＳＩ活動についても、自衛隊は警戒監視活動による情報収集を行っており、その情報を他国軍へ情報提供している可能性が高い。

現時点においては、自衛隊の警戒監視活動の全容・詳細は開示されておらず、したがって、ＰＳＩの枠組において自衛隊が他の参加国軍に対して情報提供を行っていることを示す直接的な資料はない。しかし、スペイン会合に赴く前、ワシントンでの事前打ち合わせをした天野審議官が「基本的な立場」を伝達する中で、「情報面による協力を重視したい」と言ったのは第三章で確認したとおりである[57]。また、政府は国会で次のように答弁している。「ＰＳＩ阻止活動につきましては様々な形態が考えられますが、例えば、防衛庁設置法第五条第一八号の規定に基づき、艦艇や航空機が実施する警戒監視活動によって得られた関連情報を関係機関、関係国に提供することにより、重要な役割を果たし得るものと考えております[58]」。ここで言う第一八号の規定とは、先に見たとおり、所掌事務の遂行に必要な調査及び研究のことである。政府は従来から、自衛隊による「警戒監視活動」は第一八号の言う「調査」「研究」の一環であるとの解釈をとっている[59]。また、そこで得られた情報を、外国軍隊等へ提供することは、「武力の行使」や「集団的自衛権の行使」にはあたらず、憲法上も差し支えないともしている[60]。政府が用いるこの解釈にはかねてより異論が多いが、[61] ＰＳＩにおける警戒監視活動においても第一八号の規定が援用され、自衛隊は自国領域外で作戦行動をとる外国軍隊等に、その警戒監視活動によって得た情報を提供することが事実上、約束されたと言える。自衛隊による外国への情報提供意図の表明はこれが初めてである。

とはいえ、ＰＳＩ阻止活動について自衛隊がそれを行い得る法的根拠は希薄である。これは、先に見た「防衛省の所掌事務に該当しない事項に関する調査研究を行うことはできません」という政府答弁とは矛盾しよう。にもかかわらず、警戒監視活動による情報収集及び情報提供は、ＰＳＩが日本にもたらした領域外における自衛隊の「軍事力（防衛力）」使用の新しい形態の一つであることは、冷戦後の安全保障政策史の一つとして記録されるべき事柄ではないだろうか。

（3）情報提供についての先例

実例として、ＰＳＩ以前にも自衛隊が警戒監視活動等で取得した軍事情報を他国の軍隊等に提供してきたと思われる形跡はある。確かに、日本政府は、米国と共同開発した支援戦闘機Ｆ–２及びミサイル防衛システム（ＳＭ–３ブロックⅡＡ）等の兵器に関するものを除き、[62] 自衛隊等が取得した防衛秘密に属するような情報を、外国政府機関等に提供したことを公的に認めた事実はない。しかしながら、日本が取得した情報収集衛星の画像や、米国等に向けて発射されたミサイル等の情報等は、米国との間に共有されてきた可能性が高いと思われる。というのも、そもそも日本が偵察衛星を導入した背景に、「テロとの闘い」で監視・偵察地域が拡大し、余力を失った米国から、日本周辺地域の情報収集を肩代わりして欲しいという強い要請があったことが指摘されており、[63] 日米政府間の情報交換・共有を強化するという方針の中に、日本の偵察衛星によって取得された画像情報が含まれている可能性は高い。[64] また、米国は米国本土に向けられたミサイルが到達するまでの時間がきわめて短い以上、日本政府が保有するセンサーから得られるすべての情報を共有することを望んでいるとされる。[65]

これらの情報のほとんどが防衛機密に属してきたと思われ、[66]また、二〇一四年以降は特定秘密の指定がかかるため、[67]外国と共有すべき軍事情報があるのかどうかの調査、探究はもはやできないと思われるが、二〇一三年の特定秘密保護法案の審議においては、同法案の目的の一つが「同盟国等との情報共有」であることを政府は認めており、[68]同法案審議における政府答弁等を勘案する限り、これまでも自衛隊による警戒監視活動で得られた情報を同盟国に供与してきた可能性はきわめて高いと判断するほかはない。

もし、自衛隊が提供した情報に基づいて、他国が軍事作戦を遂行して「武力の行使」を行ったならば、これは「武力行使との一体化」にあたるのではないかとの指摘はある。[69]特定秘密保護法が施行された今、もはや検証は困難であろうが、仮に、PKO任務に従事する自衛隊部隊や、あるいは「テロ対策特措法」や「イラク特措法」に基づく活動を行う部隊が、他国軍隊に何らかの軍事情報にあたるものを提供したとするならば、それが他国の「武力の行使」に対する支援にあたった可能性はもちろんあろう。しかし、PSIへの参加以前においては、そうした懸念や批判を招くことのないよう、政府は「武力行使との一体化」にあたる行為は絶対にしないことを繰り返し約束し、情報提供の有無についても明言を避けてきた。しかし、PSI参加や特定秘密保護法制定においては、そのような懸念や批判を考慮せず、「武力行使との一体化」について特段の配慮もせず、自衛隊が警戒監視行動で得た情報を他国に提供すると明言するようになったのである。[70]

これもまた、PSI参加によって日本の安全保障政策にもたらされた大きな変化の一つであろう。日本及び自衛隊のPSI参加自体は、それが法執行のみを目的とするという意味において「国際貢献アプローチ」に属すると言えるが、その実務上の必要から他の参加国との間に軍事情報の共有がなされ、その事実が公言されるようにもなった。このことは「武力の行使」を前提とした政策類型である「同盟深化アプローチ」に転換、あるいは接続する余地を残すものであることを指摘しておきたい。

三　自衛隊の多国間共同訓練

ＰＳＩ合同阻止訓練は、日米同盟を離れ、本格的な軍事オペレーションを伴う海外での多国間演習に、自衛隊が参加した初めてのケースであった。(71) ＰＳＩ以前にも、日本領域外で米国が主催する軍事演習に自衛隊が参加した実績はあるが、(72) それは、日本の防衛のみを目的とした日米安保条約に基づくものとの説明がなされており、多国間枠組での軍事オペレーションを含む演習への参加は、集団的自衛権行使の問題に抵触することを避けるために、慎まれてきたはずである。また、災害復興や人道支援等を目的とした多国間共同訓練への参加は二〇〇〇年から始まっているが、当然のことながらそれは「武力の行使」を前提としたものではなく、また、当初においてはそれら多国間共同訓練のシナリオから「武器の使用」の要素も注意深く排除されてきた。にもかかわらず、ＰＳＩ合同阻止訓練への参加を契機として、自衛隊は本格的な軍事オペレーションを伴う多国間枠組での共同訓練に盛んに参加し、また、自らも主催して行うようになったのである。

ＰＳＩへの参加自体は「国際貢献アプローチ」の一つとしてなされたことは前章までに見た。しかし、それによって可能となった領域外における自衛隊の「軍事力（防衛力）」の使用態様は、たとえそれが訓練という形であっても「武器の使用」の範囲を踏み越える可能性があることは重要である。では、事実として自衛隊はＰＳＩ合同阻止訓練において何を行い、また、ＰＳＩを契機として自衛隊の多国間共同訓練はどのように発展したのか。このことは、冷戦後の日本の安全保障政策を考察する上で、触れられなければならない前提事実であろう。しかし、これまで、ＰＳＩ合同阻止訓練の中身について触れた研究がないだけでなく、また、自衛隊の参加する多国間共同訓練についての体系立った研究もない。本書の目的の一つは、ＰＳＩ参加が日本の安全保障政策の系譜においていかに位置づけられるかを考慮することにある。そこで、本節ではＰＳＩ合同阻止訓練の法的根拠及び内容を確認するとともに、冷戦後における多国間共同訓練の歴史をまとめる。

（1）多国間共同訓練の法的根拠

二〇〇五年六月二九日、参議院本会議において大野功統防衛庁長官は、同年八月にシンガポールで行われる多国間のＰＳＩ合同阻止訓練に初めて海上自衛隊護衛艦を派遣するにあたってその法的根拠を問われた際、「自衛隊が外国と訓練を行うことにつきましては、防衛庁設置法第五条第九号の規定に基づき、その所掌事務の範囲内のものであれば可能とされております[74]」と答弁したことは前章で見た[73]。防衛庁設置法第五条は、「防衛庁の所掌事務」として三二項目を掲げており、第九号には「所掌事務の遂行に必要な教育訓練に関すること」とあるが、この規定を援用すれば、自衛隊が日本の領域以外で、多国間共同訓練に参加することは可能と判断されたのである。そして、領域外における多国間共同訓練への参加は基本的に防衛庁設置法第五条第九号（防衛省設置に伴い、現在では防衛省設置法第四条第九号）を法的根拠として行われるとの答弁が繰り返されている[75]。

では、ＰＳＩ合同阻止訓練はどのような内容で構成されるのか。政府は、海上阻止訓練については「大量破壊兵器関連物資の積載が疑われる船舶の捜索、追尾に係る活動要領、あるいは乗船、立入検査に係る活動要領[76]」を挙げ、また航空阻止訓練については「大量破壊兵器の開発につながるような物資の積載が疑われる航空機が領空を侵犯した場合等における対処要領[77]」を挙げている。もっとも先にも見たように、自衛隊がＰＳＩ海上阻止活動を行える状況というのは非常に限られており、公海あるいは外国の領域で、「武力の行使」となり「集団的自衛権の行使」となる恐れのある多国間の臨検を行う法的根拠はなく、同じ答弁でもそのことを認めている[78]。そして、その法的根拠がないために、クロコダイル・エクササイズ等の合同訓練をメニューに加えることすら反対した経緯は第五章でも見たとおりであるが、政府は「あくまでも、実際の行動に関しましては国際法あるいは各国の国内法に基づいて行動するというのが原則[79]」としつつも、「PSIにつきましては、各国の能力向上の、関係機関の能力の向上ですとか連携の強化といったところを趣旨として[80]」いるとして、自衛隊による「武力の行使」を含む合同訓練への参加を正当化するに至っている。

この、「実際には実施できないオペレーションであっても、共同訓練で技量だけは獲得しておく」という方式には、国会でも疑問が投げかけられるようになった。政府は「仮に自衛隊の艦艇がそういった海上における捜索、捜索といいますか、船舶に対する検査を行うということであれば、その場合には、いわゆる海上における警備行動といったものを発令した上で、それに従いまして行動するということになろうと思います[81]」としているが、PSI活動は日本の領域内のみで行われるわけではなく、領域外、すなわち公海上あるいは他国の領域内でも行われる可能性がある。これらに対して海上警備行動を行い得るかは疑問であるし、まして、領域外において旗国の同意のない臨検を海上警備行動によって行うことは不可能であろう。それゆえ、海上警備行動の発令を前提としたPSI阻止活動を行うために、多国間枠組でのPSI合同阻止訓練を実施することについて、国会審議においても「それはおかしいでしょう。だって、日本の領海、あるいは日本の領海の外の公海だけを想定しているのであれば、どうして多国間で合同で阻止するという構想になるんですか[82]」という疑問が出され、また、「それだとどこまで行っても合同阻止行動にならないんじゃないですか。日本のことをやるだけだとおっしゃいましたけど、これはもう構想自体が、多国間で、このアジア太平洋地域で、広域で共同で阻止行動をとろうという構想でしょう。ちょっと説明が矛盾しているように思う[83]」といった指摘もなされた。

これらの発言が指摘する矛盾の可能性は別としても、自衛隊は法的根拠が薄弱な任務であっても、防衛省設置法第四条第九号を援用して多国間共同訓練を行い得るとされた点は特筆すべき事柄であろう。小野次郎参議院議員は、「同じ現場で合同で阻止行動をとろうというのがこのＰＳＩですから、それをいざとなって我々は国内法の範囲内でできませんなんて言うのでは、このＰＳＩに参加しているというふうにいえるのかどうか」[84]と本質的な疑問を述べているが、ＰＳＩのみならず他の多国間共同訓練も同じように、当該任務の法的根拠の有無にかかわらず、防衛省設置法第四条第九号を根拠として自衛隊の参加は可能とされてきた。[85]なにごともあえて曖昧なまま、両義性のあるままにされてきたＰＳＩだからこそ、自衛隊もかかる方式での合同阻止訓練参加を可能にしたものと思われるが、この方式を拡大解釈、拡大運用していけば、「武力の行使」あるいは、いわゆる「フルスペックの集団的自衛権の行使」にあたる活動であっても、訓練だけならば自衛隊は多国間の枠組で取り組む道を開くことになる。これもまた、「国際貢献アプローチ」としてなされたＰＳＩ参加が突破口となって、「武力の行使」を前提とした「同盟深化アプローチ」に転換、あるいは接続され得る自衛隊の活動事例の一つと言えよう。そして、実際、その後の多国間共同訓練の発展、深化の過程を見る限りその可能性は高いと言える。

（２）自衛隊の多国間共同訓練の系譜

このような問題意識から本書が提起した発展的課題として、自衛隊の多国間共同訓練の系譜を確認する。先にも触れたように、二〇〇〇年以降、自衛隊はアジア太平洋地域における多国間共同訓練に盛んに参加するようになった。二〇一一年に防衛省が作成した政策評価書によれば、従来、自衛隊が参加した多国間訓練は**表8**に掲げた四つのカテゴリーに分けられる。[86]すなわち、①「本来の目的である戦闘を想定した訓練」、②「ＰＫＯ活動、災害救援、非戦闘員退避活動等への対応を取り入れた多国間での訓練」、③「大量破壊兵器等の拡散を阻止するため、参加国が共同してとり得る措置を検討するＰＳＩ訓練」、④「ＡＲＦ災害救援実動演習等の地域の協力枠組みによる新たなタイプの

表8　防衛省による、多国間共同訓練の類型

類型	軍事オペレーションの有無	訓練事例
①本来の目的である戦闘を想定した訓練	あり	・WPNS 多国間海上訓練 ・「マラバール」 ・「カカドゥ」 ・「アマン」 ・日米豪共同訓練 ・リムパック演習※
② PKO 活動、災害救援、非戦闘員退避活動等への対応を取り入れた多国間での訓練	なし	・西太平洋潜水艦救難訓練 ・（WPNS）西太平洋掃海訓練 ・「コブラ・ゴールド」
③大量破壊兵器等の拡散を阻止するため、参加国が共同してとり得る措置を検討する PSI 訓練	あり	・PSI 合同阻止訓練
④ ARF 災害救援実動演習等の地域の協力枠組みによる新たなタイプの多国間共同訓練	なし	・ARF 災害救援実動演習

註：※　なお、同評価書において、リムパック演習は多国間共同訓練としては扱われてはいない。
出典：防衛省運用企画局支援課「平成22年度　政策評価書（総合評価）」（2011年2月）をもとに筆者作成。

多国間共同訓練」の四つの類型である。そして、二〇〇〇年の西太平洋潜水艦救難演習を皮切りに、二〇一一年二月末までに四九回の多国間共同訓練に参加したとされる[87]。

防衛省が挙げる四つの類型のうち、②、④は「PKO活動、災害救援、非戦闘員（自国民）退避」等を訓練目的としており、基本的に一切の「戦闘」を想定していない。したがって「武力の行使」の余地はまったくなく、また、「武器の使用」をやむなくされる場合も、暴徒や犯罪者等に不期遭遇した際の「武器等の防護」等、最小限の場合に限られる。しかしながら、③の場合は、これまで累次見てきたように「本格的な軍事オペレーション」を含んでおり、当初から「武器の使用」を念頭に置いた多国間共同訓練である。また、①に至っては、同盟国及びそれに準ずる国家と共同で、「武力の行使」もしくは「武器の使用」を行うことを前提としたものであり、本来の意味における「軍事オペレーション」の訓練である。

問題の焦点は、自衛隊発足以来、集団的自衛権等の問題に関わる憲法上の疑義から、「多国間の軍事オペレーション」はある意味で禁忌（タブー）とされ、決して行われなかったか、あるいは行われたとしても「多国間訓練ではない」と説明されてきたことにある。具体的には、一九七一年よりほぼ隔年で開催されているリムパック（ＲＩＭＰＡＣ）演習が有名であるが、後述するとおり、防衛庁・自衛隊の説明は一貫してこれを「多国間訓練ではない」としてきた。しかしながら、二〇〇〇年以降、①の類型たる「軍事オペレーションを伴わない多国間訓練」が始まり、二〇〇五年に③のＰＳＩ海上阻止演習という「軍事オペレーション伴う多国間訓練」を契機として、日本は①の類型である「本来の目的である戦闘」を想定した「本格的な軍事オペレーションで構成される多国間訓練」に盛んに参加、自らも主催するようになる。本項では、ＰＳＩ以前と以後で、防衛庁・自衛隊における「多国間訓練」と、そこにおける「軍事オペレーション」の扱いを分析したい。

なお、本書第四章及び第五章で述べたように、「オペレーション」の訳語としては、「武力の行使」にあたるものならば「作戦」を、「武器の使用」にとどまるものであるならば「活動」をあてるのが適当であろう。しかし、自衛隊が参加する多国間共同訓練には想定される任務の根拠法が不明なものもあり、また、当該演習・訓練による技量向上や多国間の軍・軍協力の深化といった効用は、「武力の行使」に関わる任務にも、「武器の使用」のみにとどまる任務にも資する可能性がある。また、軍事分野にまたがる法執行活動を示す「軍事活動」といった用語例は一般的でないことから、本書では自衛隊がその「軍事力（防衛力）」を使用して臨む共同訓練での「作戦」あるいは「活動」について、「軍事オペレーション」とカタカナのまま表記する。

なお、防衛省はこれら多国間共同訓練についての政策評価において、自衛隊の技量向上や訓練参加各国軍との信頼関係の増進といった成果を確認した上で、①アジア太平洋地域の安全保障環境の増進、そして、②グローバルな安全保障環境の改善という大局的、戦略的な観点から寄与しているとの評価を述べている。(88)

防衛省の見解では、多国間共同訓練を推進すべき背景として、安全保障環境が変化したことと、これに対応して防衛省・自衛隊の能力等を向上させる必要があることが挙げられている[89]。まず、冷戦終結後の戦略環境においては、無用な軍備増強や不測の事態の発生とその拡大を抑えるためにも、軍事力や国防政策の透明性を高めるとともに防衛当局間の対話・交流等を通じて相互の信頼関係を高めることが重要という認識がある。そして、国家間の相互協力・依存関係の一層の進展に伴い、テロや大量破壊兵器の拡散といった「新たな脅威や多様な事態[90]」への対応に、国際社会が協力して取り組むべきという認識もある。そのため、防衛交流を質的に向上させ、量的に拡大していくことが国際社会の趨勢となっており、多国間共同訓練はこれらを満たすために重要な柱として位置づけられている[91]。

また、防衛省は、多国間共同訓練が志向する政策として、「信頼醸成に加え、国際社会との協力関係の構築・強化の意識」、「近隣諸国を越えた、交流対象国のグローバルな広がり」、「親善的のみならず実務的な性格を有する交流。対話のみならず、行動を伴う交流」を挙げており、「相手国によっては、防衛交流の内容が、単なる交流から防衛協力を行う段階へと発展・深化してきている」ことを認めている[92]。さらに、アジア太平洋地域における「多国間の安全保障枠組」についても、「対話と信頼醸成の段階から地域秩序の形成や共通規範の段階に移行しつつある」との基本的認識も示されている。これらの認識、評価の基礎には、「アジア太平洋地域の平和と安定の確保のためには、日米同盟を基軸としつつ、この地域における多国間・二国間対話の枠組を補完的・重層的に強化していくことが重要[93]」という戦略観があることが、この政策評価書にも示されている[94]。すでに、「アジア太平洋地域における多国間の安全保障への取り組みは、対話と信頼醸成の段階から、具体的な協力と規範構築の段階に移行しつつある」という防衛省の認識は興味深い[95]。

いずれにせよ、こうした多国間安全保障枠組を深化・発展させる中心的な活動の一つとなっているのが多国間共同訓練である。次項から、リムパック演習から始まった二国間及び多国間演習の系譜を確認するが、本章で指摘してお

表9　自衛隊の参加した多国間共同訓練

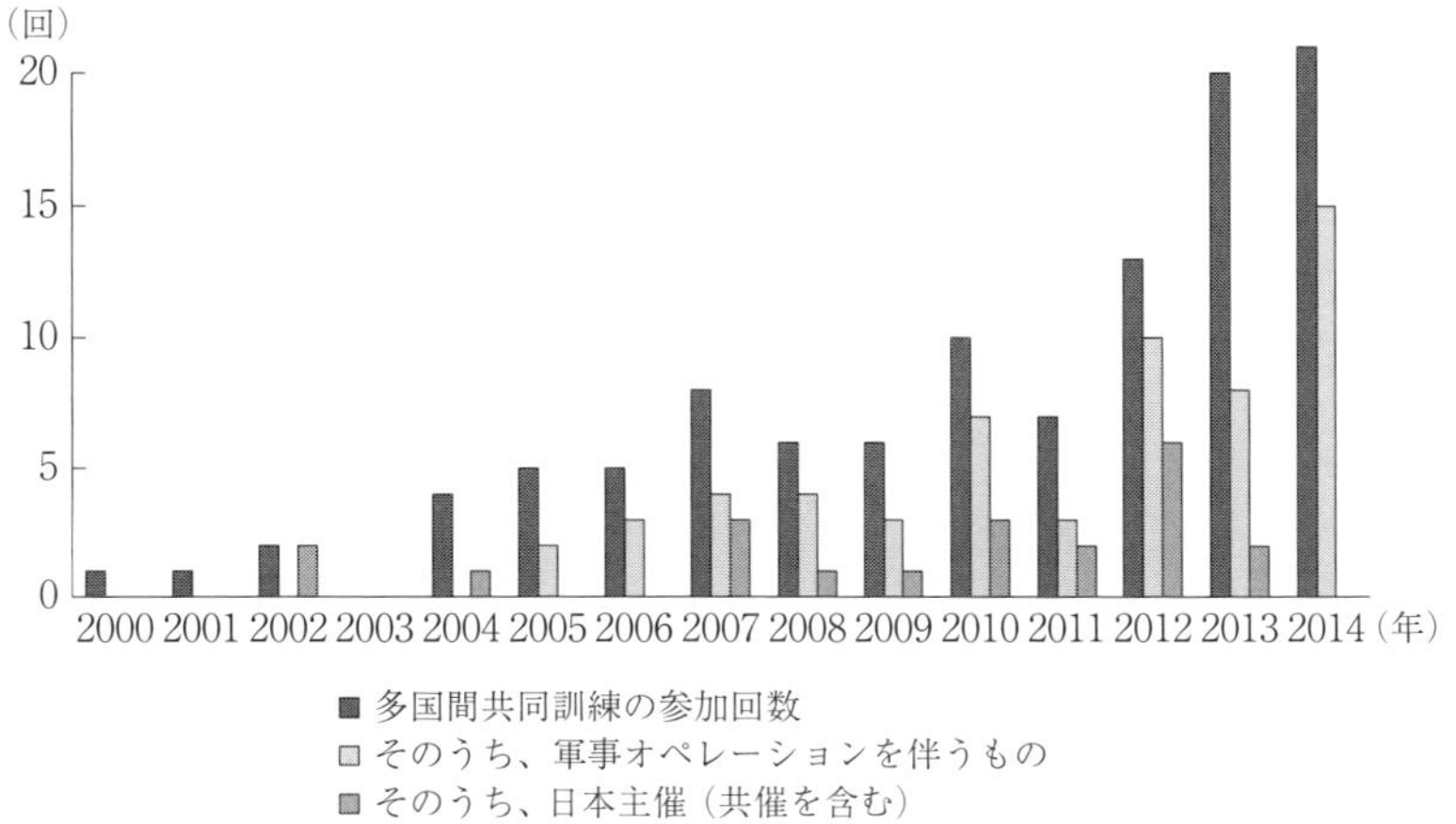

年		2000	2001	2002	2003	2004	2005	2006	2007	2008	2009	2010	2011	2012	2013	2014
自衛隊の参加回数		1	1	2	0	4	5	5	8	6	6	10	7	13	20	21
内訳	軍事オペレーションを伴うもの	0	0	0	0	1※	2	3	4	4	3	7	3	10	8	15
	日本主催（共催を含む）	0	0	2	0	1	0	0	3	1	1	3	2	6	2	0

註：※　自衛隊は本訓練には不参加。
出典：防衛省「米国以外の国との共同訓練」（平成27年度参議院予算委員会提出資料）、2015年。防衛省「政策評価書」等をもとに筆者作成。

きたいのは二〇〇四年のPSI合同阻止訓練への参加を契機として、自衛隊は多国間枠組で軍事オペレーションを行う演習（訓練）へ参加するようになり、しかも、その頻度は拡大する傾向が見られたという事実である。**表9**に、自衛隊の参加した多国間共同訓練についてまとめるが、防衛省の言う「具体的な協力と規範構築の段階」においてはこうした軍事オペレーションが高い頻度で訓練されるようになったことは、冷戦後の安全保障政策を検討するにおいて踏まえておくべき事実であろう。

（3）多国間共同訓練の前史――リムパック演習

多国籍の海軍が参加する共同演習として、リムパック演習が知られている。しかし、防衛庁（省）・自衛隊は長くこれを「二国間演習」と説明してきた。

①リムパックとは

リムパック（RIMPAC）とは、アメリカ海軍の主催により、ハワイ周辺海域で行われる軍事演習である。Rim of the Pacific Exercise（環太平洋合同演習）がその正式名称であり、初めて開催された一九七一年以降、ほぼ隔年で実施されている。当初は米国、カナダ、豪州、ニュージーランドの四か国が参加する演習であったが、一九八〇年に日本が加わり、一九八六年に英国、一九九〇年に韓国、一九九六年にチリ、二〇〇二年にペルー、二〇〇八年にシンガポール、二〇一〇年にはコロンビア、インドネシア、マレーシア、タイ、フランス、オランダ、二〇一二年にはメキシコとロシア海軍が参加している。世界最大の多国籍海軍による軍事演習であるリムパックは、参加国として日本を加えて以降、拡大の一途を辿ってきた。[96]

一九八〇年二月、初めて派遣された二隻の護衛艦は、自衛隊とは次元の違う戦術、戦技、装備を備えた「米海軍との乖離に驚」いたものの、対空戦闘訓練で完璧な技量を見せた。また、（演習の想定上で）傷ついた米空母を襲う「敵」原子力潜水艦を「撃沈」するという「殊勲甲」の活躍をした護衛艦「あまつかぜ」が最優秀艦に選ばれ、「太平洋の虎」の称号を得たことが報告されている。[97] 日米両国の信頼醸成とそれぞれの戦技向上、また共同作戦の遂行能力の獲得に果たしたリムパックの意義は大きい。当時、米ソ冷戦が継続する中で、一九八〇年二月のリムパック参加を契機として、一九八一年五月にシーレーン防衛の表明、一九八二年一一月の日米共同統合実動演習の実施へとつながる。[98]

海上自衛隊が領域外で演習を行ったことはそれまでもあった。護衛艦、潜水艦、対潜哨戒機をハワイに派遣し、米海軍の協力を得て魚雷及び各種誘導武器等の訓練を行ってきたことが報告されており[99]、リムパックへの参加決定以前にも八三回の日米共同訓練の実績があった[100]。しかし、リムパックは海上自衛隊にとって、日米以外の国を交えた初めての多国籍訓練であり、米軍及び米軍以外の軍隊との本格的な軍事演習となるリムパックへの参加は、当初から集団的自衛権の行使に直結するという懸念や、日本の海外派兵を危惧する周辺国の不安を引き起こしかねないといった議論が、国会を中心になされてきた[101]。

こうした政治的問題の発生を懸念した防衛庁は、リムパック参加の決定を極秘裏に進め、準備に慎重を期している。発端は一九七九年三月、従来、「個艦訓練」にとどまっていた海上自衛隊が、それまでの日米訓練では得られなかった「総合訓練[102]」を実施したいという意向を伝えたところ、米太平洋艦隊司令官から大賀海上幕僚長あてにリムパック訓練への参加意向を打診されたことにあるとされる[103]。この報告を受けた山下防衛庁長官は、四月には大平首相の了解を取り付け、五月に高品統幕議長が豪州、ニュージーランドを親善訪問して両国軍首脳との下打ち合わせを完了したものの、その法的根拠の構築に万全を期すため、同年九月に発表するまで参加の意図は伏せられた。そして、参加の発表にあたって、大賀海上幕僚長は「従来ハワイで行われてきた日米共同訓練の延長に過ぎない」とし、日米安全保障条約に基づく共同作戦を担保するための戦技向上訓練であるとの見解を示した[104]。

②「多国間訓練ではない」との見解

日米両国しか参加しない従来の日米共同訓練とは違い、少なくともカナダ、豪州、ニュージーランドを初回以来の参加国とするリムパックは、政策的なインパクトが異なるだけでなく、集団的自衛権の行使や海外派兵といった憲法問題に抵触しかねない。こうした疑義に対し、防衛庁は一九七九年一二月一一日、衆議院予算委員会の求めに応じて、リムパック参加の法的根拠、目的等をまとめた統一見解を提出している。これによれば、リムパック参加は、①「集団的自衛権行使を前提として特定の国を防御するというようなものではなく」、②「単なる戦技向上を図るためのものであり」、③「自衛隊が外国との間において訓練を行うことのできる法的根拠は、防衛庁設置法第五条二一号（当時）の規定（所掌業務の遂行に必要な教育訓練を行うこと）」に求められ、④「自衛隊は、憲法及び自衛隊法に従ってわが国を防衛することを任務としているのであるから、その任務の遂行に必要な範囲を超える訓練まで行うことができるわけではない」ことが明記されている。[105] したがって、憲法上許されない長距離爆撃機やＩＣＢＭ等を使用する訓練は除外された。

この防衛庁見解は、当時、大きな議論を呼んだ。前述の、大賀海上幕僚長による発表では、リムパック演習は日米安全保障条約の枠組で捉えられるとの政策的な見解が示されたものの、既述のとおり防衛庁提出資料には「外国との間において訓練を行うことのできる法的根拠」としか書かれておらず、日米安全保障条約がその要件として指定されているわけではない。したがって、「集団的自衛権行使を前提としない単なる戦技向上の訓練であれば、相手が社会主義国であろうと紛争当事国であろうと純法律的には可能となる」[106]との疑念が指摘され、ことに法理上、日米韓、あるいは日韓の共同演習が可能になることを危惧する声も上がった。[107] また、「単なる戦技向上」とはいえ、純戦略的な意味合いにおいて、それが「わが国を防衛すること」のみを目的としたものであるかについても疑問が投げかけられた。というのも、当時、中東情勢の緊迫化に伴って太平洋地域の戦力が手薄となった米国の世界戦略の一翼を同盟国である日本に担わせるために、米国が海上自衛隊に対して、シーレーン防衛及び三海峡封鎖作戦に必要な能力の獲得を期待しているのではないかとの懸念が政治問題化しつつあった。[108] 実際、リムパック演習の内容が対潜、対空、対水上、電子戦等の多岐にわたり、個々の艦艇や航空機の「艦隊レベル」での砲術、水雷術、通信術、哨戒法、探知法、接触法等が具体的な訓練内容として挙げられていることも、[109] こうした懸念に拍車をかけた。また、海上自衛隊の護衛艦が、上陸作戦支援のための艦砲射撃訓練を行った事実も報道されたが、いずれも従来の自衛隊の訓練内容にはなかったものである[110]。

前記の訓練内容が日本の個別的自衛権の範囲で説明できるかどうか当時から多くの異論があった。たとえば、「集団的自衛権の行使を前提」[111]といった懸念のほか、「際限なく拡大する行動範囲」[112]、あるいは「米国の軍事戦略に加盟」[113]といった批判が繰り返されてきた。防衛庁はその都度、この演習の目的は戦技向上であるという説明を繰り返し、「あくまで、専ら米国側とのみ行う日米共同訓練の一環」であり、「第三国が日米と一つのグループになって行動することはない」[114]という歯止めを強調して批判をかわしてきた。また、大平正芳首相は「今回の場合も、その（日米共同訓練の）延長線上のものであると私は承知」しており、「なるほど今回は豪州とかニュージーランドが参加すると聞いておりますけれども、それは豪州やニュージーランドとアメリカとの関係でございまして、わが方との関係におきましては、安保条約を結んでおる相手国であるアメリカとの演習に参加するということ」であるため、「従来のわれわれが参加してまいりました演習と全然性質を異にするものとは考えていないわけでございます」と答弁している[115]。

しかしながら、演習への参加が重なるにつれ、実際にはカナダ海軍や韓国海軍の艦艇と共同行動をとっていたことが明らかになり、防衛庁の説明にはその都度、修正が加えられた。とりわけ、一九九〇年に新たに韓国が加わった際、自衛隊側は「韓国は相手部隊」と説明したものの、一九九四年の訓練では日米韓が同一グループとなって訓練したことが明らかになり、防衛庁は「グループ内で日米、米韓に分かれて訓練するので問題ない」という苦しい弁明を強いられた[116]。このように、リムパック演習の拡大、多国籍化が常態となるにつけ、米国以外の国との共同訓練が課題とされたため[117]、やがて公然と「米国以外の諸外国との友好親善を図る」ことも主要目的の一つとされるに至った[118]。とはいえそれは「友好親善」の範囲を超えるものではなく、一九九八年の対抗戦形式演習において、日米同一グループではなく、初めて「多国籍軍」側の一員として参加したことが判明した際にも、海上自衛隊はあくまで「日米とそれ以外の国とは別に訓練する」と主張する等、「軍事演習の常識から言って、信じられない説明[120]」をしてまで、「日米共同訓練の延長」との建前を守ろうとしている。これらの経緯は、防衛庁（省）のリムパック演習についての説明は、一貫して多国間共同訓練としての側面を否定してきたことを示しており、実際に、リムパックへの参加が日米同盟の枠組を超えるとの見解は示されていない。

③リムパック演習における「臨検」

リムパック演習については、ＰＳＩにつながるもう一つの論点がある。「臨検」訓練への参加である。前項で触れた、初めて「多国籍軍」の一員として参加したとされる一九九八年の演習では、海上自衛隊は初めてとなる臨検訓練への参加をいったん決めている。当時、周辺事態法などのガイドライン関連法案が国会提出中という非常に微妙な時期であったため、準備には細心の注意が払われた。たとえば、リムパックでの臨検訓練は、国連安保理決議での授権を前提とした海上阻止行動（ＭＩＯ）の一環として行っているが、海上自衛隊がこれを行う国内法的根拠が薄弱であり、国内で政治問題化することを避けるため、他国と区別して臨検訓練（ＭＩＴ）と名づけることを、演習参加各国に了承されている。ところが、国内で「海自、臨検など本格訓練。周辺事態法を先取り[121]」という報道がなされるや雲行きが変わり、防衛庁内からも内局の強い反発を招いて取りやめとなっている。これについて米海軍ブラウン米第三艦隊司令官は、「将来、海自が臨検に参加することが法的に認められたら、是非、参加してほしい。海自は非常に高い能力を持っているので米海軍にも意味は大きい。（非戦闘員退避活動等）人道的活動も世界のどこかで必要になるか分からず訓練は必要だ」と述べたという[122]。実際、海上自衛隊は周辺事態法が通過した後、二〇〇〇年のリムパック演習から臨検訓練に参加している[123]。

（4）「戦闘を想定しない」多国間訓練の始まり

二〇〇〇年以降、自衛隊は米国以外の軍隊との間で「多国間訓練」を行うようになる。リムパックと違い、多国間のフレームワークであることを否定していない。もっとも、当初は「戦闘を想定しない」訓練であり、それらの内容に軍事オペレーションは含まれていなかった。

防衛省が「本来の目的である戦闘を想定した訓練」ではない多国間訓練として挙げる最初の事例が「西太平洋潜水艦救難訓練」及び、「WPNS掃海訓練」である。これらは表8に挙げた、②「PKO活動、災害救援、非戦闘員退避活動等への対応を取り入れた多国間での訓練」の類型にあてはまる。

なお、災害救助活動の根拠は自衛隊法第八三条（災害派遣）[124]に規定があるが、防衛省は災害救助に関する多国間共同訓練への参加にあたっても、説明の際に同法同条を援用している。「武力の行使」を前提としないこれらの多国間訓練は、「国際貢献アプローチ」に属するものである。

●西太平洋潜水艦救難訓練

防衛省において、西太平洋潜水艦救難訓練は「人道支援」を目的としたものと区分されている。[125]一九九九年二月、横須賀にある米海軍基地内にて、日本、米国、豪州、韓国、シンガポールの五か国が潜水艦救難に関する情報交換のために会議を開いた。そこで、多国間潜水艦救難訓練の実施が合意され、翌二〇〇〇年、シンガポールにて第一回西太平洋潜水艦救難訓練が開催されることとなった。その後、二〇〇二年には第二回の訓練が日本主催で開催されたが、日本が多国間共同訓練を主催したのはこれが初めてである。二〇〇四年に第三回目が韓国主催で、二〇〇七年に第四回目を豪州主催、二〇一〇年にはシンガポール主催で開催されている。本訓練は参加国の潜水艦を海底に着底（沈座）させ、各国が有する潜水艦救難艇を使用して、乗員の救出や負傷者への処置等が訓練される。訓練には特定のシナリオはなく、参加国の海軍はそれぞれの国の指揮官の下に置かれ、各指揮官間で調整しつつ訓練が実施される。[126]
防衛省は、本訓練について、参加国の潜水艦救難技術の向上と、参加国間の信頼関係の増進といった点を評価するとともに、「アジア太平洋地域の安全保障環境の一層の安定化」と、「グローバルな安全保障環境の改善」に寄与したことを評価している。[127]

●WPNS西太平洋掃海訓練

WPNSとは「西太平洋海軍シンポジウム（英語名称：Western Pacific Naval Symposium）」の略称であり、一九八八年以降、二年ごとにこの地域で行われてきた「海軍協力のための枠組み」であるが、「西太平洋地域」という地理的範囲の定義については国により見解に相違があるため、明確な定義はなされていない。日本は一九九六年の第五回WPNSを主催しており、海上幕僚長が参加しているが、各国とも海軍参謀総長またはその代理の者が出席するというハイレベルな会議体である。WPNSの決議は参加者の総意に基づくとされるが、拘束力を持つものではなく、その採用は参加国の任意である。一九九二年以降、佐官級で構成される実務レベルで開催される会議体がWPNSワークショップであり、次回シンポジウムのアジェンダ等が議論されているが、一九九八年のワークショップにおいて、機雷掃海に関する多国間訓練の実施が提案され、これを受けて持ち回りで開催されるようになったのが、WPNS掃海訓練である。[128]

二〇〇一年六月、シンガポールにて第一回WPNS掃海訓練が実施され、その後、二〇〇四年にシンガポールとインドネシアの共催により第二回が、二〇〇六年にはマレーシアの主催により第三回の訓練が開催された。[129]

もし、交戦中の国家によって機雷が敷設された場合、作戦行動中にある機雷を掃海すれば、それは戦時国際法の定める「武力の行使」にあたる。[130] しかしながら、一九九一年の湾岸戦争停戦後に海上自衛隊がペルシャ湾における機雷掃海に派遣された際には、当該機雷がイラク軍によって遺棄されたものであり、また、作戦（作業）海域も公海上に限定されていたことから、自衛隊の通常業務という解釈がなされ、掃海部隊の派遣も「一般命令」の形で出された[131]。ＷＰＮＳ掃海訓練における機雷掃海には特定のシナリオはなく、また、各指揮官が連携をとる形で、各国それぞれの指揮官の下で訓練が行われるため、自衛隊が本訓練において有事における「武力の行使」を念頭に置いたオペレーションを想定するとは考えづらい。事実、防衛省側の説明も「参加各国が指定された海域において掃海艦艇、潜水員の訓練を実施するという内容[132]」と訓練の中身を非常に限定した形で、「いわば、参加各国の機雷掃海等の技術を展示するもの」と説明している。したがって、本書ではＷＰＮＳ掃海訓練については、軍事オペレーションを含むものとしては扱わない。

防衛省は、本訓練についても、参加国の潜水艦救難技術の向上と、参加国間の信頼関係の増進といった点を評価するとともに、「アジア太平洋地域の安全保障環境の一層の安定化」と、「グローバルな安全保障環境の改善」に寄与したことを評価している[133]。

●多国間捜索救難訓練

海上自衛隊創設五〇周年の記念行事の一環として、二〇〇二年一〇月に開催されたのが多国間捜索救難訓練である[134]。日本が多国間共同訓練を主催したのは、第二回西太平洋潜水艦救難訓練に引き続き、この訓練が二度目である。同じく記念行事である国際観艦式に引き続いて実施したため、九か国一八隻の艦艇が参加するという盛大なものとなった。海上自衛隊からは九隻が参加している。

本訓練では、参加国の艦艇が航行中に、近傍で海上自衛隊艦艇が模擬する「商船」が遭難したとのシナリオのもと、参加各国艦艇が共同で遭難船舶の捜索救難活動の訓練を行った。防衛省・自衛隊の説明では、この訓練の目的はあくまで捜索救難に限定されており、各国の捜索救難技術を実地に見聞することを通じて自衛隊の技量向上を図るとともに、参加国間の相互理解の促進や信頼関係の増進を図るという意義があったと評価されている[135]。したがって、本書でも本訓練において軍事オペレーションを含んでいたものとしては扱わない。

●コブラ・ゴールド

自衛隊は二〇〇五年より、タイと米国が主催する多国間共同訓練「コブラ・ゴールド」にも正式参加している[136]。自衛隊はこの訓練への参加目的を「自衛隊の国際平和協力活動及び在外邦人等輸送に係わる統合運用能力の向上を図る」ことに絞っており、表8に挙げた類型の中では②「PKO活動、災害救援、非戦闘員退避活動等への対応を取り入れた多国間での訓練」に分類される。一九八二年に「コブラ・ゴールド」が始まった当初は、タイと米国による二国間訓練であったが、二〇〇〇年にシンガポールが参加して以来、多国間訓練となった。

「コブラ・ゴールド」は、地域紛争における平和執行活動、国連平和維持活動、及び人道支援活動に焦点を当てている。そのため、訓練目的は「参加国軍等の相互信頼関係の維持・向上、機能別の戦術・技量の向上及び統合及び共同の相互運用性の向上を図ることにより地域の安全に寄与する」ことにある。ただし、自衛隊はコブラ・ゴールドへの参加について、「国際平和協力業務や国際緊急援助活動に対する国際社会からの期待」を挙げており、「自衛隊が国際平和協力活動により主体的・積極的に取り組むべく、実践的な能力の向上に努めていく必要がある」として、その目的を国際貢献活動に絞っている[137]。そのため、自衛隊部隊が参加する訓練も、指揮所演習や民生支援活動（医療）及び在外邦人輸送に関する実動訓練等に限定されており、本来の意味における戦闘はほとんど想定しておらず、したがって、他国と共同しての軍事オペレーションに従事することはない。また、国連平和維持活動に関する実動訓練については、自衛隊内からPKOに関する教官要員を派遣し、他国の教官要員と連携し、他国軍隊の錬成訓練に従事している。したがって、多国間共同訓練「コブラ・ゴールド」における自衛隊の参加目的、訓練内容に、本来の意味での軍事オペレーションは含まれていない[138]。

防衛省は、本訓練については国内の訓練では実施環境作為が困難であることから、国際平和維持活動等の任務を行う状況に近似する環境下で訓練を行い得たことを肯定的に評価するとともに、多国間の環境における教官要員の能力向上を通じて、「アジア太平洋地域の安全保障環境の一層の安定化」と、「グローバルな安全保障環境の改善」に寄与していることが評価されている[139]。

（5）新しいタイプの「地域協力」としての多国間共同訓練

先述した表8②の類型の多国間共同訓練を発展させたものとして防衛省が挙げている類型が、④「ARF災害救援実動演習等の地域の協力枠組みによる新たなタイプの多国間共同訓練」である。②の類型では、国連平和維持活動や災害・人道支援といった、従来型の普遍的な意味での国際貢献活動を想定しており、純粋な意味での「国際貢献アプローチ」であるが、④の類型では、柔軟に協力枠組を構成することができ、その意味では、「同盟深化アプローチ」に近い機能を備えることができる。ただし、訓練内容はやはり、平和維持活動や災害・人道支援を想定しており、本来の意味における軍事オペレーションは伴わない。

現時点で、④の類型にあてはまる多国間共同訓練は、ARF災害救援実動訓練しかないが、その定義上、必要に応じて異なる地域協力の枠組を設けていくことが可能である。スマトラ大地震や東日本大震災、また、フィリピンの大型台風被害等、東アジア、東南アジア地域で自然災害が多発する中、国連を介在させない形で地域協力を推し進め、この地域におけるリーダーシップをとる日本の外交的ツールとして大きな効用を持っていると言えよう。それゆえか、防衛省は「新しいタイプの地域協力」として、国連を念頭に置いた従来型の国際貢献とは区別して評価をしていると思われる。

●ARF災害救援実動演習

ARF災害救援実動演習は、ARF（ASEAN地域フォーラム）が行う初めての実動演習であり、地域協力枠組として具体的協力が着実に進展していることを示す重要な取り組みとして位置づけられる。従来、「トークショップに過ぎない」[140]と言われてきたARFであったが、近年の環境変化と情勢推移に伴い、具体的な行動が必要とされる課題を多く抱えることとなった。具体的には、災害救援、テロ対策、大量破壊兵器等の不拡散・軍縮、海上安全保障、PKO等の分野であり、ARF災害救援実動演習はこれらの課題に対応する最初の事例である。[141]

第一回の演習は、二〇〇九年五月、フィリピンと米国の共催で行われた。演習シナリオは、フィリピン・ルソン島における大型台風の被害を想定して組まれており、同国政府の救援要請に基づいて、各国が人員や装備等を派遣し、海上における捜索救難訓練、医療活動、建設活動、被災者の後送訓練等を訓練内容として取り入れている。日本からは、防衛省・自衛隊のほかに外務省及びJICA（国際協力機構）が参加し、ARF参加国間の相互理解及び協力関係の増進が図られた。この訓練に際して、日本は主催国フィリピンに次ぐ人員、装備品を派遣しており、積極的な参加による自衛隊とARF関係国、特にASEAN諸国の各国軍との相互理解と協力関係がさらに進んだことが評価されている。[142]なお、二〇一一年三月に予定されていた第二回の演習では、日本はインドネシアとともに主催国に回ることになっていたが、東日本大震災の発生に伴って中止となっている。

二〇〇九年の第一回演習に参加した自衛隊は、陸海空ともに災害救援訓練に従事した。具体的には、陸上自衛隊が医療、防疫、給水（浄水）等の訓練を行い、海上自衛隊は救難飛行艇（US－2）一機による海上での救難訓練及び航空機展示を、航空自衛隊は輸送機（C－130）二機を使用しての要員、器材輸送及び航空機展示を実施した。以上の参加目的及び訓練内容を見ても、本訓練には軍事オペレーションは含まれておらず、内容としては従来型の「国際貢献アプローチ」の活動内容であると言えよう[143]。

防衛省はこの演習について、海外での災害救援活動における多国間環境下でのノウハウ蓄積、人脈構築、陸海空自衛隊の連携確認等、今後、自衛隊が国際緊急援助活動をより効果的に実施する上で、自衛隊にとって「大変有益」と評価している。また、ARF関係国、特にASEAN諸国の各国軍との相互理解及び協力関係をさらに進めることにより、地域の災害対応能力を高めること等を通じて、アジア太平洋地域の安全保障環境の一層の安定化に寄与しているとも評価している[144]。

ところで、非硬直的な制度的特徴を持つ安全保障レジームという観点からは、一九九四年に発足したARF（ASEAN Regional Forum）とPSIの類似も指摘されよう[145]。ARFには「緩やかな会議外交[146]」という特徴があり、その意味において「外交プラットフォーム」と評価されることもあるPSIと類似していると言える。また、中国の強い要望で「内政不干渉原則」が導入され、すべての活動は非強制的活動であることが[147]、ARFをして「トークショップ」と揶揄される要因であったが、こうしたARFの制度的な緩やかさが、PSIの制度設計に影響を与えた可能性はある[148]。ただし、アジア太平洋地域の地域的取り組みであるARFに対して、PSIはそうした地理的制約を設けておらず、実際に、地球大の広がりを見せたという違いがある。また、ARFが「国家間の紛争」のみに焦点[149]を当てた予防外交に取り組み、事務局等の正式な機構的側面を持たずにメンバー国間の信頼醸成措置等に主眼を置いてきたこと[150]に対して、PSIは原則として「拡散懸念事態」を犯罪行為として捉え、実務者による実務的協力の深化による法執行オペレーションの実効性確保に注力してきたという点でも性格を異にしている。ただし、本項でも確認したように近年のARFは「トークショップ」を脱却しつつある。非伝統的安全保障問題への対処を中心に、ARFの「内政不干渉原則」は緩和されつつあるとの指摘もあり[151]、二〇〇四年以降はテロ等を含む国際犯罪に対処するための「法執行協力」

もその活動内容に加わっている。[152] ＡＲＦのこうした変化にＰＳＩがどう影響を与え、また、実際のオペレーションにあたってＡＲＦとＰＳＩという二つのレジームもしくはスキームがどう連動するのかという問いは、今後、研究が待たれる課題ともなろう。

（6） 本来の目的である戦闘を想定した多国間共同訓練

自衛隊創設以来、①「本来の目的である戦闘を想定した訓練」を多国間で行うことは、決してなかった。先に見たように実質的には多国間共同訓練であるリムパック演習についても、あくまで日米同盟の枠組内での「二国間演習」であるという建前をとっており、米国以外の外国軍隊については「たまたま」演習の場に存在したに過ぎないという苦しい説明がなされてきた。米国以外の国と本格的な軍事オペレーションを伴う多国間共同訓練は、集団的自衛権の行使の問題にも絡むためであることは先に見たとおりである。

しかしながら、二〇〇五年に、「本格的で実質的なオペレーション」を伴うＰＳＩ海上阻止演習（③の類型）に自衛隊が派遣されて以降、①の類型に区分けされる多国間共同訓練に自衛隊部隊が盛んに派遣され、また、日本が主催国となって演習を開催するようになる。「武力の行使」を前提としたものであるため、これらの多国間演習は「同盟深化アプローチ」に属するものとして扱う。

リムパック演習参加時には、頑なに「多国間訓練」であることを否定していた防衛庁（省）であるが、二〇〇五年以降、なぜ多国間での軍事オペレーションを伴う共同訓練が是とされるようになったのか、現時点で防衛省はこの変化の理由について何の説明も行っていない。また、防衛省の発表資料によれば、二〇一〇年以降は、リムパック演習もまた多国間共同訓練とされているが、それ以前（RIMPAC2008 以前）のものと、二〇一〇年以降の演習（RIMPAC2010）の内容と性格にどのような変化があったのかについては公式には何の説明もない。[153] 事実として指摘され得るのは、③の類型に区分される二〇〇五年のＰＳＩ海上阻止訓練への参加を契機として、軍事オペレーションを伴う多国間共同訓練への参加が、国会等でも問題とされなくなったことであり、二〇〇七年以降は①の類型に属する「本来の目的である戦闘を想定した訓練」が、堂々と、頻繁に行われるようになったことである。また、累次にわたって多国間共同訓練が開催される中で、「日米印」、「日米豪」、「日米韓」という「三つの三角形」のスキームが形成されていることも指摘されるべきポイントであろう。

日本はこれらの多国間共同訓練を開催・実施するにあたって、主催・共催国として主導的な役割を担っており、この事実を外交・安全保障上の重要なツールとして内外にアピールしているという側面も無視できない。日韓関係の悪化に従って「日米韓」のスキームは一時中断となっているが、「日米印」、「日米豪」のスキームは、日米同盟を基軸にし、それを発展させる重要な二本の柱として機能している点も注目されるべき点である。日本の主体的な努力により、「同盟深化アプローチ」がこのように発展してきたことは、今後、もっと掘り下げた研究がなされるべきテーマとなろう。

●多国間海上共同訓練「マラバール」

「マラバール」という名前は、南インドの西岸沿いの地域名に由来している。米国、インドの二国間訓練として始まった「マラバール」であるが、インド・ベンガル湾周辺で実施された二〇〇七年九月の訓練からは日本、豪州、シンガポールが参加することで多国間共同訓練となった。また、二〇〇九年の訓練は、場所を日本近海に移し、「日米印」の三か国によって行われている。(154)

防衛省は「マラバール」について、①参加国の指揮関係が独立していること、②参加部隊はそれぞれの指揮下にあること、また、③本訓練が、我が国以外の特定の国または地域の防衛を目的としたものではないことの三点を挙げて、

「集団的自衛権の行使を前提としておらず、憲法との関係で問題が生ずるものではない」という予防線を張っている。ただし、その訓練内容は、戦術運動、対空戦、対潜戦、対水上戦等、本格的な軍事オペレーション、すなわち、「軍事作戦」そのものである。[155]

●日米豪共同訓練

二〇〇七年一〇月に始まった日米豪共同訓練[156]は、最初から軍事オペレーションの存在を想定した訓練である。防衛省はこの共同訓練の目的を、「海上自衛隊と、米国海軍、豪海軍の相互理解を深め、友好関係を促進し、併せて海上自衛隊の戦術技量の向上を図るため」としているが、その訓練内容は対潜戦、対水上戦等の本格的かつ実質的なものであり、「相互理解を深め」たり、「友好関係を促進」といったレベルの訓練でないことは明らかである。[157]

なお、防衛省は本訓練が集団的自衛権の行使を前提としておらず、憲法上の問題が生じない理由として、①特定のシナリオを設けていないこと、②指揮関係は独立しており、参加部隊はそれぞれの指揮下にあること、等を挙げている。[158]

●多国間海上共同訓練「カカドゥ」

「カカドゥ」訓練は、豪海軍が、戦術技量向上に関する総合的訓練の場として、一九九三年以降、毎年実施している多国間訓練であり、セミナーと実動演習を交互に行っている。ちなみに、「カカドゥ」とは、訓練場所である豪州のダーウィン海空域に近い、同国北部の国立公園の名前である。海上自衛隊は、二〇〇七年にセミナーに正式参加した後、二〇〇八年に護衛艦一隻を、二〇一〇年に護衛艦一隻とP‐3C二機を参加させている。[159]

この訓練も、本格的な軍事オペレーション、より正確には「軍事作戦」で構成されている。具体的な内容としては、対水上戦、戦術運動、通信訓練等の洋上訓練と、停泊中の通信訓練等であるが、防衛省はその参加目的を「参加艦艇等の戦術技量の向上を目的としたもの」とした上で、「我が国以外の特定の国又は地域の防衛を目的としたものではない」として、集団的自衛権の行使の問題や、憲法上の問題とは無関係であると説明している。[160]

●多国間海上共同訓練「アマン」

「アマン」演習とは「テロとの闘い」を焦点に、各種戦術技量の向上を図ることを目的に行われる多国間海上共同訓練である。最初の「アマン」演習は二〇〇七年三月にパキスタン周辺海空域を訓練場所として、パキスタンの主催で行われた。「アマン」とはウルドゥー語（パキスタンの公用語）で「平和」を意味する。本訓練にも特定のシナリオは設けられておらず、訓練への参加目的は「戦術技量の向上並びに部隊レベルの交流を通じた参加国との相互理解の促進及び信頼関係の増進」とされ、したがって集団的自衛権の行使等、憲法上の問題は生じないとされる。[161]

海上自衛隊は、二〇〇九年の訓練からP-3C二機を参加させており、洋上における捜索・追尾訓練を実施するとともに、訓練期間中に開催された観艦式において展示飛行に参加している。[162]

●WPNS多国間海上訓練

WPNS（西太平洋海軍シンポジウム）から派生したもう一つの多国間共同訓練が、WPNS多国間海上訓練である。WPNSはこれらの多国間共同訓練の開催を通じて、信頼関係を構築する場のみならず、参加国海軍の間で、相互運用性についても話し合う場に発展しているとされる。WPNS多国間海上訓練はいずれもシンガポール海軍の主催で、シンガポール周辺海域で行われており、第一回は二〇〇五年に、第二回は二〇〇七年に開催され、海上自衛隊は二〇〇九年の第三回訓練から他の八か国とともに参加している。[163]

掃海のみを目的としたＷＰＮＳ掃海訓練とは違い、この訓練は、近接運動訓練などの戦術運動、目標捜索追尾訓練、捜索救難訓練等が盛り込まれており、純粋な意味での軍事オペレーションと言える内容も含んでいる。ただし、防衛省の説明では、やはり、①参加各国の部隊の指揮権がそれぞれ独立しているため、ある特定の国が他の特定の国を指揮することはないこと、②参加国が共同で特定の事態に対処することを想定した訓練ではないこと、等を理由に挙げて、憲法上の問題等を惹起することを回避している。(164)

以上、述べてきた①の類型に属する多国間共同訓練（ＷＰＮＳ多国間海上訓練、多国間海上訓練「マラバール」、日米豪共同訓練、多国間海上共同訓練「カカドゥ」、多国間海上共同訓練「アマン」）について、防衛省は各種技量の向上及び参加国海軍との信頼関係・相互理解の増進という二つの観点から「有意義」と評価しており、これをもって「アジア太平洋地域の安全保障環境の一層の安定化」、「米国をはじめ、安全保障協力のパートナー国との同盟深化」にも寄与しているとの判断を示している。(165)

（7）ＰＳＩ合同阻止訓練への自衛隊参加

これまでの自衛隊による多国間演習（訓練）を俯瞰してわかるのは、転機となったのは二〇〇五年のＰＳＩ合同阻止訓練であり、そこから、軍事オペレーションを伴う多国間演習（訓練）が始まった。

防衛省は、ＰＳＩ訓練への自衛隊の参加は、日本の大量破壊兵器等の不拡散の実効性の向上の観点から有意義であることから、アジア太平洋地域の一層の安定化に寄与するとともに、グローバルな安全保障環境の改善に寄与していると評価している。(166)「国際貢献アプローチ」に属する多国間共同訓練のうち、「武力の行使」を前提とした軍事オペレーションが含まれ得るのはＰＳＩ合同阻止訓練だけであるが、「国際貢献アプローチ」の表層を有するからこそ、訓練内容に「武力の行使」を含め、「同盟深化アプローチ」が狙った政策目的に資することになった。PSIを契機として、自衛隊が参加する他国軍との多国間共同訓練は「武力の行使」を含むものとなり、多国間安全保障協力の性質に変化をもたらしたことは指摘してよかろう。これら多国間共同訓練において、自衛隊は確かに「軍」としてカウンターパートである他国軍と協力し、オペレーションに参加しているのである。

四　小括——安全保障政策史における一つの分岐

「武力の行使」に至る可能性を排除し、法執行に伴う「武器の使用」のみを念頭に置いてなされた日本のPSI参加であり、自衛隊派遣であったはずであるが、最初の自衛隊派遣後一〇年以上が経過するにもかかわらず、「国際貢献アプローチ」としてのPSI阻止活動を担保する法整備はまったくなされていない。

一方、PSIを舞台にした自衛隊の活動は大きく広がっており、特に警戒監視任務によって得られた情報の多国間枠組での相互提供や、PSI合同阻止訓練という多国間共同訓練（演習）については、従来の防衛庁（省）設置法を援用しての活動実績を積み重ねつつある。いずれの活動も自衛隊にとって初めてのことであったが、本章で確認したようにPSI参加以後、領域外におけるこれら分野での自衛隊の「軍事力（防衛力）」の使用は拡大傾向にある事実は指摘できよう。また、本章で分析したとおり、PSI阻止活動、情報相互提供、多国間共同訓練（演習）は「武力の使用」を前提にした活動に転換、あるいは接続する可能性を残しており、とりわけ多国間共同訓練の中身は本格的な軍事オペレーションを前提にする形で大きく発展しつつある。

したがって、領域外における自衛隊の活動は、PSIを契機としてこれら「同盟深化アプローチ」に属する内容が加えられたことをもって、冷戦後の安全保障政策史における一つの分岐と位置づけることもあながち無理ではない。

いずれにせよ、警戒監視活動や、多国間共同訓練において自衛隊は、軍事・非軍事双方のオペレーションを通じて信頼醸成や規範形成、能力構築をカウンターパートである他国軍との間で発展・深化させており、他国軍との関係性において自衛隊は確かに「軍」と呼称される活動実態を備えるに至ったことも指摘されよう。これが、ＰＳＩが日本にもたらしたものの一つである。

注目すべきは、ちょうど同時期に「多国間安全保障協力」という新しい概念が日本の安全保障政策に加わり、新しい政策類型として発展しはじめたことである。無論、新しい概念である「多国間安全保障協力」は現在進行形の同時代史のテーマであり、十分な実証研究事例の蓄積もない。したがって、それが何を意味し、日本の外交・安全保障政策にどのような影響をもたらすかを検証、分析するのはこれからの課題ではある。しかし、「多国間安全保障協力」の一つの事例としてＰＳＩへの参加過程を検証した限りにおいて、政策当局は当初、ＰＳＩに関する諸活動については「国際貢献アプローチ」を意図していたはずであるにもかかわらず、結果として「同盟深化アプローチ」として「武力の行使」に転換あるいは接続され得る活動内容が、領域外における自衛隊の「軍事力（防衛力）」の使用形態の一つとして加わったことは冷戦後の安全保障政策史における重要な変化の兆候として指摘してよいであろう。

註

（1）　第一八八回国会　参議院外交防衛委員会、二〇一四年一一月一三日、深山政府参考人答弁。
（2）　第一六二回国会　参議院本会議、二〇〇五年六月二九日、大野防衛庁長官答弁。
（3）　第一五六回国会　衆議院本会議、二〇〇三年六月五日、小泉総理大臣答弁。
（4）　これら国際立法については、青木節子「非国家主体に対する軍縮・不拡散――国際法の可能性」『世界法年報』第二六号、二〇〇七年三月。吉田靖之「公海上における大量破壊兵器の拡散対抗のための海上阻止活動（１）――安全保障理事会決議一五四〇・Ｐ

ＳＩ二国間乗船合意・二〇〇五年ＳＵＡ条約議定書」『国際政策研究』第一八巻第一号、二〇一三年九月。吉田靖之「公海上における大量破壊兵器の拡散対抗のための海上阻止活動（二・完）――安全保障理事会決議一五四〇・ＰＳＩ二国間乗船合意・二〇〇五年ＳＵＡ条約議定書」『国際政策研究』第一八巻第二号、二〇一四年三月。吉田靖之「拡散に対する安全保障構想（ＰＳＩ）の現状と法的展望」『軍縮研究』第五巻、二〇一四年七月等を参照。

（5）安保理決議一五四〇の国際立法としての性格については、浅田正彦「安保理決議一五四〇と国際立法――大量破壊兵器テロの新しい脅威をめぐって」『国際問題』第五四七号、二〇〇五年に詳しい。

（6）Craig Allen, "A Primer on the Nonproliferation Regime for Maritime Security Operations Force," *Naval Law Review*, Vol.54, 2004, pp. 74–75.

（7）前掲註（4）、吉田「公海上における大量破壊兵器の拡散対抗のための海上阻止活動（1）」はこれを勧告的な性格のものとしており、「公海上における船舶の強制的な阻止に関する根拠を形成するまでには至っていない」としている（四六頁）。ほかに、Daniel H. Joyner, "The Proliferation Security Initiative: Nonproliferation, Counterproliferation, and International Law," *Yale Journal of International Law*, Vol.30, 2005, p. 541. Michael Byers, "Policing the High Seas: The Proliferation Security Initiative," *American Journal of International Law*, Vol.98 No.3, 2004, p. 532. 等。

（8）Craig H. Allen, *Maritime Counterproliferation Operations and Rule of Law*, Prager Security International, 2007, p. 132.

（9）前掲註（4）、青木「非国家主体に対する軍縮・不拡散」、一五一頁など。

（10）Mark R. Shulman, "The Proliferation Security Initiative and the Evolution of the Law on the Use of Force," *Houston Journal of International Law*, Vol.28, 2008, p. 776.

（11）前掲註（4）、吉田「公海上における大量破壊兵器の拡散対抗のための海上阻止活動（1）」、五六頁。

（12）同右、四七–四八頁等。

（13）James Kraska and Raul Pedrozo, *International Maritime Security Law*, Martinus Nijoff Publishers, 2013, p. 794.

（14）具体的にはリベリア、パナマ、マーシャル諸島、クロアチア、キプロス、ベリーズ、マルタ、モンゴル、バハマ、アンティグア・バーブーダ、セントビンセント及びグレナディーン諸島であるとされる。前掲註（4）、吉田「公海上における大量破壊兵器の拡散対抗のための海上阻止活動（1）」、四七頁。

（15）坂元茂樹「大量破壊兵器の拡散防止構想と日本」外交法務研究班『国際協力の時代の国際法』（関西大学法学研究所叢書第三〇冊）関西大学法学研究所、二〇〇四年、佐久間一「初の日本主催ＰＳＩ訓練が実現」『世界週報』二〇〇四年一一月九日号、西田充

「拡散に対する安全保障構想（ＰＳＩ）」『外務省調査月報』二〇〇七年度号等。
（16）たとえば、『読売新聞』二〇〇四年一〇月二九日。
（17）前掲註（15）、坂元「大量破壊兵器の拡散防止構想と日本」、二二頁。
（18）防衛庁「船舶検査活動法の概要――我が国周辺海域の平和と安全を守るために」『時の動き』第四五巻第四号、二〇〇一年。田邊英介「周辺事態に際して自衛隊が行う船舶検査活動の実施の態様、手続等を規定」『時の法令』第一六四〇号、二〇〇一年等。
（19）本来、自衛隊には警察権はないが、自衛隊法第九三条に定める海上警備行動が下令された場合、一時的に付与され、海上保安庁法第一六条「付近にある人及び船舶に対する協力の求め」、第一七条第一項「質問・立ち入り検査」、第一八条「航路の変更や停戦等」が自衛隊にも準用される。防衛省『防衛白書　平成二四年度版』、二〇一二年、二九二頁等。
（20）警察官職務執行法第七条が準用され一定の条件下で「武器の使用」が可能となる。他人に危害を与えることもやむを得ない場合と刑法に定めのある「正当防衛」、「緊急避難」のほかには、具体的には「自己の防護」、「他人の防護」、「武器等防護」、「警護活動」の場合等が挙げられる。
（21）もっとも、原子炉等規制法は、第六一条に列挙された以外の目的で核燃料物質の「譲り渡し」または「譲り受け」をしてはならないと定めており、西田は研究ノートにおいて、この条項がＰＳＩ阻止活動に援用される可能性を示唆している。西田「拡散に対する安全保障構想（ＰＳＩ）」、六二頁。
（22）前掲註（15）、佐久間「初の日本主催ＰＳＩ訓練が実現」、三九頁。
（23）同右。
（24）前掲註（15）、西田「拡散に対する安全保障構想（ＰＳＩ）」、六一―六七頁。
（25）第一八八回国会　参議院外交防衛委員会、二〇一四年一一月一三日、黒江政府参考人答弁。
（26）同右、中村政府参考人答弁。
（27）同右。
（28）同右、黒江政府参考人答弁。
（29）同右、小野次郎参議院議員。
（30）同右、岸田外務大臣答弁。
（31）同右、小野次郎参議院議員。

（32）「重要影響事態等に際して実施する船舶検査活動に関する法律（船舶検査法）」第一条（目的）、第三条（船舶検査活動の実施）。

（33）政府見解では、大量破壊兵器の拡散問題は国際平和共同対処事態の想定する範疇にある模様である。「国際平和共同対処事態と申しますけれども、近年では、大量破壊兵器や国際テロ活動の武器が国境を越えて移動をするなど、さまざまな国際的な脅威に対応するために、国際社会の連携による船舶検査のための活動が行われておりまして、我が国におきましてもこのような国際社会の平和と安全の確保のために主体的かつ積極的な貢献をして、我が国としてふさわしい役割を果たしていくことができるようにするために、法律を改正するということでございます」。第一八九回国会　衆議院我が国及び国際社会の平和安全法制に関する特別委員会、二〇一五年六月二九日、中谷防相答弁。

（34）同法による船舶検査活動において船長の承諾が必要とされ、また、武器の使用が認められていない理由について、政府は以下のとおり答弁している。「現行の船舶検査法は、強制措置、これに及ばない範囲で船舶検査を実施するということにいたしておりまして、乗船検査については船長等の承諾を得て行うということに規定をいたしております。これは、乗船検査に際しまして、不測の事態、これが生じることのないようにするとともに、船内における書類及び積荷の検査、確認を円滑に行うことを目的としたものであります。」第一八九回国会　参議院我が国及び国際社会の平和安全法制に関する特別委員会、二〇一五年七月二九日、中谷防相答弁。

（35）「武力攻撃事態における外国軍用品等の海上輸送の規制に関する法律（海上輸送規制法）」第一条（目的）、第一六条（停船検査）。

（36）ただし、国会審議においては与野党ともこのケースについての言及がなく、政府としてどのような条件で「武力の行使」としての臨検を行うつもりなのか、現時点では不明。

（37）村瀬信也「国際法における国家管轄権の域外執行——国際テロリズムへの対応」『上智大学論集』第四九巻第三・四号、二〇〇六年三月、一四五頁。

（38）水上千之『現代の海洋法』有信堂弘文社、二〇〇三年、一五七—一六二頁。

（39）防衛省情報検索サービス、「能登半島沖の不審船事案と防衛庁の対応」http://www.clearing.mod.go.jp/hakusho_data/1999/honmon/frame/at1106030000.htm（二〇一七年六月一日閲覧）。

（40）海上保安庁レポート、二〇〇三年、「九州南西海域における工作船事件について」http://www.kaiho.mlit.go.jp/info/books/report2003/special01/01_01.html（二〇一七年六月一日閲覧）。

（41）不審船事件への対処についての法的整理については以下を参照。衆議院調査局『安全保障の解説・データ集（第三版）』、二〇一三年、一七四—一七五頁。朝雲新聞社『二〇一三年版防衛ハンドブック』、二〇一三年、一一五—一二三、一三一—一三三頁。田村重信

ほか編『日本の防衛法制（第二版）』内外出版、二〇一二年、一四五–一五一頁。海上保安庁「不審船Q＆A」『かいほジャーナル九州南西海域工作船特集』（海上保安庁広報誌増刊号）、二〇〇二年一二月、二一頁。上田貴雪「不審船問題」『国政の論点』国立国会図書館、二〇〇二年。稲本守「二〇〇一年不審船事件についての一考察」『東京海洋大学研究報告（8）』、二〇一二年、四五–五五頁等。廣瀬肇「海上保安事件の研究　第二四回–第二五回」『捜査研究』第五六巻第四号、二〇〇七年、七〇–八〇頁。武山眞行「奄美大島沖不審船事件と海上警察権の法理」『中央大学論集』第二四号、二〇〇三年。坂元茂樹「国際法からみた不審船事件」『世界』第六九九号、二〇〇二年三月、二〇–二五頁。佐久間一「不審船対処に法的空白」『世界週報』二〇〇二年三月五日、三六–三七頁等。

(42) 前掲註（37）、村瀬「国際法における国家管轄権の域外執行」、九七頁。

(43) 第一五六回国会　衆議院安全保障委員会、二〇〇三年五月一六日、福田康夫内閣官房長官答弁。

(44) 同右。

(45) 同右。

(46) 第一六五回国会　参議院予算委員会、二〇〇六年一〇月一一日、安倍晋三総理答弁。

(47) 同右。

(48) 同右。

(49) 自衛隊が自衛のために行う攻撃ないし反撃の反射的効果によって自衛隊艦船の近傍に位置する他国艦船の防護をすることは従来の解釈でもできた（たとえば、第七六回国会　衆議院予算委員会、一九七五年一〇月二九日、宮澤外務大臣答弁）。また、明確に日本防衛を目的として我が国に駆けつける途上にある米艦を自衛隊が防護することは、個別的自衛権の行使にあたる可能性が示されている（第九八回国会　衆議院予算委員会、一九八三年二月四日、中曽根康弘総理答弁）。

(50) 「国の存立を全うし、国民を守るための切れ目のない安全保障法制の整備について」、二〇一四年七月一日、閣議決定。

(51) R. R. Churchill and A. Lowe, *The Low of the Sea*, 3rd ed., Manchester University Press, 1999, p. 206. 村瀬信也「安全保障に関する国際法と日本法（上）——集団的自衛権及び国際平和活動の文脈で」『ジュリスト』第一三四九号、二〇〇八年、九七頁。ただし、村瀬は米艦艇等と共同訓練を行っている際に日本艦艇の反撃が許されるかどうかは、両艦の間の距離や相手方の使用兵器等の具体的状況によるとしている。広大な訓練海域において日米両艦艇が遠距離に位置し、かつ、相手方の攻撃が日本艦艇を対象にしたものではないと明瞭に認識できる状況で反撃したならば、それは集団的自衛権の行使にあたると判断され得る。

(52) 従来の政府解釈から類推するに、おそらくは「自己保存型の武器使用」を他国と共同行使したという整理になるのではないか。

たとえば、二〇〇六年に示された別の政府解釈では、洋上給油等の任務等でほとんど同一の地点に自衛隊艦船と他国艦船が存在している場合は、どちらに対する攻撃か峻別が難しいという理由から、当該艦船の防護のためにも自衛隊法第九五条（武器等の防護）が適用される可能性があるという解釈が示された（第一六四回国会　衆議院国際テロリズムの防止及び我が国の協力支援活動並びにイラク人道復興支援活動等に関する特別委員会、二〇〇六年一〇月一六日、久間防衛庁長官答弁。同、一〇月一九日　同委員会　山本内閣法制局第一部長答弁）。PSI合同阻止訓練中に攻撃を受けた場合はこれに準ずる解釈になると思われる。その場合の「武器の使用」には、警職法七条の規定が準用されるのはこれまで見てきたとおりであるが、他国海軍の採用する交戦規定は海上自衛隊のそれとどこまで整合しているかは不明である。なお、本書脱稿の直前、北朝鮮による度重なるミサイル発射等を牽制するために、米国の空母機動打撃群と海上自衛隊の護衛艦隊が、日本近海で合流し、共同訓練を実施した。この日米合同艦隊が展開している最中（二〇一七年五月二八日）、北朝鮮は日本海に精度の高いミサイル（スカッド）を発射する事案が発生したが、仮に日米合同艦隊がこれを訓練海域への攻撃とみなせば、海上自衛隊は米海軍とともに国際法上の「個別的自衛権の協同・同時行使」を実施する可能性もあり得たと言える（「北朝鮮がミサイル発射　スカッドか、日本海に着弾」『朝日新聞』二〇一七年五月二九日等）。

(53)　第一八九回国会　参議院我が国及び国際社会の平和安全法制に関する特別委員会、二〇一五年七月二九日、中谷防相答弁。

(54)　同右。

(55)　同右、水野賢一参議院議員の質問。なお、このやりとりで水野参議院議員は、中谷防相が防衛庁長官であった二〇〇三年、テロ特措法に基づく自衛隊派遣に先行して、海上自衛隊護衛艦及び補給艦を警戒監視任務でインド洋に派遣した事実を指摘した。中谷防相は、この派遣命令はテロ特措法が成立した後であり、インド洋での米艦等の支援任務が防衛省の所掌事務となったことを理由に挙げて、水野議員の言う「無原則にやると、どこにでも、あらゆるときに派遣できちゃうようなことになります」といった事例にはあたらないと反論している。ならばこそ、PSI阻止活動の法的根拠が曖昧なまま自衛隊が警戒監視活動を行う理由は不明であるし、さらに言えば、「武力の行使」を行う可能性のある他国軍へ軍事情報を提供する行為が、中谷防相の言う「節度ある情報収集、警戒監視」にあたるのかどうか疑問の残るところではある。

(56)　同右、中谷防相答弁。

(57)　外務省、二〇〇三年六月五日、電信第二四五五号「米による拡散阻止イニシアティブ（天野軍科審の米国出張・米への伝達・照会事項」（外務省開示文書）。

(58)　第一六二回国会　参議院本会議、二〇〇五年六月二九日、大野防衛庁長官答弁。

(59) 第一四五回国会　衆議院安全保障委員会、一九九九年五月二八日。第一八〇回国会　参議院予算委員会、二〇一二年三月二六日。

(60) 第一〇四回国会　衆議院予算委員会、一九八六年二月七日。第一三六回国会　参議院内閣委員会、一九九六年五月二一日。第一四五回国会　衆議院日米防衛協力のための指針に関する特別委員会、一九九九年四月二六日。第一五六回国会　参議院外交防衛委員会会議録、二〇〇三年三月二一日。

(61) 二〇〇二年のイージス艦派遣問題で議論となった。たとえば、『朝日新聞』二〇〇二年一二月六日。『読売新聞』二〇〇二年一一月一四日等。

(62) ミサイル防衛システムについては日本が開発を担当した構成品を米国政府に供与した事実を公に発表している（たとえば、防衛省、二〇一二年六月一五日、「弾道ミサイル防衛用能力向上型迎撃ミサイルの構成品の供与の枠組みについて」http://www.mod.go.jp/j/press/news/2012/06/15a.html（二〇一七年六月一日閲覧））。支援戦闘機F–2に関して日本政府による明示的な発表はないものの、我が国の開発した技術を米国側に提供する取り決めがあったことが知られている（たとえば、遠藤欽作「日米共同開発F–2難産伝説」『丸』第六三巻第一二号、二〇一〇年一二月、九六頁）。

(63) たとえば、中丸到生「情報収集衛星導入の視点（下）」『月刊自由民主』一九九九年九月号、九〇頁。Michael J. Green and Robin S. Sakoda, "Agenda for the US-Japan Alliance: Rethinking Roles and Missions," *Issues & Insight* (Pacific Forum CSIS), Vol.1, No.1, 2001. 長島昭久『日米同盟の新しい設計図』日本評論社、二〇〇二年、九〇頁。

(64) 長峰克己「我が国情報収集衛星導入の意義と今後の課題」『防衛学研究』第三〇号、二〇〇四年三月、九三–九四頁。

(65) 加藤和世「日米のミサイル防衛共同開発——同盟、東アジア、安保への影響は」『世界週報』二〇〇六年三月二一日、六–九頁。

(66) 防衛庁（省）が規定していた秘密指定には自衛隊法五九条、国家公務員法一〇〇条等に基づく「省秘」、自衛隊法九六条二に基づく「防衛秘密」、日米相互防衛援助協定等に伴う秘密保護法に基づく「特別防衛秘密」があったが、二〇一四年の特定秘密保護法の施行に伴い、これに統合された。

(67) 特定秘密保護法はその附則第一〇条に特定秘密に指定される情報の分類を示しているが、PSI活動の具体的内容に関わるものは、「別表第一号　防衛に関する事項」、「別表第二号　外交に関する事項」、「別表第四号　テロリズムの防止に関する事項」のいずれかに該当する可能性が高く、今後の研究の障害になることが予想されると思われる。

(68) 二〇一三年の特定秘密保護法の国会審議において、政府答弁は繰り返し外国との情報共有に言及している。たとえば、第一八五回国会　衆議院本会議、二〇一三年一〇月一六日、安倍総理大臣答弁。第一八五回国会　参議院本会議、二〇一三年一〇月一七日、

安倍総理大臣答弁。第一八五回国会　衆議院国家安全保障に関する特別委員会、二〇一三年一一月八日、加藤内閣官房副長官答弁、森国務大臣答弁。第一八五回国会　衆議院国家安全保障に関する特別委員会、二〇一三年一一月一五日、小野寺防衛大臣答弁。第一八五回国会　衆議院国家安全保障に関する特別委員会、二〇一三年一一月二〇日、森国務大臣答弁。第一八五回国会　衆議院国家安全保障に関する特別委員会、二〇一三年一一月二六日、森国務大臣答弁。第一八五回国会　参議院国家安全保障に関する特別委員会、二〇一三年一一月二八日、森国務大臣答弁、鈴木政府参考人答弁等。

(69) たとえば、第一八九回国会　参議院我が国及び国際社会の平和安全法制に関する特別委員会、二〇一五年一一月一九日、東徹参議院議員質問。

(70) なお、二〇〇七年八月一〇日、日米両国は「軍事情報包括保護協定（General Security of Military Information Agreement : GSOMIA）」を締結し、軍事情報の共有についての新しい枠組に移行した。GSOMIAは米国が各国と結ぶ秘密軍事情報の保護に関する二国間協定の総称であり、その内容は締結相手国ごとに異なるとされるが、米国を中心に束ねられたこれら二国間協定の「束」は一つの「軍事情報共有レジーム」を構成しつつある可能性がある。GSOMIAについては、福好昌治「軍事情報包括保護協定（GSOMIA）の比較分析」『レファレンス』二〇〇七年一一月号。松村昌廣『軍事情報戦略と日米同盟』芦書房、二〇〇四年を参照。

(71) 災害人道支援「コブラ・ゴールド」（米・タイ共催：一九八二年〜）に自衛隊が参加したのも二〇〇五年が最初であるが、演習の性質上、本格的な軍事的オペレーションを伴ったものではない。

(72) 隔年開催の環太平洋合同演習（リムパック：米国主催）に、自衛隊は一九八〇年から参加している。

(73) 防衛省移行に伴う法改正により現在は防衛省設置法第四条となっている。

(74) 第一六二回国会　参議院本会議、二〇〇五年六月一七日。

(75) 同様の内容の答弁は、第一八八回国会　参議院外交防衛委員会、二〇一四年一一月一三日、江渡防衛大臣によっても繰り返されている。

(76) 第一八八回国会　参議院外交防衛委員会、二〇一四年一一月一三日、江渡防衛大臣答弁。

(77) 同右。

(78) 同右。

(79) 同右。

(80) 同右。

(81) 第一八八回国会　参議院外交防衛委員会、二〇一四年一一月一三日、黒江政府参考人答弁。
(82) 第一八八回国会　参議院外交防衛委員会、二〇一四年一一月一三日、小野次郎参議院議員質疑。
(83) 同右、小野議員質疑。なお、この小野次郎参議院議員（当時）とは、小泉内閣の安全保障担当秘書官であった小野氏である。筆者のインタビューを通じて、PSIにおける自衛隊の活動内容が参加決定当初に考えられていたものから相当に変貌したことを知った同議員が、一連の質疑において任務の根拠法もないのに、外国軍との合同訓練を先行させることへの疑問を述べたものである。
(84) 同右。
(85) もっとも、政府はこうした解釈を修正しつつある。二〇一五年七月二八日、参議院我が国及び国際社会の平和安全法制に関する特別委員会において安倍総理大臣は、「（自衛隊の活動は）訓練も含めて法的根拠をしっかり定めておくことが必要」と答弁している。しかし、法的根拠のない訓練への参加は不可能というのであれば、PSI合同阻止訓練を含む領域外での多国間共同訓練への参加は大きく制限される可能性がある。
(86) 防衛省、二〇一一年三月、運用企画局運用支援課作成「平成二二年度政策評価書」（防衛省開示文書）。
(87) 同右。
(88) 防衛省運営企画局運営支援課、二〇一一年二月、「平成二三年度　政策評価書（総合評価）」、一一頁（防衛省開示文書）。なお、この政策評価書は、「平成二三年度以降に係わる防衛計画の大綱（22大綱）」から、「我が国は、国連平和維持活動や、人道支援・災害救援、海賊対処等の非伝統的安全保障問題への対応を始め、国際的な安全保障環境を改善するために国際社会が協力して行う活動により積極的に取り組む」という記述、及び「アジア太平洋地域の安定化を図るため、日米同盟関係を深化させつつ、二国間・多国間の防衛協力・交流、共同訓練・演習を多層的に推進する」との記述を引用しており、これら多国間共同訓練の重要性が増していることを訴えている。
(89) 同右、一頁。
(90) テロや大量破壊兵器の拡散を受けて、16大綱に盛り込まれた概念。
(91) 前掲註（88）、防衛省「政策評価書（総合評価）」、一頁。
(92) 同右、一-二頁。
(93) 「平成二三年度以降に係る防衛計画の大綱」、二〇一〇年一二月一七日、安全保障会議決定、閣議決定。
(94) 前掲註（88）、防衛省「政策評価書（総合評価）」、二頁。

(95)　同右。なお、この政策評価書は、民主党の鳩山、菅両政権が提唱した地域協力の長期ビジョン「東アジア共同体構想」を掲げており、多国間の安全保障協力の発展、深化をこの枠組で説明していることも興味深い。日米同盟の強化、発展を重視した自民党の小泉政権、安倍政権（第一次）のもとで、同盟を補完するという文脈で道筋をつけられた多国間の安全保障協力が、日米同盟と並列、もしくは対立する概念としてしばしば扱われた民主党政権の「東アジア共同体構想」を補強、推進する政策ツールとして挙げられたことは、本書で提示する「同盟深化アプローチ」と「国際貢献アプローチ」の両軸が、必ずしも対立するものではなく、場合によっては相互補完し、代替し得るものであることを示していると言えよう。

(96)　US Navy official website, "RIMPAC 2012," http://www.cpf.navy.mil/rimpac/2012/（二〇一七年六月一日閲覧）.

(97)　是本信義「リムパック初参加の思い出」『世界の艦船』二〇一〇年八月号、一〇〇-一〇三頁。

(98)　鈴木尊紘「憲法第九条と集団的自衛権――国会答弁から集団的自衛権解釈の変遷を見る」『レファレンス』第七三〇号、二〇一一年一一月、国立国会図書館、三九-四〇頁。

(99)　防衛庁「リムパックへの海上自衛隊の参加について」、一九七九年一二月一一日、衆議院予算委員会提出資料（防衛庁『防衛ハンドブック』二〇一三年、六一三-六一四頁所収）。

(100)　第九〇回国会参議院決算委員会、一九七九年一一月二八日。

(101)　たとえば、第九〇回国会　参議院決算委員会　一九七九年一一月二八日。同参議院予算委員会、同年一二月四日。同参議院内閣委員会、同年一二月一〇日。同衆議院外務委員会、同年一二月一四日等。

(102)　政府はこれを「フリートエクササイズと呼んでおります総合訓練」と説明しているが、直訳すると「艦隊訓練」である（第九〇回国会　参議院決算委員会、一九七九年一一月二八日）。

(103)　北原靖「リムパック・軍事化の新たなステップ」『世界』第四一一号、一九八〇年二月、一四五頁。前掲註(99)、「防衛庁提出資料（一九七九年）」。

(104)　鳥巣健之助「リムパック参加の意義」『軍事研究』第一五巻第一〇号、一九八〇年、一一九頁。北原「リムパック・軍事化の新たなステップ」、一四六頁。

(105)　前掲註(99)、「防衛庁提出資料（一九七九年）」。

(106)　藤原彰『日本軍事史（下巻）戦後編』社会批評社、二〇〇七年、二二九頁。前掲註(103)、北原「リムパック・軍事化の新たなステップ」、一四七頁。

(107) たとえば、『朝日新聞』一九七九年一一月二九日。
(108) 一九八〇年代に米国から日本に対して、シーレーン防衛及び三海峡封鎖の強い要請があり、これが政治問題化した。なお、現在でも自衛隊は一〇〇〇海里以内の海上防衛をその任務として認識しているが、その領域は拡大される可能性がある。『平成二六年度版 防衛ハンドブック』朝雲新聞社、二〇一四年、四八一-四八三頁。北村謙一『いま、なぜシーレーン防衛か――東アジア・西太平洋の地政学的・戦略的分析（二一世紀への道標）』振学出版、一九八八年。NHK取材班『シーレーン――海の防衛線』日本放送出版協会、一九八四年等。
(109) 内田一臣「海上自衛隊の「リムパック」参加の意義」『国防』第二八巻第一二号、一九七九年、五一-五二頁。
(110) 長沼節夫「高まる海上自衛隊の比重――〝リムパック82演習〟を取材して」『世界週報』第六三巻第二一号、一九八二年六月、五二-五四頁。
(111) 『朝日新聞』一九八〇年三月一六日。
(112) 『赤旗』一九七九年一二月五日。
(113) 『公明新聞』一九七九年一二月一三日。
(114) 有沢直昭「リムパック94と集団的自衛権」『世界』第五九八号、一九九四年八月、一二四頁。
(115) 第九〇回国会　参議院予算委員会、一九七九年一二月四日、大平総理大臣答弁。
(116) 石井暁「世界の潮「周辺事態」とリムパック98」『世界』第六五二号、一九九八年九月、二四頁。
(117) 佐久間一「リムパック（環太平洋演習）の変遷」『世界週報』第八三巻第三七号、二〇〇二年一〇月、四〇-四一頁。有沢「リムパック94と集団的自衛権」、一二四頁。
(118) たとえば、（記事）「日米安保の現場から」『Securitarian』二〇〇二年六月号、一八頁。
(119) 石井「世界の潮「周辺事態」とリムパック98」、二二頁。
(120) 同右、二四頁。
(121) 同右、二〇頁。
(122) 同右、二二-二三頁。
(123) 前掲註(117)、佐久間「リムパック（環太平洋演習）の変遷」、四〇-四一頁。（記事）「リムパック２０００スタート！　海上自衛隊の参加水上部隊が横須賀を出発」『世界の艦船』二〇〇〇年八月号、海人社、四三-四五頁。

(124) 自衛隊法第八三条（災害派遣）。

(125) 前掲註（88）、防衛省「政策評価書（総合評価）」、三頁。

(126) 西太平洋潜水艦救難訓練についてはほかに、海上幕僚監部広報室、二〇〇〇年九月五日、（プレスリリース）「西太平洋潜水艦救難訓練への参加について」http://www.mod.go.jp/j/approach/hyouka/seisaku/results/14/sogo/sankou/06.pdf（二〇一七年六月一日閲覧）。海上幕僚監部、二〇一〇年七月二二日、（プレスリリース）「第五回西太平洋潜水艦救難訓練について」http://www.mod.go.jp/msdf/formal/info/news/201007/072003.pdf（二〇一七年六月一日閲覧）等。

(127) 前掲註（88）、防衛省「政策評価書（総合評価）」、一一頁。

(128) 同右、三頁。

(129) WPNS掃海訓練についてはほかに、菊池雅之「WORLD・IN・FOCUS（30）第二回西太平洋掃海訓練WPNSアジアの安保信頼醸成のために！」『軍事研究』二〇〇四年一〇月号等。

(130) 現在の日本政府の認識もこのとおりである。たとえば、「例として、例えば機雷を敷設された場合の掃海、これは国際法上は武力の行使に当たるわけでございます」、第一八六回国会　参議院予算委員会、二〇一四年七月一四日、安倍晋三総理大臣答弁。

(131) ペルシャ湾への掃海部隊派遣については以下を参照。神崎宏・朝雲新聞社編集局編『湾岸の夜明け作戦全記録――海上自衛隊ペルシャ湾掃海派遣部隊の一八八日』朝雲新聞社、一九九一年。碇義朗『ペルシャ湾の軍艦旗――海上自衛隊掃海部隊の記録』光人社、二〇〇五年等。

(132) 前掲註（88）、防衛省「政策評価書（総合評価）」、三頁。

(133) 同右、一一頁。

(134) 海上幕僚監部、二〇〇二年一〇月九日、「多国間捜索救難訓練について（お知らせ）」（防衛省開示文書）。

(135) 防衛省運用局訓練課、二〇〇三年二月、「平成一四年度　政策評価書（総合評価）」（防衛省開示文書）。

(136) 前掲註（88）、防衛省「政策評価書（総合評価）」、六頁。

(137) 同右。

(138) 「コブラ・ゴールド」についてはほかに、防衛省・自衛隊『平成二七年度版防衛白書』、二〇一五年、八〇、二四〇、二七八、二八七頁等。

(139) 前掲註（88）、防衛省「政策評価書（総合評価）」、一一－一二頁。

(140) 後掲註(145)、佐藤「ＡＳＥＡＮ地域フォーラムの課題」、二六八頁。
(141) 前掲註(88)、防衛省「政策評価書（総合評価）」、九頁。
(142) 同右、一二頁。
(143) ＡＲＦ災害救援実動演習についてはほかに、防衛省・自衛隊『平成二七年度版 防衛白書』、二〇一五年、八五、二七三頁。海上自衛隊「ＡＲＦ災害救援実動演習への防衛省・自衛隊の参加について」海上自衛隊ホームページ http://www.mod.go.jp/msdf/formal/operation/arf.html（二〇一七年六月一日閲覧）等。
(144) 前掲註(88)、防衛省「政策評価書（総合評価）」、一二頁。
(145) ＡＲＦについては、たとえば以下を参照。相川舞子「アジア太平洋地域における安全保障体制（ＡＲＦ）形成過程の考察――既存の安全保障概念を越えて」『国際関係学研究』第二二号、二〇〇九年。佐藤孝一「ＡＳＥＡＮ地域フォーラムの課題」山本武彦、天児彗編『新たな地域形成 東アジア共同体の構築１』岩波書店、二〇〇七年。神保謙「ＡＲＦにおける予防外交の展開」森本敏編『アジア太平洋の多国間安全保障』日本国際問題研究所、二〇〇三年。星野俊也「アジア太平洋地域安全保障の展開――ＡＲＦとＣＳＣＡＰを中心として」『国際問題』第四九四号、二〇〇一年五月。
(146) 前掲註(145)、佐藤「ＡＳＥＡＮ地域フォーラムの課題」、二六六頁。
(147) 前掲註(145)、神保「ＡＲＦにおける予防外交の展開」、二三三、二三四頁。相川「アジア太平洋地域における安全保障体制（ＡＲＦ）形成過程の考察」、八五頁等。
(148) ＰＳＩの形成過程においては、既存の国際的取り組みを活用するようにとの提言もなされたことが判明している。詳しくは本書第四章、第五章で見た。もっとも、直接的な形でＡＲＦをそのモデルとするようにとの言及は見当たらなかった。外交交渉の過程については、その大部分が非開示となっており、不明点が多い。ＡＲＦのスキームがＰＳＩの制度設計に与えた影響についての研究は、他日を期したい。
(149) 前掲註(145)、神保「ＡＲＦにおける予防外交の展開」、二三一頁。
(150) 前掲註(145)、星野「アジア太平洋地域安全保障の展開」、三九―四〇頁。
(151) 前掲註(145)、相川「アジア太平洋地域における安全保障体制（ＡＲＦ）形成過程の考察」、八六頁。
(152) 前掲註(145)、佐藤「ＡＳＥＡＮ地域フォーラムの課題」、二七一頁。
(153) 筆者はこの点について防衛省に書面で照会書を送付し（二〇一四年九月一六日、参議院議員真山勇一事務所を通じての照会）、以下のような回答を得た。

「○ＲＩＭＰＡＣ２００８以前の海上自衛隊の参加形態　日米二国間の共同訓練として別途の枠組みで参加
○ＲＩＭＰＡＣ２０１０以降の海上自衛隊の参加形態　多国間共同訓練の枠組みで参加
○参加形態の変化の経緯等　参加国の増大とともに、多国間の枠組みによる海賊対処等の伝統的な戦闘以外の作戦行動の訓練の比重が高まった。この変化を受け、海上自衛隊は、ＲＩＭＰＡＣ２０１０より、戦術技量の向上を目的として、多国間訓練の枠組みで参加（二〇一四年九月一九日、防衛省からの回答）」。

しかし、この回答書の内容には根本的な疑問を抱かざるを得ない。本来、ＲＩＭＰＡＣは日本防衛を目的とした「武力の行使」を日米同盟が有効に実施できるように行われてきた「同盟深化アプローチ」に連なる軍事演習であった。しかし、この回答書の内容が正しいとすれば、「多国間共同訓練」として参加することになったＲＩＭＰＡＣ10以降は海賊対処等の「法執行」を主目的とする「国際貢献アプローチ」の「訓練」へとその性格を変えたことになる。ＲＩＭＰＡＣ10以降の「訓練」がそのようなものに完全に様変わりしたという発表はこれまでのところ見当たらず、もし、「演習」シナリオが従前のとおりであるのならば、海上自衛隊は「武力の行使」を前提とした多国間枠組の「演習」に参加していることになる。しかし、リムパックに米国以外の国の海軍等が参加しているのは二〇〇八年以前も同じであり、ならばこそ、かなり以前から海上自衛隊は「武力の行使」を前提とした多国間枠組の軍事演習に参加していたのではないかという「疑念」を一層掻き立てられるとされても止むを得ないであろう。リムパック演習に関して言えば、二〇一〇年以降は海賊対処等の「口実」ができたため、「国際貢献アプローチ」としての多国間訓練の装いをとることになったが、実際のところは当初からの政府見解が演習の実態を糊塗するものであり、かなり以前から「同盟深化アプローチ」の、しかも、「多国間枠組での武力の行使」となり得るメニューの演練をしていた可能性が高いのではないか。もしそうであるならば、歴代内閣の公式見解の「偽り」を示し、憲法にも抵触しかねない問題になった可能性がある。

(154)　前掲註（88）、防衛省「政策評価書（総合評価）」、七頁。
(155)　「マラバール」訓練についてはほかに、海上幕僚監部、二〇一四年七月二四日、「（お知らせ）日米印共同訓練（マラバール14）について」http://www.mod.go.jp/msdf/formal/info/news/201407/14072401.pdf（二〇一七年六月一日閲覧）。
(156)　日米豪共同訓練は近年、「日豪安全保障協力」あるいは「日豪防衛協力」深化の一環で論じられることがある。日豪安全保障協力については、たとえば、ウィリアム・タウ／吉崎智典編『ハブ・アンド・スポークを超えて　日米安全保障協力（防衛研究所―オーストラリア国立大学（ＡＮＵ）共同研究）』防衛省防衛研究所、二〇一四年三月。

(157) 前掲註(88)、防衛省「政策評価書(総合評価)」、七頁。
(158) 同右。
(159) 「カカドゥ」演習についてはほかに、ユアン・グレアム「海洋安全保障と能力構築――豪日間の次元」ウィリアム・タウ/吉崎智典編『ハブ・アンド・スポークを超えて　日米安全保障協力(防衛研究所―オーストラリア国立大学(ANU)共同研究)』防衛省防衛研究所、二〇一四年三月、五一頁。防衛省・自衛隊『平成二七年度版防衛白書』、二〇一五年、八〇頁等。
(160) 前掲註(88)、防衛省「政策評価書(総合評価)」、七―八頁。
(161) 同右、八頁。
(162) 「アマン」についてはほかに、(記事)「八ヵ国一四隻が参集!　多国間演習「アマン09」」『世界の艦船』第七〇七号、二〇〇九年六月。
(163) 前掲註(88)、防衛省「政策評価書(総合評価)」、五頁。
(164) 同右。
(165) 同右、一一頁。
(166) 同右、一一頁。

終章　ＰＳＩと日本の安全保障政策

米国がＰＳＩ構想を提唱したのは、海洋法秩序の変更を伴う新しい国際秩序を模索する動きの一つであった側面は否めない。そして、呼びかけを受けた日本政府はＰＳＩへの参加をほとんど即決しながらも、戸惑い、躊躇《ためら》いつつ、政府部内での議論を積み重ね、その対応を固めていった。

ＰＳＩはユニークな安全保障レジームである。新しい規範の創出を目指す「外交プラットフォーム」でありつつ、同時に実効性のある拡散対抗の「行動」を求める実務志向の取り組みでもある。日本政府の戸惑いはこうしたＰＳＩの特殊性に由来すると言えよう。ことに、外務省、防衛庁をはじめとする各省庁は、ＰＳＩの最終形態も、ＰＳＩにおける日本の役割も判然としないのに、政治判断で参加が決定したことで、その対応について戸惑うことになった。日本政府の躊躇いは、すぐれて日本的な特殊事情にもよる。ＰＳＩの持つ「双面神的性質」によって、ＰＳＩでの活動は「武力の行使」にも「武器の使用」にもあたり得る可能性がある。しかしながら前者は憲法に抵触する恐れがあり、法律的にも、政治的にも、日本がこれに取り組むのは困難である。「形成期」、「発展期」に政府部内、特に外務省及び防衛庁・自衛隊が最も苦慮したのはこの点であった。

本書はこうした日本のＰＳＩ参加をめぐる政策過程について、一次史（資）料を中心に史的アプローチに基づく分析を重ねた。その上でＰＳＩ活動の実態を解明し、これが冷戦後の日本の安全保障政策の系譜に、いかに位置づけられるかを考察した。そして、これらの作業を通じて、自衛隊と他国軍との「軍・軍関係」を焦点にした政策過程と、領域外における「軍事力（防衛力）」の使用形態の二点において、重要な変化の兆候が見られることを指摘した。ＰＳＩへの参加を契機として自衛隊の活動は拡大し、ＰＳＩというプラットフォームにおいて多国間の安全保障協力を深化させつつある。これまであまり知られてこなかったこれらの事実は、今後の日本の安全保障政策の行方に、重要な示唆を与えるのではないか。

本章では、第一章において提示した三つの視座のそれぞれについて浮かび上がった、特徴的な結論について述べる。

一　安全保障政策の法的整合性について

第一の視座、すなわち法解釈と政策形成に基づく結論を述べる。本書が分析する限りにおいて、ＰＳＩ参加の「決定過程」、「形成過程」、「発展過程」の全期間を通じて、官邸、外務省、防衛庁・自衛隊をはじめとする全省庁はＰＳＩ活動の法的基盤をきわめて厳格に整理、検討し、憲法、国際法及びその他の既存法規との法的整合性、継続性、安定性の確保に大きな努力を振り向けたことが判明した。

特に、「武力の行使」についての法解釈上の整合性については、それが憲法第九条に抵触しかねないことから、その整理及び検討は、厳重を極めた。ＰＳＩを目的として行われる領域外における日本の活動、とりわけ、自衛隊の「軍事力（防衛力）」が使用される任務については、そのすべてが「武力の行使」にあたらないよう、確認できるすべての官僚組織が厳格な線引きをしたことには留意すべきであろう。本書第二章で設定した解釈軸に従えば、本書脱稿時点で、ＰＳＩを目的とした領域外で自衛隊の「軍事力（防衛力）」が使用される可能性のある任務はすべて「国際貢献アプローチ」におさまっている。

もっとも、今後についてもそうであると言い切る根拠はない。ＰＳＩにおける自衛隊の任務は、今後、「同盟深化アプローチ」に転換あるいは接続する余地を残しており、そこには重要な変化の兆候も認められる。

なお、ＰＳＩの政策過程及びＰＳＩの実態の解明を通じて、これらの「法的継続性」と「変化の兆候」を捉えたのは、本章が第二章において提示した「同盟深化アプローチ」と「国際貢献アプローチ」という解釈軸に照らしてのことである。第二次世界大戦後の日本の安全保障論は、軍事的合理性よりも、「軍事的なるもの」[1]をいかに立憲的統制に服させるかの議論に重きが置かれたきらいはある。それゆえ、冷戦後においては、安全保障環境の変化に立憲主義がいかに対応するかという課題が浮上し、脅威の実態から離れた法律論の横行を招いた側面があるのも否めない。第一章及び第二章で触れたように、安全保障に関する議論そのものが「神学論争」として忌避されたことには、こうした法律論を展開するにあたって、法解釈上の解釈軸がときに混乱したという事情もあろう。とはいえ、立憲主義を堅持する以上、法的整合性の議論は避けて通れず、また、立憲主義を強化するためにも、安全保障論に関する「立憲的ダイナミズム」[2]への広範かつ正確な国民理解は不可欠であろう。本書が提示した「同盟深化アプローチ」と「国際貢献アプローチ」という解釈軸は、その学問的な意義もさることながら、国民の安全保障論への理解に資する効用もあるのではないかと考える。

(1)「国際貢献アプローチ」としての法的整合性

第三章の「決定過程」で検証したように、小泉首相が新しいイニシアティブへの参加を決断した時点においては、ＰＳＩ活動は「武力の行使」にあたるのか「武器の使用」になるかといった具体的な法解釈の問題が検討、考慮された記録はない。また、自衛隊の参加についても同様に検討、考慮された形跡もない。もっとも、本書において調査した限りにおいて、組織としての首相官邸では、ＰＳＩに自衛隊の「軍事力（防衛力）」を使用することには否定的な空気が支配的であり、官邸の中では新しいイニシアティブを法執行機関の行動枠組と認識していたと見られる。その意味において、官邸はＰＳＩを「国際貢献アプローチ」に属するものと捉えていたと言えよう。

ＰＳＩ活動に関する具体的な検討は、「形成過程」におけるＰＳＩ創設の多国間交渉に際して行われた。外務省は、予想される活動内容から「武力の行使」の要素を完全に排除すべく、また、不幸にして実力を行使する場面があったとしても、そのすべてを「武器の使用」にとどめることに多大な努力をした。この過程において外務省は、同盟国であり構想提唱国である米国の意図と真っ向から対立する形で、多国間交渉における多数派工作さえ仕掛けたことを第四章で見た。外務省はＰＳＩを「国際貢献アプローチ」の枠組にすべく努力を払ったと言えよう。

また、第五章で検証した「発展過程」にあたる自衛隊の参加過程においてもそれは変わらず、自衛隊はＰＳＩ活動の第一義的な実施者である法執行機関（海保、税関、警察等）を前面に立てた上で、その補佐役としての立場でＰＳＩ合同阻止訓練への参加を実現している。これにより、ＰＳＩは「国際貢献アプローチ」に分類されるものとして、日本の安全保障政策に加わったと結論してよいと思われる。

もっとも、第六章で検証したように、領域外でのＰＳＩ活動において自衛隊が「軍事力（防衛力）」を使用する法的根拠はいまだに明快ではない。ＰＳＩ参加後、一四年もたつのに、必要とされる法整備が未着手、あるいは不明なままであること自体は、冷戦後の日本の安全保障政策の形成過程を分析する上で一つの歴史的事実として記録されるべき事象であろう。このことについては次項で述べる。

なお、安全保障に関する議論について言えば、「決定過程」、「形成過程」、「発展過程」を通じて、日本政府におけるＰＳＩの脅威認識は、その対象を常にテロ組織等、犯罪集団としての「拡散懸念主体」としており、北朝鮮等の「拡散懸念国」をＰＳＩ活動の明確な対象に指定することを避けるよう努めたことも指摘されねばなるまい。脅威の対象が犯罪集団であり、法執行としてPSI活動が行われる限りにおいては、PSIは「国際貢献アプローチ」として完結することは、この解釈軸の定義上からも明らかである。

(2) 「同盟深化アプローチ」に転換もしくは接続する可能性

ただし、重要な変化の兆候は存在する。本書第六章では、「国際貢献アプローチ」を意図してPSI活動に従事する自衛隊が、領域外において国家間の戦闘に巻き込まれる可能性について考察した。PSI活動の対象となる「拡散懸念国」として具体的に北朝鮮等の国名が挙がっていた以上、こうした事態が発生する可能性が皆無ではなかったために、日本代表団はPSIを「法執行の取組」にとどめる努力をし、自衛隊の「軍事力（防衛力）」をPSIに使用することに躊躇いを見せたはずである。しかし、その後、そうした懸念が払拭されたわけではないにもかかわらず、すでに自衛隊は警戒監視、情報提供という形で、実際のPSI活動に従事することになっており、また、戦闘オペレーションを含む多国間共同訓練への参加実績を積み重ねつつある。これらの任務が、「武力の行使」を目的とした「同盟深化アプローチ」に転換あるいは接続する可能性は、やはり否定できないのではないか。

また、二〇一五年九月一九日に成立した安全保障関連法制によって、存立危機事態の発令下におけるPSI「作戦」が発生する可能性はあると思われることも、本章第六章で論じた。現時点で日本政府は、存立危機事態発令下における海上輸送規制法の運用について明確な見解を示していない。しかし、大量破壊兵器等の運搬が合理的に疑われる拡散懸念船舶への臨検を行うことは、条文を読む限り、法理上、可能であると解釈できよう。その場合、PSIは自動的に「同盟深化アプローチ」に属する軍事作戦となり、日本はそうした可能性のある多国間枠組にすでに参加していたことになる。第一章で触れたPSIの両義性、曖昧性が、こうして日本の安全保障政策の姿を変貌させる可能性があることは、やはり留意されるべき事柄ではないか。

なお、この議論は、ＰＳＩの対象如何にも左右される。本書が検証した限りにおいて、特定の国家が拡散事態に関与する可能性を、日本政府が考慮した形跡はない。しかし、現実の問題として「拡散懸念国」による拡散懸念事態への対処を迫られたとき、その定義上、ＰＳＩは「同盟深化アプローチ」に転換せざるを得ないはずである。また、その場合、脅威の客体が他国であれば、それは集団的自衛権の発動となり、自衛隊は「武力の行使」としてＰＳＩという軍事作戦を実施することにもなろう。日本政府が「武器の使用」のみを想定して参加したＰＳＩが、当初の認識からかけ離れ、「武力の行使」の枠組になり得るのである。

立憲主義は現実の安全保障環境の変化への対応を常に迫られる。国内事情である法的整合性の議論と、現実の脅威に対する安全保障の議論を整合させる努力は、おそらくこうした局面に顕著にあらわれるものと思われる。いずれにせよ、このような変化の兆候は、無視してよいものとは思えない。

二　ＰＳＩ参加過程の諸相

本書のもう一つの視座であるアクターの問題について述べる。ＰＳＩへの参加にあたっては、参加の「決定過程」、「形成過程」、「発展過程」のそれぞれが、日本国内の政策過程とは異なるアクターによって主導されたことがわかった。確かに、「ＰＳＩ参加」という概念でくくれば、それ全体としては一つの政策過程である。しかし、子細に見れば、それぞれの段階により、また、その都度、浮上した課題によって、政策形成、政策決定を主導したアクターが異なるというのが実態であった。

日本政治の政策過程においては、政策の性質、特徴、類型に応じて政策過程のパターンが異なるという指摘がある。たとえば、中村昭雄は政策過程を「政策課題の形成」、「政策作成（立案）」、「政策決定」の三つのステージに分けた上で、「ルーティン型」と「非ルーティン型」の政策類型のそれぞれにおいて主導するアクターを分析している。中村は、「ルーティン型」の政策は最初の二つのステージで官僚の影響力が強く、最後の「政策決定」ステージで政党が主導するという。一方、「非ルーティン型」の政策では、「政策課題の形成」には「総理主導」をはじめとする五つのパターンがあり、「政策作成（立案）」は官僚が主導し、「政策決定」は政党が主導的なアクターになるとされる。(3) 新しいタイプのレジームであるPSIは、その登場自体が従来の国際環境の変更を意味するという点において、「非ルーティン型」の政策類型にあたろう。PSIの「決定過程」は、中村の政策過程モデルに言う「政策課題の形成」ステージにあたり、「形成過程」と「発展過程」は同モデルでは「政策作成（立案）」ステージとなろう。ならば、PSI参加過程の各段階で見られた「官邸外交(4)」、「外務省優位」、「軍・軍関係」というそれぞれの現象は、中村の提示したモデルに符合する。

この考え方を敷衍すれば、自衛隊のPSI活動について、未だ、立法府の関与と決定が見られない理由も説明できよう。すなわち、PSI活動の法的根拠が曖昧なままであるにもかかわらず、政党が蚊帳の外に置かれているということは、広義の「日本のPSI参加過程」はまだ「政策決定」ステージに達していないとも評価され得るのではないか。もしそうであるならば、自衛隊の活動に対する、立憲的統制の観点から国会の関与をどうするか等、再考されるべき点があると思われる。このことは、「軍・軍関係」に依拠した自衛隊制服組の発言力の強化の問題とあわせて、今後、議論されるべき課題であろう。

（1）決定過程における「官邸外交」

日本がPSIへの参加を決定した「決定過程」においては、「官邸外交」に分類される政策過程を経たことを本書第三章は明らかにした。ただし、「ブッシュさんと小泉さんとのあれだから」、「それは何か僕たちも知らなかったし、外務省のほうもよくわかっていないみたいだった」という当時の総理大臣秘書官（安全保障担当）の証言が物語るように、組織としての首相官邸がこの決断を補佐した形跡はなく、実際の決定はブッシュ大統領との強固な関係に基づく小泉首相個人の判断であった可能性が高い。その意味では「官邸主導」というより、古典的な意味における「首脳外交」に近いと言えよう。

ただし、小泉首相がPSIをどのような法的基盤に基づくものと認識していたかについては、本書での調査は断定的な結論を述べる根拠を有していない。また、小泉首相が抱いた具体的なオペレーションのイメージについても、これを知る手がかりがない。「決定過程」に続く、「形成過程」、「発展過程」にあっては、小泉首相及び官邸の存在感や影響力は希薄になったように見える。参加決定にあたっての「官邸外交」あるいは「首脳外交」が事実であったとして、これに続く外交交渉、また、実際の法執行活動や軍事作戦等のオペレーションといった現場レベルの政策形成、政策決定に、どこまで首相及び官邸の影響力または関与が及ぶかは一考の余地があろう。政策過程モデルの学問的な発展及び精緻化のために、本書のような実証的な事例研究の蓄積が不可欠と考える理由はこうしたところにもある。

(2) 形成過程における「外務省主導」

PSIの創設が多国間交渉を経てなされた形成期にあっては、明確に「外務省主導」もしくは「外務省優位」で進んだことを、本書第四章は検証した。多国間交渉の当事者として、他の省庁と同様に防衛庁・自衛隊の意見は聞かれたものの、時系列的な事実関係及び基本方針の具体的な内容のいずれを精査しても、外務省としての基本的な姿勢を決定する際に、防衛庁・自衛隊を含む他省庁の主張が大きな影響を与えた形跡はない。とりわけ、防衛庁・自衛隊の影響は限定されたものであった。外務、防衛の二省（庁）間で十分な交渉や折衝が行われた形跡はない。また、スペイン会合からブリスベン会合までの多国間交渉（PSI会合）には海保や警察等の法執行機関は出席したものの、防衛庁・自衛隊は当初、排除されていた。ＰＳＩの「形成期」における国内の政策過程は「外務省主導」であったことは間違いなく、実際のＰＳＩ活動に従事する可能性のある実力組織としての防衛庁・自衛隊は、このことについて不満を抱いていた形跡すらある。

もっとも、そのことは、ＰＳＩの形成において日本外務省が決定的な役割を果たしたということを断定するものではない。先述したように、日本代表団がその意図を反映させるべく根回し等の努力をし、結果としてその要求がＰＳＩの制度設計にほぼ反映されたのは事実であるが、コア・メンバー一一か国の中に、日本と同様の要望を持つ有力な交渉者が存在した可能性や、米国がなんらかの国内事情で方針を転換した可能性等も否定できない。そのため、本書は、外交交渉における日本の役割の評価については、慎重であるべきとの姿勢をとる。外交過程については十分な史資料が開示されておらず、また、本書の分析射程にもないことから、他日を期したい。

その上で、外交過程について付言しておきたいことがある。資料で確認できる限りにおいて、米国側からは終始、「ボルトン国務次官」、もしくは、「某高官」という人物が登場しているが、この両者はおそらく同一人物と思われる。そしてこの人物が、ＰＳＩの形成期にあっては大きな影響力を持っていたことがうかがえる。本書第一章第三節一項の註（61）では、先行研究においてＰＳＩの形成期にボルトン氏の強い個性と行動力が指摘されていることを確認したが、本書を通じての検証結果を踏まえるならば、そうした指摘は間違いではないように思える。これもまたＰＳＩの特殊性の一つとして挙げてよいのではないか。一方、日本側からは、代表団を率いた外務省の天野審議官が終始、交渉全体を主導しており、天野氏がボルトン氏と直接的に接触をして、ＰＳＩの制度設計に関する協議をした形跡が随所にうかがえる。ＰＳＩ自体はブッシュ大統領個人の着想にかかる、ある種の属人的な構想であり、また、日本の参加決定は小泉首相個人の決断に依るところが大きいと思われるため、この点において良好な「ブッシュ・小泉」関係の存在は決定的に重要であったと判断できよう。しかし、ＰＳＩの制度設計をめぐる交渉過程においては、「ボルトン・天野」両者の関係性も無視できない重みを持った可能性もある。外交過程はしばしば多層的、重層的に同時並行で進むこともあろうが、そのそれぞれのレイヤーが一定の属人的な性格を帯びる傾向があるとすれば、それは外交史の意味からも、後日、検証されるに足るテーマではないか。

(3) 発展過程と「軍・軍関係の深化」

実際のＰＳＩ活動の具体的なオペレーションが多国間交渉の俎上に上がり、参加各国の軍が「軍・軍関係」に立脚した多国間安全保障協力を深めるフェーズになると、ＰＳＩ参加をめぐる国内の政策過程は変化した。

本書第五章が明らかにしたように、自衛隊のＰＳＩ参加は各省庁間で前向きに検討されたわけではなく、それが促されたのは他の参加国、しかも他国軍との関係性を通じてである。自衛隊、とりわけ制服組は、他国軍の希望に沿い、官邸、外務省の意向と反する形でＰＳＩへの参加を模索し、結果としてこれを実現している。自衛隊は、それまで排除されてきた国際会合にも、オペレーション作業部会等のはじまりとともに他国軍とのカウンター・パートとして出席するようになり、ＳＩＰが採択されたパリ会合以降のＰＳＩ会合（総会）には正式な代表団の一員として参加することとなった。

また、ＰＳＩ合同阻止訓練にあたっては、当初はオブザーバーとして、次に海上保安庁の補佐役として、そして、最終的には多国間共同訓練全体を主催する主役格としてと、自衛隊は段階的に参加のレベルを上げていった。

これらの過程において、特に制服組の関与及び影響力が強く見られたことは注目に値しよう。ことに「軍・軍関係」に立脚した現場レベルの判断によって、防衛庁・自衛隊、なかんずく、制服組が安全保障政策の形成に関与するようになったことは、冷戦後の安全保障政策史に特筆されるべき一つの事例ではないか。とりわけ、制服組が政治家や官僚の意向に反する形で政策立案、政策遂行をするシビリアン・コントロールの「逆転型現象」が部分的に発生した、あるいは発生しつつある可能性については留意する必要があろう。それが「軍・軍関係」に依拠し、他国軍との関係性において、他律的に進行する可能性があるのであれば、問題とされる余地は大きくなると思われる。

軍事的な知識と実力は職業軍人によって独占されやすいため、これをいかにシビリアン・コントロールに服させるかは、近代以降の立憲国家、民主国家に共通の課題であったと言える。現在、国会が関与しないまま「武力の行使」を前提とした多国間共同訓練の枠組が拡大され、「多国間安全保障協力」を目的として、自衛隊が根拠法の曖昧な領域外の任務について準備を進めているという事実もある。これらは重要な変化を意味する可能性があるが、きちんとした立憲的統制のもとに行われているのかという点は、厳密に点検される必要があるのではないか[5]。PSIというプリズムを通じて、そうした重要な変化の兆候が捉えられたのだとすれば、本書の意義はそこにもあると思われる。

三　PSIと多国間安全保障協力

PSIへの参加過程、及び、PSI活動の実態から、冷戦後、特に二〇〇〇年以降に生起した多国間安全保障協力について述べる。

（1）多国間安全保障枠組としてのPSI

PSIという「法執行の枠組」においても、自衛隊と他国軍との間の「軍・軍協力」が始まり、深化したという事実は、冷戦後、特にポスト九・一一の時代になって日本が取り組んできた多国間安全保障協力とは何かを考察する上で、様々な観点から示唆深いものがある。自衛隊は、憲法上、あるいは憲法解釈上の制約から、いわゆるフルスペックの集団的自衛権の行使を禁じられてきた。また、政策的判断の見地から領域外において自衛隊がその「軍事力（防衛力）」を他国軍と協同して使用するには、少なくとも二〇〇三年の時点では「国際貢献アプローチ」しかなかった。日本が法執行管轄権を有する、あるいは容認された公海もしくは外国領土において、警職法第七条の規定を援用しながら行う「武器の使用」である。法執行機関が連携して国際的な犯罪行為に対する警察権を共同もしくは協同行使するというこの方式は行政連合的な意図及び機能を備えたものであり、この文脈において領域外での自衛隊の「軍事力（防衛力）」の使用が容認されたという事実もまた、冷戦後の安全保障政策史、わけても多国間安全保障協力の事例の一つとして記録されるべきであろう。PSIにおいてはしばしば直接的な表現で北朝鮮等の特定国が名指しされ、それらの国々が自衛隊を含む各国軍のPSI活動に安全保障上の脅威を感じていることは本書でも確認してきたが、しかし、これが憲法第九条一項の禁止する「武力による威嚇又は武力の行使」にあたるとして批判した論者は管見する限りなく、少なくとも立法府においてそうした問題提起がなされた事例もない。

もっとも、ひとたび「軍・軍関係」に立脚して進行、深化をはじめた多国間安全保障協力が「武力の行使」に転換あるいは接続する可能性を残していることも、一応、確認しておかれるべき事柄ではないか。事実として自衛隊が参加するPSI合同阻止訓練は、「本格的で実質的なオペレーション」を伴っていることを政府も認めている。また、PSI合同阻止訓練への参加以降、自衛隊は軍事オペレーションを目的とした多国間枠組での共同訓練に参加、もしくは自らも盛んに主催するようになった。こうしたことは、少なくともPSI参加以前においては集団的自衛権の行使に抵触する懸念があるとして慎まれていたはずであるが、現在では日米豪、日米印、日米ASEAN、日米韓等の枠組で盛んに行われるようになっている。また、自衛隊の警戒監視活動による情報収集、情報提供もまたPSIへの参加を契機として、多国間枠組での協力が進行、深化してきたものの一つであるが、当該情報が使用されるオペレーションの中身によっては、直接的な「武力の行使」もしくは「武力の行使との一体化」へ転換あるいは接続する可能性はある。自衛隊がPSIにおいて、こうした形で「軍事力（防衛力）」を使用することについて、それが「武力による威嚇又は武力の行使」にあたると指摘する議論は聞かないが、事実としてPSI以降、急速に進行、深化した「多国間安全保障協力」という一つの政策軸は「武力の行使」に転換あるいは接続し得る内容を有していることもまた、安全保障政策史の一つの記録として残される事柄であろう。

四　同時代史としての一考察

本書はまだ新しい研究テーマである冷戦後の安全保障政策の政策過程の分析を目的とする実証研究である。冷戦後史とはすなわち同時代史でもあり、制度的枠組としてのPSIも、PSIと日本との関わりも今後、変容・変質していく可能性はある。本書刊行時点においてPSI創設から一四年が経過したことになるが、逆に言えばまだ一四年しか経っておらず、PSIそのものはおろか、PSIをめぐる日本の政策過程、外交過程について総括的なことを述べるのは時期尚早であると思われる。本書ができるのは、分析対象としたPSI参加をめぐる「決定過程」、多国間枠組としてのPSIの「形成過程」、そして、自衛隊の「軍事力（防衛力）」がPSIに使用されるに至るまでのPSI活動の「発展過程」の分析、評価までであり、同時代史である以上、その後の影響についての分析には限界があることを認めねばなるまい。その上で、①PSIをめぐる政策過程を主導したアクターはその段階ごと、課題ごとに入れ替わったこと、②しかし、すべての官僚組織においては「武力の行使」と「武器の使用」は截然と区別され、本書が解釈軸として使用した「同盟深化アプローチ」と「国際貢献アプローチ」のそれぞれの政策類型は決して混同されず、日本政府は「国際貢献アプローチ」の範囲内にある任務しかコミットしなかったこと、そして、③少なくとも「武力の行使」の可能性が厳然と排除されたという点で、PSIにおいては「国際貢献アプローチ」に属する政策類型としての多国間安全保障協力が深化したこと、④しかしながら、自衛隊によるPSI活動のいくつかは、現時点で「同盟深化アプローチ」に接続、あるいは将来的な法改正によっては転換する余地を残していることが、現時点におけるまとめとして挙げられよう。史的アプローチに基づく政策過程分析としての本書にできるのはここまでである。

その上で、これまで本書が検証した事柄が示唆する政策への実務的インプリケーションについて考えてみたい。PSIは確かに非常に特殊な制度的枠組であり、特殊な政策類型であるが、その特殊性をプリズムとして日本の安全保障政策全体を眺めたときに、果たしてどのような像が姿を浮かべるのであろうか。

（1）両アプローチの関係性について

本書第一章で述べたように、本書の問題意識の背景にあるのは、冷戦後の日本において自衛隊の「軍事力（防衛力）」が使用される範囲及び領域が一貫して拡大し続け、その流れは一方的であって、その逆はないという事実である。そして、その流れには「武力の行使」と「武器の使用」のそれぞれを核心的概念とする「同盟深化アプローチ」と「国際貢献アプローチ」の二つの政策的系譜が存在し、その両者はパラレルの関係にあって混じり合うことがないことも、第二章において検証した。では、これら二つのアプローチと多国間枠組との関係、そしてその政策的可能性については、どのような考察が可能なのであろうか。

まず、集団的自衛権行使の問題に抵触する恐れのある「同盟深化アプローチ」には憲法上の制約と政治的なリスクが存在しており、特に多国間枠組で採用するにあたっては常に大きな困難を伴うことが予想される。たとえ、集団的自衛権の行使を限定容認した二〇一四年以降の憲法解釈に基づく任務であっても、その政治的コストは多大なるものがあろう。一方、憲法問題を回避できる「国際貢献アプローチ」ならば、政治環境が立法措置を許す限りにおいて、安全保障政策としての採用が法理上も、また、政策判断の点からも、比較的、容易である。テロ対策特措法もイラク特措法も、いわば新しい形の多国間安全保障協力を模索する立法措置であったと言えるが、たとえその戦略上、国際政治上の目的が日米同盟の深化であったとしても、政治的コストのより低い「国際貢献アプローチ」に属するものとして政策形成がなされたのは偶然ではあるまい。

その意味で「国際貢献アプローチ」とは、「同盟深化アプローチ」が採用できないときの迂回的な代替策として使用され得ることも、その特性と一つと言ってよいのではないか。あえて言うならばＰＳＩもその一例であり、それゆえに、憲法論議も政治的軋轢もほとんど起こすことなく、日本は自衛隊の「軍事力（防衛力）」を多国間枠組で使用する道が開かれたものと言える。かかる経緯に鑑みれば、これまで多くの多国間安全保障協力が「国際貢献アプローチ」の姿をとってきたのは自然な流れであったと言えよう。

（2）多国間での「同盟深化アプローチ」が意味するもの

最後に、第六章で分析した「国際貢献アプローチ」の枠組内にある「武器の使用」にあたる任務が、「武力の行使」にあたる作戦に転換、あるいは接続する可能性について、もう少し踏み込んで考察してみたい。

事実として、「法執行の取組」であるＰＳＩにおいては、自衛隊はその根拠法も曖昧なまま、阻止活動、警戒監視による情報提供任務、ＰＳＩ合同阻止訓練といった活動に従事している。これらの活動が「武力の行使と一体化」する、あるいはすでに一体化している可能性があることは否定し切れない。個別的自衛権に基づく任務の範囲を拡大したり、また集団的自衛権の行使要件を変更・付加したりすれば、日本の領域外、すなわち公海や他国領域内において、旗国の同意のない臨検等の「武力の行使」が国内法上、可とされる可能性もある。おそらく、二〇一五年九月一九日に成立した安保関連法制によって、存立危機事態発令下における他国防衛を目的とした臨検はおそらく法解釈として可能になり得ると考えられるのは、先に見たとおりである。

そのとき、「国際貢献アプローチ」の場としての制度設計がなされたＰＳＩは、そのまま「武力の行使」の枠組に変貌することもあろう。もしそうなったとして、その「同盟深化アプローチとしてのPSI」はどう認識されるべきであろうか。それは日米同盟の延長なのか、あるいは国際連合の集団的安全保障措置を代替する枠組なのか、もしくは日米同盟とも国際連合とも質的に異なる新しいタイプの安全保障枠組となるのであろうか。

今後、限定的であっても領域外における「武力の行使」が可能となるのであれば、たとえば「多国間安全保障体制」のような新しい政策類型が日本の安全保障政策の系譜に加わることは、少なくとも理論的にはあり得よう。すでに、アジア版NATOといった地域軍事機構への言及も散見されるようになっている[6]。実際、日米豪、日米印、日米ASEAN、あるいは日米欧といった多国間枠組が、多国間共同訓練によって結束を深めつつあるという事実がすでに存在しており、これらが日米同盟を超え、国連とは位相を変える新しい安全保障枠組に発展しつつある可能性も否定できない。PSIもまた、そうした多国間安全保障枠組を構成する一つのスキームとして作用する可能性は、やはりあるのではないだろうか。そのような「多国間枠組の同盟深化アプローチ」がもし出現するようであれば、それは第二次世界大戦後の日本の安全保障政策の根本的な転換を意味しよう。

かつて、自国防衛のためのみにその「防衛力」を持つとして創設された自衛隊が、いま、国際社会の安全と平和のためにその「軍事力」を領域外で使用しつつある。そして、こうした活動を通じて、「軍ではない」とされていたはずの実力組織が、領域外において多国間で行われる軍事オペレーション（作戦）に深く関わり、他国軍との関係性において「軍である」と呼称されるようになった。激動する安全保障環境の変化を受けて、日本政府部内においては、戸惑い、躊躇い、議論を重ねつつ、新たに生起する安全保障政策の法的整合性を維持する努力が積み重ねられている。しかし、一定の法的整合性を保ちつつも、一つ一つの政策過程を通じての変化が積み重なった結果、大きな政策的潮流となり、総体としての安全保障政策が大きく様変わりする可能性はある。そうした変化の多くの部分が、立法府たる国会の関与や決定と無関係に進んできたことの是非も含めて、同時代史であるからこそ学問的な検証は必要とされよう。

実証研究である本書が、政策的インプリケーションの意味を持つ要素があるとすれば、そのような変化の兆候を指摘し、切り出し、議論の材料として提示したことにもあるのではないか。

註

（1）水島朝穂「安全保障の立憲的ダイナミズム」水島朝穂編『立憲的ダイナミズム』岩波書店、二〇一四年、一一頁。

（2）同右、一八頁。

（3）中村昭雄『新版　日本政治の政策過程』芦書房、二〇一一年、六二―八六頁。

（4）「官邸外交」と「首脳外交」、及び、「官邸主導」と「総理主導」は、厳密に言えば同じものではない。本書第三章では、ＰＳＩへの参加決定は「官邸外交」というより「首脳外交」に近いと結論したが、国内の政策過程について言えば「官邸主導」ではなく、中村モデルの言う「総理主導」のほうがより実態に即していると思われる。

（5）本書の刊行準備中、南スーダンＰＫＯ部隊の「日報」が存在するにもかかわらず、稲田防衛大臣が「廃棄された」と答弁する事件が発生した。この「日報」は二〇一六年一二月二日に「文書不存在」として「不開示」の決定がなされ、同一六日に大臣にその旨が報告された。しかし、統幕は同二六日に電子データでその存在を確認したにもかかわらず、翌二〇一七年一月二七日まで大臣に報告しなかった。防衛省が本件を公表したのは同年二月六日である。当該「日報」は南スーダンの首都ジュバで二〇一六年七月に発生した「武力衝突」についての記載だっただけに、南スーダンＰＫＯ部隊への「駆け付け警護」の任務付与の是非をめぐる国会での議論において最重要の情報であり、野党側は一斉に反発し、稲田大臣の責任を追及した（第一九三回国会　衆議院予算委員会、二〇一七年二月二〇日。同　衆議院予算委員会第一分科会、二月二三日。同　参議院予算委員会、三月六日。同　衆議院安全保障委員会、三月九日。同　衆議院安全保障委員会、三月一六日。同　衆議院外務委員会、三月一七日。同　衆議院本会議、三月二一日等）。本件は「逆転型現象」とまでは言えなくとも、防衛省・自衛隊という実力組織の側が、政策過程に自らの意に沿うよう影響を与えようとした疑いがあるとすれば、特筆すべき事柄であろう。本書の脱稿時点（二〇一七年六月一日）において本件は稲田大臣の指示にかかる特別防衛監察による調査が継続しているが、防衛省（背広組）・自衛隊（制服組）によって重要な政策判断の基礎となる情報が意図的に隠蔽されたのであれば、シビリアン・コントロール（文民統制）上、きわめて重大な問題であるとの指摘が国会外でもなされている（『毎日新聞』二〇一七年二月一七日。『朝日新聞』二〇一七年二月二一日等）。

（6）『産経新聞』二〇一四年三月七日等。ただし、安倍首相はアジア版ＮＡＴＯの現時点における実現性については、その可能性は低いという見解を示している。なお、安倍首相のこの見解は彼が自衛隊を「我が軍」と呼んだ、真山勇一参議院議員との質疑の中で示されたものである。第一八九回国会　参議院予算委員会、二〇一五年三月二〇日、安倍総理大臣答弁。

謝辞

本書は早稲田大学から博士号を授与された学位請求論文「ＰＳＩ参加をめぐる日本の対応――領域外における「軍事力」使用に至る政策過程」をもとにしている。筆者の不規則な永田町勤務もあり、難航する論文執筆を根気強く御指導下さり、完成まで導いて下さった主指導教官の篠原初枝先生に深甚の感謝を申し上げたい。ともすれば立法府での政策実務に没頭して近視眼的になりがちな筆者に、アカデミアの視座から眼を開かせて下さった篠原先生の御指導なしに、本書は到底、成立しなかった。

また、筆者が筑波大学大学院の博士課程前期に在籍していた際、外交史家として実証的な研究手法を叩き込んで下さった波多野澄雄先生に心からの感謝を申し上げる。波多野先生は研究者としての筆者のロールモデルである。筆者の博士論文について早稲田大学での審査委員会副査をお引き受けいただいたほか、本書刊行にあたっても多大な労をおとりいただいた。「師の恩」は限りなく深い。

同じく審査委員会の副査をおつとめ下さった早稲田大学の李鍾元先生、植木千可子先生にも深く感謝する。第一線の研究者としてご多忙であるはずの両先生であるが、時間をかけて丹念に論文をご審査いただき、たくさんの鋭い御指摘を頂戴したおかげで、本書は相当にブラッシュアップされたものになった。

また、ハーバード大学ケネディ行政大学院で御指導いただいたリチャード・ローズクランス先生にも心からの感謝を申し上げる。先生との徹底したディベートでは、毎回、世界レベルの国際政治学者としての知見に圧倒させられた。

実のところPSIの安全保障政策としてのユニークさに気付いたのも、同教授との度重なるディスカッションを通じてであった。

膨大な量の情報開示に応じて下さった防衛省、外務省等各省庁の担当者にも感謝したい。ＰＳＩへの参加経緯に関する事実関係の調査段階では、まだ、特定秘密保護法が成立・施行されていなかったこともあり、多くの文書に黒塗りが施されてはいたが、参加経緯のほぼ全容が摑める資料をご提供いただいた。政府各省庁におかれては、今後も重要な情報を適宜、国民に開示され、国民が国家の基本方針を誤らずに選択できるよう努めていただきたい。また、過去の事例研究や参考文献等の検索を助けていただいた国立国会図書館、参議院調査室にも感謝を述べたい。国会図書館、衆参両院調査室、及び国会議員担当秘書群は立法府のシンクタンク機能を担っている。ことに国会図書館、両院調査室の能力は質量ともに国内最高峰、世界レベルとされているが、筆者も日常の業務においてその実力に日々、感嘆している。さらに、筆者の仕える真山勇一参議院議員、及び小野次郎氏をはじめとする真山議員のご同僚の皆様にも感謝を申し上げる。真山議員をはじめ、本書に所収された議員諸氏の国会質問は党利党略とは無縁のものであり、健全な民主主義の維持と発展を意図したものである。また、安保法制等の審議で風雲急を告げる中、忙しい時間を割いて筆者の論文執筆のためにインタビューに応じて下さった小野次郎先生には感謝に堪えない。

そして、慶應義塾大学出版会の乗みどり氏、村山夏子氏にも感謝を申し上げたい。早稲田大学が受理した学位論文を慶應義塾大学の出版会から出版していただくとは不思議なご縁であるが、日本の私学最高峰の両大学との関わりの中で刊行されることは、本書の意義を高めるものと信じる。

最後に、永田町での勤務の傍ら、早朝、深夜、休日のほぼすべてを使って博士論文を仕上げまた、刊行するというやや無謀な挑戦をする筆者を、自らもフルタイムで働きつつ長女・次女を出産し、育児しながら支えてくれた妻、智子に心から感謝する。「修身斉家治国平天下」という言葉がある。しかし、アカデミア及び政策実務を通じて天下国家を論じることに没頭し、家を斉《ととの》えることをないがしろにしていた筆者は、夫として、また、父として合格点だったとは言い難い。本書を良い形で刊行し、世に問う努力をしたのは、妻への罪滅ぼしであり、感謝のあらわれでもあることを付言する。

津山　謙

『毎日新聞』、2003 年 8 月 30 日
『読売新聞』、2002 年 11 月 14 日、2003 年 6 月 11 日、2003 年 6 月 12 日、2003 年 7 月 10 日、2003 年 7 月 11 日、2003 年 8 月 2 日、2003 年 8 月 13 日、2004 年 10 月 29 日、2012 年 7 月 5 日
『赤旗』、1979 年 12 月 15 日
『公明新聞』、1979 年 12 月 13 日
共同通信、2002 年 10 月 13 日
時事通信、2006 年 10 月 12 日

海上幕僚監部、2010 年 7 月 22 日、（プレスリリース）「第 5 回西太平洋潜水艦救難訓練について」http://www.mod.go.jp/msdf/formal/info/news/201007/072003.pdf
外務省、2007 年 11 月 7 日、「日米軍備管理・軍縮・不拡散・検証委員会の開催について」http://www.mofa.go.jp/mofaj/press/release/h19/11/1176195_816.html
外務省、2006 年 12 月、「ブッシュ政権発足後の主要な動き」http://www.mofa.go.jp/mofaj/area/usa/kankei_200612.html
外務省、2006 年 11 月 18 日、「安倍総理とブッシュ大統領との間の日米首脳会談」http://www.mofa.go.jp/mofaj/kaidan/s_abe/apec_06/kaidan_jus.html
外務省、2004 年 10 月 28 日、『わが国主催の「拡散に対する安全保障構想」（PSI）海上阻止訓練「チーム・サムライ 04」（概要と評価）』http://www.mofa.go.jp/mofaj/gaiko/fukaku_j/psi/samurai04_gh.html
首相官邸、2004 年 6 月 18 日、「イラクの主権回復後の自衛隊の人道復興支援活動等について」http://www.kantei.go.jp/jp/kakugikettei/2004/0618ryoukai.html
首相官邸、2003 年 6 月、「エビアン・サミット特集」http://www.kantei.go.jp/jp/koizumispeech/2003/06/02global.html
外務省、2003 年 5 月 26 日、「日米首脳会談の概要」http://www.mofa.go.jp/mofaj/kaidan/s_koi/us-me_03/us_gh.html
海上保安庁レポート、2003 年、「九州南西海域における工作船事件について」http://www.kaiho.mlit.go.jp/info/books/report2003/special01/01_01.html
外務省、2002、「大量破壊兵器・物質の拡散に対するグローバル・パートナーシップ G8 行動計画」http://www.mofa.go.jp/mofaj/gaiko/summit/evian_paris03/gp_k.html
内閣府、2001 年 12 月、「国際平和協力法の一部改正（平成 13 年 12 月）について」http://www.pko.go.jp/pko_j/data/law/law_data04.html
首相官邸、2001 年 9 月 19 日、「米国における同時多発テロへの対応に関する我が国の措置について」http://www.kantei.go.jp/jp/koizumispeech/2001/0919terosoti.html
海上幕僚監部広報室、2000 年 9 月 5 日、（プレスリリース）「西太平洋潜水艦救難訓練への参加について」http://www.mod.go.jp/j/approach/hyouka/seisaku/results/14/sogo/sankou/06.pdf
防衛省情報検索サービス、1999 年、「能登半島沖の不審船事案と防衛庁の対応」http://www.clearing.mod.go.jp/hakusho_data/1999/honmon/frame/at1106030000.htm

(9) 新聞記事等

『朝日新聞』、1979 年 11 月 29 日、1980 年 3 月 16 日、2002 年 12 月 6 日、2003 年 2 月 23 日、2003 年 6 月 14 日、2003 年 6 月 29 日、2003 年 7 月 10 日、2003 年 7 月 11 日、2003 年 8 月 8 日、2003 年 9 月 14 日、2004 年 7 月 26 日、2004 年 10 月 11 日、2004 年 10 月 28 日、2005 年 5 月 2 日
『産経新聞』、2003 年 8 月 1 日、2003 年 9 月 4 日

Joint Declaration of Security: Alliance for the 21st Century")

④ 各省庁発表：インターネット

防衛省、「憲法と自衛権」http://www.mod.go.jp/j/approach/agenda/seisaku/kihon02.html 外務省、「拡散安全保障イニシアティブ（PSI）阻止原則宣言（仮抄訳）」http://www.mofa.go.jp/mofaj/gaiko/fukaku_j/psi/sengen.html

海上自衛隊、「ARF 災害救援実動演習への防衛省・自衛隊の参加について」、海上自衛隊ホームページ、http://www.mod.go.jp/msdf/formal/operation/arf.html

文部科学省科学技術・学術政策局原子力安全課原子力規制室、（日付不詳）、原子力規制委員会、「核燃料物質等の輸送全般に関する安全規制体系」https://www.nsr.go.jp/archive/mext/a_menu/anzenkakuho/genshiro_anzenkisei/1261061.htm

財務省、2015 年 8 月 28 日、「経済制裁措置及び対象者リスト：現在実施中の外為法に基づく資産凍結等の措置（平成 27 年 8 月 28 日現在）」https://www.mof.go.jp/international_policy/gaitame_kawase/gaitame/economic_sanctions/list.html

防衛省統合幕僚監部、2015 年、「ソマリア・アデン沖における海賊対処」http://www.mod.go.jp/js/Activity/Anti-piracy/anti-piracy.htm

経済産業省貿易管理部安全保障貿易管理課、2014 年 8 月、「安全保障貿易管理関連法規の改正について」http://www.meti.go.jp/policy/anpo/law_document/news_release/140827setumeikai-shiryo1.pdf

海上幕僚監部、2014 年 7 月 24 日、「（お知らせ）日米印共同訓練（マラバール 14）について」http://www.mod.go.jp/msdf/formal/info/news/201407/14072401.pdf

外務省、2014 年 6 月 20 日、「拡散に対する安全保障構想」http://www.mofa.go.jp/mofaj/gaiko/fukaku_j/psi/pdfs/psi.pdf

外務省、2014 年 3 月 17 日、「弾道ミサイルの拡散に立ち向かうためのハーグ行動規範（Hague Code of Conduct against Ballistic Missile Proliferation: HCOC）（概要）」http://www.mofa.go.jp/mofaj/gaiko/mtcr/hcoc_gai.html

外務省不拡散・科学原子力課、2013 年 6 月 20 日、「拡散に対する安全保障構想」（Proliferation Security Initiative: PSI）http://www.mofa.go.jp/mofaj/gaiko/fukaku_j/psi/pdfs/psi.pdf

外務省、2012 年 10 月 18 日、『我が国主催 PSI 海上阻止訓練「Pacific Shield 07」（概要と評価）』http://www.mofa.go.jp/mofaj/gaiko/fukaku_j/psi/ps07_gh.html

外務省、2012 年 9 月 18 日、『韓国主催 PSI（拡散に対する安全保障構想）海上阻止訓練「Eastern Endeavor 12」への我が国の参加』http://www.mofa.go.jp/mofaj/press/release/24/9/0918_01.html

外務省、2012 年 7 月 17 日、『我が国主催 PSI 航空阻止訓練「Pacific Shield 12」（結果概要）』http://www.mofa.go.jp/mofaj/gaiko/fukaku_j/psi/pacific_shield_12.html

防衛省、2012 年 6 月 15 日、「弾道ミサイル防衛用能力向上型迎撃ミサイルの構成品の供与の枠組みについて」http://www.mod.go.jp/j/press/news/2012/06/15a.html

第 90 回国会　参議院決算委員会、1979 年 11 月 28 日
第 76 回国会　衆議院予算委員会、1975 年 10 月 29 日
第 61 回国会　参議院予算員会、1968 年 3 月 31 日
第 51 回国会　衆議院予算委員会、1966 年 3 月 5 日
第 31 回国会　衆議院内閣委員会、1956 年 3 月 19 日
第 31 回国会　参議院予算委員会、林内閣法制局長官答弁、1956 年 3 月 9 日
第 24 回国会　衆議院内閣委員会、1956 年 2 月 29 日
第 21 回国会　衆議院予算委員会、1954 年 12 月 22 日
第 19 回国会　参議院本会議、「自衛隊が海外出動を為さざることに関する決議」、1954 年 6 月 2 日

②　内閣に関連する決定、答申等

「国の存立を全うし、国民を守るための切れ目のない安全保障法制の整備について」、2014 年 7 月 1 日、国家安全保障会議決定及び閣議決定
安全保障の法的基盤の再構築に関する懇談会、2014 年 5 月 15 日、『「安全保障の法的基盤の整備に関する懇談会」報告書』
「平成 23 年度以降に係る防衛計画の大綱について」、2010 年 12 月 17 日、安全保障会議、いわゆる「22 大綱」
「平成 17 年度以降に係る防衛計画の大綱について」、2004 年 12 月 10 日、安全保障会議、いわゆる「16 大綱」
安全保障と防衛力に関する懇談会、2004 年 10 月、『「安全保障と防衛力に関する懇談会」報告書　未来への安全保障・防衛力ビジョン』
「平成 8 年度以降に係る防衛計画の大綱について」、1995 年、安全保障会議、いわゆる「07 大綱」
防衛問題懇談会、『日本の安全保障と防衛力のあり方　21 世紀へ向けての展望』、1994 年 8 月

③　日米間の合意事項等

Japan-U.S. Summit Meeting, “The Japan-U.S. Alliance of the New Century,” June 29, 2006.（日米首脳会談「新世紀の日米同盟」、2006 年 6 月 29 日）
United States-Japan Security Consultative Committee Document, May 1, 2006, “United States-Japan Roadmap for Realignment Implementation,”（再編実施のための日米のロードマップ）
“Joint Statement of the U.S.-Japan Security Consultative Committee,” February 19, 2005
“Joint Statement of the U.S.-Japan Security Consultative Committee,” December 16, 2002

「日米防衛協力のための指針」、1997 年 9 月 23 日。（“Guidelines for Japan-U.S. Defense Cooperation”）
「日米安全保障共同宣言—21 世紀に向けての同盟—」、1996 年 4 月 17 日。（“Japan-U.S.

道復興支援活動等に関する特別委員会、2006年10月16日
第165回国会　参議院予算委員会、2006年10月11日
第162回国会、参議院本会議、2005年6月29日
第162回国会　参議院本会議、2005年6月17日
参議院憲法審査会、2004年、「日本国憲法に関する調査報告書」
第155回国会　参議院沖縄及び北方問題に関する特別委員会会議録第4号、2003年11月27日
第156回国会　参議院外交防衛委員会会議録第13号、2003年6月10日
第156回国会　衆議院本会議、2003年6月5日
第156回国会　衆議院安全保障委員会、2003年5月16日
第156回国会　参議院外交防衛委員会、2003年5月15日
第156回国会　参議院外交防衛委員会会議録　2003年3月21日
第156回国会　参議院本会議会議録第4号、2003年1月31日
第155回国会　衆議院法務委員会、2002年11月20日
第154回国会　衆議院外務委員会会議録第23号、2002年7月19日
第154回国会　衆議院外務委員会会議録第22号、2002年7月17日
衆議院憲法調査会、2001年11月、「中間報告書」
第153回国会　衆議院本会議、2001年10月10日
第145回国会　衆議院安全保障委員会、1999年5月28日
第145回国会　衆議院日米防衛協力のための指針に関する特別委員会、1999年4月26日第136回国会　参議院内閣委員会、1996年5月21日
第129回国会　参議院予算委員会、1994年6月13日
第122回国会　参議院国際平和協力等に関する特別委員会、1991年12月5日
第121回国会　衆議院国際平和協力等に関する特別委員会提出資料「武器の使用と武力の行使の関係について」、1991年9月27日
第121回国会　衆議院予算院会、1991年8月22日
第119回国会　衆議院国際連合平和協力に関する特別委員会「武力行使を伴う国連軍等への協力に関する政府統一見解」、1990年10月26日
第119回国会　参議院予算委員会、1990年10月22日
第119回国会　衆議院本会議、1990年10月18日
第104回国会　衆議院予算委員会、1986年2月7日
第98回国会　衆議院予算委員会、1983年2月4日
第95回国会　参議院安保特別委員会、1981年11月13日
稲葉誠一衆議院議員提出の「自衛隊の海外派兵・日米安保条約等の問題に関する質問主意書」に対する政府答弁、1980年10月28日、閣議決定
第90回国会　衆議院外務委員会、1979年12月14日
第90回国会　参議院内閣委員会、1979年12月10日
第90回国会　参議院予算委員会、1979年12月4日

佐藤孝一「ASEAN 地域フォーラムの課題」山本武彦、天児彗編『新たな地域形成——東アジア共同体の構築 1』岩波書店、2007 年。

神保謙「ARF における予防外交の展開」森本敏編『アジア太平洋の多国間安全保障』日本国際問題研究所、2003 年。

星野俊也「アジア太平洋地域安全保障の展開——ARF と CSCAP を中心として」『国際問題』第 494 号、2001 年 5 月。

(8) 立法府、行政府の記録

① 国会

第 189 回国会　参議院我が国及び国際社会の平和安全法制に関する特別委員会、2015 年 8 月 19 日
第 189 回国会　参議院我が国及び国際社会の平和安全法制に関する特別委員会、2015 年 7 月 29 日
第 189 回国会　我が国及び国際社会の平和安全法制に関する特別委員会、2015 年 5 月 27 日
内閣総理大臣安倍晋三、『衆議院議員今井雅人君提出安倍総理が自衛隊を「我が軍」と呼称したことに関する答弁書（答弁第 168 号）』、2015 年 4 月 3 日
衆議院議員今井雅人、『安倍総理が自衛隊を「我が軍」と呼称したことに関する質問主意書（質問第 168 号）』、2015 年 3 月 26 日
第 189 回国会　参議院予算委員会、2015 年 3 月 20 日
第 188 回国会　参議院外交防衛委員会、2014 年 11 月 13 日
第 187 回国会　参議院外交防衛委員会、2014 年 11 月 13 日
第 186 回国会　参議院予算委員会、2014 年 7 月 14 日
第 186 回国会　衆議院本会議、2014 年 5 月 26 日
第 185 回国会　参議院国家安全保障に関する特別委員会、2013 年 11 月 28 日
第 185 回国会　衆議院国家安全保障に関する特別委員会、2013 年 11 月 26 日
第 185 回国会　衆議院国家安全保障に関する特別委員会、2013 年 11 月 20 日
第 185 回国会　衆議院国家安全保障に関する特別委員会、2013 年 11 月 15 日
第 185 回国会　衆議院国家安全保障に関する特別委員会、2013 年 11 月 8 日
第 185 回国会　参議院本会議、2013 年 10 月 17 日
第 185 回国会　衆議院本会議、2013 年 10 月 16 日
第 180 回国会　参議院予算委員会、2012 年 3 月 26 日
第 171 回国会　参議院決算委員会、2009 年 5 月 11 日
第 165 回国会　参議院国土交通委員会、2006 年 12 月 14 日
第 164 回国会　衆議院国際テロリズムの防止及び我が国の協力支援活動並びにイラク人道復興支援活動等に関する特別委員会、2006 年 10 月 19 日
第 164 回国会　衆議院国際テロリズムの防止及び我が国の協力支援活動並びにイラク人

③　官邸主導・官邸外交について

上久保誠人「小泉政権期における首相官邸主導態勢とアジア政策」『次世代アジア論集』第 2 号、2009 年 3 月。

信田智人『官邸外交』朝日新聞社、2004 年。

信田智人「強化される外交リーダーシップ――官邸主導体制の制度化へ」『国際問題』2007 年 1・2 月号。

柳原透「日本の「FTA 戦略」と「官邸主導外交」」『海外事情』第 52 巻第 4 号、2004 年 4 月。

(6)　PKO 参加をめぐる各国の議論

石塚勝美「第 5 章　PKO と貢献国との積極的な関係――現実主義のさまざまな形態」『国連 PKO と国際政治――理論と実践』創成社、2011 年。

伊豆山真理「インドの国連平和維持活動――国連主義としての軍事活動とその変容過程」近藤則夫編『現代インドの国際関係――メジャー・パワーへの模索』アジア経済研究所、2012 年。

大西健「変質 PKO への豪軍の対応――豪軍文書と東ティモールでの活動を通じた特徴の考察」『防衛研究所紀要』第 16 巻第 2 号、2014 年 2 月。

久保田徳仁「南アフリカ共和国の PKO への参加――アパルトヘイト後の政策変更」『防衛大学校紀要　社会科学分冊』第 107 号、2013 年 9 月。

五月女律子「冷戦終結後のフィンランドの安全保障防衛政策――PKO・国際的危機管理活動を中心に」『北九州市立大学法政論集』第 42 巻第 1 号、2014 年 7 月。

ヘルムート・ヴィルマン、トーステン・シュタイン「ドイツの PKO 活動への関与」『アジア時報』第 31 巻第 5 号、2000 年 5 月。

増田雅之「中国の国連 PKO 政策と兵員・部隊派遣をめぐる文脈変遷――国際貢献・責任論の萌芽と政策展開」『防衛研究所紀要』第 13 巻第 2 号、2011 年 1 月。

松田幹夫「アイルランドの PKO 参加」『獨協法学』第 41 号、1995 年 9 月。

松田康博「中国の国連 PKO 政策――積極的参与政策に転換した要因の分析」添谷芳秀編『現代中国外交の六十年――変化と持続』慶應義塾大学出版会、2011 年。

室岡鉄夫「韓国軍の国際平和協力活動――湾岸戦争から国連 PKO 参加法の成立まで」『防衛研究所紀要』第 13 巻第 2 号、2011 年 1 月。

吉田健正『国連平和維持活動――ミドルパワー・カナダの国際貢献』彩流社、1994 年。

(7)　ARF について

相川舞子「アジア太平洋地域における安全保障体制（ARF）形成過程の考察――既存の安全保障概念を越えて」『国際関係学研究』第 22 号、2009 年。

年。

村松岐夫「戦後政治過程における政策アクターの立体構造」村松岐夫、久米郁男編『日本の政治——変動の 30 年』東洋経済新報社、2006 年。

山口二郎「現代日本の政官関係——日本型議院内閣制における政治と行政を中心に」『年報政治学 1995　現代日本政官関係の形成過程』、1995 年。

山口二郎「政権交代と政官関係の変容 / 連続——政治主導はなぜ失敗したか」『年報行政学研究 47　政権交代と官僚制』ぎょうせい、2012 年。

② 政軍関係について

伊藤潤「「提督たちの反乱」とルイス・A・ジョンソン——米国の国家安全保障法下におけるシビリアン・コントロールと国防長官の役割」『防衛学研究』第 39 号、2008 年 9 月。

エリオット・A・コーエン（中谷和男訳）『戦争と政治とリーダーシップ』アスペクト、2003 年。

L・ダイアモンド、M・F・プラットナー編（中道寿一監訳）『シビリアン・コントロールとデモクラシー』刀水書房、2006 年。

菊地茂雄「政軍関係から見た米軍高級幹部の解任事例——マッカーサーからマクリスタルまで」『防衛研究所紀要』第 13 巻第 2 号、2011 年 1 月。

菊地茂雄「「軍事的オプション」をめぐる政軍関係——軍事力行使に係る意志決定における米国の文民指導者と軍人」『防衛研究所紀要』第 16 巻第 2 号、2014 年 2 月。

菊地茂雄「米国の政軍関係——軍人による異論表明の在り方をめぐる近年の議論」『防衛研究所紀要』第 17 巻第 2 号、2015 年 2 月。

小林道彦、黒沢文貴編『日本政治史のなかの陸海軍優位体制の形成と崩壊　1868–1945』ミネルヴァ書房、2013 年。

小森雄太「政軍関係のあり方に関する一研究——文民統制と安全保障のあるべき均衡に注目して」『政経研究』第 50 巻第 3 号、2014 年 3 月。

真田尚剛「シビリアン・コントロールにおけるアクターについて——日本におけるその在り方」『21 世紀社会デザイン研究』第 7 号、2009 年 2 月。

柴田晃芳「シビリアン・コントロールと民主主義——現代日本の概観」『問題と研究』第 44 巻第 2 号、2015 年 4/6 月。

進藤裕之「太平洋戦争における戦争指導——アメリカ側から見た研究史」『戦史研究年報』第 15 号、2012 年 3 月。

彦谷貴子「シビリアン・コントロールの将来」『国際安全保障』第 32 巻第 1 号、2004 年 6 月。

フランシス・G・ホフマン「政軍関係と歴史の未来——ギャップの解消」ウィリアムソン・マーレー、リチャード・ハート・シンレイチ編（今村伸哉監訳）『歴史と戦略の本質——歴史の英知に学ぶ軍事文化（下）』原書房、2011 年。

三宅正樹『政軍関係研究』芦書房、2001 年。

『年報行政研究 42　行政改革と政官関係』ぎょうせい、2007年。

内山融「日本政治のアクターと政策決定パターン」『季刊政策・経営研究』第15号、2010年7月。

内山融「東日本大震災と日本官僚制」『現代の理論』編集委員会編『現代の理論』第28号、2011年7月。

加藤敦子「政策知識と政官関係——1980年代の公的年金制度改革、医療保険制度改革、税制改革をめぐって」日本政治学会編『年報政治学』岩波書店、1995年。

加藤淳子「官僚組織と政策決定」『税制改革と官僚制』東京大学出版会、1997年。

上久保誠人「官僚行動と政策変化——1990年代の大蔵省機構改革を事例として」『日本政治研究』第5巻第1・2号、2008年1月。

川人貞史「【特集のねらい】政官関係」『レヴァイアサン』第34号、2004年。

城山英明、鈴木寛、細野助博編著『中央省庁の政策形成過程——日本官僚制の解剖』中央大学出版部、1999年。

新藤宗幸「日本官僚制の改革と政治的任命職——内閣主導体制の構築に向けて」『レヴァイアサン』第34号、2004年。

田中秀明「政策過程と政官関係——3つのモデルの比較と検証」『年報行政研究47　政権交代と官僚制』ぎょうせい、2012年。

中野実「日本型政策決定の動態——福祉政策形成の政治過程」『現代日本の政策過程』東京大学出版会、1992年。

中野実「政策決定過程の危機——〈ケース〉政界再編期の立法過程 / 変化と連続」『日本政治経済の危機と再生——ポスト冷戦時代の政策過程』早稲田大学出版部、2002年。

中道實「現代日本における政策過程と「政官関係」」『奈良女子大学文学部研究教育年報』、2006年。

中村昭雄『日本政治の政策過程』芦書房、1996年。

樋渡展洋「『55年』政党制変容の政官関係」日本政治学会編『年報政治学』岩波書店、1995年。

牧原出「政策決定過程の変容と官僚ネットワークの攻防」『都市問題』第101巻第4号、2010年4月。

真淵勝「再分配の政治過程」高坂正堯『高度産業国家の利益政治過程と政策——日本』(トヨタ財団女性研究報告書)、1981年。

宮本融「日本官僚論の再定義——官僚は「政策知識専門家」か「行政管理者」か？」『年報政治学2006-Ⅱ』、2007年3月。

武蔵勝宏「政権移行による立法過程の変容」『国際公共政策研究』第14巻2号、2010年3月。

武藤桂一「官僚」『現代日本の政治——政治過程の理論と実際』ミネルヴァ書房、2009年。

村松岐夫「戦後日本の政治過程と官僚制」『戦後日本の官僚制』東洋経済新報社、1981

Gaddis, John Lewis, *The Long Peace; Inquiries Into the History of the Cold War*, Oxford University Press, 1987.（邦訳：五味俊樹、坪内淳、阪田恭代、太田宏、宮坂直史訳『ロング・ピース――冷戦史の証言「核・緊張・平和」』芦書房、2002 年。）

Ghali, Boutros, "An Agenda for Peace: Preventive Diplomacy, Peacemaking and Peace-keeping," UN Doc., June 17, 1992.

Gordon, Philip H. and Jeremy Shapiro, *Allies at War: America, Europe, and the Crisis over Iraq*, MaGraw-Hill, 2004.

Lindblom, Charles E., "The Science of 'Muddling Through'," *Public Administration Review*, Vol.19, No.2, Spring 1959.

Samnuels, Richard J. ed., *Encyclopedia of United States National Security Vol.2*, Sage Publication, 2006.

Smith, Larsen and James M. Smith eds., *Historical Dictionary of Arms Control and Disarmament*, Scarecrow Press, 2005.

White House, "National Security Strategy of the United States of America," September 2002.

植木千可子『平和のための戦争論』（ちくま新書）筑摩書房、2015 年。

上野英嗣「米国の国防政策の動向――地域防衛戦略からアスピン構想へ」『新防衛論集』第 21 巻第 1 号、1993 年 6 月。

上野英嗣「米クリントン政権の国防計画」『国防』第 42 巻第 12 号、1993 年 12 月。

岡垣知子「「先制」と「予防」の間――ブッシュ政権の国家安全保障戦略」『防衛研究所紀要』第 9 巻第 1 号、2006 年 9 月。

斎藤直樹『国際機構論――二一世紀の国連再生に向けて（新版）』北樹出版、2001 年。

渋谷博史、渡瀬義男編『アメリカの連邦財政』日本経済評論社、2006 年。

福田毅「アメリカ軍の変革と再編――ポスト 9.11 の世界における戦争の合理化」渋谷博史、渡瀬義男編『アメリカの連邦財政』日本経済評論社、2006 年。

福田毅「QDR2006 と 2007 年国防予算案「長い戦争」のための国防計画」『調査と研究 ISSUE BRIEF』第 512 号、2006 年 2 月。

福田毅『米国の国防政策』昭和堂、2011 年。

吉崎知典「国際秩序とアメリカの先制攻撃論――戦略論の視点から」『国際安全保障』第 31 巻第 4 号、2004 年 3 月。

李鍾元「歴史からみた国際政治学」日本国際政治学会編『日本の国際政治学』有斐閣、2009 年。

(5)　政策過程論

①　官僚の役割について

飯尾潤「政治的官僚と行政的政治家」『年報政治学 1995　現代日本政官関係の形成過程』、1995 年。

伊藤光利「官邸主導型決定システムにおける政官関係――情報非対象性縮減の政治」

田村重信ほか編『日本の防衛法制（第 2 版）』内外出版、2012 年。

筒井若水『国際法辞典』有斐閣、2002 年。

中内康夫「国際緊急援助隊の沿革と今日の課題――求められる大規模災害に対する国際協力の推進」『立法と調査』第 323 号、2011 年 12 月。

長尾雄一郎「非通常戦――国家と武力紛争の視点から」石津朋之編『戦争の本質と軍事力の諸相』彩流社、2004 年。

浜谷英博「国際平和協力懇談会報告書と自衛隊の海外派遣恒久法の検討――国際平和協力活動の新段階」『松坂大学政策研究』第 4 巻第 1 号、2004 年。

廣瀬肇「海上保安事件の研究　第 24 回」『捜査研究』第 56 巻 4 号、2007 年 4 月。

藤田勝利編『新航空法講義』信山社、2007 年。

防衛庁「船舶検査活動法の概要――我が国周辺海域の平和と安全を守るために」『時の動き』第 45 巻第 4 号、2001 年 4 月。

本間剛「集団的自衛権に関する現行政府解釈の成立経緯とその影響」『東京大学大学院公共政策専修コース研究年報』、2002 年。

水上千之『現代の海洋法』有信堂弘文社、2003 年。

村瀬信也「国際法における国家管轄権の域外執行――国際テロリズムへの対応」『上智大学論集』第 49 巻第 3・4 号、2006 年 3 月。

村瀬信也「安全保障に関する国際法と日本法（上）――集団的自衛権及び国際平和活動の文脈で」『ジュリスト』第 1349 号、2008 年 2 月。

村瀬信也編『自衛権の現代的展開』東信堂、2007 年。

安田寛「日本国憲法と集団的自衛権」安田寛他『自衛権再考』知識社、1987 年。

矢部明宏「国際平和活動における武器の使用について」『レファレンス』第 692 号、2008 年 9 月。

山内敏弘「防衛省設置法と自衛隊海外出動の本来任務化」『龍谷法学』第 40 巻第 3 号、2007 年 12 月。

山本草二『海洋法』三省堂、1992 年。

山本草二『国際法【新版】』有斐閣、2003 年。

「不審船問題」『国政の論点』（平成 14 年 2 月 15 日）、国立国会図書館　調査及び立法考査局、2002 年 2 月。

(4)　国際関係論・安全保障政策論

Department of Defense, "The Bottom-Up Review: Forces for A New Era," September 1993.
Department of Defense, "Quadrennial Defense Review Report," 30 September 2001.
Fobbrini, Sergio ed., *The United States Contested: American Unilateralism and European Discontent*, Routlegde, 2006.
Fukuyama, Francis Yoshihiro, *The End of the History and the Last Man*, Freepress, 1992.（邦訳：フランシス・フクヤマ著、渡辺昇一訳『歴史の終わり（上、下）』三笠書房、1992 年。）

池島大策「国連海洋法条約への参加をめぐる米国の対応——米国単独行動主義の光と影」『米国内政と外交における新展開』日本国際問題研究所、2013 年。

稲木宙智布「特定船舶入港禁止法の成立経緯と入港禁止措置の実施」『調査と立法』第 272 号、2007 年 9 月。

稲本守「2001 年不審船事件についての一考察」『東京海洋大学研究報告（8)』、2012 年。

浦田一郎「政府の集団的自衛権論——その射程と限界」杉原泰雄先生古稀記念論文集刊行会編『21 世紀の立憲主義——現代憲法の歴史と課題』勁草書房、2000 年。

浦田一郎『政府の憲法九条解釈——内閣法制局資料と解説』信山社出版、2013 年。

大石眞「日本国憲法と集団的自衛権」『ジュリスト』第 1343 号、2007 年 10 月。

岡留康文「自衛隊の国際平和協力活動——任務の概要と本来任務化の課題」『立法と調査』第 248 号、2005 年 5 月。

奥平譲治「軍の行動に関する法規の規定のあり方」『防衛研究所紀要』第 10 巻第 2 号、2007 年 12 月。

海上保安庁「不審船 Q&A」『かいほジャーナル　九州南西海域工作船特集』（海上保安庁広報誌増刊号)、2002 年 12 月。

河上暁弘『日本国憲法第 9 条成立の思想的淵源の研究——「戦争非合法化」論と日本国憲法の平和主義』専修大学出版局、2006 年。

栗林忠男『現代国際法』慶應義塾大学出版会、1999 年。

阪口規純「集団的自衛権に関する政府解釈の形成と展開——サンフランシスコ講和条約から湾岸戦争まで（上)」『外交時報』第 1330 号、1996 年 8 月。

阪口規純「集団的自衛権に関する政府解釈の形成と展開——サンフランシスコ講和条約から湾岸戦争まで（下)」『外交時報』第 1331 号、1996 年 9 月。

阪田雅裕『「法の番人」内閣法制局の矜持』大月書店、2014 年。

阪本昭雄、三好晉『新国債航空法』有信堂高文社、1999 年。

坂元茂樹「国際法からみた不審船事件」『世界』第 699 号、2002 年 3 月。

坂元茂樹「船舶に対する臨検及び捜索——拡散保全イニシアティブ（PSI）との関連で」『各国における海上保安法制の比較研究（海上保安体制調査研究会中間報告書)』財団法人海上保安協会、2004 年。

佐久間一「不審船対処に法的空白」『世界週報』2002 年 3 月 5 日号。

佐瀬昌盛「集団的自衛権解釈の怪」『Voice』1996 年 6 月号。

篠原初枝「国際法学者・学説の役割」『国際法外交雑誌』第 106 巻第 3 号、2007 年 11 月。

衆議院調査局安全保障研究会「自衛隊任務に関する法制と国会審議」『RESEARCH BUREAU 論究』第 6 号、2009 年 12 月。

武山眞行「奄美大島沖不審船事件と海上警察権の法理」『中央大学論集』第 24 号、2003 年 3 月
田中忠「武力規制法の基本構造」村瀬信也他『現代国際法の指標』有斐閣、1994 年。

田邊英介「周辺事態に際して自衛隊が行う船舶検査活動の実施の態様、手続等を規定」『時の法令』第 1640 号、2001 年 4 月。

山口昇「平和構築と自衛隊――イラク人道復興支援を中心に」『国際安全保障』第 34 巻第 1 号、2006 年 6 月。

山口昇「平和構築における自衛隊の役割」防衛省防衛研究所編『平和構築と軍事組織』防衛省防衛研究所、2009 年。

山口昇「日米同盟再定義」『Nippon.com』2012 年 2 月 10 日号。

山本慎一、川口智恵、田中（坂部）有佳子編『国際平和活動における包括的アプローチ――日本型協力システムの形成過程』内外出版、2012 年。

ユアン・グレアム「海洋安全保障と能力構築――豪日間の次元」ウィリアム・タウ、吉崎知典編『ハブ・アンド・スポークを超えて：日豪安全保障協力　防衛研究所-オーストラリア国立大学（ANU）共同研究』防衛省防衛研究所、2014 年 3 月。

横山絢子「平和安全法制における米軍等の部隊の武器等防護の国内法上の位置付け――自衛隊の武器等防護との比較の観点から」『立法と調査』第 378 号、2016 年 7 月。

吉田真吾『日米同盟の制度化』名古屋大学出版会、2012 年。

吉田正紀「海上自衛隊による国際活動の実践と教訓――ペルシャ湾における掃海活動とインド洋における補給活動を中心に」『国際安全保障』第 38 巻第 4 号、2011 年 3 月。

吉野孝監修『変容するアジアと日米関係』東京経済新報社、2012 年。

読売新聞政治部「日米外交戦後最良のとき」『外交を喧嘩にした男――小泉外交二〇〇〇日の真実』新潮社、2006 年。

（特集記事）「日米安保の現場から」『Securitarian』第 523 号、2002 年 6 月。

(3)　国際法・国内法

Churchill, R.R and Lowe, A. *The Law of the Sea*, 3rd ed., Manchester University Press, 1999.

Gilmore, William C. “Narcotics interdiction at sea: UK-US cooperation,” *Marine Policy*, Vol.13, Issue 3, October 1989.

Kraska, James and Raul Pedrozo, *International Maritime Security Law*, Martinus Nijioff Publishers, 2013.

Owada, Hisashi, “Japan’s Constitutional Power to Participate in Peace-Keeping,” *New York University Journal of International Law and Politics*, Vol.27, No.271, 1996–1997.

Yamamoto, Ryo, “Legal Issues Concerning Japan’s Participation in United Nations Peace-Keeping Operations（1991–2003）,” *The Japanese Annual of International Law*, No.47, 2004.

Yanai, Shunji, “Law Concering Cooperation for United Nations Peace-Keeping Operations and Other Operations: The Japanese PKO Experience,” *The Japanese Annual of International Law*, No.36, 1993.

秋山信将「国際平和協力法の一般法化に向けての課題と展望――自民党防衛政策検討小委員会案を手掛かりとして」『国際安全保障』第 36 巻第 1 号、2008 年 6 月。

水島朝穂編『シリーズ日本の安全保障 3　立憲ダイナミズム』岩波書店、2014 年。

水藤晉「湾岸戦争と日本の野党」『国際問題』第 377 号、1991 年 8 月。

武蔵勝宏『冷戦後日本のシビリアン・コントロールの研究』成文堂、2009 年。

武蔵勝宏「文民統制の変容と課題」『議会政治研究』第 88 号、2010 年 5 月。

武蔵勝宏「陸上自衛隊とシビリアン・コントロール」『太成学院大学紀要』第 12 巻第 29 号、2010 年 3 月。

棟居快行「「集団的自衛権」の風景――9 条・前文・13 条」『法律時報』第 87 巻第 12 号、2015 年 11 月。

村上友章「国連平和維持活動と戦後日本外交 1946–1993」神戸大学大学院国際協力研究科博士論文、2004 年 9 月。

村田晃嗣「イラク戦争後の日米関係」『国際問題』第 528 号、2004 年 3 月。

室山義正「冷戦後の日米安保体制――「冷戦安保」から「再定義安保」へ」『国際政治』第 115 号、1997 年 5 月。

森肇志「新安保法制と国際法上の集団的自衛権」『国際問題』第 648 号、2016 年 1/2 月。

森肇志「国連憲章と平和安全法制――集団的自衛権の法的規制」『論究ジュリスト』2016 年秋号。

森川幸一「グレーゾーン事態対処の射程と法的性質」『国際問題』第 648 号、2016 年 1/2 月。

森下聡「東南アジアで進む米主導の多国間演習――アメリカのねらいと自衛隊の関与」『前衛』第 741 号、2001 年 8 月。

森本敏『イラク戦争と自衛隊派遣』東洋経済新報社、2004 年。

矢島定則「アジア外交とテロ対策特措法・自衛隊イラク派遣の延長を巡る国会論議」『立法と調査』第 252 号、2006 年 3 月。

柳井俊二、五百旗頭真、伊藤元重他『シリーズ 90 年代の証言――外交激変』朝日新聞社、2007 年。

柳井俊二「日本の PKO――法と政治の 10 年史」『法学新報』第 109 巻第 5・6 号、2003 年 3 月。

柳澤協二『検証　官邸のイラク戦争――元防衛官僚による批判と自省』岩波書店、2013 年。

柳原透「日本の「FTA 戦略」と「官邸主導外交」」『海外事情』第 52 巻第 4 号、2004 年 4 月。

矢野哲也「日本の平和安全法制の問題点」『大阪経済法科大学 21 世紀総合研究センター紀要』第 7 号、2016 年 3 月。

矢野義昭「平和安保法制の改正点と今後の課題――平和安保法制は「戦争法」なのか」『インテリジェンス・レポート』第 91 号、2016 年 4 月。

矢部明宏「国際平和活動における武器の使用について」『レファレンス』第 58 巻 9 号、2008 年 9 月。

山内敏弘「自衛隊法制三〇年の軌跡と行方」『法学セミナー』第 310 号、1980 年 12 月。

藤重博美「冷戦後における自衛隊の役割とその変容――規範の相克と止揚、そして「積極主義」への転回」『国際政治』第154号「近現代の日本外交と強制力」、2008年12月。

藤島宇内「日米グローバル安保のゆくえ（第44回）ガイドライン改定、日米物品役務相互提供協定（ACSA）の重点は、まず第一に「朝鮮半島有事」に備える“国家総動員”的体制づくり　ACSAは米戦略に貢献する現代版「徴発令」」『軍縮問題資料』第189号、1996年8月。

藤田宙靖「覚え書き　集団的自衛権の行使容認を巡る違憲論議について」『自治研究』第92巻第2号、2016年2月。

藤原彰『日本軍事史（下巻）戦後編』社会批評社、2007年。

船橋洋一『同盟漂流』岩波書店、1997年。

防衛省・自衛隊『防衛白書（平成26年版　日本の防衛）』、2014年。

防衛省・自衛隊『平成27年度版防衛白書』、2015年。

防衛庁「リムパックへの海上自衛隊の参加について」衆議院予算委員会提出資料、1979年12月11日。

防衛年鑑刊行編集部「自衛隊の国際貢献活動の歩みと今後の課題」『防衛年鑑2004年度版』防衛メディアセンター、2004年。

星野俊也「紛争予防と国際平和協力活動」大芝亮編『日本の外交　第5巻　対外政策課題編』岩波書店、2013年。

堀田隆治「日米物品役務相互提供協定（ACSA）について」『鵬友』第25巻第5号、2000年1月。

本多倫彬「自衛隊による国際平和協力活動の平和構築における役割――国連東ティモール支援ミッションへの陸上自衛隊派遣を中心に」『国際安全保障』第39巻第2号、2011年9月。

マイケル・グリーン、パトリック・グローニン『日米同盟――米国の戦略』勁草書房、1999年。

松葉真美「国連平和維持活動（PKO）の発展と武力行使をめぐる原則の変化」『レファレンス』第708号、2010年1月。

松村昌廣『軍事情報戦略と日米同盟』芦書房、2004年。

真山全「憲法的要請による集団的自衛権限定的行使の発現形態――外国領水掃海および外国軍後方支援」『国際問題』第648号、2016年1/2月。

丸楠恭一「小泉政権の対応外交」櫻田大造、伊藤剛編『比較外交政策――イラク戦争への対応外交』明石書店、2004年。

水島朝穂『武力なき平和――日本国憲法の構想力』岩波書店、1997年。

水島朝穂「防衛省誕生の意味（法律時評）」『法律時報』第79巻第2号、2007年2月。

水島朝穂「「7.1閣議決定」と安全保障関連法」『法律時報』第87巻第12号、2015年11月。

水島朝穂「安保関連法と憲法研究者――藤田宙靖氏の議論に寄せて」『法律時報』第88巻第5号、2016年5月。

内閣府国際平和協力本部事務局『平和への道——我が国の国際平和協力のあゆみ』、2014 年。

中内康夫、横山絢子、小檜山智之「平和安全保障法制関連法案の国会審議——4 ヶ月にわたった安保法制論議を振り返る」『立法と調査』第 372 号、2015 年 12 月。

長岡佐知「冷戦後における自衛隊の平和活動の拡大——国際規範の内部化の視点」慶應義塾大学大学院政策・メディア研究科博士論文、2008 年 2 月。

長島昭久『日米同盟の新しい設計図』日本評論社、2002 年。

中西紀夫「集団的自衛権についての一考察——憲法改正は必要なのか」『四日市大学総合政策学論集』第 15 巻第 2 号、2016 年 3 月。

長沼節夫「高まる海上自衛隊の比重—— “リムパック 82 演習” を取材して」『世界週報』第 63 巻第 21 号、1982 年 6 月 1 日号。

中丸到生「情報収集衛星導入の視点（下）」『月刊自由民主』1999 年 9 月号。

長峰克己「我が国情報収集衛星導入の意義と今後の課題」『防衛学研究』第 30 号、2004 年 3 月。

中山康夫、横山絢子、小檜山智之「平和安全法制整備法案と国際平和支援法案——国会に提出された安全保障関連 2 法案の概要」『立法と調査』第 366 号、2015 年 7 月。

西川吉光「戦後日本の文民統制（上）「文官統制型文民統制システム」の形成」『阪大法学』第 52 巻第 1 号、2002 年 5 月。

西川吉光「戦後日本の文民統制（下）「文官統制型文民統制システム」の形成」『阪大法学』第 52 巻第 2 号、2002 年 8 月。

西元徹也「自衛隊と国際平和協力——実行組織の立場から」『国際安全保障』第 34 巻第 1 号、2006 年 6 月。

野中尚人「PKO 協力法案をめぐる国内政治過程と日本外交」日本経済調査協議会編『国連改革と日本』日本経済調査協議会、1994 年。

波多野澄雄編著『池田・佐藤政権期の日本外交』ミネルヴァ書房、2004 年。

波多野澄雄『歴史としての日米安保条約』岩波書店、2010 年。

浜谷英博「日米安全保障体制の新時代——ACSA の締結及びガイドラインの見直し議論を契機として」『防衛法研究』第 20 号、1996 年 10 月。

浜谷秀博「新ガイドラインおよび関連 3 法案における ACSA 関連の諸活動—周辺事態措置法案および ACSA 改正案を中心として」『防衛法研究』第 22 号、1998 年 10 月。

等雄一郎「ユニット・セルフディエンスから見た新安保法制の論点——米軍等武器等防護の意義と限界」『レファレンス』2016 年 4 月。

福田毅「日米防衛協力における 3 つの転換機——1978 年ガイドラインから「日米同盟の変革」までの道程」『レファレンス』2006 年 7 月。

福好昌治「軍事情報包括保護協定（GSOMIA）の比較分析」『レファレンス』2007 年 11 月。

福好昌治「現代の焦点　グローバル自衛隊——国際貢献で果たした任務と実績」『丸』第 63 巻 5 号、2010 年 5 月。

論社、2015 年。

城山英明、坪内淳「外務省の政策過程」城山英明、鈴木寛、細野助博編『中央省庁の政策形成過程——日本官僚制の解剖』中央大学出版部、1999 年。

進藤榮一『東アジア共同体をどうつくるか』（ちくま新書）筑摩書房、2007 年。

神保謙「新防衛大綱と新たな防衛力の構想」『外交』第 5 号、2011 年 1 月。

神保謙、東京財団「アジアの安全保障」プロジェクト編著『アジア太平洋の安全保障アーキテクチャ——地域安全保障の三層構造』日本評論社、2011 年 12 月。

神余隆博『新国連論』大阪大学出版会、1995 年。

神余隆博『国際平和協力入門』有斐閣、1995 年。

神余隆博「日本の国連平和活動」国際法学会編『日本と国際法の 100 年——安全保障』第 29 巻第 1 号、2001 年 6 月。

鈴木尊紘「憲法第 9 条と集団的自衛権——国会答弁から集団的自衛権解釈の変遷を見る」『レファレンス』第 63 巻 11 号、2011 年 11 月号。

春原剛『同盟変貌——日米一体化の光と影』日本経済新聞社、2007 年。

瀬戸山順一「イラク人道復興支援特措法案をめぐる国会論戦」『立法と調査』第 239 号、2004 年 1 月。

添谷芳秀「日本の PKO 政策——政治環境の構図」『法学研究』第 73 巻第 1 号、2001 年 1 月。

高作正博「動き出した「安全保障」を考える——「学問」と「政治」の共振」『法律時報』2016 年 9 月号。

高橋礼一郎「日本の国際平和協力と平和構築」谷内正太郎編『（論集）日本の安全保障と防衛政策』ウェッジ、2013 年。

竹内淳太郎「進む日米防衛協力と ACSA の締結」『国会月報』第 43 巻第 573 号、1996 年 9 月。

田中明彦「国連平和活動と日本」西原正、セリグ・S・ハリソン編『国連 PKO と日米安保——新しい日米協力のあり方』亜紀書房、1995 年。

田中明彦「日本の外交戦略と日米同盟」『国際問題』第 594 号、2010 年 9 月。

谷口誠『東アジア共同体——経済統合の行方と日本』（岩波新書）岩波書店、2004 年。

田村重信『日本の防衛政策』内外出版株式会社、2012 年。

出川展恒「自衛隊派遣をイラクで取材して」『国際安全保障』第 36 巻第 1 号、2008 年 6 月。

手嶋龍一『外交敗戦』（新潮文庫）新潮社、2006 年。（手嶋龍一『一九九一年　日本の敗北』（新潮文庫）新潮社、1996 年。）

東郷和彦『北方領土交渉秘録』新潮社、2007 年。

德地秀士「日本の安全保障法制——これまでの議論と今後の課題について」『防衛学研究』第 54 号、2016 年 3 月。

戸蒔仁司「平和安全法制の論理」『基盤教育センター紀要』第 24 号、2016 年 3 月。

鳥巣健之助「リムパック参加の意義」『軍事研究』第 15 巻第 10 号、1980 年 5 月号。

10月1日号。

笹島雅彦「安全保障関連法制再考」『跡見学園女子大学人文学フォーラム』第14号、2016年。

笹本浩「日本の外交・防衛政策の諸課題（4）自衛隊による国際平和協力活動」『時の法令』第1802号、2008年1月。

笹本浩「日本の外交・防衛政策の諸課題（4）自衛隊による国際協力活動」『時の法令』第1802号、2008年1月。

笹本浩「日豪間の安全保障協力の円滑化——日・豪物品役務協定の概要」『立法と調査』第315号、2011年4月。

佐瀬昌盛「新安保法制をめぐって　日本の安全をどう守るか、経緯と国民意識」『インテリジェンス・レポート』2016年5月号。

佐藤丙午「ブッシュ第2期政権の安全保障政策と日本の対応——小泉政権下の日米関係を中心として」『安全保障国際シンポジウム　平成16年度報告書　第2期ブッシュ政権安全保障政策と世界』防衛研究所、2005年12月。

佐道明広「自衛隊の国際協力諸活動と戦後防衛体制の再検討」『国際安全保障』第36巻第1号、2008年6月。

真田尚剛「「日本型文民統制」についての一考察——「文民優位システム」と保安庁訓令第9号の観点から」『国士舘大学政治研究』第1号、2010年3月。

真田尚剛「日本型文民統制の終焉？」『国際安全保障』第39巻第2号、2011年9月。

澤野義一「国際社会への「貢献」と平和主義——自衛隊海外派兵と憲法九条改正のための「国際貢献」論の検討」『法律時報』2007年6月号。

信田智人「橋本行革と内閣機能強化策」『レヴァイアサン』第24号、1999年4月。

信田智人『官邸外交——政治リーダーシップの行方』朝日新聞社、2004年。

信田智人『冷戦後の日本外交史——安全保障政策の国内政治過程』ミネルヴァ書房、2006年。

信田智人「強化される外交リーダーシップ——官邸主導体制の制度化へ」『国際問題』第558号、2007年1月。

信田智人『日米同盟というリアリズム』千倉書房、2007年。

柴田晃芳『冷戦後日本の防衛政策——日米同盟深化の起源』北海道大学出版会、2011年。

清水隆雄「自衛隊の海外派遣」『シリーズ憲法の論点⑦』国立国会図書館、2005年3月。

衆議院調査局『安全保障の解説・データ集（第3版）』、2013年。

衆議院調査局国家安全保障戦略としての国際貢献に関する研究グループ「国際平和協力のための自衛隊海外派遣・今後の課題と展望」『RESEARCH BUREAU 論究』第5号、2008年12月。

庄司貴由「イラク自衛隊派遣の政策過程——国際協調の模索」『法学政治学論究』第81号、2009年6月。

庄司貴由『自衛隊海外派遣と日本外交——冷戦後における人的貢献の模索』日本経済評

草野厚「PKO 参加の新たな展望」田中明彦監修『「新しい戦争」時代の安全保障――いま日本の外交力が問われている』都市出版、2002 年。

沓脱和人「集団的自衛権の行使容認をめぐる国会論議――憲法解釈の変更と事態対処法制の改正」『立法と調査』第 372 号、2015 年 12 月。

倉田秀也「北朝鮮の核・ミサイル危機と日米同盟」公益財団法人世界平和研究所編、北岡伸一、渡邉昭夫監修『日米同盟とは何か』中央公論新社、2011 年。

倉持孝司「「日米物品役務協定」(ACSA) って何だ」『法学セミナー』第 504 号、1996 年 12 月号。

倉持孝司「法律時評　自衛隊のイラク「派遣」と国会審議」『法律時報』2004 年 4 月号。

倉持孝司「(第 2 部) 安全保障の担い手とつくり手　国会は安全保障にどう向き合ってきたのか――日本国憲法下での国会・地方議会 (「安全保障」を法的にどう考えるか) (特集)」『法学セミナー』2007 年 1 月号。

倉持孝司「日本における安全保障」『比較安全保障――主要国の防衛戦略とテロ対策』成文堂、2013 年。

黒崎将広「「駆け付け警護」の法的枠組み――自衛概念の多元性と法的基盤の多層性」『国際問題』第 648 号、2016 年 1 月。

経済同友会『「実効可能」な安全保障の再構築』、2013 年。

公益財団法人世界平和研究所編、北岡伸一、渡邉昭夫監修『日米同盟とは何か』中央公論新社、2011 年。

高坂正堯「日本が衰亡しないために」『高坂正堯外交評論集　日本の進路と歴史の教訓』中央公論社、1996 年。

是本信義「リムパック初参加の思い出」『世界の艦船』2010 年 8 月号。

近藤重克「国連改革と自衛隊の国際平和協力活動――期待と課題」『国際問題』第 543 号、2005 年 6 月。

斎藤直樹「国連平和維持活動への我が国の参加問題――『PKO 協力法』の成立過程を中心として」『平成国際大学論集』第 7 号、2003 年 3 月。

齋藤正彰「集団的自衛権と憲法 9 条解釈のスタンス」『北星学園大学経済学部北星論集』第 55 巻第 2 号、2016 年 3 月。

斉藤大「対テロ共同作戦意識向上させたリムパック 2002」『世界週報』第 83 巻第 33 号、2002 年 9 月 3 日号。

酒井啓子、秋山昌廣、五百旗頭真、伊奈久喜「座談会　「日米同盟か、国際協調か」を超えて――日本はどういう国を目指すのか」『外交フォーラム』2004 年 3 月号。

坂本一哉『日米同盟の絆』有斐閣、2000 年。

坂本一哉「日米同盟における「物と人の協力」「人と人との協力」」『外交フォーラム』2005 年 8 月号。

佐久間一「日本が初めて主催した多国間潜水艦救難訓練」『世界週報』第 83 巻第 27 号、2002 年 7 月 16 日号。

佐久間一「リムパック (環太平洋演習) の変遷」『世界週報』第 83 巻第 37 号、2002 年

NHK取材班『シーレーン――海の防衛線』日本放送出版協会、1984年。

遠藤欽作「日米共同開発F-2難産伝説」『丸』第63巻第12号、2010年12月。

大芝亮編『日本の外交　第5巻　対外政策課題編』岩波書店、2013年。

大嶽秀夫『小泉純一郎　ポピュリズムの研究――その戦略と手法』東洋経済新報社、2006年。

大谷良雄「国際関係法の諸問題（3）国際平和維持活動と自衛隊の国際貢献（上）」『時の法令』第1812号、2008年6月。

大谷良雄「国際関係法の諸問題（4）国際平和維持活動と自衛隊の国際貢献（中）」『時の法令』第1814号、2008年7月。

大谷良雄「国際関係法の諸問題（5）国際平和維持活動と自衛隊の国際貢献（下）」『時の法令』第1816号、2008年8月。

長田太「新たな海洋基本計画について」『運輸政策研究』第16巻第2号、2013年。

織田邦男「航空自衛隊の国際協力活動――現場から見たイラク派遣」『防衛学研究』2010年3月号。

外務省「周辺事態に対処するために措置を新たに規定」『時の動き』第1014号、1999年8月。

外務省『外交青書2014　平成26年版（第59号）』、2014年。

風間寛「知られざる自衛隊――拡大する多国間共同訓練」『世界週報』第86巻第19号、2005年5月24日号。

加藤和世「日米のミサイル防衛共同開発――同盟、東アジア、安保への影響は」『世界週報』第87巻第11号、2006年3月21日号。

上久保誠人「小泉政権期における首相官邸主導体制とアジア政策」『次世代アジア論集』第2号、2009年3月。

神谷万丈「なぜ自衛隊をイラクに派遣するのか――積極的平和国家として」『外交フォーラム』第17巻第3号、2004年4月号。

神谷万丈「日本の安全保障政策と日米同盟」日本国際問題研究所監修『アメリカにとって同盟とは何か』中央公論社、2013年。

河野勉「国連平和維持活動と日本の参加」『レヴァイアサン』臨時増刊号、1996年1月。

神崎宏、朝雲新聞社編集局編『湾岸の夜明け　作戦全記録――海上自衛隊ペルシャ湾掃海派遣部隊の188日』朝雲新聞社、1991年。

菊池雅之「WORLD・IN・FOCUS（30）」第2回西太平洋掃海訓練WPNS――アジアの安保信頼醸成のために！」『軍事研究』2004年10月号。

菊池雅之「世界で活躍する自衛隊――やがては「日米韓演習」も？」『軍事研究』第47巻第7号、2012年7月号。

北岡伸一「湾岸戦争と日本の外交」『国際問題』第377号、1991年。

北原靖「リムパック・軍事化の新たなステップ」『世界』第411号、1980年2月。

北村謙一『いま、なぜシーレーン防衛か――東アジア・西太平洋の地政学的・戦略的分析（21世紀への道標）』振学出版、1988年。

朝雲新聞社編集局編著『防衛ハンドブック　平成26年版』朝雲新聞社、2014年。

浅野一弘「イラク戦争と「アカウンタビリティ」——日米首脳の発言から」『世界と議会』2004年5月号。

麻生太郎外務大臣演説「自由と繁栄の弧」をつくる」(日本国際問題研究所セミナー講演、於：ホテルオークラ)、2006年11月30日、http://www.mofa.go.jp/mofaj/press/enzetsu/18/easo_1130.html
阿部和義「湾岸戦争と日本の経済界の対応——対米関係の悪化を憂慮した経済界」『国際問題』第377号、1991年8月。

有沢直昭「リムパック94と集団的自衛権」『世界』第598号、1994年8月。

飯島滋明「若手研究者が読み解く平和憲法（1）国際貢献　自衛隊派兵と国際貢献論について」『法と民主主義』第453号、2010年11月。

五百旗頭真『戦後日本外交史（第3版補訂版)』(有斐閣アルマ）有斐閣、2010年。

碇義朗『ペルシャ湾の軍艦旗 海上自衛隊掃海部隊の記録』光人社、2005年。

池田慎太郎『日米同盟の政治史』国際書院、2004年。

石井暁「世界の潮「周辺事態」とリムパック98」『世界』第652号、1998年9月。

磯部晃一「国際任務と自衛隊——これまでのレビューと今後の課題」『国際安全保障』第36巻第1号、2008年6月。

知々和泰明「イラク戦争に至る日米関係——二レベルゲームの視座」『日本政治研究』第4巻1号、2007年1月。

伊藤憲一『東アジア共同体と日本の針路』NHK出版、2005年。

稲本守「2001年不審船事件についての一考察」『東京海洋大学研究報告』第8号、2012年。

猪口孝監修、猪口孝、G・ジョン・アイケンベリー、佐藤洋一郎編『日米安全保障同盟』原書房、2013年。

岩上隆安「「平和安全法制」を受けた日本の国際平和協力のあり方——民心の獲得（winning hearts and minds）を中心に」『陸戦研究』2017年2月号。

岩田修一郎「米国の軍事戦略と日米安保体制」『国際政治』第115号、1997年5月。

ウィリアム・タウ、吉崎智典編『ハブ・アンド・スポークを超えて——日米安全保障協力（防衛研究所-オーストラリア国立大学（ANU）共同研究)』防衛省防衛研究所、2014年3月。

上杉勇司「日本の国際平和協力政策における自衛隊の国際平和活動の位置づけ——政策から研修カリキュラムにみる重点領域と課題」『国際安全保障』第36巻第1号、2008年6月。

植村秀樹『「戦後」と安保の六十年』日本経済評論社、2013年。

内田一臣「海上自衛隊の「リムパック」参加の意義」『国防』第28巻12号、1979年12月。

梅本和義「日米防衛協力——経緯と課題」森本敏監修『岐路に立つ日本の安全』北星堂書店、2008年。

tive, Vol.20, No.1, Spring/Summer 1996.
Ishizuka, Katsumi, "Japan's Policy towards UN Peacekeeping Operations", Mely Caballero-Anthony and Amitav Acharya, eds., *UN Peace Operations and Asian Security*, Routledge, 2005.
Leitenberg, Milton, "The Participation of Japanese Military Forces in United Nations Peacekeeping Operations," *Asian Perspective*, Vol.20, No.1, Spring/Summer 1996.
Masswood, S. Javed, "Japan and the Gulf Crisis: Still Searching for a Role," *The Pacific Review*, Vol.5, No.2, 1992.
Mulgan, Aurelia George, "International Peacekeeping and Japan's Role: Catalyst or Cautionary Tale?" *Asian Survey*, Vol.35, No.12, December 1995.
Purrington, Coutney, "Tokyo's Policy Responses During the Gulf Crisis," *Asian Survey*, Vol.31, No.4, April 1991.
Purrington, Coutney, "Tokyo's Policy Responses During the Gulf War and the Impact of the 'Iraqi Shock' on Japan," *Pacific Affairs,* Vol.65, No.2, 1992.
Shinoda, Tomohito, *Koizumi Diplomacy, Japan's Kantei Approach to Foreign and Defense Affairs*, University of Washington Press, 2007.
Suputikum, Teewin, "International Role Construction and Role-Related Idea Change: The Case of Japan's Dispatch of SDF Abroad," Ph.D. Dissertation, Waseda University, June 2011.
Wooley, Peter J., "Japan's Minesweeping Decision: An Organizational Response," *Asian Survery*, Vol.36, No.8, August 1996.
Zisk, Kimberley Marten, "Japan's United Nations Peacekeeping Dilemma," *Asia-Pacific Review*, Vol.8, No.1, 2001.

「平成 13 年衆議院の動き 9 号」（第 153 回国会　テロ対策特別措置法等関係法案等の審議）、衆議院、http://www.shugiin.go.jp/internet/itdb_annai.nsf/html/statics/ugoki/h13ugoki/153/153tero.htm
「8 ヵ国 14 隻が参集！　多国間演習「アマン 09」」『世界の艦船』第 707 号、2009 年 6 月号。
「リムパック 2000 スタート！　海上自衛隊の参加水上部隊が横須賀を出発」『世界の艦船』第 572 号、2000 年 8 月号。

青井美帆「文民統制論のアクチュアリティ」水島朝穂編『シリーズ日本の安全保障 3　立憲ダイナミズム』岩波書店、2014 年。

青木信義「テロ対策特別措置法の概要」『ジュリスト』第 1213 号、2001 年 12 月。

赤根屋達雄、落合浩太郎編『日本の安全保障』有斐閣、2004 年。

秋山信将「国際平和協力法の一般法化に向けての課題と展望——自民党防衛政策検討小委員会案を手掛かりとして」『国際安全保障』第 36 巻第 1 号、2008 年 6 月。

秋山昌廣『日米の戦略対話が始まった』亜紀書房、2002 年。

朝雲新聞社編集局編著『防衛ハンドブック　平成 25 年版』朝雲新聞社、2013 年。

月。

寺林祐介「北朝鮮の核実験と国連安保理決議2094――挑発行為を続ける北朝鮮への追加制裁」『立法と調査』第339号、2013年4月。

統率・管理部会「国際テロ防止に関する条約の概要」『陸戦研究』第55巻第651号、2007年12月。

西井正弘「テロリストによる核の脅威への法的対応」『世界法年報』第26号、2007年。

広実郁郎『北朝鮮制裁について』日本安全保障貿易学会第12回研究大会資料、2011年。

宮川眞喜雄「北朝鮮に対する経済制裁――核兵器開発等を行う北朝鮮に対する経済政策の評価」『海外事情』2011年12月号。

宮坂直史「国連のテロ対策」広瀬佳一、宮坂直史編著『対テロ国際協力の構図――多国間連携の成果と課題』ミネルヴァ書房、2010年。

森恭子「法令解説　我が国単独による経済制裁発動が可能に――外国為替及び外国貿易法の一部を改正する法律」『時の法令』第1711号、2004年4月。

森本正崇「輸出管理入門（3）――キャッチオール規制」『貿易実務ダイジェスト』2009年10月号。

Scheinman, Lawrence、Johan Bergenas「国連安保理決議第1540号――歴史的分析、実施の現状および将来の展望」『CISTEC ジャーナル』第126号、2010年3月号。

(2)　日本の外交・安全保障政策

Abe, Shinzo, "Asia's Democratic Security Diamond," Project Syndicate, Dec. 28 2012.

Department of Defense, "United States Security Strategy for the East Asia-Pacific Region," February 1995.

Dobson, Hugo, *Japan and United Nations Peacekeeping: New Pressures, New Responses*, Routledge Curzon, 2003.

Drifte, Reinhard, "Japan's Security Relations with China Since 1989," Routledge, 2002.（邦訳：ラインハルト・ドリフテ著、坂井定雄訳『冷戦後の日中安全保障――関与政策のダイナミクス』ミネルヴァ書房、2004年。）

Green, Michael J. and Robin S. Sakoda, "Agenda for the US-Japan Alliance: Rethinking Roles and Missions," *Issues & Insight*（Pacific Forum CSIS）, Vol.1, No.1, 2001.

Heinrich, Jr., L. William, Akiho Shibata, and Yoshihide Soeya, *United Nations Peace-keeping Operations: A Guide to Japanese Policies*, Tokyo: United Nations University Press, 1999.

Hughes, C. W., *Japan's Re-emergence as a 'Normal' Military Power*, Routlegde, 2006.

Inoguchi, Takahiro, "Japan's Response to the Gulf Crisis: An Analytic Overview," *Journal of Japan Studies*, Vol.17, No.2, 1991.

Inoguchi, Takashi, "Japan's United Nations Peacekeeping and Other Operations," *International Journal*, Vol.50, No.2, Spring 1995.

Ishizuka, Katsumi, "Japanese Peacekeeping Operations: Yesterday, Today, and Tomorrow," *Asian Perspec-*

青木由香理「核テロ防止条約の締結について」『核物質管理センターニュース』第36巻10号、2007年10月号。

秋山信将「旧ソ連地域における大量破壊兵器拡散の脅威」日本国際問題研究所軍縮・不拡散センター編『大量破壊兵器不拡散問題（平成15年外務省委託研究所報告書）』、2004年。

浅田正彦「安保理決議一五四〇と国際立法――大量破壊兵器テロの新しい脅威をめぐって」『国際問題』第547号、2005年10月。

浅田正彦「北朝鮮の核開発と国連の制裁――三つの制裁決議をめぐって」『海外事情』2013年6月号。

浅田正彦編『輸出管理――制度と実践』有信堂、2012年。

市川とみ子「大量破壊兵器の不拡散と国連安保理の役割」『国際問題』第570号、2008年4月。

稲木宙智布「特定船舶禁止法の成立経緯と入港禁止措置の実施」『立法と調査』第272号、2007年9月。

大杉健一「グローバルな課題へのローカルな取り組み」『外交フォーラム』第206号、2005年8月。

奥脇直也「海上テロリズムと海賊」『国際問題』第583号、2009年7月。

外務省軍縮不拡散・科学部編集『日本の軍縮・不拡散外交　第6版』外務省、2013年。

加藤経将「最近のテロ防止関連条約及び我が国のテロ対策立法の動向について」『罪と罰』第45巻第1号、2007年12月。

金子智雄「核テロ防止条約の発効と日本の取り組み――日本の原子力規制法体系に与えた影響と今後の課題を中心として」『防衛法研究』第33号、2009年。

佐藤丙午「UNSCR1540から1977へ――国連安保理決議1540の歩み」『海外事情』2011年9月号。

城祐一郎「北朝鮮に対する国連安保理決議とその履行としての日本制裁措置及び国内法による刑事処罰等について（上）」『警察学論集』第68巻第2号、2015年2月。

城祐一郎「北朝鮮に対する国連安保理決議とその履行としての日本制裁措置及び国内法による刑事処罰等について（下）」『警察学論集』第68巻第3号、2015年3月。

世界編集部「ドキュメント・激動の南北朝鮮（73）「対話と圧力」路線の中で」『世界』第717号、2003年8月。

田上博道『輸出管理論――国際安全保障に対応するリスク管理・コンプライアンス』信山社、2008年。

鶴田順「改正SUA条約とその日本における実施――船舶検査手続と大量破壊兵器輸送に着目して」栗林忠男・杉原高嶺編『日本における海洋法の主要課題』有信堂、2010年。

寺林祐介「北朝鮮の核実験と国連安保理決議1718」『立法と調査』第262号、2006年12月。

寺林祐介「北朝鮮の核実験と国連安保理決議1874」『立法と調査』第296号、2009年9

年 12 月号。

山崎元泰「大量破壊兵器不拡散体制の間隙と PSI の意義」『早稲田政治経済学雑誌』第 365 号、2006 年 10 月。

山本武彦「不拡散戦略の新展開——PSI と CSI を中心にして」『大量破壊兵器不拡散問題』日本国際問題研究所、2004 年。

吉田靖之「公海上における大量破壊兵器の拡散対抗のための海上阻止活動（1）——安全保障理事会決議 1540・PSI 二国間乗船合意・2005 年 SUA 条約議定書」『国際政策研究』第 18 巻第 1 号、2013 年 9 月。

吉田靖之「公海上における大量破壊兵器の拡散対抗のための海上阻止活動（2・完）——安全保障理事会決議 1540・PSI 二国間乗船合意・2005 年 SUA 条約議定書」『国際政策研究』第 18 巻第 2 号、2014 年 3 月。

吉田靖之「拡散に対する安全保障構想（PSI）の現状と法的展望」『軍縮研究』第 5 号、2014 年 7 月。

② その他の不拡散・テロ対策

2003 G8 Summit, http://globalsummitryproject.com.s197331.gridserver.com/archive/g8-2003_evian2/www.g8.fr/evian/english/

Akbult, Hakan, "The G8 Global Partnership: From Kananaskis to Deauville and Beyond," Austrian Institute for International Affairs, June 2013, http://www.oiip.ac.at/fileadmin/Unterlagen/Dateien/Arbeitspapiere/AP_67_HA_Global_Partnership.pdf

European Commission President Romano Prodi and U.S. President George W. Bush on the Proliferation of Weapons of Mass Destruction, Washington. http://www.sussex.ac.uk/Units/spru/hsp/documents/2003-0625%20EU-US%20decl.pdf

Feinstein, Lee and Anne-Marie Slaughter, "A Duty to Prevent," *Foreign Affairs*, No.83, January/February 2004.

Freedman, Lawrence, "Prevention, Not Preemption," *The Washington Quarterly*, No.26, Spring 2003.

Joint Statement by European Council President Costas Simitis, 25 June 2003.

NSPD17, 10 Dec 2002, "National Strategy to Combat Weapons of Mass Destruction," G8 Information Centre, 2002, Kananskis Summit: Documents, G7/8 Summits, http://www.g8.utoronto.ca/summit/2002kananaskis/

United States Senate, 20 May 2003, A Hearing on Drugs, Counterfeiting, and Weapons Proliferation: The North Korean Connection, Government Committee. http://www.gpo.gov/fdsys/pkg/CHRG-108shrg88250/html/CHRG-108shrg88250.htm

U.S. Department of States, 4 September 2003, "States of Interdiction Principle: SIP," http://www.state.gov/t/isn/c27726.htm

青木節子「非国家主体に対する軍縮・不拡散——国際法の可能性」『世界法年報』第 26 号、2007 年。

U.S. Department of State, "Ship Boarding Agreements," 2013, http://www.state.gov/t/isn/c27733.htm

Valencia, Mark J., "The Proliferation Security Initiative: Making Waves in Asia," Adetphi Paper, 2005.

Winner, Andrew C., "The proliferation security initiative: The new face of interdiction," *The Washington Quarterly*, Vol.28, Issue 2, 2005.

Yamazaki, Mayuka, *Origin, Developments and Prospects for the Proliferation Security Initiative*, Institute for the Study of Diplomacy, Edmund A. Walsh School of Foreign Service, Georgetown University, 2006.

青木節子「第一期ブッシュ政権の大量破壊兵器管理政策にみる「多国間主義」」『総合政策学ワーキングペーパーシリーズ』No.93、21 世紀 COE プログラム「日本・アジアにおける総合政策学先導拠点」慶應義塾大学大学院政策・メディア研究科、2003 年。

青木節子「非国家主体に対する軍縮・不拡散――国際法の可能性」『世界法年報』第 26 号、2007 年 3 月。

青木節子「核不拡散の新しいイニシアティブ――PSI と安保理 1540 の挑戦」浅田正彦、戸崎洋史編『核軍縮不拡散の法と政治――黒澤満先生退職記念』信山社、2008 年。

秋山信将「PSI と海洋安全保障――緩やかなガバナンスの中のエンフォースメント」日本国際問題研究所編『守る海、繋ぐ海、恵む海――海洋安全保障の諸課題と日本の対応』、2012 年。

浅川公起「多国間協力に基づく米国提唱の PSI 活動」『問題と協力　アジア太平洋研究雑誌』第 37 巻第 3 号、2008 年 7/9 月。

浅田正彦「安保理決議 1540 と国際立法――大量破壊兵器テロの新しい脅威をめぐって」『国際問題』第 547 号、2005 年。

浅田正彦、戸崎洋史編『核軍縮不拡散の法と政治』信山社、2008 年。

坂元茂樹「大量破壊兵器の拡散防止構想と日本」外交法務研究班『国際協力の時代の国際法』（関西大学法学研究所叢書第 30 冊）関西大学法学研究所、2004 年。

坂元茂樹「PSI（拡散防止構想）と国際法」『ジュリスト』第 1279 号、2005 年。

佐久間一「初の日本主催 PSI 訓練が実現」『世界週報』2004 年 11 月 9 日号。

津山謙「『PSI スキーム』と日本外交・防衛政策――その経緯、法的基盤、意義」『アジア太平洋研究科論集』第 28 号、2014 年 9 月。

中井良典「ブッシュ大統領の核不拡散政策と PSI（拡散阻止構想）」『アジア太平洋研究』第 28 号、2005 年。

中西宏晃「大量破壊兵器の拡散の阻止に関する国際法の現状と問題点――拡散防止構想（PSI）に関連して」『龍谷大学大学院法学研究』第 9 号、2007 年。

西田充「拡散に対する安全保障構想（PSI）」『外務省調査月報』2007 年度号、2007 年。

萬歳寛之「拡散に対する安全保障構想」『早稲田大学社会安全政策研究所紀要』第 2 号、2010 年。

矢野光宏「拡散安全保障イニシアティブ（PSI）における日本の対応」『陸戦研究』2005

2. 参考文献（公刊資料）

(1) 不拡散体制

① PSI関連

Allen, Craig H., "A Primer on the Nonproliferation Regime for Maritime Security Operations Force," *Naval Law Review*, Vol.54, 2004.

Allen, Craig H., *Maritime Counterproliferation Operations and Rule of Law* (Praeger Security International), Praeger, 2007.

Belcher, Emma, *The Proliferation Security Initiative: Lessons for Using Nonbinding Agreement*, Council on Foreign Relation Press, 2010.

Bruce, Scott, "Counterproliferation and South Korea: From Local to Global," Scott A. Snyder ed., *Global Korea: South Korea's Contributions to International Security*, Council on Foreign Relations Press, 2012.

Byers, Michael, "Policing the High Seas: The Proliferation Security Initiative," *American Journal of International Law*, Vol.98, No.3, 2004.

Denny, David Anthony, "Bolton Says Proliferation Security Initiative has 'Twofold Aim'," *DOS Washington File*, 19 Dec. 2003.

Gravey, Jack I., "The International Institutional Imperative for Countering the Spread of Mass Destruction: Assessing the Proliferation Security Initiative," *Journal of Conflict & Security Law*, Vol.10, No.2, 2005.

Guilfoyle, Douglas, "The Proliferation Security Initiative: Interdicting Vessels in International Waters to Prevent the Spread of Weapons of Mass Destruction," 29 Melb. U. L. Rev. 733, 2005.

Joyner, Daniel H., "The Proliferation Security Initiative: Nonproliferation, Counterproliferation, and International Law," *Yale Journal of International Law*, Vol.30, 2005.

Lewis, Jeffrey and Philip Maxon, "The Proliferation Security Initiative," *Disarmament Forum*, No.2, 2010.

Logan, Samuel, "The Proliferation Security Initiative: Navigating the Legal Challenge," *Journal of Transnational Law & Policy*, Vol.14, 2004/2005.

Newman, Andrew and Brad Williams, "The Proliferation Security Initiative," *The Nonproliferation Review*, Vol.12, Issue 2, 2005.

Prosser, Andrew and Herbert Scoville Jr., *The Proliferation Security Initiative in Perspective*, Center for Defense Information, 2004.

Shulman, Mark R., *The Proliferation Security Initiative as a New Paradigm for Peace and Security*, Army War College, Strategic Studies Institute, 2006.

Shuluman, Mark R., "The Proliferation Security Initiative and the Evolution of the Law on the Use of Force," *Houston Journal of International Law*, Vol.28, 2008.

同阻止訓練への参加について」

海上保安庁、2003年9月4日、「拡散安全保障イニシアティブ（PSI）豪州沖　海上合同阻止訓練への参加について」

④　**その他の省庁**

国交省、2003年6月4日、「米審イニシアティヴへのコメント（メモ）」

経産省、2003年6月4日、経産省安全管理課、「米国による『拡散阻止イニシアティヴ』について」

法務省刑事局、2003年6月4日、「米国による『拡散阻止イニシアティヴ』についてのコメント」

水産庁、2003年6月4日、「米国による『拡散阻止イニシアティブ』に関するとりあえずの水産庁コメント」

水産庁遠洋課かつお・まぐろ漁業班、2003年6月4日、「米による『拡散阻止イニシアティブ』に関する疑問点等」

警察庁、「米による『拡散阻止イニシアティブ』（作業依頼）について（回答）」、2003年6月4日

⑵　参議院議員政策担当秘書として資料要求をしたもの

防衛省運営企画局運営支援課、2011年2月、「平成22年度　政策評価書（総合評価）」

防衛省、2011年3月、運用企画局運用支援課作成「平成22年度政策評価書」

防衛省運用局訓練課、2003年2月、「平成14年度　政策評価書　（総合評価）」

防衛省提供資料、2014年9月19日（回答）、「2004年（Team Samurai）について」

防衛省提供資料、2014年9月19日（回答）、「2005年（Deep Sabre）について」

防衛省提供資料、2014年9月19日（回答）、「リムパックについて」

海上保安庁への文書による照会（2014年8月31日）に対する海上保安庁より口頭での回答（2014年9月2日）。

⑶　インタビュー

阪田雅裕元内閣法制局長官へのインタビュー、2014年5月23日、於：衆議院第2会館
小野次郎元内閣総理大臣秘書官（危機管理・安全保障担当）へのインタビュー、2014年10月29日、於：参議院会館

防衛庁国際企画課、2003年7月3日、「拡散阻止イニシアティブ対処方針（外務省案）について」

航空幕僚監部防衛班担当、2003年7月4日、「第2回拡散阻止イニシアティブのオペレーション作業部会における米国提案の概要」

防衛庁国際企画課、2003年7月4日、「第2回拡散阻止イニシアティブ（PSI）オペレーション作業部会における米提案について（案）」

防衛庁国際企画課、2003年7月7日、「第2回拡散阻止イニシアティブ（PSI）のオペレーション作業部会における米提案に対する我が国としての対処案（依頼）」

防衛庁国際企画課、2003年7月7日、「拡散阻止イニシアティブ（PSI）第2回会合のオペレーション作業部会について（案）」

防衛庁運用局訓練科、2003年7月7日、「コメント」

海上幕僚監部防衛課、2003年7月7日、「第2回拡散阻止イニシアティブ（PSI）のオペレーション作業部会における米提案に対する対処方針について（回答）」

海上幕僚監部防衛課、2003年7月7日、「拡散阻止イニシアティブ（PSI）第2回会合のオペレーション作業部会における米提案について（案）に対する意見（回答）」

防衛庁防衛局国際企画課、2003年7月11日、「拡散安全保障イニシアティブ（PSI）第2回会合結果概要」

防衛庁防衛局国際企画課、2003年7月17日、「拡散安全保障イニシアティブ（PSI）のための共同訓練（米豪共同訓練への我が国からの参加）に関する関係省庁会合結果（概要）」

防衛庁防衛局国際企画課、2003年7月18日、「拡散安全保障イニシアティブ（PSI）オペレーション専門家会合　対処方針（案）」

防衛庁メモ（作成者、日付不詳）、「外務省総合外交政策局不拡散室　西田さんからの問い合わせ（PSI関連）」

防衛庁防衛局国際企画課、2003年7月23日、「拡散安全保障イニシアティブ（PSI）に関する説明会について」

防衛庁防衛局国際企画課、2003年7月24日、「拡散安全保障イニシアティブ（PSI）オペレーション専門家会合　対処方針」

在英大使館防衛庁職員よりのEメール、2003年7月26日、「PSI専門家会合について」

防衛庁情報本部分析部、2003年8月19日、「資料03–629」（内容全部非開示）

防衛庁防衛局防衛政策課、2003年9月1日、「8月30日付毎日新聞報道関連想定（PSI関連）」

防衛庁、2003年9月4日、「副長官・次官会見用応答要領」

③　海上保安庁

海上保安庁、2003年6月4日、「米による『拡散阻止イニシアティヴ』に対する質問について」

海上保安庁、2003年8月29日、「拡散安全保障イニシアティブ（PSI）豪州沖　海上合外務省、2003年8月26日、「英国発、本省着：拡散阻止イニシアティブ（PSI）英との協議」

外務省、2003年8月29日、豪州発 本省着「豪国防（防衛情報）」（内容全部非開示）。

外務省兵器関連物資不拡散室、2003年8月29日、「【想定問答】PSI（拡散安全保障イニシアティブ）「しきしま」出航」

（作成者、日付不詳）“Draft Statement of Interdiction Principles”

外務省総合外交政策局兵器関連物資等不拡散室、2003年8月28日、「PSI第三回総会（パリ）・対処方針（案）」

外務省総合外交政策局兵器関連物資等不拡散室、2003年9月2日、「PSI・オペレーション専門家会合・対処方針」

外務省不拡散室、2003年9月5日、「貼り出し　拡散安全保障イニシアティブ（PSI）第三回会合」

外務省不拡散室、2003年9月5日、「PSI拡散阻止原則宣言に関する想定問答」

スペイン政府、2003年6月6日、“Verbal Note”

Australia, Department of Foreign Affairs and Trade, 10 June 2003 “Proliferation Security Initiative Brisbane Meeting, 9–10 July 2003 Chairman’s Statement”

June 12, 2003, “Proliferation Security Initiative: Meeting Chairman’s Statement, Madrid,”

日本国政府宛オーストラリア大使館、2003年6月27日、「No.12803」

オーストラリア政府、2003年7月1日、「Proliferation Security Initiative Operational Subgroup Interagency Meeting, Wednesday 9 June: Agenda」

オーストラリア政府、2003年7月1日、「Proliferation Security Initiative Plenary Agenda, Thursday 10 July」

“Press Statement Released under Responsibility of the Chair,” 4 September 2003, 及び、「議長発出プレスステートメント」（外務省による仮訳）

②　防衛省（庁）・自衛隊

防衛庁防衛局国際企画課、2003年6月3日、「米による拡散阻止イニシアティヴ（‘Proliferation Security Initiative’）に関する対応について（照会）」

防衛庁防衛局国際企画課、2003年6月8日、「米による大量破壊兵器等の拡散阻止のための提案「拡大阻止イニシアティヴ（‘Proliferation Security Initiative’）」への対応について（案）」

防衛庁防衛局国際企画課、2003年6月9日、「米による拡散阻止イニシアティヴ（‘Proliferation Security Initiative’）に関する対応について（回答）」

防衛庁国際企画課、2003年6月18日、「米の大量破壊兵器の拡散防止のための『拡散阻止イニシアティブ（Proliferation Security Initiative）』第1回会合結果概要」

防衛庁国際企画課、2003年6月20日、「拡散阻止イニシアティブ関係省庁連絡会議概要」

外務省不拡散室、2003 年 7 月 11 日、「軍不拡応答 03 第 10 号　対外応答要領」

外務省、2003 年 7 月 11 日、加藤良三大使発　外務大臣宛「PSI（合同訓練）」

外務省、2003 年 7 月 11 日、「（ブリスベン発、本省着）拡散安全保障イニシアティブ第 2 回会合（邦人記者ブリーフ：記録）」

外務省、2003 年 7 月 11 日、「（ブリスベン発、本省着）拡散安全保障イニシアティブ第 2 回会合（豪プレス・インタビュー：記録）」

外務省、2003 年 7 月 11 日、「拡散安全保障イニシアティブ（PSI）第 2 回会合結果概要」

外務省兵器関連物資等不拡散室、2003 年 7 月 15 日、「拡散安全保障イニシアティブ（PSI）検討会議のご案内」

外務省総合外交政策局兵器関連物資等不拡散室、2003 年 7 月 15 日、「拡散安全保障イニシアティブ（PSI）関連の共同訓練（米豪共同訓練）に関わる関係省庁会合について（メモ）」

外務省兵器関連物質等不拡散室長、2003 年 7 月 23 日、「拡散安全保障イニシアティブ（PSI）第 2 回オペレーション専門家会合へのご出席依頼」

外務省兵器関連物質等不拡散室、2003 年 7 月 28 日、「拡散安全保障イニシアティブ オペレーション作業部会（7 月 30 日、於：ロンドン）対処方針」

外務省、2003 年 7 月 28 日、「拡散安全保障イニシアティブ（Proliferation Security Initiative; PSI）阻止訓練参加に関する対処ぶり」

外務省、2003 年 7 月 31 日、「折田在英国大使発、外務大臣宛（電信）拡散安全保障イニシアティブ（PSI）オペレーション専門家会合（ロンドン）記録」（2 の 1）

外務省、2003 年 7 月 31 日、「折田在英国大使発、外務大臣宛（電信）、「PSI オペレーション専門家会合（米豪関係者内話）」

外務省、2003 年 8 月 1 日、「ボルトン米国務次官・天野軍科審との協議（PSI 関連）」

外務省、2003 年 8 月 4 日、「軍不拡応答 03 第 13 号　【対外応答要領】　拡散安全保障イニシアティブ（PSI）」

防衛庁防衛局国際企画課、2003 年 8 月 4 日、「拡散安全保障イニシアティブ（PSI）オペレーション専門家会合結果概要」

外務省、2003 年 8 月 13 日、「拡散安全保障イニシアティブ（Proliferation Security Initiative: PSI）議論の現状と阻止訓練参加に関する我が国の対処ぶり」

外務省、2003 年 8 月 19 日、外務省軍科審組織　兵器関連物資等不拡散室、「PSI 第 3 回会合（於・パリ、9 月 3 日・4 日）への参加について」

外務省、不拡散合第 18187 号（内容全部非開示）

外務省、英来第 2645 号等（内容全部非開示）

外務省　兵器関連物資等不拡散室、2003 年 8 月 22 日、「阻止原則宣言案への我が国コメント（合議）」

外務省、2003 年 8 月 26 日、「拡散安全保障イニシアティブ（Proliferation Security Initiative: PSI）豪州沖合合同阻止訓練への我が国の参加」

外務省、2003年6月7日、外務省電信第5823号
外務省総合外交政策局　兵器関連物資等不拡散室、2003年6月7日、「決裁書（拡散阻止イニシアティブ、スペイン会合　対処方針）」（案文）
外務省総合外交政策局　兵器関連物資等不拡散室、2003年6月7日、「決裁書（拡散阻止イニシアティブ、スペイン会合　対処方針）」
外務省、2003年6月8日、「拡散阻止イニシアティブ　スペイン会合対処方針」
外務省、2003年6月9日、軍科審組織資料、「各省・省内コメントとりまとめ」2003年6月4日、同、「各省・省内コメントとりまとめ（改訂版）」
外務省、2003年6月9日、（発信者及び作成者不詳）「拡散阻止イニシアティブ（マドリッドでの立ち上げ会合に向けた米側との非公式打ち合わせ）」
外務省、2003年6月（日付の記載なし）、「拡散阻止イニシアティヴ　スペイン会合対処方針」
外務省条約局、2003年6月10日、「大量破壊兵器等拡散防止に関する米提案についての考え方」
外務省軍科審組織、2003年6月12日、「拡散阻止イニシアティブ（マドリード会合の概要と今後の作業）」
外務省、2003年6月13日、電信第703号
外務省総合外交政策局　兵器関連物資等不拡散室、2003年6月13日、「拡散阻止イニシアティブ・スペイン会合（記録）」（2の1）
外務省総合外交政策局　兵器関連物資等不拡散室、2003年6月13日、「拡散阻止イニシアティブ・スペイン会合（記録）」（2の2）
外務省、2003年6月13日、外務大臣宛、駐スペイン田中克之大使電信（電信番号不詳）、「拡散防止イニシアティブ・スペイン会合（主要国代表団との意見交換朝食会）」
外務省総合外交政策局兵器関連物資等不拡散室、2003年6月20日、「米の拡散阻止イニシアティブ」
外務省、2003年6月27日、「防衛庁宛、外務省軍縮課Fax（無題）」
外務省、2003年7月4日、「第2回拡散阻止イニシアティブ（PSI）のオペレーション作業部会における米提案に対する我が国としての対処案」
外務省総合外交政策局兵器関連物資等不拡散室、2003年7月8日、「ブリスベン会合　オペレーション作業部会　対処方針」
外務省総合外交政策局兵器関連物資等不拡散室、2003年7月8日、「拡散阻止イニシアティブ（Proliferation Security Initiative: PSI）ブリスベン会合・対処方針」
外務省不拡散室、2003年7月10日、「ブリスベン会合　報告」
外務省、2003年7月10日、「拡散安全保障イニシアティブ　ブリスベン（豪州）会合、2003年7月9日〜10日　議長総括（プレス・リリース）要旨」
ブリスベン会合日本代表団、2003年7月11日、「拡散安全保障イニシアティブ第二回会合（邦人記者ブリーフ：記録）」

未公刊資料・参考文献リスト

1. 未公刊資料

(1) 個人の資格で情報開示請求をしたもの

① 外務省

外務省、2003 年 5 月 28 日、電信第 2318 号

外務省、2003 年 5 月 28 日、FAX 公信第 1318 号

外務省、2003 年 5 月 29 日、電信第 5504 号

外務省、2003 年 5 月 29 日、電信第 13033 号

外務省、2003 年 5 月 30 日、電信第 641 号

外務省、2003 年 5 月 30 日、電信第 731 号

外務省、2003 年 5 月 30 日、第 1873 号

外務省、2003 年 5 月 30 日、軍備管理・科学審議官組織メモ「米によるイニシアティブの提案：概要」

外務省、2003 年 5 月 30 日、不拡散室部内資料「米の新イニシアティヴに関する検討事項」

外務省、2003 年 5 月 31 日、電信第 123 号

外務省、2003 年 5 月 31 日、電信第 548 号

外務省、2003 年 5 月 31 日、電信第 13208 号

外務省、2003 年 5 月 31 日、電信第 5596 号

外務省、2003 年 6 月 2 日、合第 13207 号、「米の大量破壊兵器等拡散阻止の新イニシアティブ（提案の概要）」

外務省、2003 年 6 月 2 日外務省軍備管理・科学審議官組織「米による『拡散阻止イニシアティヴ』【作業依頼】」

外務省、2003 年 6 月 3 日、FAX 公信第 5670 号「拡散防止イニシアティヴ（米政府高官によるバックグラウンド・ブリーフィング）」

外務省、2003 年 6 月 4 日、外務省軍科審組織部内資料「各省・省内コメントとりまとめ」

外務省条約局法規課、2003 年 6 月 4 日、「大量破壊兵器等拡散防止に関する米提案」

外務省、2003 年 6 月 5 日、電信第 2455 号「米による拡散阻止イニシアティヴ（天野軍科審の米国出張：米への伝達・照会事項」

外務省電信第 5823 号、5828 号、5829 号　2003 年 6 月 7 日（全部非開示）

97, 100
日米軍備管理・軍縮・不拡散・検証委員会　112, 266
日米豪共同訓練　356
日米同盟再定義　21, 72
「日米同盟：未来のための変革と再編」　79

は行

PSI 二国間乗船合意　322, 323
PKO 協力法（国際平和協力法）　21, 35, 61, 80–82, 85–90, 98, 105, 106
BWC（生物兵器禁止条約）　50, 139, 140, 173
東アジア戦略報告 → ナイ・レポート
樋口レポート　22, 73, 74, 78, 82, 92, 100
福田康夫官房長官　27, 119, 121
不審船（事件）　27, 78, 142, 148, 264, 270, 327
ブッシュ大統領（George W. Bush）　1, 10–15, 40, 77, 88, 90, 110–125, 189, 241, 252, 383
ブッシュ・ドクトリン（先制攻撃戦略）　77
武力攻撃事態対処法　27
古川貞二郎官房副長官　253, 254, 257, 261
米 EU 共同宣言　246
米軍再編　72, 76
平和安全法制　29, 55, 368
ベーカー駐日大使（Howard H. Baker, Jr.）　113
防衛計画の大綱
――95 大綱　73
――04 大綱　79
――07 大綱　22
防衛庁設置法　230, 235, 262, 273, 278, 289, 296, 331, 335, 344
防衛問題懇談会　72
ボルトン国務次官（John Robert Bolton）　46, 50, 239, 248, 266, 299, 300, 383

ま行

ミサイル関連技術輸出規制（MTCR）　185, 211
明伸事案（事件）　177, 185, 213, 240, 242, 245, 257, 293, 303

や・ら・わ行

山下元利防衛庁長官　343
有権解釈権　27, 33, 150, 195
有事法制　11, 31, 47, 77, 102, 209
リムパック（RIMPAC）　6, 339, 342–346, 354, 373
湾岸戦争　7, 59, 72, 348
――のトラウマ　76, 84, 233, 297

Alphabet

BUR（Bottom-Up Review）　74
Pacific Protector　268
RMA（Revolution in Military Affairs）　76

国際民間航空条約（シカゴ条約）　157, 158, 174, 206
国連安保理決議
——　一二六七　243
——　一五四〇　18, 160, 322
——　一七一八　160
国連海洋法条約　48, 135, 138, 140, 146, 151, 159, 165–167, 174–176, 192, 195, 196, 201–205, 283, 298, 329
国連制裁委員会　243, 300
国連平和協力法案　81, 84, 105
コブラ・ゴールド　6, 350

さ行

再編の実施のための日米ロードマップ　80
参加五原則　81, 86
G8エビアン・サミット　181, 215
G8不拡散ステートメント　181
CWC（化学兵器禁止条約）　50, 139, 140, 173
ジパング社トラクタ不正輸出未遂事案　185, 217
自由と繁栄の弧　39
周辺事態法　27, 36, 75, 88, 101, 263, 307, 346
乗船検査の事前同意に伴う二国間協定　18
新世紀の日米同盟　80
新太平洋ドクトリン　70
菅義偉官房長官　4, 42
セイシン企業ミサイル関連物資不正輸出事案　185, 217
世界とアジアのための日米同盟　80
世界の中の日米同盟　80, 90, 92, 103
船舶検査活動法　137, 144, 149, 224, 231, 235, 262, 326
ソ・サン号事件　14, 77, 111, 140, 159, 222, 226, 229, 242, 249, 279, 298

た行

第二次ソマリア活動（UNOSOM Ⅱ）　81
大量破壊兵器拡散阻止イニシアティブ　110
「大量破壊兵器と闘う国家戦略」　15, 113, 117
大量破壊兵器・物資の拡散に対するグローバル・パートナーシップ（G8行動計画）　14, 215
台湾海峡危機　7, 21, 59, 72
多角的安全保障協力　73, 78
多機能弾力的防衛力　79
多国間安全保障協力　2–7, 17, 29, 38, 94, 360, 385–389
多国間海上共同訓練
——「アマン」　357
——「カカドゥ」　356
——「マラバール」　355
多国間捜索救難訓練　349
WTO（世界貿易機関）　153
WPNS（西太平洋海軍シンポジウム）西太平洋掃海訓練　348
WPNS多国間海上訓練　357
朝鮮半島危機　59, 72, 76
テロ対策特措法　21, 24, 27, 82, 87–91, 106, 121, 333, 388
テロとの闘い　24, 76–88, 102, 105, 112, 121–125, 171, 233, 267, 332, 357
同盟深化アプローチ　3, 60, 68–71, 75–80, 84, 86, 93, 94, 101, 292, 320, 326, 328, 333, 337, 351, 354, 355, 359, 360, 369, 373, 377, 379, 380, 387–390
「同盟漂流」　21, 72

な行

ナイ・イニシアティブ　74
内閣法制局　3, 28, 33, 35, 85, 150
ナイ・レポート（東アジア戦略報告）　74, 78
ニクソン・ドクトリン　70
二国間・多国間安全保障協力　5, 25, 289
西太平洋潜水艦救難訓練　347
日米安保共同宣言　75
日米ガイドライン　28, 64, 65, 70–75,

索 引

あ行

IMO（国際海事機関） 141, 322
ICOC（弾道ミサイルの拡散に立ち向かうための国際行動規範）（＝HCOC） 169, 173, 174, 183, 211
安倍晋三首相 4–6, 42, 43, 55, 80, 97, 392
荒木レポート 78, 79
「安全保障ダイヤモンド」構想 5, 39, 43
安全保障と防衛力に関する懇談会 78
イラク戦争 11, 13, 14, 32, 47, 76, 82, 110, 121–125, 133, 161, 288, 297
イラク特措法 11, 24, 31, 36, 82, 90, 121, 209, 239, 249, 290, 297, 333, 388
ARF（ASEAN 地域フォーラム）災害救援実動演習 351, 352
ACSA（物品役務相互提供協定） 75
HCOC（弾道ミサイルの拡散に立ち向かうためのハーグ行動規範）→ ICOC
SIP（阻止原則宣言） 15, 41, 47, 111, 220, 279–285
SCC 共同声明 79
SUA（海洋航行不法行為防止条約）改定 18, 141, 160, 284, 292, 322
NPT（核兵器不拡散条約） 49, 139, 140, 173, 196
大平正芳首相 345
小野次郎首相秘書官 120, 256, 337

か行

外国為替及び外国貿易法（外為法） 141, 196, 197, 214
海上保安庁設置法 138, 194
海上輸送規制法 201, 326, 379
海賊対処法 92, 195, 202
外務省国際法局（旧・条約局） 3, 33, 150, 171, 175
外務省優位 3, 9, 27, 37, 381
海洋航行不法行為防止条約 → SUA 条約
拡散対抗 1, 12, 15, 40, 48, 51, 112, 117, 144, 162, 179, 187, 316, 322, 375
拡散対抗レジーム 11
価値観外交 39
GATT（関税及び貿易に関する一般協定） 153, 202
カナナキス宣言 15, 118, 129, 215
ガリ報告書「平和のための課題」 81, 84
川口順子外務大臣 119
官邸外交（官邸主導） 3, 9, 37, 123, 382
基盤的防衛力構想 72, 73, 79
キャッチオール規制 153, 169, 214
QDR（四年ごとの国防見直し） 76
九・一一米国同時多発テロ事件 8, 14, 76, 80, 82, 87, 90, 107, 322
行政訴訟法 141
クラコフ宣言 112, 113, 118, 121, 134, 160, 170, 293
クロコダイル・エクササイズ 246, 264, 268, 307, 336
軍・軍関係の深化 3, 9, 384
航空法 137, 148, 157, 193, 194, 196, 206, 207, 285
港湾法 137
国際貢献アプローチ 3, 60, 69, 70, 80–94, 121, 189, 190, 291, 292, 319–321, 325, 326, 328, 330, 333, 334, 337, 347, 351, 358–360, 369, 373, 377–379, 386–389
国際平和協力法 → PKO 協力法
国際平和支援法 55, 325

〈著者紹介〉
津山　謙（つやま ゆずる）

国会議員政策担当秘書。

1973年生まれ。筑波大学大学院国際政治経済学研究科博士課程前期修了（国際政治経済学修士）。ハーバード大学ケネディ行政大学院修了（公共政策学修士：MPA）。早稲田大学大学院アジア太平洋研究科国際関係学専攻後期博士課程修了（学術博士：Ph.D.）。

国会議員政策担当秘書資格試験に合格し、2012年より現職。NSC設置法、特定秘密保護法、平和安全法制など安全保障関連をはじめ、多くの法律の審議・成立に携わる。政策実務の傍ら、ハーバード大学ベルファー研究所リサーチ・アソシエート、星槎大学客員研究員を兼務。

主要論文に、Rising Sun in the New West, *The American Interest*, Vol.7, No.5, 2012（Richard Rosecrance, Mayumi Fukushimaと共著）、「「新しい西洋」を主導するのは日本だ――日本のNATO加盟が世界を変える」『中央公論』2012年6月号（R.ローズクランス、福島麻友美と共著）、「PSIスキームと日本外交・安全保障政策――その経緯、法的基盤、意義」『早稲田大学アジア太平洋研究科論集』第28号（2014年）、「自衛隊の多国間共同訓練――「多国間安全保障協力」のひとつの態様として」『早稲田大学アジア太平洋研究科論集』第31号（2016年）など。

「軍」としての自衛隊
――PSI参加と日本の安全保障政策

2017年10月20日　初版第1刷発行

著　者――――津山　謙
発行者――――古屋正博
発行所――――慶應義塾大学出版会株式会社
〒108-8346　東京都港区三田2-19-30
TEL　〔編集部〕03-3451-0931
〔営業部〕03-3451-3584〈ご注文〉
〔　〃　〕03-3451-6926
FAX　〔営業部〕03-3451-3122
振替　00190-8-155497
http://www.keio-up.co.jp/
装　丁――――鈴木　衛
印刷・製本――株式会社理想社
カバー印刷――株式会社太平印刷社

Printed in Japan　ISBN978-4-7664-2467-6